线性代数与空间解析几何

主 编 范崇金 王 锋

HEUP 哈爾濱工程大學出版社

内容简介

本书满足工科线性代数课程(包括考研大纲)的要求,内容包括行列式、空间解析几何概要、线性方程组、矩阵、向量组与向量空间、方阵的特征值与特征向量、方阵的对角化、实对称阵与二次型、线性空间、线性代数应用举例,并简要介绍了 MATLAB 的使用。本书结构严谨、逻辑清晰、简明扼要、例题典型、习题经典;书后有习题答案;难题有提示;配有学习指导。本书可作为工科院校本科生线性代数教材。

图书在版编目(CIP)数据

线性代数与空间解析几何 / 范崇金,王锋主编. —哈尔滨:哈尔滨工程大学出版社, 2011.8(2015.8 重印)

ISBN 978-7-5661-0226-3

Ⅰ. ①线… Ⅱ. ①范… ②王… Ⅲ. ①线性代数-高等学校-教材②立体几何:解析几何-高等学校-教材 Ⅳ. ①O151.2 ②O182.2

中国版本图书馆 CIP 数据核字(2011)第 166962 号

出版发行 哈尔滨工程大学出版社
社　　址 哈尔滨市南岗区东大直街 124 号
邮政编码 150001
发行电话 0451-82519328
传　　真 0451-82519699
经　　销 新华书店
印　　刷 哈尔滨市石桥印务有限公司
开　　本 787 mm×960 mm　1/16
印　　张 17
字　　数 354 千字
版　　次 2011 年 8 月第 1 版
印　　次 2015 年 8 月第 5 次印刷
定　　价 33.00 元
http://www.hrbeupress.com
E-mail:heupress@hrbeu.edu.cn

前　　言

本书为工科线性代数教材，其首先覆盖了教育部工科线性代数课程的基本要求，也覆盖了全国工科研究生入学考试要求，本教材的基本学时为64学时。与传统线性代数教材的几个不同之处：(1)将传统工科微积分(高等数学)中的空间解析几何一章加到本书中，一是因为空间解析几何与微积分没有必然的逻辑联系，二是空间解析几何的空间向量部分又是线性代数中抽象向量理论极好的几何模型；(2)为使线性代数课程满足更高的要求，本书增加了数域上线性空间一章；(3)为使线性代数课程更有工科特色，消除线性代数仅仅是一套枯燥符号系统的现象，也为增加学生的学习兴趣，本书增加了线性代数应用一章；(4)在当今，数学的应用在很大程度上是通过电脑软件实现的，本书增加了 MATLAB 的应用部分。

本书由哈尔滨工程大学基础数学教学中心组织编写，第1章由吴红梅编写，第2章由朱磊编写，第3章由王珏编写，第4章由张戌希编写，第5章由葛斌编写，第6章由孙薇编写，第7章由凌焕章编写，第8章由刘献平编写，第9章由林蔚编写，第10章由王立刚编写。本书由范崇金、王锋统稿。

在本书的编写过程中，得到了哈尔滨工程大学理学院广大老师的帮助以及哈尔滨工程大学出版社的大力支持，在此一并表示诚挚的谢意。由于我们水平有限，不当之处在所难免，欢迎广大师生提出宝贵建议。

哈尔滨工程大学基础数学教学中心

《线性代数与空间解析几何》编写组

2011年6月25日

目　　录

第1章　行　列　式

线性代数起源于解线性方程组,人们在准确地阐述线性方程组的可解性与解的结构时,引入了行列式和矩阵；而行列式和矩阵本身也成了线性代数的重要组成部分. 这样,线性方程组、行列式和矩阵就构成了线性代数的重要基础部分.

本章的主要内容:

(1) 行列式的定义;

(2) 行列式的性质;

(3) 行列式的计算;

(4) 克莱姆法则.

1.1　二阶行列式和三阶行列式

1. 二阶行列式

引例1　解二元一次方程组

$$\begin{cases} a_{11}x_1 + a_{12}x_2 = b_1 & ① \\ a_{21}x_1 + a_{22}x_2 = b_2 & ② \end{cases}$$

解　①$\times a_{22}$ - ②$\times a_{12}$得到$(a_{11}a_{22} - a_{12}a_{21})x_1 = b_1a_{22} - b_2a_{12}$

②$\times a_{11}$ - ①$\times a_{21}$得到$(a_{11}a_{22} - a_{12}a_{21})x_2 = b_2a_{11} - b_1a_{21}$

当 $a_{11}a_{22} - a_{12}a_{21} \neq 0$ 时,得

$$x_1 = \frac{a_{22}b_1 - a_{12}b_2}{a_{11}a_{22} - a_{12}a_{21}}, \quad x_2 = \frac{a_{11}b_2 - a_{21}b_1}{a_{11}a_{22} - a_{12}a_{21}}$$

从未知数解的右端来看,分子、分母均为四个数分两对相乘再相减而得. 为了便于记忆,我们引入**二阶行列式**.

定义1.1　二阶行列式$\begin{vmatrix} a_{11} & a_{12} \\ a_{21} & a_{22} \end{vmatrix}$定义为 $a_{11}a_{22} - a_{12}a_{21}$,即

$$\begin{vmatrix} a_{11} & a_{12} \\ a_{21} & a_{22} \end{vmatrix} = a_{11}a_{22} - a_{12}a_{21}$$

可用 D 表示,其中 a_{ij}称为行列式的**元素**,元素 a_{ij}的第一个下标 i 称为行标,表示该元素位于第 i 行,第二个下标 j 称为列标,表示该元素位于第 j 列.

同理,可令

$$D_1=\begin{vmatrix} b_1 & a_{12} \\ b_2 & a_{22} \end{vmatrix}=b_1a_{22}-a_{12}b_2$$

$$D_2=\begin{vmatrix} a_{11} & b_1 \\ a_{21} & b_2 \end{vmatrix}=a_{11}b_2-b_1a_{21}$$

若 $D\neq0$,则方程组有唯一解

$$x_1=\frac{D_1}{D},\quad x_2=\frac{D_2}{D}$$

例 1.1 解方程组

$$\begin{cases} 2x+4y=1 \\ x+3y=2 \end{cases}$$

解

$$D=\begin{vmatrix} 2 & 4 \\ 1 & 3 \end{vmatrix}=2\times3-4\times1=2$$

$$D_1=\begin{vmatrix} 1 & 4 \\ 2 & 3 \end{vmatrix}=1\times3-4\times2=-5$$

$$D_2=\begin{vmatrix} 2 & 1 \\ 1 & 2 \end{vmatrix}=2\times2-1\times1=3$$

所以

$$x=\frac{D_1}{D}=-\frac{5}{2},\quad y=\frac{D_2}{D}=\frac{3}{2}$$

2. 三阶行列式

引例 2 解三元线性方程组

$$\begin{cases} a_{11}x_1+a_{12}x_2+a_{13}x_3=b_1 & ① \\ a_{21}x_1+a_{22}x_2+a_{23}x_3=b_2 & ② \\ a_{31}x_1+a_{32}x_2+a_{33}x_3=b_3 & ③ \end{cases}$$

为了得出关于三元线性方程组类似解的表达式,我们引入三阶行列式的定义.

定义 1.2 三阶行列式

$$\begin{vmatrix} a_{11} & a_{12} & a_{13} \\ a_{21} & a_{22} & a_{23} \\ a_{31} & a_{32} & a_{33} \end{vmatrix}=a_{11}a_{22}a_{33}+a_{12}a_{23}a_{31}+a_{13}a_{21}a_{32}-a_{13}a_{22}a_{31}-a_{12}a_{21}a_{33}-a_{11}a_{23}a_{32}$$

通过类似于二元线性方程组的消元法及行列式表示,可以得到三元线性方程组的解法,若三阶行列式

$$D=\begin{vmatrix} a_{11} & a_{12} & a_{13} \\ a_{21} & a_{22} & a_{23} \\ a_{31} & a_{32} & a_{33} \end{vmatrix}\neq0$$

则可得到方程组的唯一解

$$x_1 = \frac{D_1}{D},\quad x_2 = \frac{D_2}{D},\quad x_3 = \frac{D_3}{D}$$

其中

$$D_1 = \begin{vmatrix} b_1 & a_{12} & a_{13} \\ b_2 & a_{22} & a_{23} \\ b_3 & a_{32} & a_{33} \end{vmatrix},\quad D_2 = \begin{vmatrix} a_{11} & b_1 & a_{13} \\ a_{21} & b_2 & a_{23} \\ a_{31} & b_3 & a_{33} \end{vmatrix},\quad D_3 = \begin{vmatrix} a_{11} & a_{12} & b_1 \\ a_{21} & a_{22} & b_2 \\ a_{31} & a_{32} & b_3 \end{vmatrix}$$

证明 在方程①,②中视 x_3 为常数去解 x_1 和 x_2 得到

$$\begin{vmatrix} a_{11} & a_{12} \\ a_{21} & a_{22} \end{vmatrix} \cdot x_1 = \begin{vmatrix} b_1 - a_{13}x_3 & a_{12} \\ b_2 - a_{23}x_3 & a_{22} \end{vmatrix} \quad ④$$

$$\begin{vmatrix} a_{11} & a_{12} \\ a_{21} & a_{22} \end{vmatrix} \cdot x_2 = \begin{vmatrix} a_{11} & b_1 - a_{13}x_3 \\ a_{21} & b_2 - a_{23}x_3 \end{vmatrix} \quad ⑤$$

方程③两边同乘 $\begin{vmatrix} a_{11} & a_{12} \\ a_{21} & a_{22} \end{vmatrix}$,再将④,⑤两式代入,化简得到

$$\left(a_{31}\begin{vmatrix} a_{12} & a_{13} \\ a_{22} & a_{23} \end{vmatrix} - a_{32}\begin{vmatrix} a_{11} & a_{13} \\ a_{21} & a_{23} \end{vmatrix} + a_{33}\begin{vmatrix} a_{11} & a_{12} \\ a_{21} & a_{22} \end{vmatrix}\right)x_3 = a_{31}\begin{vmatrix} a_{12} & b_1 \\ a_{22} & b_2 \end{vmatrix} - a_{32}\begin{vmatrix} a_{11} & b_1 \\ a_{21} & b_2 \end{vmatrix} + b_3\begin{vmatrix} a_{11} & a_{12} \\ a_{21} & a_{22} \end{vmatrix}$$

这就是 $D \cdot x_3 = D_3$ 从而

$$x_3 = \frac{D_3}{D}$$

同理,可得另外两式

$$x_1 = \frac{D_1}{D},\quad x_2 = \frac{D_2}{D}$$

在此,我们自然会猜到以上的公式能够一般化,但这要定义四阶和四阶以上的行列式. 这正是下一节的内容.

三阶行列式可按图 1.1 所示的**对角线法则**计算.

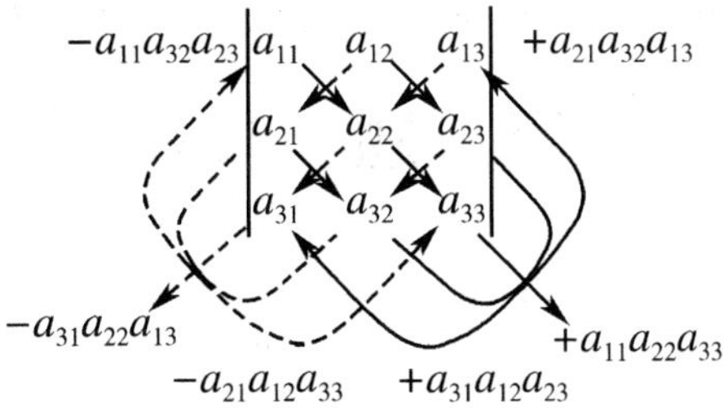

图 1.1

评注: 虽然用对角线法则计算二、三阶行列式,既直观又快捷,可惜对于高于三阶的行列式,对角线法则就不再适用了.

例 1.2 计算行列式

$$D=\begin{vmatrix}1 & -2 & 3\\ 2 & 2 & 1\\ 3 & 0 & 2\end{vmatrix}$$

解 由对角线法则,有

$$D=1\times2\times2+(-2)\times1\times3+2\times0\times3-3\times2\times3-(-2)\times2\times2-1\times0\times1=-12$$

例 1.3 解线性方程组

$$\begin{cases}2x_1+3x_2-x_3=1\\ 3x_1+5x_2+2x_3=8\\ x_1-2x_2-3x_3=-1\end{cases}$$

解

$$D=\begin{vmatrix}2 & 3 & -1\\ 3 & 5 & 2\\ 1 & -2 & -3\end{vmatrix}=22\neq0$$

$$D_1=\begin{vmatrix}1 & 3 & -1\\ 8 & 5 & 2\\ -1 & -2 & -3\end{vmatrix}=66$$

$$D_2=\begin{vmatrix}2 & 1 & -1\\ 3 & 8 & 2\\ 1 & -1 & -3\end{vmatrix}=-22$$

$$D_3=\begin{vmatrix}2 & 3 & 1\\ 3 & 5 & 8\\ 1 & -2 & -1\end{vmatrix}=44$$

所以方程组的解为

$$x_1=\frac{D_1}{D}=\frac{66}{22}=3,\quad x_2=\frac{D_2}{D}=\frac{-22}{22}=-1,\quad x_3=\frac{D_3}{D}=\frac{44}{22}=2$$

习　题　1.1

1. 计算下列行列式:

(1) $\begin{vmatrix}1 & 3\\ 1 & 4\end{vmatrix}$;　　(2) $\begin{vmatrix}a & b\\ a^2 & b^2\end{vmatrix}$;

(3) $\begin{vmatrix}1 & 2 & 3\\ 4 & 5 & 6\\ 7 & 8 & 9\end{vmatrix}$;　　(4) $\begin{vmatrix}1 & a & b\\ 0 & 2 & c\\ 0 & 0 & 3\end{vmatrix}$;

(5) $\begin{vmatrix} a & b & c \\ b & c & a \\ c & a & b \end{vmatrix}$;　　(6) $\begin{vmatrix} x & -1 & 0 \\ 0 & x & -1 \\ a_3 & a_2 & a_1 \end{vmatrix}$.

2. 利用行列式解下列方程组:

(1) $\begin{cases} 5x+2y=3 \\ 4x+2y=1 \end{cases}$;　　(2) $\begin{cases} 2x-4y+z=1 \\ x-5y+3z=2. \\ x-y+z=-1 \end{cases}$

3. 验证下列等式,并归纳出三阶行列式的性质:

(1) $\begin{vmatrix} a_1 & b_1 & c_1 \\ a_2 & b_2 & c_2 \\ a_3 & b_3 & c_3 \end{vmatrix} = (-1) \cdot \begin{vmatrix} a_2 & b_2 & c_2 \\ a_1 & b_1 & c_1 \\ a_3 & b_3 & c_3 \end{vmatrix}$;

(2) $\begin{vmatrix} ka_1 & kb_1 & kc_1 \\ a_2 & b_2 & c_2 \\ a_3 & b_3 & c_3 \end{vmatrix} = k \cdot \begin{vmatrix} a_1 & b_1 & c_1 \\ a_2 & b_2 & c_2 \\ a_3 & b_3 & c_3 \end{vmatrix}$;

(3) $\begin{vmatrix} a_1 & b_1 & c_1 \\ a_2+ka_1 & b_2+kb_1 & c_2+kc_1 \\ a_3 & b_3 & c_3 \end{vmatrix} = \begin{vmatrix} a_1 & b_1 & c_1 \\ a_2 & b_2 & c_2 \\ a_3 & b_3 & c_3 \end{vmatrix}$;

(4) $\begin{vmatrix} a_1+x_1 & b_1+y_1 & c_1+z_1 \\ a_2 & b_2 & c_2 \\ a_3 & b_3 & c_3 \end{vmatrix} = \begin{vmatrix} a_1 & b_1 & c_1 \\ a_2 & b_2 & c_2 \\ a_3 & b_3 & c_3 \end{vmatrix} + \begin{vmatrix} x_1 & y_1 & z_1 \\ a_2 & b_2 & c_2 \\ a_3 & b_3 & c_3 \end{vmatrix}$;

(5) $\begin{vmatrix} a_1 & b_1 & c_1 \\ a_2 & b_2 & c_2 \\ a_3 & b_3 & c_3 \end{vmatrix} = \begin{vmatrix} a_1 & a_2 & a_3 \\ b_1 & b_2 & b_3 \\ c_1 & c_2 & c_3 \end{vmatrix}$.

4. 令 $D = \begin{vmatrix} a_{11} & a_{12} & a_{13} \\ a_{21} & a_{22} & a_{23} \\ a_{31} & a_{32} & a_{33} \end{vmatrix}$,化简下列两式,并找出规律:

(1) $a_{31}\begin{vmatrix} a_{12} & a_{13} \\ a_{22} & a_{23} \end{vmatrix} - a_{32}\begin{vmatrix} a_{11} & a_{13} \\ a_{21} & a_{23} \end{vmatrix} + a_{33}\begin{vmatrix} a_{11} & a_{12} \\ a_{21} & a_{22} \end{vmatrix}$;

(2) $a_{21}\begin{vmatrix} a_{12} & a_{13} \\ a_{22} & a_{23} \end{vmatrix} - a_{22}\begin{vmatrix} a_{11} & a_{13} \\ a_{21} & a_{23} \end{vmatrix} + a_{23}\begin{vmatrix} a_{11} & a_{12} \\ a_{21} & a_{22} \end{vmatrix}$.

1.2 排　　列

1. 全排列及其逆序数

n **元排列**：由自然数 $1,2,\cdots,n$ 构成的不重复全排列称为(一个)n **元排列**. 一切 n 元排列的集合记为 A_n，A_n中有 $n!$ 个元素.

例如 $A_2=\{12,21\}$，　$A_3=\{123,132,213,231,312,321\}$.

在 n 元排列中规定 $123\cdots(n-1)n$ 为**标准排列(自然排列)**.

排列的逆序数：在一个 n 元排列 $p_1p_2\cdots p_n$ 中，如果两个数的先后次序与标准排列不同，则这两个数构成一个**逆序**，一个排列中所有逆序的总数称为这个排列的**逆序数**，记为$\tau(p_1p_2\cdots p_n)$. 即对于 n 元排列 $p_1p_2\cdots p_n$，若比 p_i 大的且排在 p_i 前面的数有 t_i 个$(i=1,2,\cdots,n)$，则 $p_1p_2\cdots p_n$ 的逆序数为

$$\tau(p_1p_2\cdots p_n)=t_1+t_2+\cdots+t_n$$

逆序数为奇数的排列称为**奇排列**，逆序数为偶数的排列称为**偶排列**.

例 1.4　求排列 451326 的逆序数，并判断排列的奇偶性.

解　在排列 451326 中，4 排在首位，其逆序数 $t_1=0$；

5 的前面比 5 大的数没有，其逆序数 $t_2=0$；

1 的前面比 1 大的数有 4 和 5，其逆序数 $t_3=2$；

3 的前面比 3 大的数有 4 和 5，其逆序数 $t_4=2$；

2 的前面比 2 大的数有 4,5,3，其逆序数 $t_5=3$；

6 是最大的数，前面比 6 大的数没有，其逆序数 $t_6=0$.

则此排列的逆序数 $\tau(451326)=0+0+2+2+3+0=7$，此排列为奇排列.

例 1.5　求排列 $n(n-1)\cdots21$ 的逆序数.

解　元素 $n,n-1,\cdots,2,1$ 的逆序数依次为 $t_1=0,t_2=1,t_3=2,\cdots,t_{n-1}=n-2,t_n=n-1$. 所以 $\tau(n(n-1)\cdots21)=0+1+2+3+\cdots+(n-2)+(n-1)=\dfrac{n(n-1)}{2}$.

2. 对换

对换：在一个排列中对调其中的两个数字，而保持其余的数字不变，这种过程称为**对换**；对换两个相邻的数字称为**相邻对换**.

命题 1.1　**若 $\tau(p_1p_2\cdots p_n)=t$，则经过 t 次相邻对换，可将排列 $p_1p_2\cdots p_n$ 调成 $12\cdots n$.**

证明　设数字 i 前面有 t_i 个数比 i 大，则 $t=t_1+t_2+\cdots+t_n$. 1 经过 t_1 次相邻对换调到首位，而这并不改变 $t_i(i=2,3,\cdots,n)$；2 经过 t_2 次相邻对换调到第 2 位；依此类推，最终排列

$p_1p_2\cdots p_n$ 经过 $t_1+t_2+\cdots+t_n$ 次,即 t 次相邻对换调成了排列 $12\cdots n$.

命题 1.2 对换改变原来排列的奇偶性.

证明 若对换排列的两个相邻的数,排列的逆序数加 1 或减 1,则奇偶性改变. 现设排列

$$a_1\cdots a_ipb_1\cdots b_jqc_1\cdots c_k \quad ①$$

对换 p,q 两数后调为排列

$$a_1\cdots a_iqb_1\cdots b_jpc_1\cdots c_k \quad ②$$

这个过程可分解为:排列①先经过 $j+1$ 次相邻对换调为排列

$$a_1\cdots a_ib_1\cdots b_jqpc_1\cdots c_k \quad ③$$

排列③再经过 j 次相邻对换调为排列②. 因而排列①经过 $2j+1$ 次相邻对换调为排列②. 再由证明的前一部分知排列①和排列②的奇偶性相反.

推论 奇排列调成标准排列的对换次数为奇数,偶排列调成标准排列的对换次数为偶数.

证明 由命题 1.2 知对换的次数就是排列奇偶性的改变次数,而标准排列是偶排列,则推论成立.

习 题 1.2

1. 求下列排列的逆序数,并判断其奇偶性:

(1) 4132;　　(2) 14325;

(3) $n(n-1)\cdots 21$;　　(4) $13\cdots(2n-1)24\cdots(2n)$.

2. 选择 i 和 j 使

(1) 3i4625j7 为奇排列;

(2) 29i146j73 为偶排列.

1.3 n 阶行列式

1. 三阶行列式的特点

本节我们要定义任意 n 阶行列式,为此我们观察三阶行列式

$$\begin{vmatrix} a_{11} & a_{12} & a_{13} \\ a_{21} & a_{22} & a_{23} \\ a_{31} & a_{32} & a_{33} \end{vmatrix} = a_{11}a_{22}a_{33}+a_{12}a_{23}a_{31}+a_{13}a_{21}a_{32}-a_{13}a_{22}a_{31}-a_{12}a_{21}a_{33}-a_{11}a_{23}a_{32}$$

的特点:

(1) 行列式为 3! 个单项式的和,每个单项式为 $\pm a_{1p_1}a_{2p_2}a_{3p_3}$;

(2) 排列 $p_1p_2p_3$ 取遍 1,2,3 的所有全排列;

(3) 当排列 $p_1p_2p_3$ 为 123,231,312 时,单项式的系数为 +1;当排列 $p_1p_2p_3$ 为 321,213,132 时,单项式的系数为 -1. 计算知 123,231,312 都为偶排列,而 321,213,132 都是奇排列,因此各项所带的正负号可以表示为 $(-1)^{\tau}$,其中 τ 为列标排列的逆序数.

根据这些特点,三阶行列式的展开式可以写成

$$\begin{vmatrix} a_{11} & a_{12} & a_{13} \\ a_{21} & a_{22} & a_{23} \\ a_{31} & a_{32} & a_{33} \end{vmatrix} = \sum_{p_1p_2p_3 \in A_3} (-1)^{\tau(p_1p_2p_3)} a_{1p_1}a_{2p_2}a_{3p_3}$$

其中 $\tau(p_1p_2p_3)$ 是排列 $p_1p_2p_3$ 的逆序数, $\sum\limits_{p_1p_2p_3 \in A_3}$ 表示对所有的三阶排列求和.

类似的,我们把三阶行列式推广到 n 阶行列式.

2. n 阶行列式的定义

定义 1.3 对给定的 $n \times n$ 个数 $a_{ij}(i,j=1,2,\cdots,n)$,我们称

$$\begin{vmatrix} a_{11} & a_{12} & \cdots & a_{1n} \\ a_{21} & a_{22} & \cdots & a_{2n} \\ \vdots & \vdots & & \vdots \\ a_{n1} & a_{n2} & \cdots & a_{nn} \end{vmatrix} = \sum_{p_1p_2\cdots p_n \in A_n} (-1)^{\tau(p_1p_2\cdots p_n)} a_{1p_1}a_{2p_2}\cdots a_{np_n}$$

为 n **阶行列式**,也可简记为 $|a_{ij}|_n$;称 a_{ij} 为行列式(第 i 行第 j 列)的**元素**.

评注: $|a_{ij}|_n$ 是一个数值,在定义上它是 $n!$ 项单项式的和,其中一般项 $\pm a_{1p_1}a_{2p_2}\cdots a_{np_n}$ 的每个因子来自此行列式的不同的行和不同的列.

命题 1.3 **<u>上三角行列式</u>(当 $i>j$ 时,$a_{ij}=0$)**

$$\begin{vmatrix} a_{11} & \cdots & a_{1n} \\ & \ddots & \vdots \\ 0 & & a_{nn} \end{vmatrix} = a_{11}a_{22}\cdots a_{nn}$$

证明 由定义,在此行列式的一般项 $\pm a_{1p_1}a_{2p_2}\cdots a_{np_n}$ 中,若 $p_n \neq n$,则 $a_{np_n}=0$,此项为 0. 在 $\pm a_{1p_1}a_{2p_2}\cdots a_{n-1,p_{n-1}}a_{nn}(p_{n-1} \leqslant n-1)$ 中,若 $p_{n-1} \neq n-1$,此项也为 0. 如此继续下去,此行列式的定义式中仅留下了 $(-1)^{\tau(12\cdots n)}a_{11}a_{22}\cdots a_{nn} = a_{11}a_{22}\cdots a_{nn}$,命题成立.

评注: (1) 同样可以证明,**<u>下三角行列式</u>**(当 $i<j$ 时,$a_{ij}=0$)

$$\begin{vmatrix} a_{11} & & 0 \\ \vdots & \ddots & \\ a_{n1} & \cdots & a_{nn} \end{vmatrix} = a_{11}a_{22}\cdots a_{nn}$$

(2) 对角行列式(当 $i \neq j$ 时,$a_{ij}=0$)

$$\begin{vmatrix} \lambda_1 & & & \\ & \lambda_2 & & \\ & & \ddots & \\ & & & \lambda_n \end{vmatrix} = \lambda_1\lambda_2\cdots\lambda_n$$

定理 1.1　行列式和它的转置行列式相等,即设行列式

$$D = \begin{vmatrix} a_{11} & a_{12} & \cdots & a_{1n} \\ a_{21} & a_{22} & \cdots & a_{2n} \\ \vdots & \vdots & & \vdots \\ a_{n1} & a_{n2} & \cdots & a_{nn} \end{vmatrix}, \quad D^{\mathrm{T}} = \begin{vmatrix} a_{11} & a_{21} & \cdots & a_{n1} \\ a_{12} & a_{22} & \cdots & a_{n2} \\ \vdots & \vdots & & \vdots \\ a_{1n} & a_{2n} & \cdots & a_{nn} \end{vmatrix}$$

则 $\boldsymbol{D}=\boldsymbol{D}^{\mathrm{T}}$.

证明　左边的行列式记为 $D=|a_{ij}|_n$,右边的行列式记为 $D'=|b_{ij}|_n$,$b_{ij}=a_{ji}(i,j=1,2,\cdots,n)$则

$$D^{\mathrm{T}} = |b_{ij}|_n = \sum(-1)^{\tau(p_1p_2\cdots p_n)}b_{1p_1}b_{2p_2}\cdots b_{np_n} = \sum(-1)^{\tau(p_1p_2\cdots p_n)}a_{p_11}a_{p_22}\cdots a_{p_nn}$$

将 $a_{p_11}a_{p_22}\cdots a_{p_nn}$ 等值改写为 $a_{1q_1}a_{2q_2}\cdots a_{nq_n}$ 时,前者的行标排列 $p_1p_2\cdots p_n$ 被调成排列 $12\cdots n$;同时,其列标排列 $12\cdots n$ 被调成排列 $q_1q_2\cdots q_n$. 由于两个调换过程是同步进行的,故所用相邻对换的个数相同,再由命题 1.1 知

$$\tau(p_1p_2\cdots p_n)=\tau(q_1q_2\cdots q_n)$$

又当 $p_1p_2\cdots p_n$ 取遍一切 n 元排列后,相应的 $q_1q_2\cdots q_n$ 也取遍一切 n 元排列,从而

$$D^{\mathrm{T}} = \sum(-1)^{\tau(p_1p_2\cdots p_n)}a_{p_11}a_{p_22}\cdots a_{p_nn} = \sum(-1)^{\tau(q_1q_2\cdots q_n)}a_{1q_1}a_{2q_2}\cdots a_{nq_n} = |a_{ij}|_n = D$$

评注:此定理说明行列式的行和列具有同等的地位; 对于行列式的行有什么结论,对于列也有相同的结论.

习　题　1.3

1. 确定下列五阶行列式的项所带的符号:

(1) $a_{12}a_{23}a_{31}a_{45}a_{54}$;

(2) $a_{25}a_{32}a_{14}a_{43}a_{51}$.

2. 写出 5 阶行列式 $|a_{ij}|_5$ 的展开式中含有 a_{11} 和 a_{23} 的所有带负号的项.

3. 用定义计算下列行列式:

(1) $\begin{vmatrix} 0 & & a_{1n} \\ & \iddots & \vdots \\ a_{n1} & \cdots & a_{nn} \end{vmatrix}$;　　(2) $\begin{vmatrix} a_{11} & 0 & 0 & a_{14} \\ 0 & a_{22} & a_{23} & 0 \\ 0 & a_{32} & a_{33} & 0 \\ a_{41} & 0 & 0 & a_{44} \end{vmatrix}$;

(3) $\begin{vmatrix} 0 & 1 & 0 & 0 & 0 \\ 0 & 0 & 2 & 0 & 0 \\ 0 & 0 & 0 & 3 & 0 \\ 0 & 0 & 0 & 0 & 4 \\ 5 & 0 & 0 & 0 & 0 \end{vmatrix}$；　　(4) $\begin{vmatrix} a_1 & a_2 & a_3 & a_4 & a_5 \\ b_1 & b_2 & b_3 & b_4 & b_5 \\ c_1 & c_2 & 0 & 0 & 0 \\ d_1 & d_2 & 0 & 0 & 0 \\ e_1 & e_2 & 0 & 0 & 0 \end{vmatrix}$.

4. 用行列式的定义,但不进行完全计算,求 x 的四次多项式

$$f(x)=\begin{vmatrix} 5x & 1 & 2 & 3 \\ x & x & 1 & 2 \\ 1 & 2 & x & 3 \\ x & 1 & 2 & 2x \end{vmatrix}$$

中 x^4 和 x^3 的系数.

1.4 行列式的性质

1. 行列式的性质

用行列式的定义计算 n 阶行列式,一般要计算 $n!$ 个乘积项,当 n 较大时,这是一个惊人的数字. 这表明用定义计算高阶的行列式并不是一个可行的求值方法. 为此,我们从定义出发,建立行列式的基本性质,利用这些性质来简化行列式的计算.

为了简明,下面仅叙述行列式关于行的性质,关于列也有同样的性质. 这些性质在行列式的计算和理论推导中非常重要.

性质 1.1　互换行列式的两行,行列式变号,绝对值不变.

证明　设行列式

$$D_1=\begin{vmatrix} b_{11} & b_{12} & \cdots & b_{1n} \\ b_{21} & b_{22} & \cdots & b_{2n} \\ \vdots & \vdots & & \vdots \\ b_{n1} & b_{n2} & \cdots & b_{nn} \end{vmatrix}$$

是由行列式 $D=|a_{ij}|_n$ 交换第 i,j 两行得到的,即当 $k\neq i,j$ 时,$b_{kp}=a_{kp}$；当 $k=i,j$ 时,$b_{ip}=a_{jp}$, $b_{jp}=a_{ip}$,$(p=1,2,\cdots,n)$. 于是

$$\begin{aligned} D_1 &= \sum(-1)^{\tau(p_1\cdots p_i\cdots p_j\cdots p_n)}b_{1p_1}\cdots b_{ip_i}\cdots b_{jp_j}\cdots b_{np_n} \\ &= \sum(-1)^{\tau(p_1\cdots p_i\cdots p_j\cdots p_n)}a_{1p_1}\cdots a_{jp_i}\cdots a_{ip_j}\cdots a_{np_n} \\ &= \sum(-1)^{\tau(p_1\cdots p_i\cdots p_j\cdots p_n)}a_{1p_1}\cdots a_{ip_j}\cdots a_{jp_i}\cdots a_{np_n} \end{aligned}$$

$$= -\sum(-1)^{\tau(p_1\cdots p_j\cdots p_i\cdots p_n)}a_{1p_1}\cdots a_{ip_j}\cdots a_{jp_i}\cdots a_{np_n}$$
$$= -D$$

评注: 以 r_i 表示行列式的第 i 行,以 c_i 表示第 i 列,交换第 i 行和第 j 行,记作 $r_i \leftrightarrow r_j$,交换第 i 列和第 j 列,记作 $c_i \leftrightarrow c_j$.

推论　若行列式有两行相同,则此行列式的值为零.

证明　若行列式 $|a_{ij}|_n$ 中有两行相同,我们就交换这两行. 由性质 1.1 知 $|a_{ij}|_n = -|a_{ij}|_n$,从而 $|a_{ij}|_n = 0$.

性质 1.2　用一个数 k 乘行列式,等于将行列式的某一行(列)元素都乘以 k,即

$$k\begin{vmatrix} a_{11} & a_{12} & \cdots & a_{1n} \\ \vdots & \vdots & & \vdots \\ a_{i1} & a_{i2} & \cdots & a_{in} \\ \vdots & \vdots & & \vdots \\ a_{n1} & a_{n2} & \cdots & a_{nn} \end{vmatrix} = \begin{vmatrix} a_{11} & a_{12} & \cdots & a_{1n} \\ \vdots & \vdots & & \vdots \\ ka_{i1} & ka_{i2} & \cdots & ka_{in} \\ \vdots & \vdots & & \vdots \\ a_{n1} & a_{n2} & \cdots & a_{nn} \end{vmatrix}$$

也可叙述为:若行列式某行(列)有公因子 k,则可以把它提到行列式外面(证明略).

评注: 第 i 行(列)乘以 k,记作 $r_i \times k(c_i \times k)$.

推论　若行列式中有两行对应成比例,则行列式的值为零.

证明　将比例数提到行列式之外后,得到一个两行相同的行列式;再由性质 1.1 的推论知此行列式的值为 0.

性质 1.3　将行列式的任意一行的各元素乘一个常数,再对应地加到另一行的元素上,行列式的值不变(<u>行等值变换</u>).

证明　不失一般性,设 D_1 是由行列式 $D = |a_{ij}|_n$ 中第 1 行乘以 k 加到第 2 行上得到的. 由定义,有

$$D_1 = \begin{vmatrix} a_{11} & a_{12} & \cdots & a_{1n} \\ a_{21}+ka_{11} & a_{22}+ka_{12} & \cdots & a_{2n}+ka_{1n} \\ \vdots & \vdots & & \vdots \\ a_{n1} & a_{n2} & \cdots & a_{nn} \end{vmatrix}$$
$$= \sum(-1)^{\tau}a_{1p_1}(a_{2p_2}+ka_{1p_2})\cdots a_{np_n}$$
$$= \sum(-1)^{\tau}a_{1p_1}a_{2p_2}\cdots a_{np_n} + \sum(-1)^{\tau}a_{1p_1}(ka_{1p_2})\cdots a_{np_n}$$
$$= \begin{vmatrix} a_{11} & a_{12} & \cdots \\ a_{21} & a_{22} & \cdots \\ \vdots & \vdots & \end{vmatrix} + \begin{vmatrix} a_{11} & a_{12} & \cdots \\ ka_{11} & ka_{12} & \cdots \\ \vdots & \vdots & \end{vmatrix} \text{(第二个行列式为0)}$$

$$=\begin{vmatrix} a_{11} & a_{12} & \cdots \\ a_{21} & a_{22} & \cdots \\ \vdots & \vdots & \end{vmatrix}=D$$

评注：以数 k 乘第 i 行(列)加到第 j 行(列)上，记作 $k\times r_i\to r_j(k\times c_i\to c_j)$.

性质 1.4　行列式具有<u>分行相加性</u>(行列式的<u>加法原理</u>)，即

$$\begin{vmatrix} x_{11}+y_{11} & x_{12}+y_{12} & \cdots & x_{1n}+y_{1n} \\ a_{21} & a_{22} & \cdots & a_{2n} \\ \vdots & \vdots & & \vdots \\ a_{n1} & a_{n2} & \cdots & a_{nn} \end{vmatrix}=\begin{vmatrix} x_{11} & x_{12} & \cdots & x_{1n} \\ a_{21} & a_{22} & \cdots & a_{2n} \\ \vdots & \vdots & & \vdots \\ a_{n1} & a_{n2} & \cdots & a_{nn} \end{vmatrix}+\begin{vmatrix} y_{11} & y_{12} & \cdots & y_{1n} \\ a_{21} & a_{22} & \cdots & a_{2n} \\ \vdots & \vdots & & \vdots \\ a_{n1} & a_{n2} & \cdots & a_{nn} \end{vmatrix}$$

证明　由行列式的定义，很容易验证这个等式.

2. 行列式计算举例

例 1.6　计算

$$D=\begin{vmatrix} 1 & 2 & 3 & 4 \\ 2 & 3 & 4 & 1 \\ 3 & 4 & 1 & 2 \\ 4 & 1 & 2 & 3 \end{vmatrix}$$

解　$D\xlongequal[i=2,3,4]{(-i)\times r_1\to r_i}\begin{vmatrix} 1 & 2 & 3 & 4 \\ 0 & -1 & -2 & -7 \\ 0 & -2 & -8 & -10 \\ 0 & -7 & -10 & -13 \end{vmatrix}=(-1)^3\cdot\begin{vmatrix} 1 & 2 & 3 & 4 \\ 0 & 1 & 2 & 7 \\ 0 & 2 & 8 & 10 \\ 0 & 7 & 10 & 13 \end{vmatrix}$

$$\xlongequal[(-7)\times r_2\to r_4]{(-2)\times r_2\to r_3}(-1)\cdot\begin{vmatrix} 1 & 2 & 3 & 4 \\ 0 & 1 & 2 & 7 \\ 0 & 0 & 4 & -4 \\ 0 & 0 & -4 & -36 \end{vmatrix}$$

$$\xlongequal{r_3\to r_4}(-1)\cdot\begin{vmatrix} 1 & 2 & 3 & 4 \\ 0 & 1 & 2 & 7 \\ 0 & 0 & 4 & -4 \\ 0 & 0 & 0 & -40 \end{vmatrix}=160$$

例 1.7 计算

$$D=\begin{vmatrix}1&1&1&1\\x&a&y&z\\y&y&a&z\\z&z&z&a\end{vmatrix}$$

解 $D\xlongequal[(-z)\times r_1\to r_4]{(-x)\times r_1\to r_2\atop (-y)\times r_1\to r_3}\begin{vmatrix}1&1&1&1\\0&a-x&y-x&z-x\\0&0&a-y&z-y\\0&0&0&a-z\end{vmatrix}=(a-x)(a-y)(a-z)$

例 1.8 计算

$$D=\begin{vmatrix}a&x&x&x\\x&a&x&x\\x&x&a&x\\x&x&x&a\end{vmatrix}$$

解 $D\xlongequal[i=2,3,4]{r_i\to r_1}\begin{vmatrix}a+3x&a+3x&a+3x&a+3x\\x&a&x&x\\x&x&a&x\\x&x&x&a\end{vmatrix}$

$=(a+3x)\cdot\begin{vmatrix}1&1&1&1\\x&a&x&x\\x&x&a&x\\x&x&x&a\end{vmatrix}$

$\xlongequal[i=2,3,4]{(-x)\times r_1\to r_i}(a+3x)\cdot\begin{vmatrix}1&1&1&1\\0&a-x&0&0\\0&0&a-x&0\\0&0&0&a-x\end{vmatrix}$

$=(a+3x)(a-x)^3$

例 1.9 求证

$$\begin{vmatrix}a+b&b+c&c+a\\p+q&q+r&r+p\\x+y&y+z&z+x\end{vmatrix}=2\cdot\begin{vmatrix}a&b&c\\p&q&r\\x&y&z\end{vmatrix}$$

证明 由行列式的性质 1.4 和性质 1.1 知

$$
左边=\begin{vmatrix} a & b+c & c+a \\ p & q+r & r+p \\ x & y+z & z+x \end{vmatrix}+\begin{vmatrix} b & b+c & c+a \\ q & q+r & r+p \\ y & y+z & z+x \end{vmatrix}
$$

$$
=\left(\begin{vmatrix} a & b & c+a \\ p & q & r+p \\ x & y & z+x \end{vmatrix}+\begin{vmatrix} a & c & c+a \\ p & r & r+p \\ x & z & z+x \end{vmatrix}\right)+\left(\begin{vmatrix} b & b & c+a \\ q & q & r+p \\ y & y & z+x \end{vmatrix}+\begin{vmatrix} b & c & c+a \\ q & r & r+p \\ y & z & z+x \end{vmatrix}\right)
$$

$$
=\begin{vmatrix} a & b & c \\ p & q & r \\ x & y & z \end{vmatrix}+\begin{vmatrix} b & c & a \\ q & r & p \\ y & z & x \end{vmatrix}=2\cdot\begin{vmatrix} a & b & c \\ p & q & r \\ x & y & z \end{vmatrix}=右边
$$

引理 1.1 行列式 $D=|a_{ij}|_n$ 可经过若干次行等值变换(将某一行 k 倍加到另一行上)化为上三角行列式:

$$
\begin{vmatrix} b_{11} & \cdots & b_{1n} \\ & \ddots & \vdots \\ 0 & & b_{nn} \end{vmatrix}
$$

证明 首先证明 $D=|a_{ij}|_n$ 可经过若干次行等值变换化为

$$
\begin{vmatrix} c_{11} & c_{12} & \cdots & c_{1n} \\ 0 & c_{22} & \cdots & c_{2n} \\ \vdots & \vdots & & \vdots \\ 0 & c_{n2} & \cdots & c_{nn} \end{vmatrix}
$$

若 $a_{11}=a_{21}=\cdots=a_{n1}=0$,显然成立;

若 $a_{11},a_{21},\cdots,a_{n1}$ 中有一个 $a_{i1}\neq 0$,而 $a_{11}=0$,可将第 i 行加到第 1 行上,于是可设 $a_{11}\neq 0$,这时用等值变换

$$
\left(-\frac{a_{i1}}{a_{11}}\right)\times r_1\to r_i \qquad (i\geqslant 2)
$$

则

$$
\begin{vmatrix} a_{11} & a_{12} & \cdots & a_{1n} \\ a_{21} & a_{22} & \cdots & a_{2n} \\ \vdots & \vdots & & \vdots \\ a_{n1} & a_{n2} & \cdots & a_{nn} \end{vmatrix}=\begin{vmatrix} c_{11} & c_{12} & \cdots & c_{1n} \\ 0 & c_{22} & \cdots & c_{2n} \\ \vdots & \vdots & & \vdots \\ 0 & c_{n2} & \cdots & c_{nn} \end{vmatrix}
$$

再对上式右边的行列式的后 $n-1$ 行进行同样的变换,得

$$\begin{vmatrix} a_{11} & a_{12} & a_{13} & \cdots & a_{1n} \\ a_{21} & a_{22} & a_{23} & \cdots & a_{2n} \\ a_{31} & a_{32} & a_{33} & \cdots & a_{3n} \\ \vdots & \vdots & \vdots & & \vdots \\ a_{n1} & a_{n2} & a_{n3} & \cdots & a_{nn} \end{vmatrix} = \begin{vmatrix} c_{11} & c_{12} & c_{13} & \cdots & c_{1n} \\ 0 & c_{22} & c_{23} & \cdots & c_{2n} \\ 0 & 0 & c_{33} & \cdots & c_{3n} \\ \vdots & \vdots & \vdots & & \vdots \\ 0 & 0 & c_{n3} & \cdots & c_{nn} \end{vmatrix}$$

重复上述过程,则命题为真.

命题 1.4　下列等式成立:

$$\begin{vmatrix} a_{11} & \cdots & a_{1k} & c_{11} & \cdots & c_{1l} \\ \vdots & & \vdots & \vdots & & \vdots \\ a_{k1} & \cdots & a_{kk} & c_{k1} & \cdots & c_{kl} \\ 0 & \cdots & 0 & b_{11} & \cdots & b_{1l} \\ \vdots & & \vdots & \vdots & & \vdots \\ 0 & \cdots & 0 & b_{l1} & \cdots & b_{ll} \end{vmatrix} = \begin{vmatrix} a_{11} & \cdots & a_{1k} \\ \vdots & & \vdots \\ a_{k1} & \cdots & a_{kk} \end{vmatrix} \cdot \begin{vmatrix} b_{11} & \cdots & b_{1l} \\ \vdots & & \vdots \\ b_{l1} & \cdots & b_{ll} \end{vmatrix}$$

证明　由上面的引理 1.1,经过若干次行等值变换后

$$\begin{vmatrix} a_{11} & \cdots & a_{1k} \\ \vdots & & \vdots \\ a_{k1} & \cdots & a_{kk} \end{vmatrix}, \quad \begin{vmatrix} b_{11} & \cdots & b_{1l} \\ \vdots & & \vdots \\ b_{l1} & \cdots & b_{ll} \end{vmatrix}$$

可分别化为

$$\begin{vmatrix} a_1 & & * \\ & \ddots & \\ 0 & & a_k \end{vmatrix} = a_1 \cdots a_k, \quad \begin{vmatrix} b_1 & & * \\ & \ddots & \\ 0 & & b_l \end{vmatrix} = b_1 \cdots b_l$$

因而,在

$$\begin{vmatrix} a_{11} & \cdots & a_{1k} & c_{11} & \cdots & c_{1l} \\ \vdots & & \vdots & \vdots & & \vdots \\ a_{k1} & \cdots & a_{kk} & c_{k1} & \cdots & c_{kl} \\ 0 & \cdots & 0 & b_{11} & \cdots & b_{1l} \\ \vdots & & \vdots & \vdots & & \vdots \\ 0 & \cdots & 0 & b_{l1} & \cdots & b_{ll} \end{vmatrix}$$

的前 k 行和后 l 行进行同样的行等值变换，此行列式化为

$$\begin{vmatrix} a_1 & & & & & * \\ & \ddots & & & & \\ & & a_k & & & \\ & & & b_1 & & \\ & & & & \ddots & \\ 0 & & & & & b_l \end{vmatrix} = (a_1 \cdots a_k) \cdot (b_1 \cdots b_l)$$

由此看到本命题中的等式成立.

评注： 同理，我们可以证明

$$\begin{vmatrix} a_{11} & \cdots & a_{1k} & 0 & \cdots & 0 \\ \vdots & & \vdots & \vdots & & \vdots \\ a_{k1} & \cdots & a_{kk} & 0 & \cdots & 0 \\ c_{11} & \cdots & c_{1k} & b_{11} & \cdots & b_{1l} \\ \vdots & & \vdots & \vdots & & \vdots \\ c_{l1} & \cdots & c_{lk} & b_{l1} & \cdots & b_{ll} \end{vmatrix} = \begin{vmatrix} a_{11} & \cdots & a_{1k} \\ \vdots & & \vdots \\ a_{k1} & \cdots & a_{kk} \end{vmatrix} \cdot \begin{vmatrix} b_{11} & \cdots & b_{1l} \\ \vdots & & \vdots \\ b_{l1} & \cdots & b_{ll} \end{vmatrix}$$

例 1.10 计算行列式

$$D = \begin{vmatrix} 1 & 2 & 1 & 2 & 3 \\ 4 & 5 & 2 & 3 & 1 \\ 7 & 8 & 3 & 1 & 2 \\ 1 & 2 & 0 & 0 & 0 \\ 2 & 1 & 0 & 0 & 0 \end{vmatrix}$$

解 将行列式的第 3 列与第 2 列、第 1 列逐一交换到第 1 列；同样将第 4 列交换到第 2 列，将第 5 列交换到第 3 列，即

$$D = (-1)^{2\times 3} \begin{vmatrix} 1 & 2 & 3 & 1 & 2 \\ 2 & 3 & 1 & 4 & 5 \\ 3 & 1 & 2 & 7 & 8 \\ 0 & 0 & 0 & 1 & 2 \\ 0 & 0 & 0 & 2 & 1 \end{vmatrix} = \begin{vmatrix} 1 & 2 & 3 \\ 2 & 3 & 1 \\ 3 & 1 & 2 \end{vmatrix} \cdot \begin{vmatrix} 1 & 2 \\ 2 & 1 \end{vmatrix} = 54$$

例 1.11 求证

$$\begin{vmatrix} a & b & c & d \\ -b & a & -d & c \\ c & d & a & b \\ -d & c & -b & a \end{vmatrix} = [(a-c)^2 + (b-d)^2] \cdot [(a+c)^2 + (b+d)^2]$$

证明

$$\text{左边}\xlongequal[r_2\to r_4]{r_1\to r_3}\begin{vmatrix} a & b & c & d \\ -b & a & -d & c \\ c+a & d+b & a+c & b+d \\ -d-b & c+a & -b-d & a+c \end{vmatrix}$$

$$\xlongequal[(-1)\times c_4\to c_2]{(-1)\times c_3\to c_1}\begin{vmatrix} a-c & b-d & c & d \\ -b+d & a-c & -d & c \\ 0 & 0 & a+c & b+d \\ 0 & 0 & -b-d & a+c \end{vmatrix}$$

$$=\begin{vmatrix} a-c & b-d \\ -(b-d) & a-c \end{vmatrix}\cdot\begin{vmatrix} a+c & b+d \\ -(b+d) & a+c \end{vmatrix}=\text{右边}$$

习 题 1.4

1. 计算下列行列式：

(1) $\begin{vmatrix} 0 & 1 & 1 & 1 \\ 1 & 0 & 1 & 1 \\ 1 & 1 & 0 & 1 \\ 1 & 1 & 1 & 0 \end{vmatrix}$；

(2) $\begin{vmatrix} 1 & 2 & -1 & 2 \\ 3 & 0 & 1 & 5 \\ 1 & -2 & 0 & 3 \\ -2 & -4 & 1 & 6 \end{vmatrix}$；

(3) $\begin{vmatrix} 9 & -9 & 7 & 6 \\ -3 & 6 & 8 & -5 \\ -6 & 9 & -3 & -7 \\ 12 & -8 & 6 & 4 \end{vmatrix}$；

(4) $\begin{vmatrix} -1 & 1 & 1 & 1 \\ 1 & -1 & 1 & 1 \\ 1 & 1 & -1 & 1 \\ 1 & 1 & 1 & -1 \end{vmatrix}$；

(5) $\begin{vmatrix} 1 & 2 & 3 & 6 \\ 3 & 4 & 9 & 8 \\ 0 & 0 & -1 & 3 \\ 0 & 0 & 5 & 1 \end{vmatrix}$；

(6) $\begin{vmatrix} 0 & 0 & 1 & -1 & 2 \\ 0 & 0 & 3 & 0 & 2 \\ 0 & 0 & 2 & 4 & 0 \\ 1 & 2 & 0 & 0 & 0 \\ 3 & 1 & 0 & 0 & 0 \end{vmatrix}$；

(7) $\begin{vmatrix} 2 & 1 & 4 & 1 \\ 3 & -1 & 2 & 1 \\ 1 & 2 & 3 & 2 \\ 5 & 0 & 6 & 2 \end{vmatrix}$；

(8) $\begin{vmatrix} 0 & 1 & 1 & a \\ 1 & 0 & 1 & b \\ 1 & 1 & 0 & c \\ a & b & c & d \end{vmatrix}$；

(9) $\begin{vmatrix} 0 & x & y & z \\ x & 0 & z & y \\ y & z & 0 & x \\ z & y & x & 0 \end{vmatrix}$;　　(10) $\begin{vmatrix} 1 & 1 & 2 & 3 \\ 1 & 2-x^2 & 2 & 3 \\ 2 & 3 & 1 & 5 \\ 2 & 3 & 1 & 9-x^2 \end{vmatrix}$.

2. 证明下列等式：

(1) $\begin{vmatrix} a^2 & ab & b^2 \\ 2a & a+b & 2b \\ 1 & 1 & 1 \end{vmatrix} = (a-b)^3$;

(2) $\begin{vmatrix} ax+by & ay+bz & az+bx \\ ay+bz & az+bx & ax+by \\ az+bx & ax+by & ay+bz \end{vmatrix} = (a^3+b^3)\cdot\begin{vmatrix} x & y & z \\ y & z & x \\ z & x & y \end{vmatrix}$;

(3) $\begin{vmatrix} a^2 & (a+1)^2 & (a+2)^2 & (a+3)^2 \\ b^2 & (b+1)^2 & (b+2)^2 & (b+3)^2 \\ c^2 & (c+1)^2 & (c+2)^2 & (c+3)^2 \\ d^2 & (d+1)^2 & (d+2)^2 & (d+3)^2 \end{vmatrix} = 0$.

3. 若行列式

$$D = \begin{vmatrix} a_{11} & \cdots & a_{1n} \\ \vdots & & \vdots \\ a_{n1} & \cdots & a_{nn} \end{vmatrix}$$

的每一行元素的和都为 0，计算 D.

4. 若行列式

$$D = \begin{vmatrix} a_{11} & \cdots & a_{1n} \\ \vdots & & \vdots \\ a_{n1} & \cdots & a_{nn} \end{vmatrix}$$

的阶数为奇数，且对任何 i,j 有 $a_{ij} = -a_{ji}$，求证 $D=0$.

1.5　行列式按行(列)展开

1. 代数余子式

余子式与代数余子式：在 $n(n\geqslant 2)$ 阶行列式 $|a_{ij}|_n$ 中，删去 a_{ij} 所在的第 i 行和第 j 列，余下的元素按原来的位置构成的 $n-1$ 阶行列式称为 a_{ij} 对应的**余子式**，记为 M_{ij}；而称

$A_{ij}=(-1)^{i+j}\cdot M_{ij}$为$a_{ij}$对应的**代数余子式**.

例如,在$\begin{vmatrix}2&1&4\\1&0&5\\3&4&2\end{vmatrix}$中,$a_{23}$对应的余子式和代数余子式分别为

$$M_{23}=\begin{vmatrix}2&1\\3&4\end{vmatrix}=5,\quad A_{23}=(-1)^{2+3}\cdot M_{23}=-5$$

评注:这里,我们要注意到M_{ij},A_{ij}只取决于a_{ij}的位置,与a_{ij}的值无关. 例如,行列式

$$\begin{vmatrix}x_{11}&x_{12}&x_{13}\\a_{21}&a_{22}&a_{23}\\a_{31}&a_{32}&a_{33}\end{vmatrix}\quad 和 \quad\begin{vmatrix}y_{11}&y_{12}&y_{13}\\a_{21}&a_{22}&a_{23}\\a_{31}&a_{32}&a_{33}\end{vmatrix}$$

的第一行元素的代数余子式A_{11},A_{12},A_{13}分别对应相等.

2. 行列式的展开定理

引理 1.2 一个n阶行列式,如果其中第i行所有元素除a_{ij}外都为零,那么此行列式等于a_{ij}与它的代数余子式的乘积.

即
$$D=\begin{vmatrix}a_{11}&a_{12}&\cdots&a_{1j}&\cdots&a_{1n}\\\vdots&\vdots&&\vdots&&\vdots\\0&0&\cdots&a_{ij}&\cdots&0\\\vdots&\vdots&&\vdots&&\vdots\\a_{n1}&a_{n2}&\cdots&a_{nj}&\cdots&a_{nn}\end{vmatrix}=a_{ij}A_{ij}$$

证明 先证a_{ij}位于第一行第一列的情形,此时

$$D=\begin{vmatrix}a_{11}&0&\cdots&0\\a_{21}&a_{22}&\cdots&a_{2n}\\\vdots&\vdots&&\vdots\\a_{n1}&a_{n2}&\cdots&a_{nn}\end{vmatrix}$$

由 1.4 节命题 1.4 的评注知

$$D=a_{11}\begin{vmatrix}a_{22}&\cdots&a_{2n}\\\vdots&&\vdots\\a_{n2}&\cdots&a_{nn}\end{vmatrix}=a_{11}M_{11}=(-1)^{1+1}a_{11}M_{11}=a_{11}A_{11}$$

再证一般情形,此时

$$D=\begin{vmatrix} a_{11} & \cdots & a_{1j} & \cdots & a_{1n} \\ \vdots & & \vdots & & \vdots \\ 0 & \cdots & a_{ij} & \cdots & 0 \\ \vdots & & \vdots & & \vdots \\ a_{n1} & \cdots & a_{nj} & \cdots & a_{nn} \end{vmatrix}$$

把行列式 D 作如下调换:把 D 的第 i 行依次与第 $i-1$ 行,$i-2$ 行,…,第 1 行对调,这样 a_{ij} 就调到原来 a_{1j} 的位置上,调换的次数为 $i-1$; 再把第 j 列依次与第 $j-1$ 列,第 $j-2$ 列,…,第 1 列对调,这样 a_{ij} 就调到左上角,调换的次数为 $j-1$. 综上,经过 $i+j-2$ 次调换,把 a_{ij} 调到左上角,所得的行列式设为 D_1,则

$$D_1=(-1)^{i+j-2}D=(-1)^{i+j}D$$

而元素 a_{ij} 在 D_1 中的余子式仍然是 a_{ij} 在 D 中的余子式 M_{ij},于是 $D_1=a_{ij}M_{ij}$,则

$$D=(-1)^{i+j}D_1=(-1)^{i+j}a_{ij}M_{ij}=a_{ij}A_{ij}$$

定理 1.2 设 $D=|a_{ij}|_n$ 为 n 阶行列式,则:

(1) $a_{i1}A_{j1}+a_{i2}A_{j2}+\cdots+a_{in}A_{jn}=\begin{cases} D & (i=j) \\ 0 & (i\neq j) \end{cases}$;

(2) $a_{1i}A_{1j}+a_{2i}A_{2j}+\cdots+a_{ni}A_{nj}=\begin{cases} D & (i=j) \\ 0 & (i\neq j) \end{cases}$.

即行列式的任何一行(列)的元素与其对应的代数余子式之积的和等于这个行列式自身; 而任何一行(列)的元素与另一行(列)元素对应的代数余子式之积的和等于零.

证明 当 $i=j$ 时

$$D=\begin{vmatrix} a_{11} & a_{12} & \cdots & a_{1n} \\ \vdots & \vdots & & \vdots \\ a_{i1}+0+\cdots+0 & 0+a_{i2}+\cdots+0 & \cdots & 0+0+\cdots+a_{in} \\ \vdots & \vdots & & \vdots \\ a_{n1} & a_{n2} & \cdots & a_{nn} \end{vmatrix}$$

$$=\begin{vmatrix} a_{11} & a_{12} & \cdots & a_{1n} \\ \vdots & \vdots & & \vdots \\ a_{i1} & 0 & \cdots & 0 \\ \vdots & \vdots & & \vdots \\ a_{n1} & a_{n2} & \cdots & a_{nn} \end{vmatrix}+\begin{vmatrix} a_{11} & a_{12} & \cdots & a_{1n} \\ \vdots & \vdots & & \vdots \\ 0 & a_{i2} & \cdots & 0 \\ \vdots & \vdots & & \vdots \\ a_{n1} & a_{n2} & \cdots & a_{nn} \end{vmatrix}+\cdots+\begin{vmatrix} a_{11} & a_{12} & \cdots & a_{1n} \\ \vdots & \vdots & & \vdots \\ 0 & 0 & \cdots & a_{in} \\ \vdots & \vdots & & \vdots \\ a_{n1} & a_{n2} & \cdots & a_{nn} \end{vmatrix}$$

根据引理 1.2 即得

$$D=a_{i1}A_{i1}+a_{i2}A_{i2}+\cdots+a_{in}A_{in}\quad (i=1,2,\cdots,n)$$

类似的,若按列证明,可得

$$D=a_{1j}A_{1j}+a_{2j}A_{2j}+\cdots+a_{nj}A_{nj}\quad(j=1,2,\cdots,n)$$

当 $i\neq j$ 时，把行列式 $D=|a_{ij}|_n$ 按第 j 行展开，有

$$a_{j1}A_{j1}+a_{j2}A_{j2}+\cdots+a_{jn}A_{jn}=\begin{vmatrix}a_{11}&\cdots&a_{1n}\\ \vdots&&\vdots\\ a_{i1}&\cdots&a_{in}\\ \vdots&&\vdots\\ a_{j1}&\cdots&a_{jn}\\ \vdots&&\vdots\\ a_{n1}&\cdots&a_{nn}\end{vmatrix}$$

把上式中的 a_{jk} 换成 $a_{ik}(k=1,2,\cdots,n)$，可得

$$a_{i1}A_{j1}+a_{i2}A_{j2}+\cdots+a_{in}A_{jn}=\begin{vmatrix}a_{11}&\cdots&a_{1n}\\ \vdots&&\vdots\\ a_{i1}&\cdots&a_{in}\\ \vdots&&\vdots\\ a_{i1}&\cdots&a_{in}\\ \vdots&&\vdots\\ a_{n1}&\cdots&a_{nn}\end{vmatrix}\begin{matrix}\\ \\ \leftarrow\text{第 } i \text{ 行}\\ \\ \leftarrow\text{第 } j \text{ 行}\\ \\ \\ \end{matrix}$$

上式右边行列式中有两行对应元素相同，故行列式为零，即得

$$a_{i1}A_{j1}+a_{i2}A_{j2}+\cdots+a_{in}A_{jn}=0$$

上述证法如按列进行，即可得

$$a_{1i}A_{1j}+a_{2i}A_{2j}+\cdots+a_{ni}A_{nj}=0$$

综上分析，定理结论成立.

例 1.12 计算

$$D=\begin{vmatrix}3&1&-1&2\\-5&1&3&-4\\2&0&1&-1\\1&-5&3&-3\end{vmatrix}$$

解

$$D\xlongequal[c_3\to c_4]{(-2)\times c_3\to c_1}\begin{vmatrix}5&1&-1&1\\-11&1&3&-1\\0&0&1&0\\-5&-5&3&0\end{vmatrix}=(-1)^{3+3}\begin{vmatrix}5&1&1\\-11&1&-1\\-5&-5&0\end{vmatrix}$$

$$\xlongequal{r_1\to r_2}\begin{vmatrix}5&1&1\\-6&2&0\\-5&-5&0\end{vmatrix}=(-1)^{1+3}\begin{vmatrix}-6&2\\-5&-5\end{vmatrix}=40$$

例 1.13 计算

$$D=\begin{vmatrix}a&0&0&b\\0&a&b&0\\0&c&d&0\\c&0&0&d\end{vmatrix}$$

解 按第 1 列展开

$$D=a(-1)^{1+1}\begin{vmatrix}a&b&0\\c&d&0\\0&0&d\end{vmatrix}+c(-1)^{4+1}\begin{vmatrix}0&0&b\\a&b&0\\c&d&0\end{vmatrix}$$

$$=ad(-1)^{3+3}\begin{vmatrix}a&b\\c&d\end{vmatrix}-cb(-1)^{1+3}\begin{vmatrix}a&b\\c&d\end{vmatrix}$$

$$=(ad-bc)\begin{vmatrix}a&b\\c&d\end{vmatrix}=(ad-bc)^2$$

例 1.14 求证 $n(n\geqslant 2)$ 阶**范德蒙**(Van der Monde)**行列式**:

$$V_n(a_1,\cdots,a_n)=\begin{vmatrix}1&1&1&\cdots&1\\a_1&a_2&a_3&\cdots&a_n\\a_1^2&a_2^2&a_3^2&\cdots&a_n^2\\\vdots&\vdots&\vdots&&\vdots\\a_1^{n-1}&a_2^{n-1}&a_3^{n-1}&\cdots&a_n^{n-1}\end{vmatrix}=\prod_{1\leqslant j<i\leqslant n}(a_i-a_j)$$

例如,

$$V_4(a_1,a_2,a_3,a_4)=\begin{vmatrix}1&1&1&1\\a_1&a_2&a_3&a_4\\a_1^2&a_2^2&a_3^2&a_4^2\\a_1^3&a_2^3&a_3^3&a_4^3\end{vmatrix}=\begin{cases}(a_4-a_3)(a_4-a_2)(a_4-a_1)\\\qquad\qquad(a_3-a_2)(a_3-a_1)\\\qquad\qquad\qquad\qquad(a_2-a_1)\end{cases}$$

证明 我们用数学归纳法证明此等式.

首先,对二阶行列式,结论成立:

$$\begin{vmatrix}1&1\\a_1&a_2\end{vmatrix}=a_2-a_1$$

现在假设结论对 $n-1$ 阶行列式成立.

对于 n 阶行列式,我们先依次应用

$$(-a_n)\times r_{n-1}\to r_n,\quad (-a_n)\times r_{n-2}\to r_{n-1},\quad \cdots,\quad (-a_n)\times r_1\to r_2$$

到 V_n 上,得到

$$V_n=\begin{vmatrix} 1 & 1 & \cdots & 1 & 1 \\ a_1-a_n & a_2-a_n & \cdots & a_{n-1}-a_n & 0 \\ a_1(a_1-a_n) & a_2(a_2-a_n) & \cdots & a_{n-1}(a_{n-1}-a_n) & 0 \\ \vdots & \vdots & & \vdots & \vdots \\ a_1^{n-2}(a_1-a_n) & a_2^{n-2}(a_2-a_n) & \cdots & a_{n-1}^{n-2}(a_{n-1}-a_n) & 0 \end{vmatrix}$$

(按第 n 列展开)

$$=\begin{vmatrix} a_1-a_n & a_2-a_n & \cdots & a_{n-1}-a_n \\ a_1(a_1-a_n) & a_2(a_2-a_n) & \cdots & a_{n-1}(a_{n-1}-a_n) \\ \vdots & \vdots & & \vdots \\ a_1^{n-2}(a_1-a_n) & a_2^{n-2}(a_2-a_n) & \cdots & a_{n-1}^{n-2}(a_{n-1}-a_n) \end{vmatrix}\cdot(-1)^{1+n}$$

$$=\begin{vmatrix} 1 & 1 & \cdots & 1 \\ a_1 & a_2 & \cdots & a_{n-1} \\ \vdots & \vdots & & \vdots \\ a_1^{n-2} & a_2^{n-2} & \cdots & a_{n-1}^{n-2} \end{vmatrix}\cdot\prod_{1\leqslant i\leqslant n-1}(a_n-a_i)$$

$$=V_{n-1}(a_1,\cdots,a_{n-1})\cdot\prod_{1\leqslant i\leqslant n-1}(a_n-a_i)$$

由归纳假设 $V_{n-1}(a_1,\cdots,a_{n-1})=\prod\limits_{1\leqslant j<i\leqslant n-1}(a_i-a_j)$,从而

$$V_n=\prod_{1\leqslant j<i\leqslant n-1}(a_i-a_j)\cdot\prod_{1\leqslant i\leqslant n-1}(a_n-a_i)=\prod_{1\leqslant j<i\leqslant n}(a_i-a_j)$$

由归纳原理,本题结论成立.

评注:范德蒙行列式 $V_n(a_1,\cdots,a_n)$ 是一个很有用的行列式. 注意 $V_n(a_1,\cdots,a_n)\neq 0\Leftrightarrow a_i\neq a_j(i\neq j)$.

习 题 1.5

1. 计算下列行列式的一切代数余子式:

(1) $\begin{vmatrix} a & b \\ c & d \end{vmatrix}$;　　　(2) $\begin{vmatrix} 2 & -1 & 4 \\ 3 & 1 & 5 \\ 0 & 1 & 1 \end{vmatrix}$.

2. 对于行列式

$$\begin{vmatrix} 1 & -5 & 1 & 3 \\ 1 & 1 & 3 & 4 \\ 1 & 1 & 2 & 3 \\ 2 & 2 & 3 & 4 \end{vmatrix}$$

计算 $A_{14}+A_{24}+A_{34}+A_{44}$.

3. 对于 n 阶行列式

$$D_n=\begin{vmatrix} x & a & \cdots & a \\ a & x & \cdots & a \\ \vdots & \vdots & & \vdots \\ a & a & \cdots & x \end{vmatrix}$$

计算 $A_{11}+A_{12}+\cdots+A_{1n}$.

4. 计算下列行列式：

(1) $\begin{vmatrix} 1 & 1 & 1 & 1 \\ 1 & 2 & 3 & 4 \\ 1 & 3 & 5 & 6 \\ 1 & 4 & 6 & 7 \end{vmatrix}$;

(2) $\begin{vmatrix} 1 & 2 & 3 & 4 \\ 4 & 1 & 2 & 3 \\ 3 & 4 & 1 & 2 \\ 2 & 3 & 4 & 1 \end{vmatrix}$;

(3) $\begin{vmatrix} 2 & 1 & -1 & 4 \\ -2 & 3 & 2 & -5 \\ 1 & -2 & -3 & 2 \\ -4 & -3 & 2 & -2 \end{vmatrix}$;

(4) $\begin{vmatrix} 3 & 1 & 1 & 1 \\ 1 & 3 & 1 & 1 \\ 1 & 1 & 3 & 1 \\ 1 & 1 & 1 & 3 \end{vmatrix}$;

(5) $\begin{vmatrix} a & b & b & b \\ a & b & a & a \\ a & a & b & a \\ b & b & b & a \end{vmatrix}$;

(6) $\begin{vmatrix} 1+x & 1 & 1 & 1 \\ 1 & 1-x & 1 & 1 \\ 1 & 1 & 1+y & 1 \\ 1 & 1 & 1 & 1-y \end{vmatrix}$;

(7) $\begin{vmatrix} a & 1 & 0 & 0 \\ -1 & b & 1 & 0 \\ 0 & -1 & c & 1 \\ 0 & 0 & -1 & d \end{vmatrix}$;

(8) $\begin{vmatrix} \frac{3}{4} & 2 & -\frac{1}{2} & -5 \\ 1 & -2 & \frac{3}{2} & 8 \\ \frac{5}{6} & -\frac{4}{3} & \frac{4}{3} & \frac{14}{3} \\ \frac{2}{5} & -\frac{4}{5} & \frac{1}{2} & \frac{12}{5} \end{vmatrix}$.

5. 计算下列 n 阶行列式：

(1) $D_n=\begin{vmatrix}1&1&1&\cdots&1\\1&0&1&\cdots&1\\1&1&0&\cdots&1\\\vdots&\vdots&\vdots&&\vdots\\1&1&1&\cdots&0\end{vmatrix}$；　　(2) $D_n=\begin{vmatrix}a&0&\cdots&0&1\\0&a&\cdots&0&0\\\vdots&\vdots&&\vdots&\vdots\\0&0&\cdots&a&0\\1&0&\cdots&0&a\end{vmatrix}$；

(3) $D_n=\begin{vmatrix}x&a&\cdots&a\\a&x&\cdots&a\\\vdots&\vdots&&\vdots\\a&a&\cdots&x\end{vmatrix}$.

1.6　克莱姆法则

1. 克莱姆法则

含有 n 个未知数 $x_1,x_2,\cdots,x_n$ 的 n 个线性方程的方程组

$$\begin{cases}a_{11}x_1+a_{12}x_2+\cdots+a_{1n}x_n=b_1\\a_{21}x_1+a_{22}x_2+\cdots+a_{2n}x_n=b_2\\\qquad\vdots\\a_{n1}x_1+a_{n2}x_2+\cdots+a_{nn}x_n=b_n\end{cases}\tag{1.1}$$

与二、三元线性方程组类似,它的解可以用 n 阶行列式表示.

定理 1.3(Cramer) **若上述线性方程组(1.1)的系数行列式不等于零,即**

$$D=\begin{vmatrix}a_{11}&\cdots&a_{1n}\\\vdots&&\vdots\\a_{n1}&\cdots&a_{nn}\end{vmatrix}\neq0$$

则此方程组有唯一的一组解

$$x_1=\frac{D_1}{D},\quad x_2=\frac{D_2}{D},\quad\cdots,\quad x_n=\frac{D_n}{D}\tag{1.2}$$

这里 $D_i(i=1,2,\cdots,n)$ 是将系数行列式 D 中的第 i 列元素 $a_{1i},\cdots,a_{ni}$ 换成右端自由项 $b_1,\cdots,b_n$ 代替后得到的行列式,即

$$D_i=\begin{vmatrix} a_{11} & \cdots & a_{1,i-1} & b_1 & a_{1,i+1} & \cdots & a_{1n} \\ a_{21} & \cdots & a_{2,i-1} & b_2 & a_{2,i+1} & \cdots & a_{2n} \\ \vdots & & \vdots & \vdots & \vdots & & \vdots \\ a_{n1} & \cdots & a_{n,i-1} & b_n & a_{n,i+1} & \cdots & a_{nn} \end{vmatrix}$$

评注:此定理中包含三个结论,即① 方程组有解;② 解是唯一的;③ 解的形式由式(1.2)给出了. 后面的学习中,我们将利用逆阵的理论给予证明.

例 1.15 解线性方程组

$$\begin{cases} 2x_1+x_2-5x_3+x_4=8 \\ x_1-3x_2-6x_4=9 \\ 2x_2-x_3+2x_4=-5 \\ x_1+4x_2-7x_3+6x_4=0 \end{cases}$$

解 此方程组的系数行列式

$$D=\begin{vmatrix} 2 & 1 & -5 & 1 \\ 1 & -3 & 0 & -6 \\ 0 & 2 & -1 & 2 \\ 1 & 4 & -7 & 6 \end{vmatrix}=27$$

$$D_1=\begin{vmatrix} 8 & 1 & -5 & 1 \\ 9 & -3 & 0 & -6 \\ -5 & 2 & -1 & 2 \\ 0 & 4 & -7 & 6 \end{vmatrix}=81,\quad D_2=\begin{vmatrix} 2 & 8 & -5 & 1 \\ 1 & 9 & 0 & -6 \\ 0 & -5 & -1 & 2 \\ 1 & 0 & -7 & 6 \end{vmatrix}=-108$$

$$D_3=\begin{vmatrix} 2 & 1 & 8 & 1 \\ 1 & -3 & 9 & -6 \\ 0 & 2 & -5 & 2 \\ 1 & 4 & 0 & 6 \end{vmatrix}=-27,\quad D_4=\begin{vmatrix} 2 & 1 & -5 & 8 \\ 1 & -3 & 0 & 9 \\ 0 & 2 & -1 & -5 \\ 1 & 4 & -7 & 0 \end{vmatrix}=27$$

于是得 $x_1=\dfrac{D_1}{D}=3,\quad x_2=\dfrac{D_2}{D}=-4,\quad x_3=\dfrac{D_3}{D}=-1,\quad x_4=\dfrac{D_4}{D}=1.$

推论 1 **如果线性方程组(1.1)无解或有两组不同的解,则它的系数行列式必为零.**

2. 特殊的齐次线性方程组

我们称下面的特殊线性方程组

$$\begin{cases} a_{11}x_1+a_{12}x_2+\cdots+a_{1n}x_n=0 \\ a_{21}x_1+a_{22}x_2+\cdots+a_{2n}x_n=0 \\ \qquad\vdots \\ a_{m1}x_1+a_{m2}x_2+\cdots+a_{mn}x_n=0 \end{cases} \tag{1.3}$$

为**齐次线性方程组**,此方程组有一组**零解** $x_1=\cdots=x_n=0$. 对于齐次线性方程组,我们关心的是它除了这组零解之外,还有没有其他的**非零解**. 此问题在线性代数中是非常重要的. 作为克莱姆法则的应用,当方程的个数与未知数的个数相等时,我们给出判别齐次线性方程组有非零解的必要条件. 一般情况下,齐次线性方程组有非零解的充要条件将在后面的学习中利用矩阵的秩作统一讨论.

推论 2　齐次线性方程组

$$\begin{cases}a_{11}x_1+a_{12}x_2+\cdots+a_{1n}x_n=0\\ a_{21}x_1+a_{22}x_2+\cdots+a_{2n}x_n=0\\ \qquad\vdots\\ a_{n1}x_1+a_{n2}x_2+\cdots+a_{nn}x_n=0\end{cases}\tag{1.4}$$

的系数行列式 $D\neq0$,则齐次线性方程组(1.4)没有非零解,即仅有零解.

推论 3　如果齐次线性方程组(1.4)有非零解,则它的系数行列式必为零.

评注: 上述两个推论说明系数行列式 $D=0$ 是齐次线性方程组(1.4)有非零解的必要条件.

例 1.16　讨论齐次线性方程组

$$\begin{cases}\lambda x_1+x_2+x_3=0\\ x_1+\lambda x_2+x_3=0\\ x_1+x_2+\lambda x_3=0\end{cases}$$

有非零解的必要条件.

解　此方程组的系数行列式

$$D=\begin{vmatrix}\lambda & 1 & 1\\ 1 & \lambda & 1\\ 1 & 1 & \lambda\end{vmatrix}=(\lambda+2)(\lambda-1)^2$$

故 $\lambda=-2$ 或 $\lambda=1$ 为此齐次线性方程组有非零解的必要条件.

习　题　1.6

1. 用克莱姆法则解下列方程组:

(1) $\begin{cases}x_1+x_2-2x_3=-2\\ \qquad x_2+2x_3=1\\ x_1-x_2\qquad\quad=2\end{cases}$;　　(2) $\begin{cases}5x_1\qquad\ +4x_3+2x_4=3\\ x_1-x_2+2x_3+x_4=1\\ 4x_1+x_2+2x_3\qquad=1\\ x_1+x_2+x_3+x_4=0\end{cases}$.

2. 讨论齐次线性方程组

$$\begin{cases}\lambda x_1+x_2+x_3=0\\x_1+\mu x_2+x_3=0\\x_1+2\mu x_2+x_3=0\end{cases}$$

有非零解的必要条件.

3. 求证一元三次方程 $ax^3+bx^2+cx+d=0$(设 a,b,c,d 为常数,且 $a\neq0$)不可能有四个不同的根.

第 2 章　空间解析几何与向量代数

十六世纪以后，由于生产和科技的发展，天文、力学、航海等方面都对几何学提出了新的需要. 如德国天文学家开普勒发现行星是绕着太阳沿着椭圆轨道运行的，太阳处在这个椭圆的一个焦点上；意大利科学家伽利略发现投掷物体是沿着抛物线运动的.

这些发现都涉及到圆锥曲线，要研究这些比较复杂的曲线，原先的一套显然已经不能够适应了，这就引起了解析几何的发展. 在平面解析几何中，我们在平面中建立平面直角坐标系，将平面上的一个点与一个有序数对对应起来，将平面中一些曲线与代数方程对应起来，从而我们可以用代数方法研究几何问题. 本章中我们将这样的方法推广到空间中，首先建立空间直角坐标系，然后引进向量的概念，介绍向量的运算，作为线性代数的一个几何模型，以向量为工具来讨论空间的平面和直线，最后也讨论了空间中特殊曲线与曲面. 本章中涉及到的一切数均属于实数域.

2.1　空间直角坐标系

1. 空间直角坐标系

如图 2.1 所示，在空间中取定一点 O 作原点，作三个坐标轴：x 轴，y 轴，z 轴. 这三个坐标轴依次成右手系，即三个坐标轴相互垂直，且可使拇指指向 x 轴正向，食指指向 y 轴正向，中指指向 z 轴正向；注意，我们还要求三个坐标轴是同度的，即单位长度在三个坐标轴上是相同的. 这样的坐标系称为**空间直角坐标系**，记为 $Oxyz$.

在坐标系 $Oxyz$ 中，两个坐标轴张成的平面称**坐标面**，有 xOy 坐标面、yOz 坐标面、zOx 坐标面.

如图 2.2 所示，在坐标系 $Oxyz$ 中，三个坐标面将整个空间分成八个不相通的部分，每一部分称为一个**卦限**. xOy 坐标面第一象限的上方（z 轴正向）为第一卦限，第二象限的上方为第二卦限，第三象限的上方为第三卦限，第四象限的上方为第四卦限，第一卦限的下方为第五卦限，第二卦限的下方为第六卦限，第三卦限的下方为第七卦限，第四卦限的下方为第八卦限；这八个卦限依次用 Ⅰ，Ⅱ，Ⅲ，Ⅳ，Ⅴ，Ⅵ，Ⅶ和Ⅷ表示.

如图 2.3 所示，在空间直角坐标系 $Oxyz$ 中，若点 M 在 x 轴、y 轴、z 轴上的垂直投影点分别为 P,Q,R，这三点在这三个坐标轴上分别对应数 x,y,z，则我们称有序数组 x,y,z 为点 M 的**坐标**，记为 $M(x,y,z)$. 这样八个卦限按点的坐标划分为

Ⅰ：$(+,+,+)$；　Ⅱ：$(-,+,+)$；　Ⅲ：$(-,-,+)$；　Ⅳ：$(+,-,+)$；

Ⅴ：$(+,+,-)$；　Ⅵ：$(-,+,-)$；　Ⅶ：$(-,-,-)$；　Ⅷ：$(+,-,-)$.

2. 空间直角坐标系中两点间的距离

在空间直角坐标系 $Oxyz$ 中点 $M_1(x_1,y_1,z_1)$ 到点 $M_2(x_2,y_2,z_2)$ 的距离为

$$d=|M_2M_1|=\sqrt{(x_2-x_1)^2+(y_2-y_1)^2+(z_2-z_1)^2}$$

如图 2.4 所示,对直角三角形$\triangle M_2NM_1$ 和$\triangle M_1PN$ 应用勾股定理,我们有

$$\begin{aligned}|M_2M_1|^2&=|M_1N|^2+|NM_2|^2=(|PN|^2+|M_1P|^2)+|NM_2|^2\\&=(x_2-x_1)^2+(y_2-y_1)^2+(z_2-z_1)^2\end{aligned}$$

此式两边开方得到空间直角坐标系中两点间的距离公式.

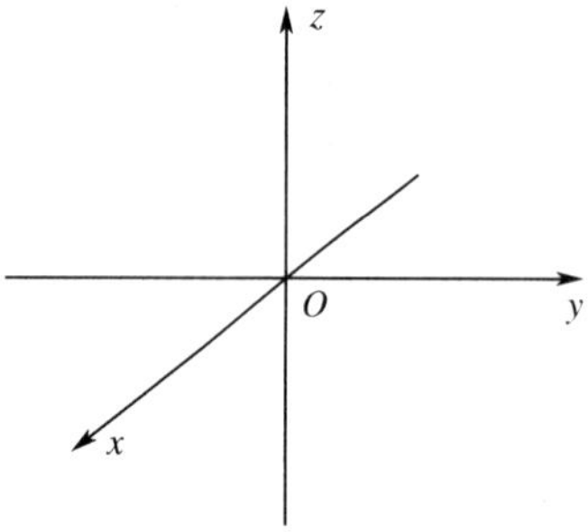

图 2.1

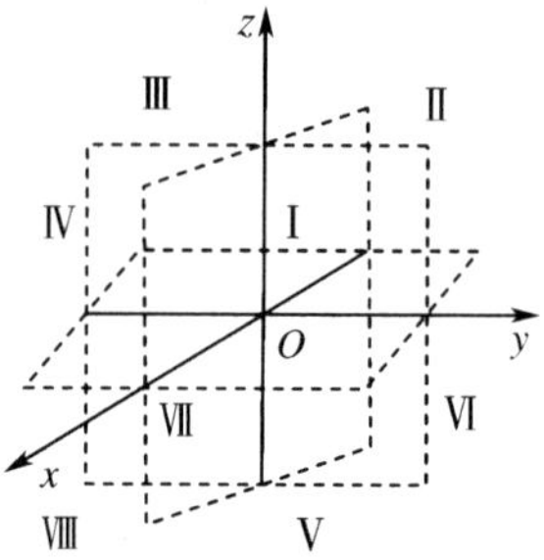

图 2.2

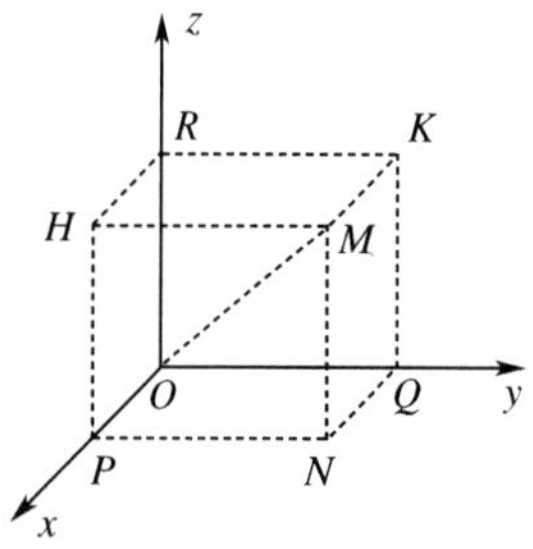

图 2.3

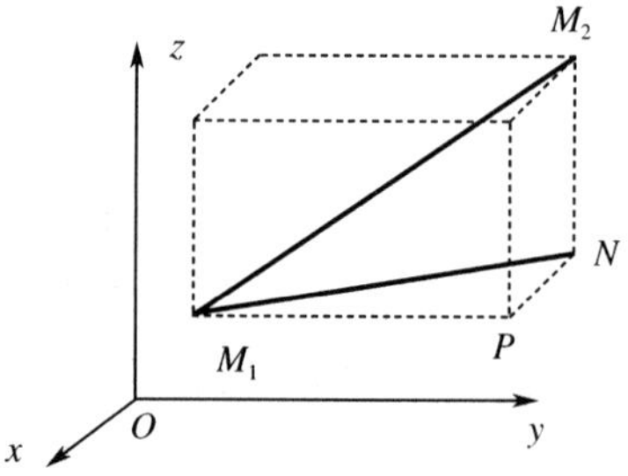

图 2.4

评注:

(1) 在空间直角坐标系 $Oxyz$ 中,点 $M(x,y,z)$ 到原点的距离为 $\sqrt{x^2+y^2+z^2}$;

(2) 在空间直角坐标系 $Oxyz$ 中,满足方程

$$x^2+y^2+z^2=R^2\quad(R>0)$$

的一切点构成一个以 O 为球心,半径为 R 的球面;

(3) 在空间直角坐标系 $Oxyz$ 中,满足不等式

$$x^2+y^2+z^2\leqslant R^2\quad(R>0)$$

的一切点构成一个以 O 为球心,半径为 R 的球体.

例 2.1 在 z 轴上求与两点 $A(-4,1,7)$,$B(3,5,-2)$等距离的点.

解　设所求点为 $M(0,0,z)$，因为 $|MA|=|MB|$，$\sqrt{(-4)^2+1^2+(7-z)^2}=\sqrt{3^2+5^2+(-2-z)^2}$，得 $z=\frac{14}{9}$，则所求点为 $M(0,0,\frac{14}{9})$.

例 2.2　求空间中与 $A(-4,1,7)$，$B(3,5,-2)$ 距离相等的点的轨迹.

解　设所求点为 $M(x,y,z)$，因为 $|MA|=|MB|$，所以由

$$\sqrt{(x+4)^2+(y-1)^2+(z-7)^2}=\sqrt{(x-3)^2+(y-5)^2+(z+2)^2}$$

化简得 $7x+4y-9z+14=0$.

习　题　2.1

1. 在空间直角坐标系中，指出点 $A(2,3,4)$，$B(-1,-2,-1)$，$C(1,-2,3)$ 所在的卦限.
2. 一边长为 a 的正方体放置在 xOy 坐标面上，其底面的中心在坐标原点，底面的顶点在 x 轴和 y 轴上，求此正方体各顶点的坐标.
3. 求点 $M_0(x_0,y_0,z_0)$ 到各坐标轴和各坐标面的距离.
4. 求以 $A(4,1,9)$，$B(10,-1,6)$，$C(2,4,3)$ 为顶点的三角形的面积.

2.2　空间向量及其坐标化

1. 空间向量

在自然科学，特别在物理学中，有一类量，既有大小又有方向，这类量一般称为向量或矢量. 例如力、力矩、位移、速度、加速度等. 为了在数学中给出一个统一的数学模型来研究这样的量，我们来讨论数学中的向量.

空间向量：在空间中有方向的线段称为空间向量，可视为空间中一个带箭头的线段，箭头所指称为向量的方向.

向量的表示：若向量的起点为 A，终点为 B，我们用 $\overrightarrow{AB}$ 表示此向量；为了简单，我们也用黑斜体 $\boldsymbol{a}$，$\boldsymbol{b}$ 等表示向量.

向量的长度：线段 AB 的长度称为向量 $\overrightarrow{AB}$ 的长度或模，记为 $|\overrightarrow{AB}|$.

零向量：长度为 0 的向量称为零向量，我们用 $\mathbf{0}$ 表示零向量；零向量的**方向任意**.

单位向量：长度为 1 的向量称为单位向量.

向量的相等：作为一种新的量，我们约定两个向量只要方向相同、长度相等，就称它们相等，无论它们的空间位置如何. 因此，确定向量的方法就是指明方向和长度.

2. 向量的坐标化

本节我们将讨论向量的多种运算,作为一个几何对象,理论上涉及向量的所有运算都可以用几何方法处理,但在本章中,作为解析几何的小模型,我们将尽可能用代数方法讨论它,其出发点就是向量的坐标化,即向量的代数化.

向量的坐标:如图2.5,设 $\boldsymbol{a}=\overrightarrow{BC}$ 为空间直角坐标系 $Oxyz$ 中的一个向量,将 $\boldsymbol{a}$ 自由平移使其起点与原点 O 重合,终点为 $A(a_1,a_2,a_3)$. 此时,我们称有序数组 $\{a_1,a_2,a_3\}$ 为向量 $\boldsymbol{a}$ 的**坐标**,记为

$$\overrightarrow{BC}=\{a_1,a_2,a_3\}$$

命题 2.1 若向量 $\boldsymbol{a}$ 的起点为 $B(b_1,b_2,b_3)$,终点为 $C(c_1,c_2,c_3)$,则

$$\boldsymbol{a}=\{c_1-b_1,c_2-b_2,c_3-b_3\}$$

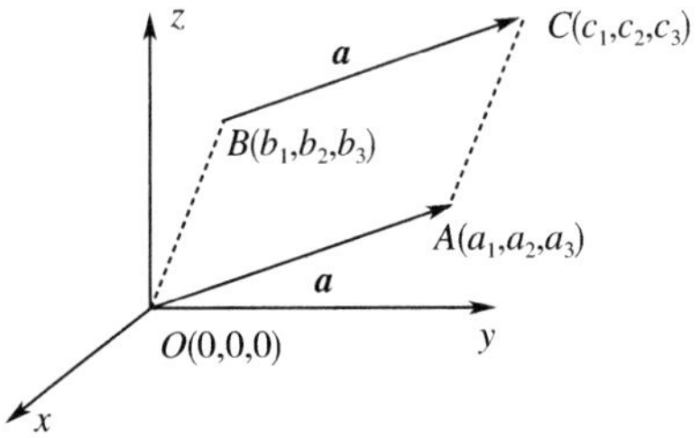

图 2.5

如图2.5,由于线段 BC 平行移动与 OA 重合,点 C 的坐标在由 A 点改变到 C 点过程中的改变量,与 B 点坐标从 O 点改变到 B 点的改变量相同,从而

$$(c_1,c_2,c_3)=(a_1+b_1,a_2+b_2,a_3+b_3)$$

所以

$$\overrightarrow{BC}=\{a_1,a_2,a_3\}=\{c_1-b_1,c_2-b_2,c_3-b_3\}$$

命题 2.2 若向量 $\boldsymbol{a}=\{a_1,a_2,a_3\}$,则 $\boldsymbol{a}$ 的长度

$$|\boldsymbol{a}|=\sqrt{a_1^2+a_2^2+a_3^2}$$

由向量坐标的定义,这是明显的.

例 2.3 如图2.6,用坐标表示向量 $\overrightarrow{OE}$,$\overrightarrow{GB}$,$\overrightarrow{DC}$.

解 点 B,C,D,E,G 的坐标分别为 $(1,1,0)$,$(0,1,0)$,$(1,0,1)$,$(1,1,1)$,$(0,0,1)$.

从而

$$\overrightarrow{OE}=\{1,1,1\}$$

$$\overrightarrow{GB}=\{1-0,1-0,0-1\}=\{1,1,-1\}$$

$$\overrightarrow{DC}=\{0-1,1-0,0-1\}=\{-1,1,-1\}$$

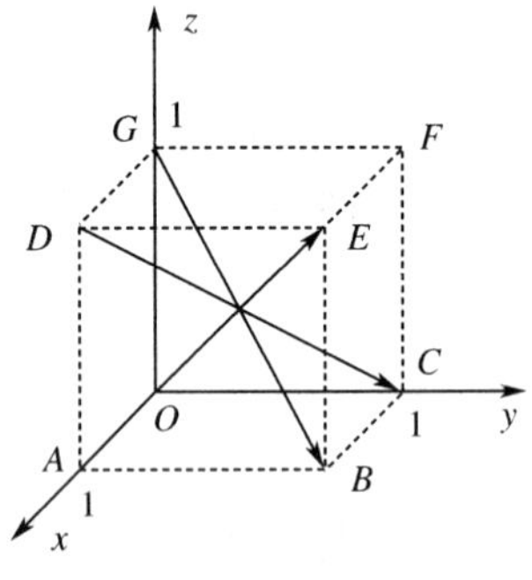

图 2.6

3. 数乘向量

定义 2.1 设 $\boldsymbol{a}$ 为一个向量,λ 为一个实数,则 $\lambda\boldsymbol{a}$ 按下列规定表示一个向量:

(1) 当 $\lambda>0$ 时,$\lambda\boldsymbol{a}$ 与 $\boldsymbol{a}$ 同向,$|\lambda\boldsymbol{a}|=|\lambda|\cdot|\boldsymbol{a}|$;
(2) 当 $\lambda<0$ 时,$\lambda\boldsymbol{a}$ 与 $\boldsymbol{a}$ 反向,$|\lambda\boldsymbol{a}|=|\lambda|\cdot|\boldsymbol{a}|$;
(3) 当 $\lambda=0$ 时,$\lambda\boldsymbol{a}=\boldsymbol{0}$.(零向量而非实数)
显然:向量 $\boldsymbol{a}/\!/\boldsymbol{b}$ 的充要条件是 $\boldsymbol{b}=\lambda\boldsymbol{a}$.
由此定义,我们容易看到下列命题成立.

命题 2.3 若向量 $\boldsymbol{a}=\{a_1,a_2,a_3\}$,则 $\lambda\boldsymbol{a}=\{\lambda a_1,\lambda a_2,\lambda a_3\}$,即

$$\lambda\{a_1,a_2,a_3\}=\{\lambda a_1,\lambda a_2,\lambda a_3\}$$

借用数乘向量,我们作**两个约定**:
(1) 用 $-\boldsymbol{a}$ 表示 $(-1)\boldsymbol{a}$,此向量与 $\boldsymbol{a}$ 有相同的长度,方向相反;
(2) 用 $\boldsymbol{a}^0$ 表示向量 $\dfrac{1}{|\boldsymbol{a}|}\boldsymbol{a}$,其为**与 $\boldsymbol{a}$ 同向的单位向量**.

例 2.4 如图 2.7 所示,我们参照 $\boldsymbol{a}$ 画出 $2\boldsymbol{a}$, $-\boldsymbol{a}$, $\dfrac{1}{2}\boldsymbol{a}$.

4. 向量的加法和减法

定义 2.2 如图 2.8,设 $\boldsymbol{a}=\overrightarrow{OA}$,$\boldsymbol{b}=\overrightarrow{OB}$,四边形 $OACB$ 为平行四边形. 我们定义 $\boldsymbol{a}$ 与 $\boldsymbol{b}$ 的和

$$\boldsymbol{a}+\boldsymbol{b}\equiv\overrightarrow{OC}$$

再定义 $\boldsymbol{a}$ 与 $\boldsymbol{b}$ 的差

$$\boldsymbol{a}-\boldsymbol{b}\equiv\boldsymbol{a}+(-\boldsymbol{b})=\overrightarrow{BA}$$

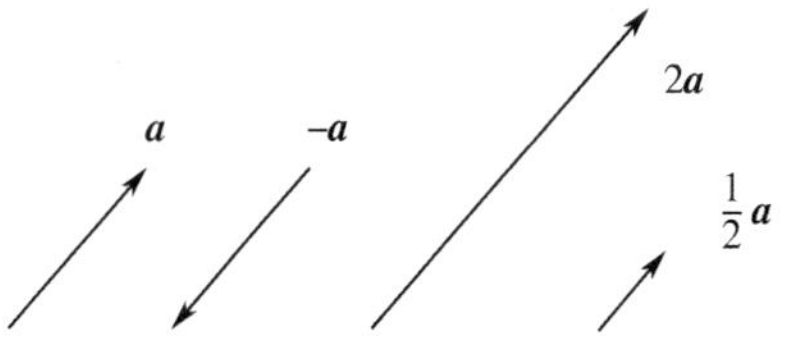

图 2.7

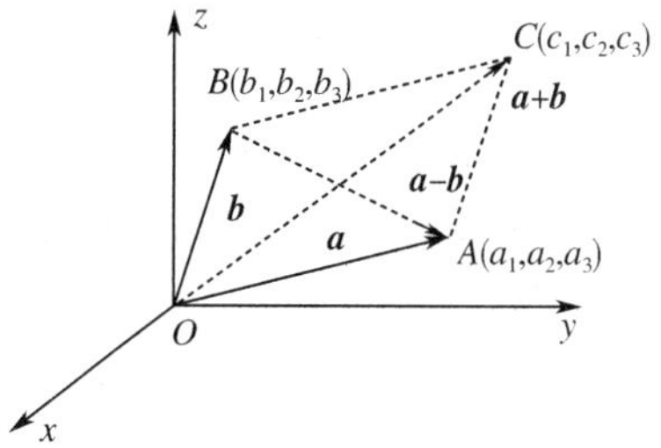

图 2.8

命题 2.4 若向量 $\boldsymbol{a}=\{a_1,a_2,a_3\}$,$\boldsymbol{b}=\{b_1,b_2,b_3\}$ 则 $\boldsymbol{a}\pm\boldsymbol{b}=\{a_1\pm b_1,a_2\pm b_2,a_3\pm b_3\}$.
事实上,如图 2.8 所示,

$$\boldsymbol{a}+\boldsymbol{b}=\overrightarrow{OC}=\{c_1,c_2,c_3\}=\{a_1+b_1,a_2+b_2,a_3+b_3\}$$

而由 $\overrightarrow{OA}=\overrightarrow{BC}$ 得到

$$\{a_1,a_2,a_3\}=\{c_1-b_1,c_2-b_2,c_3-b_3\}$$

于是

$$a+b=\{c_1,c_2,c_3\}=\{a_1+b_1,a_2+b_2,a_3+b_3\}$$

进而

$$a-b=a+(-b)=\{a_1,a_2,a_3\}+\{-b_1,-b_2,-b_3\}=\{a_1-b_1,a_2-b_2,a_3-b_3\}$$

由上述命题,我们能很容易地证明下列有关向量线性运算的性质.

向量的加法和数乘运算的性质(这里的 λ,μ 为实数):

(1) $\boldsymbol{a}+\boldsymbol{b}=\boldsymbol{b}+\boldsymbol{a}$(交换律);

(2) $(\boldsymbol{a}+\boldsymbol{b})+\boldsymbol{c}=\boldsymbol{a}+(\boldsymbol{b}+\boldsymbol{c})$(结合律);

(3) $\lambda(\boldsymbol{a}+\boldsymbol{b})=\lambda\boldsymbol{a}+\lambda\boldsymbol{b}$;

(4) $(\lambda+\mu)\boldsymbol{a}=\lambda\boldsymbol{a}+\mu\boldsymbol{a}$;

(5) $(\lambda\mu)\boldsymbol{a}=\lambda(\mu\boldsymbol{a})$.

5. 向量的标准分解与坐标表示

坐标向量:在空间坐标系 $Oxyz$ 中,单位向量

$$\boldsymbol{i}\equiv\{1,0,0\},\quad \boldsymbol{j}\equiv\{0,1,0\},\quad \boldsymbol{k}\equiv\{0,0,1\}$$

称为坐标向量.

向量的标准分解:对于向量 $\boldsymbol{a}=\{a_1,a_2,a_3\}$,我们有

$$\begin{aligned}\boldsymbol{a}&=\{a_1,a_2,a_3\}=\{a_1,0,0\}+\{0,a_2,0\}+\{0,0,a_3\}\\&=a_1\{1,0,0\}+a_2\{0,1,0\}+a_3\{0,0,1\}=a_1\boldsymbol{i}+a_2\boldsymbol{j}+a_3\boldsymbol{k}\end{aligned}$$

$a_1\boldsymbol{i}+a_2\boldsymbol{j}+a_3\boldsymbol{k}$ 称为向量 $\boldsymbol{a}$ 沿三个坐标轴的分向量,a_1,a_2,a_3 也称为向量 $\boldsymbol{a}$ 在三个坐标轴上的坐标.

6. 向量的方向角与方向余弦

两个向量的夹角:对于两个向量 $\boldsymbol{a},\boldsymbol{b}$,它们之间 0 到 π 的夹角约定为 $\boldsymbol{a}$ 与 $\boldsymbol{b}$ 的夹角.

向量的方向角:向量 $\boldsymbol{a}$ 与坐标向量 $\boldsymbol{i},\boldsymbol{j},\boldsymbol{k}$ 的夹角(即与 x 轴,y 轴,z 轴夹角)α,β,γ 称为向量 $\boldsymbol{a}$ 的方向角;称 $\cos\alpha,\cos\beta,\cos\gamma$ 为向量 $\boldsymbol{a}$ 的方向余弦.

如图 2.9 所示,若向量 $\boldsymbol{a}=\{a_1,a_2,a_3\}$,

$$\cos\alpha=\frac{a_1}{|\boldsymbol{a}|}=\frac{a_1}{\sqrt{a_1^2+a_2^2+a_3^2}}$$

$$\cos\beta=\frac{a_2}{|\boldsymbol{a}|}=\frac{a_2}{\sqrt{a_1^2+a_2^2+a_3^2}}$$

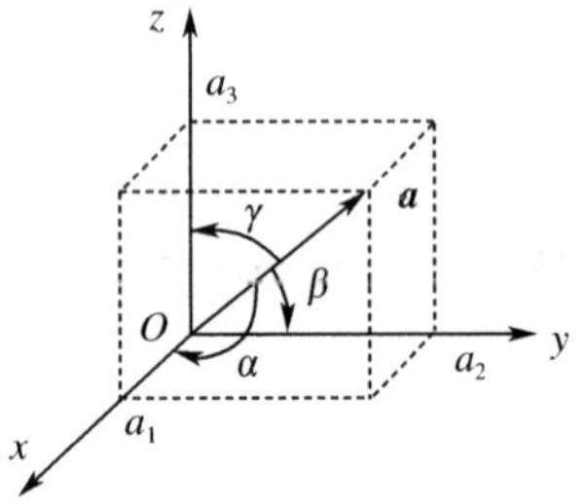

图 2.9

$$\cos\gamma = \frac{a_3}{|\boldsymbol{a}|} = \frac{a_3}{\sqrt{a_1^2 + a_2^2 + a_3^2}}$$

由此又可得到

$$\cos^2\alpha + \cos^2\beta + \cos^2\gamma = 1$$

这说明$\{\cos\alpha, \cos\beta, \cos\gamma\}$是与 $\boldsymbol{a}$ 同方向的单位向量，即

$$\boldsymbol{a}^0 = \{\cos\alpha, \cos\beta, \cos\gamma\}$$

例 2.5 如图 2.10 所示，在平行四边形 $ABCD$ 中，$\overrightarrow{AB} = \boldsymbol{a}$，$\overrightarrow{AD} = \boldsymbol{b}$. 用 $\boldsymbol{a}$，$\boldsymbol{b}$ 表示向量 $\overrightarrow{MA}$，$\overrightarrow{MB}$，$\overrightarrow{MC}$，$\overrightarrow{MD}$，这里 M 为平行四边形 $ABCD$ 的对角线的交点.

解

$$\overrightarrow{MB} = -\overrightarrow{MD} = \frac{1}{2}(\boldsymbol{a} - \boldsymbol{b})$$

$$\overrightarrow{MC} = -\overrightarrow{MA} = \frac{1}{2}(\boldsymbol{a} + \boldsymbol{b})$$

7. 向量在轴上的投影

定义 2.3 设向量 $\overrightarrow{AB}$ 的始点 A 与终点 B 在轴 l 的投影分别为 A'和 B'，则向量$\overrightarrow{A'B'}$叫做向量 $\overrightarrow{AB}$ 在轴 l 上的投影向量，若在轴 l 上取与轴同向的单位向量 $\boldsymbol{e}$，则有$\overrightarrow{A'B'} = \lambda\boldsymbol{e}$，称实数 λ 为向量 $\overrightarrow{AB}$ 在轴 l 上的投影，记作 $\mathrm{Prj}_l\overrightarrow{AB}$，如图 2.11 所示.

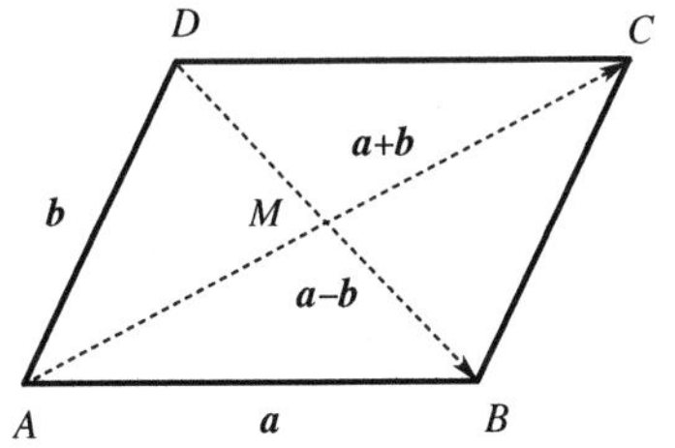

图 2.10

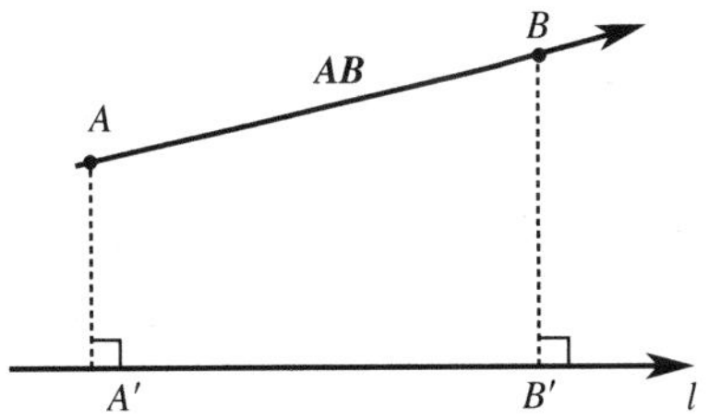

图 2.11

命题 2.5 向量 $\overrightarrow{AB}$ 在轴 l 上的投影等于向量 $\overrightarrow{AB}$ 的模乘以轴与该向量夹角的余弦.

$$\mathrm{Prj}_l\overrightarrow{AB} = |\overrightarrow{AB}|\cos\theta, \quad \theta = \angle(l, \overrightarrow{AB})$$

向量 $\overrightarrow{AB}$ 在轴上的投影是一个**实数**.

推论　相等的向量在同一轴上的投影相等.

性质 2.1 对于任何向量 $\boldsymbol{a}$，$\boldsymbol{b}$ 都有

$$\mathrm{Prj}_l(\boldsymbol{a} + \boldsymbol{b}) = \mathrm{Prj}_l\boldsymbol{a} + \mathrm{Prj}_l\boldsymbol{b}$$

性质 2.2 对于任何向量 $\boldsymbol{a}$ 与任何实数 λ，有

$$\mathrm{Prj}_l\lambda\boldsymbol{a} = \lambda\mathrm{Prj}_l\boldsymbol{a}$$

习　题　2.2

1. 已知点 $A(3,5,7)$ 和点 $B(0,1,-1)$，求向量 $\overrightarrow{AB}$.
2. 设 $\boldsymbol{u}=\boldsymbol{a}+\boldsymbol{b}-2\boldsymbol{c}$，$\boldsymbol{v}=3\boldsymbol{a}-2\boldsymbol{b}+\boldsymbol{c}$，用 $\boldsymbol{a},\boldsymbol{b},\boldsymbol{c}$ 表示 $3\boldsymbol{u}-2\boldsymbol{v}$.
3. 设 $\boldsymbol{a}=3\boldsymbol{i}+5\boldsymbol{j}+4\boldsymbol{k}$，$\boldsymbol{b}=-6\boldsymbol{i}+\boldsymbol{j}+2\boldsymbol{k}$，$\boldsymbol{c}=-3\boldsymbol{i}-4\boldsymbol{k}$，求 $2\boldsymbol{a}+3\boldsymbol{b}+4\boldsymbol{c}$.
4. 求平行于向量 $\boldsymbol{a}=\{6,7,-6\}$ 的单位向量.
5. 求向量 $\boldsymbol{a}=\boldsymbol{i}+2\boldsymbol{j}-2\boldsymbol{k}$ 的长度和方向余弦.
6. 设两向量 $\overrightarrow{OA}=\boldsymbol{a}$，$\overrightarrow{OB}=\boldsymbol{b}$，求 $\angle AOB$ 角平分线上的一个单位向量.
7. 设 M 是线段 AB 的中点，O 是空间中任意点，求证：$\overrightarrow{OM}=\dfrac{1}{2}(\overrightarrow{OA}+\overrightarrow{OB})$.

2.3　向量的数量积和向量积

上一节中我们讨论了向量的线性运算（向量的加法和数乘）. 本节中我们将引入有很强物理和几何背景的数量积和向量积，讨论它们的性质及其在空间直角坐标系中的计算公式.

1. 数量积

在物理学中，一个物体在常力 $\boldsymbol{F}$（大小和方向都不变的力）的作用下沿直线由 M_1 移动到 M_2 的过程中（如图 2.12 所示），力 $\boldsymbol{F}$ 所作的功

$$W=|\boldsymbol{F}|\,|\overrightarrow{M_2M_1}|\cos\theta$$

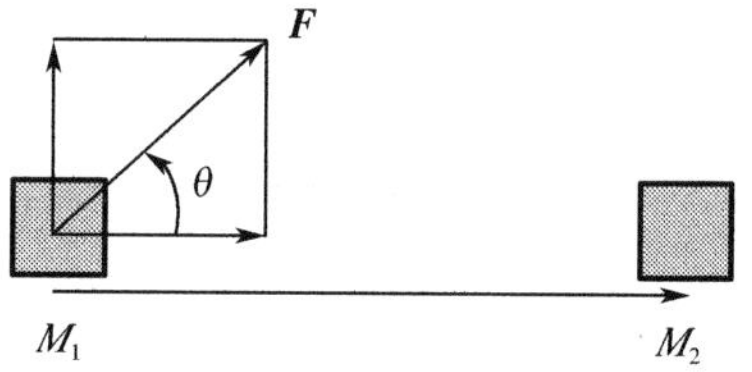

图 2.12

将这样的计算一般化，我们引入两向量的数量积.

定义 2.4　设 $\boldsymbol{a},\boldsymbol{b}$ 为两个向量，它们的夹角为 $\theta(0\leqslant\theta\leqslant\pi)$，则我们称**实数**

$$\boldsymbol{a}\cdot\boldsymbol{b}\equiv|\boldsymbol{a}|\,|\boldsymbol{b}|\cos\theta$$

为向量 $\boldsymbol{a}$ 与 $\boldsymbol{b}$ 的**数量积**.

注：由投影定义，当 $\boldsymbol{a}\neq0$ 时，显然有 $\boldsymbol{a}\cdot\boldsymbol{b}=|\boldsymbol{a}|\cdot\mathrm{Prj}_{\boldsymbol{a}}\boldsymbol{b}$，同理 $\boldsymbol{b}\neq0$ 时，有 $\boldsymbol{a}\cdot\boldsymbol{b}=|\boldsymbol{b}|\cdot\mathrm{Prj}_{\boldsymbol{b}}\boldsymbol{a}$.

数量积的基本性质：

(1) $\boldsymbol{a}\cdot\boldsymbol{a}=|\boldsymbol{a}|^2$；

(2) $\boldsymbol{a}\cdot\boldsymbol{a}\geqslant0$，$\boldsymbol{a}\cdot\boldsymbol{a}=0\Leftrightarrow\boldsymbol{a}=\boldsymbol{0}$；

(3) $\boldsymbol{a}\cdot\boldsymbol{b}=\boldsymbol{b}\cdot\boldsymbol{a}$（数量积满足交换律）；

(4) $\boldsymbol{a}\perp\boldsymbol{b}\Leftrightarrow\boldsymbol{a}\cdot\boldsymbol{b}=0$（0 而非 $\boldsymbol{0}$）；

(5) $(\lambda\boldsymbol{a})\cdot\boldsymbol{b}=\lambda(\boldsymbol{a}\cdot\boldsymbol{b})=\boldsymbol{a}\cdot(\lambda\boldsymbol{b})$（$\lambda$ 为实数）；

(6) $(\boldsymbol{a}+\boldsymbol{b})\cdot\boldsymbol{c}=\boldsymbol{a}\cdot\boldsymbol{c}+\boldsymbol{b}\cdot\boldsymbol{c}$(数量积对加法满足分配律)；

(7) $\mathrm{Prj}_{\boldsymbol{b}}\boldsymbol{a}=|\boldsymbol{a}|\cos\theta=\boldsymbol{a}\cdot\boldsymbol{b}^0$.

评注:

(1) 性质(1)~(5)是明显的.

(2) 性质(6)分配律的证明如下.

证明:当 $\boldsymbol{c}=0$ 时,上式显然成立;当 $\boldsymbol{c}\neq 0$ 时,有 $(\boldsymbol{a}+\boldsymbol{b})\cdot\boldsymbol{c}=|\boldsymbol{c}|\mathrm{Prj}_{\boldsymbol{c}}(\boldsymbol{a}+\boldsymbol{b})$,由投影性质得 $\mathrm{Prj}_{\boldsymbol{c}}(\boldsymbol{a}+\boldsymbol{b})=\mathrm{Prj}_{\boldsymbol{c}}\boldsymbol{a}+\mathrm{Prj}_{\boldsymbol{c}}\boldsymbol{b}$,所以 $(\boldsymbol{a}+\boldsymbol{b})\cdot\boldsymbol{c}=|\boldsymbol{c}|\mathrm{Prj}_{\boldsymbol{c}}\boldsymbol{a}+|\boldsymbol{c}|\mathrm{Prj}_{\boldsymbol{c}}\boldsymbol{b}=\boldsymbol{a}\cdot\boldsymbol{c}+\boldsymbol{b}\cdot\boldsymbol{c}$.

(3) 性质(7)由投影及内积定义就能得出.

数量积是由几何方式定义的,为了能简单地通过代数方式计算数量积,我们给出下面的基本定理.

定理 2.1　在空间直角坐标系中,若 $\boldsymbol{a}=\{a_1,a_2,a_3\}$,$\boldsymbol{b}=\{b_1,b_2,b_3\}$,则 $\boldsymbol{a}$ 与 $\boldsymbol{b}$ 的数量积

$$\boldsymbol{a}\cdot\boldsymbol{b}=a_1b_1+a_2b_2+a_3b_3$$

证明　如图 2.13 所示,由三角形的余弦定理,我们有

$$AB^2=OA^2+OB^2-2\cdot OA\cdot OB\cdot\cos\theta$$

即

$$\begin{aligned}|\boldsymbol{b}-\boldsymbol{a}|^2&=|\boldsymbol{a}|^2+|\boldsymbol{b}|^2-2|\boldsymbol{a}||\boldsymbol{b}|\cos\theta\\&=|\boldsymbol{a}|^2+|\boldsymbol{b}|^2-2(\boldsymbol{a}\cdot\boldsymbol{b})\end{aligned}$$

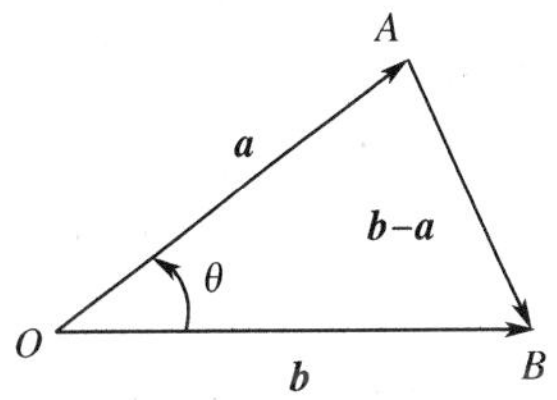

图 2.13

从而

$$\begin{aligned}\boldsymbol{a}\cdot\boldsymbol{b}&=\frac{1}{2}(|\boldsymbol{a}|^2+|\boldsymbol{b}|^2-|\boldsymbol{b}-\boldsymbol{a}|^2)\\&=\frac{1}{2}\{(a_1^2+a_2^2+a_3^2)+(b_1^2+b_2^2+b_3^2)-[(b_1-a_1)^2+(b_2-a_2)^2+(b_3-a_3)^2]\}\\&=a_1b_1+a_2b_2+a_3b_3\end{aligned}$$

注:由向量内积定义及坐标表示,当 $\boldsymbol{a},\boldsymbol{b}$ 为非零向量时,夹角公式为

$$\theta=\arccos\frac{\boldsymbol{a}\cdot\boldsymbol{b}}{|\boldsymbol{a}||\boldsymbol{b}|}=\arccos\frac{a_1b_1+a_2b_2+a_3b_3}{\sqrt{a_1^2+a_2^2+a_3^2}\sqrt{b_1^2+b_2^2+b_3^2}},\theta\in[0,\pi]$$

例 2.6　已知空间直角坐标系中的三点 $M(1,1,1)$,$A(2,2,1)$,$B(2,1,2)$,如图 2.14 所示,求 $\angle AMB$.

解　如图 2.14 所示,$\boldsymbol{a}=\overrightarrow{MA}=\{1,1,0\}$,$\boldsymbol{b}=\overrightarrow{MB}=\{1,0,1\}$;

$$\theta=\angle AMB=\arccos\frac{\boldsymbol{a}\cdot\boldsymbol{b}}{|\boldsymbol{a}||\boldsymbol{b}|}=\arccos\frac{1}{\sqrt{2}\times\sqrt{2}}=\arccos\frac{1}{2}=60^\circ$$

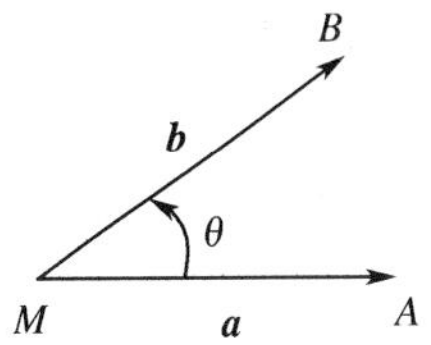

图 2.14

2. 向量积

在研究物体转动问题时,不但要考虑物体所受的力,还要分析这些力所产生的力矩. 可以

通过一个简单的例子来说明如何表达力矩.

如图 2.15 所示,设 O 为一根杠杆 L 的支点,有一个力 $\boldsymbol{F}$ 作用在这杠杆上的 P 点处. $\boldsymbol{F}$ 与 $\overrightarrow{OP}$ 的夹角为 θ,由力学的规定,力 $\boldsymbol{F}$ 对支点 O 的力矩是一个向量 $\boldsymbol{M}$,它的模长为

$$|\boldsymbol{M}| = |\overrightarrow{OQ}||\boldsymbol{F}| = |\overrightarrow{OP}||\boldsymbol{F}|\sin\theta$$

而 $\boldsymbol{M}$ 的方向为垂直于 $\overrightarrow{OP}$ 与 $\boldsymbol{F}$ 所决定的平面,朝向按照右手系,即大拇指朝向 $\overrightarrow{OP}$,食指朝向 $\boldsymbol{F}$,中指方向即为 $\boldsymbol{M}$ 方向.

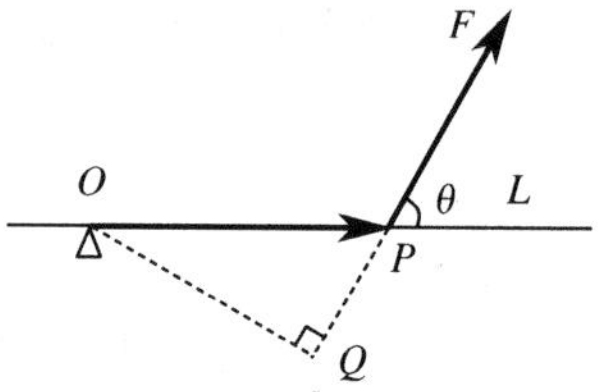

图 2.15

这种由两个已知向量按照上述规则确定另一个向量的情况,可以抽象出两个向量的向量积的概念.

定义 2.5 如图 2.16 所示,定义向量 $\boldsymbol{a}$ 与 $\boldsymbol{b}$ 的**向量积** $\boldsymbol{a}\times\boldsymbol{b}$ 是满足下列条件的向量:

(1) $\boldsymbol{a}\times\boldsymbol{b}$ 同时垂直于 $\boldsymbol{a},\boldsymbol{b}$;

(2) $\boldsymbol{a},\boldsymbol{b},\boldsymbol{a}\times\boldsymbol{b}$ 成右手系;

(3) $|\boldsymbol{a}\times\boldsymbol{b}| = |\boldsymbol{a}||\boldsymbol{b}|\cdot\sin\theta$($\triangle OAB$ 面积的二倍).

由此定义,下列三项是明显的:

(1) $\boldsymbol{a}\times\boldsymbol{a}=\boldsymbol{0}$;

(2) $\boldsymbol{a}/\!/\boldsymbol{b}\Leftrightarrow\boldsymbol{a}\times\boldsymbol{b}=\boldsymbol{0}$;

(3) $\boldsymbol{i}\times\boldsymbol{j}=\boldsymbol{k},\boldsymbol{j}\times\boldsymbol{k}=\boldsymbol{i},\boldsymbol{k}\times\boldsymbol{i}=\boldsymbol{j}$.

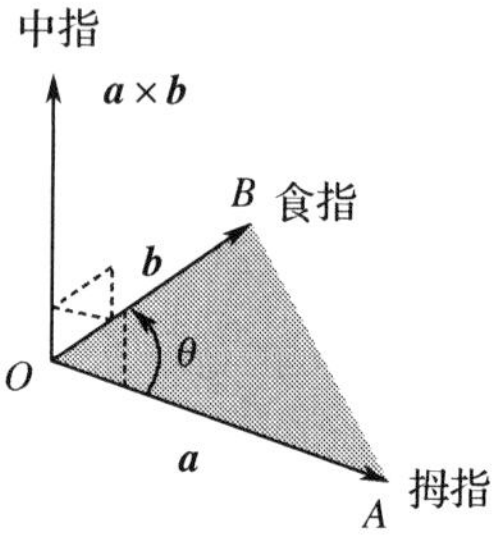

图 2.16

定理 2.2 在空间直角坐标系中,若 $\boldsymbol{a}=\{a_1,a_2,a_3\},\boldsymbol{b}=\{b_1,b_2,b_3\}$,则 $\boldsymbol{a}$ 与 $\boldsymbol{b}$ 的向量积

$$\boldsymbol{a}\times\boldsymbol{b}=\{a_2b_3-a_3b_2,a_3b_1-a_1b_3,a_1b_2-a_2b_1\}$$

证明 这个证明,分两步完成.

第一步,证明:若 $\boldsymbol{a}=\{a_1,a_2,a_3\},\boldsymbol{b}=\{b_1,b_2,b_3\}$ 不共线(不同向或反向),且都不是零向量,找出同时垂直于 $\boldsymbol{a},\boldsymbol{b}$ 的向量.

令向量 $\boldsymbol{c}=\{x_1,x_2,x_3\}$ 与 $\boldsymbol{a},\boldsymbol{b}$ 同时垂直,得方程组 $\begin{cases}a_1x_1+a_2x_2+a_3x_3=0\\b_1x_1+b_2x_2+b_3x_3=0\end{cases}$,解得

$$x_1=\frac{(a_2b_3-a_3b_2)x_3}{a_1b_2-a_2b_1},\quad x_2=\frac{(a_3b_1-a_1b_3)x_3}{a_1b_2-a_2b_1}$$

对称地改写上式得到

$$\frac{x_1}{a_2b_3-a_3b_2}=\frac{x_2}{a_3b_1-a_1b_3}=\frac{x_3}{a_1b_2-a_2b_1}\equiv\lambda$$

$$x_1=\lambda(a_2b_3-a_3b_2),\quad x_2=\lambda(a_3b_1-a_1b_3),\quad x_3=\lambda(a_1b_2-a_2b_1)$$

另一方面,当 $\boldsymbol{a}=\{a_1,a_2,a_3\},\boldsymbol{b}=\{b_1,b_2,b_3\}$ 不共线(即 a_1,a_2,a_3 与 b_1,b_2,b_3 不对应成比例),且都不是零向量时,则

$$a_2b_3-a_3b_2,\quad a_3b_1-a_1b_3,\quad a_1b_2-a_2b_1$$

中至少有一个不为0，即$\{a_2b_3-a_3b_2,a_3b_1-a_1b_3,a_1b_2-a_2b_1\}\neq\mathbf{0}$为同时与$\boldsymbol{a},\boldsymbol{b}$垂直的一个特殊的非零向量. 当$\lambda$取遍一切实数时，向量

$$\{\lambda(a_2b_3-a_3b_2),\lambda(a_3b_1-a_1b_3),\lambda(a_1b_2-a_2b_1)\}$$

包括了一切同时垂直于$\boldsymbol{a},\boldsymbol{b}$的向量.

第二步，证明：$\boldsymbol{a}\times\boldsymbol{b}=\{\lambda(a_2b_3-a_3b_2),\lambda(a_3b_1-a_1b_3),\lambda(a_1b_2-a_2b_1)\}$，其中$\lambda=1$. 有

$$|\boldsymbol{a}\times\boldsymbol{b}|^2=\lambda^2[(a_2b_3-a_3b_2)^2+(a_3b_1-a_1b_3)^2+(a_1b_2-a_2b_1)^2]$$

另一方面，由向量积的定义，

$$\begin{aligned}|\boldsymbol{a}\times\boldsymbol{b}|^2&=|\boldsymbol{a}|^2\cdot|\boldsymbol{b}|^2\cdot\sin^2\theta=|\boldsymbol{a}|^2\cdot|\boldsymbol{b}|^2-|\boldsymbol{a}|^2\cdot|\boldsymbol{b}|^2\cos^2\theta=|\boldsymbol{a}|^2\cdot|\boldsymbol{b}|^2-(\boldsymbol{a}\cdot\boldsymbol{b})^2\\&=(a_1^2+a_2^2+a_3^2)(b_1^2+b_2^2+b_3^2)-(a_1b_1+a_2b_2+a_3b_3)^2\\&=(a_2b_3-a_3b_2)^2+(a_3b_1-a_1b_3)^2+(a_1b_2-a_2b_1)^2\end{aligned}$$

从而$\lambda=\pm1$. 再由$\boldsymbol{i}\times\boldsymbol{j}=\boldsymbol{k}$知$\lambda=+1$，定理证毕.

为了帮助记忆，可利用三阶行列式符号将上式形式改写成：

$$\boldsymbol{a}\times\boldsymbol{b}=\begin{vmatrix}\boldsymbol{i}&\boldsymbol{j}&\boldsymbol{k}\\a_1&a_2&a_3\\b_1&b_2&b_3\end{vmatrix}$$

使用时可按第一行展开为：

$$\{a_1,a_2,a_3\}\times\{b_1,b_2,b_3\}=\begin{vmatrix}a_2&a_3\\b_2&b_3\end{vmatrix}\boldsymbol{i}-\begin{vmatrix}a_1&a_3\\b_1&b_3\end{vmatrix}\boldsymbol{j}+\begin{vmatrix}a_1&a_2\\b_1&b_2\end{vmatrix}\boldsymbol{k},$$

$$\{a_1,a_2,a_3\}\times\{b_1,b_2,b_3\}=\left\{\begin{vmatrix}a_2&a_3\\b_2&b_3\end{vmatrix},-\begin{vmatrix}a_1&a_3\\b_1&b_3\end{vmatrix},\begin{vmatrix}a_1&a_2\\b_1&b_2\end{vmatrix}\right\}.$$

由上述定理经过验算性的计算得到下列有关向量积的性质.

向量积的性质：

(1) $\boldsymbol{a}\times\boldsymbol{b}=-\boldsymbol{b}\times\boldsymbol{a}$（向量积不满足交换律）；

(2) $\boldsymbol{a}\times(\boldsymbol{b}+\boldsymbol{c})=\boldsymbol{a}\times\boldsymbol{b}+\boldsymbol{a}\times\boldsymbol{c}$（向量积对加法也满足分配律）；

(3) $(\lambda\boldsymbol{a})\times\boldsymbol{b}=\lambda(\boldsymbol{a}\times\boldsymbol{b})=\boldsymbol{a}\times(\lambda\boldsymbol{b})$（$\lambda$为实数）.

例2.7　设$\boldsymbol{a}=\{2,1,-1\}$，$\boldsymbol{b}=\{1,-1,2\}$计算$\boldsymbol{a}\times\boldsymbol{b}$.

解

$$\boldsymbol{a}\times\boldsymbol{b}=\begin{vmatrix}\boldsymbol{i}&\boldsymbol{j}&\boldsymbol{k}\\2&1&-1\\1&-1&2\end{vmatrix}=\begin{vmatrix}1&-1\\-1&2\end{vmatrix}\boldsymbol{i}+(-1)\begin{vmatrix}2&-1\\1&2\end{vmatrix}\boldsymbol{j}+\begin{vmatrix}2&1\\1&-1\end{vmatrix}\boldsymbol{k}$$

$$=\left\{\begin{vmatrix}1&-1\\-1&2\end{vmatrix},\ -\begin{vmatrix}2&-1\\1&2\end{vmatrix},\ \begin{vmatrix}2&1\\1&-1\end{vmatrix}\right\}=\{1,-5,-3\}$$

例2.8　已知$\triangle ABC$的顶点为$A(1,2,3)$，$B(3,4,5)$，$C(2,4,7)$，求$\triangle ABC$的面积S.

解 向量 $\boldsymbol{a}=\overrightarrow{CA}=\{-1,-2,-4\}$，$\boldsymbol{b}=\overrightarrow{CB}=\{1,0,-2\}$.

$$\boldsymbol{a}\times\boldsymbol{b}=\left\{\begin{vmatrix}-2 & -4\\ 0 & -2\end{vmatrix},\quad -\begin{vmatrix}-1 & -4\\ 1 & -2\end{vmatrix},\quad \begin{vmatrix}-1 & -2\\ 1 & 0\end{vmatrix}\right\}=\{4,-6,2\}$$

$$S=\frac{1}{2}|\boldsymbol{a}\times\boldsymbol{b}|=\frac{1}{2}\sqrt{16+36+4}=\sqrt{14}$$

例 2.9* 设刚体以等角速度 $\boldsymbol{\omega}$ 绕 l 轴旋转，计算刚体上一点 M 的线速度.

解 如图 2.17 所示，刚体绕 l 轴旋转时，我们可以用在 l 轴上的一个向量 $\boldsymbol{n}$ 表示角速度，它的大小等于角速度的大小，它的方向由右手规则定出：即以右手握住 l 轴，当右手的四个手指的转向与刚体的旋转方向一致时，大拇指的指向就是 $\boldsymbol{n}$ 的方向.

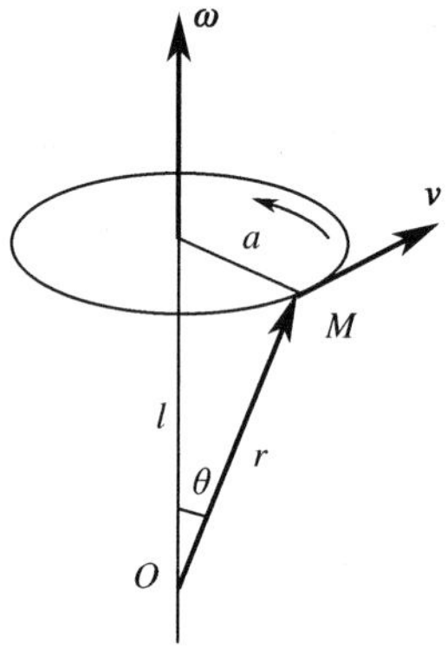

图 2.17

设点 M 到旋转轴 l 的距离为 a，再在 l 轴上任取一点 O 作向量 $\boldsymbol{r}=\overrightarrow{OM}$，并以 θ 表示 l 与 $\boldsymbol{r}$ 的夹角，那么

$$a=|\boldsymbol{r}|\sin\theta$$

设线速度为 $\boldsymbol{v}$，那么由物理学上线速度与角速度间的关系可知，$\boldsymbol{v}$ 的大小为

$$|\boldsymbol{v}|=|\boldsymbol{n}|a=|\boldsymbol{n}||\boldsymbol{r}|\sin\theta$$

$\boldsymbol{v}$ 的方向垂直于通过 M 点与 l 轴的平面，即 $\boldsymbol{v}$ 垂直于 $\boldsymbol{n}$ 与 $\boldsymbol{r}$，又 $\boldsymbol{v}$ 的指向使 $\boldsymbol{n},\boldsymbol{r},\boldsymbol{v}$ 符合右手规则. 因此有

$$\boldsymbol{v}=\boldsymbol{n}\times\boldsymbol{r}$$

3. 混合积*

定义 2.6 对于三个向量 $\boldsymbol{a},\boldsymbol{b},\boldsymbol{c}$，我们称 $\boldsymbol{a}\times\boldsymbol{b}$ 与 $\boldsymbol{c}$ 的数量积

$$[\boldsymbol{a},\boldsymbol{b},\boldsymbol{c}]\equiv(\boldsymbol{a}\times\boldsymbol{b})\cdot\boldsymbol{c}$$

为 $\boldsymbol{a},\boldsymbol{b},\boldsymbol{c}$ 的**混合积**.

定理 2.3 在空间直角坐标系中，若 $\boldsymbol{a}=\{a_1,a_2,a_3\}$，$\boldsymbol{b}=\{b_1,b_2,b_3\}$，$\boldsymbol{c}=\{c_1,c_2,c_3\}$，则 $\boldsymbol{a}$，$\boldsymbol{b},\boldsymbol{c}$ 的混合积

$$\begin{aligned}[\boldsymbol{a},\boldsymbol{b},\boldsymbol{c}]&=(a_2b_3-a_3b_2)c_1+(a_3b_1-a_1b_3)c_2+(a_1b_2-a_2b_1)c_3\\&=a_1b_2c_3+a_2b_3c_1+a_3b_1c_2-a_1b_3c_2-a_2b_1c_3-a_3b_2c_1\end{aligned}$$

证明 由数量积、向量积的计算公式和混合积的定义即知.

评注：

(1) 混合积的行列式形式

$$[\boldsymbol{a},\boldsymbol{b},\boldsymbol{c}]\equiv\begin{vmatrix}a_1 & a_2 & a_3\\ b_1 & b_2 & b_3\\ c_1 & c_2 & c_3\end{vmatrix}=a_1b_2c_3+a_2b_3c_1+a_3b_1c_2-a_1b_3c_2-a_2b_1c_3-a_3b_2c_1$$

(2) 由混合积的计算公式,直接验算可以得到下面混合积的基本性质

$$[\boldsymbol{a},\boldsymbol{b},\boldsymbol{c}]=[\boldsymbol{b},\boldsymbol{c},\boldsymbol{a}]=[\boldsymbol{c},\boldsymbol{a},\boldsymbol{b}]$$

(3) 由向量积和数量积的几何意义及混合积的定义,我们容易看到$[\boldsymbol{a},\boldsymbol{b},\boldsymbol{c}]$的绝对值$|[\boldsymbol{a},\boldsymbol{b},\boldsymbol{c}]|$为以向量$\boldsymbol{a},\boldsymbol{b},\boldsymbol{c}$为棱的平行六面体的体积,如图2.18所示.

$$|[\boldsymbol{a},\boldsymbol{b},\boldsymbol{c}]|=|\boldsymbol{a}\times\boldsymbol{b}||\boldsymbol{c}||\cos\theta|$$

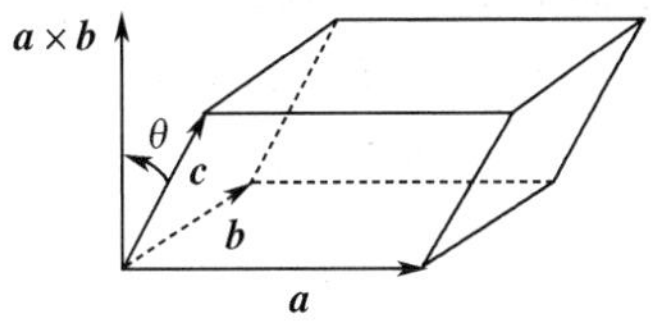

图2.18

(4) 由混合积的几何意义知,三个向量$\boldsymbol{a},\boldsymbol{b},\boldsymbol{c}$共面(作为自由向量可以牵到同一个平面内)的充要条件是它们的混合积为0.

习　题　2.3

1. 已知$|\boldsymbol{a}+\boldsymbol{b}|=1,|\boldsymbol{a}|=1,|\boldsymbol{b}|=2$,求$\boldsymbol{a}\cdot\boldsymbol{b}$及$\boldsymbol{a}$和$\boldsymbol{b}$的夹角.
2. 设$\boldsymbol{a}=\boldsymbol{i}-\boldsymbol{j},\boldsymbol{b}=\boldsymbol{i}-2\boldsymbol{j},\boldsymbol{c}=-\boldsymbol{i}+2\boldsymbol{j}+\boldsymbol{k}$,计算$\boldsymbol{a}\times\boldsymbol{b},\boldsymbol{a}\times\boldsymbol{c},\boldsymbol{a}\times(\boldsymbol{b}+\boldsymbol{c}),(\boldsymbol{a}\times\boldsymbol{b})\times\boldsymbol{c}$.
3. 已知$\boldsymbol{a},\boldsymbol{b},\boldsymbol{c}$为两两垂直的单位向量,求$|\boldsymbol{a}+\boldsymbol{b}+\boldsymbol{c}|$的值.
4. 若$\boldsymbol{a},\boldsymbol{b},\boldsymbol{c}$为单位向量,且$\boldsymbol{a}+\boldsymbol{b}+\boldsymbol{c}=\boldsymbol{0}$,求$\boldsymbol{a}\cdot\boldsymbol{b}+\boldsymbol{b}\cdot\boldsymbol{c}+\boldsymbol{c}\cdot\boldsymbol{a}$的值.
5. 化简下列各向量的表达式:

(1) $(\boldsymbol{a}+\boldsymbol{b})\times(\boldsymbol{a}-\boldsymbol{b})$;　(2) $(\boldsymbol{a}+\boldsymbol{b}-\boldsymbol{c})\times(\boldsymbol{a}-\boldsymbol{b}+\boldsymbol{c})$;　(3) $(2\boldsymbol{a}+\boldsymbol{b})\times(3\boldsymbol{a}-\boldsymbol{b})$.

6. 设$\boldsymbol{a}=\boldsymbol{i}-\boldsymbol{j}+2\boldsymbol{k},\boldsymbol{b}=\boldsymbol{i}+\boldsymbol{j},\boldsymbol{c}=\boldsymbol{i}+2\boldsymbol{j}+\boldsymbol{k}$,求$[\boldsymbol{a},\boldsymbol{b},\boldsymbol{c}]$.
7. 设$[\boldsymbol{a},\boldsymbol{b},\boldsymbol{c}]=2$,求$[(\boldsymbol{a}+\boldsymbol{b})\times(\boldsymbol{b}+\boldsymbol{c})]\cdot(\boldsymbol{c}+\boldsymbol{a})$的值.
8. 若$\boldsymbol{a}\times\boldsymbol{b}+\boldsymbol{b}\times\boldsymbol{c}+\boldsymbol{c}\times\boldsymbol{a}=\boldsymbol{0}$,求证$\boldsymbol{a},\boldsymbol{b},\boldsymbol{c}$共面.

2.4　平面及其方程

本节我们将讨论空间直角坐标系中平面的方程.

1. 平面的点法式方程

如图2.19所示,在空间直角坐标系中有一平面Π,$M_0(x_0,y_0,z_0)\in\Pi$,$\boldsymbol{n}=\{A,B,C\}\neq\boldsymbol{0}$为$\Pi$的一个法向量(垂直于$\Pi$的非零向量),此时

$$M(x,y,z)\in\Pi\Leftrightarrow\overrightarrow{M_0M}\perp\boldsymbol{n}\Leftrightarrow\overrightarrow{M_0M}\cdot\boldsymbol{n}=0\Leftrightarrow$$
$$A(x-x_0)+B(y-y_0)+C(z-z_0)=0$$

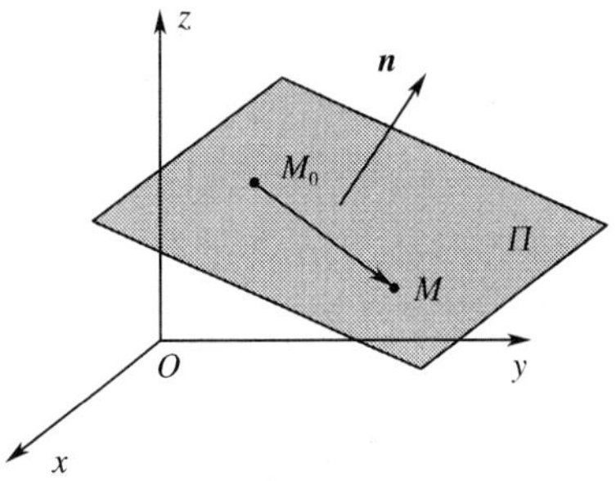

图2.19

方程

$$A(x-x_0)+B(y-y_0)+C(z-z_0)=0$$

称为平面 Π 的**点法式方程**,当 x,y,z 满足此方程时,点 $M(x,y,z)$ 在平面 Π 上; 反之,若点 $M(x,y,z)$ 在平面 Π 上,则 x,y,z 也满足此方程.

例 2.10 求过三点 $M_1(2,-1,4)$,$M_2(-1,3,-2)$,$M_3(0,2,3)$ 的平面方程.

解 向量

$$\overrightarrow{M_1M_2}=\{-3,4,-6\},\quad \overrightarrow{M_1M_3}=\{-2,3,-1\}$$

在此平面上; 取向量

$$\overrightarrow{M_1M_2}\times\overrightarrow{M_1M_3}=\begin{vmatrix} \boldsymbol{i} & \boldsymbol{j} & \boldsymbol{k} \\ -3 & 4 & -6 \\ -2 & 3 & -1 \end{vmatrix}=\left\{\begin{vmatrix} 4 & -6 \\ 3 & -1 \end{vmatrix},-\begin{vmatrix} -3 & -6 \\ -2 & -1 \end{vmatrix},\begin{vmatrix} -3 & 4 \\ -2 & 3 \end{vmatrix}\right\}=\{14,9,-1\}$$

为此平面的法向量; 平面的方程为

$$14(x-2)+9(y+1)-(z-4)=0$$

化简为

$$14x+9y-z-15=0$$

例 2.11 求过点 $M_0(1,1,1)$,且垂直于平面 $x-y+z=7$ 和 $3x+2y-12z+5=0$ 的平面方程.

解 如图 2.20 所示,两个已知平面的法向量为

$$\boldsymbol{n}_1=\{1,-1,1\},\quad \boldsymbol{n}_2=\{3,2,-12\}$$

向量

$$\boldsymbol{n}=\boldsymbol{n}_1\times\boldsymbol{n}_2=\left\{\begin{vmatrix} -1 & 1 \\ 2 & -12 \end{vmatrix},-\begin{vmatrix} 1 & 1 \\ 3 & -12 \end{vmatrix},\begin{vmatrix} 1 & -1 \\ 3 & 2 \end{vmatrix}\right\}$$
$$=\{10,15,5\}=5\{2,3,1\}$$

可为此平面的法向量; 平面的方程

$$2(x-1)+3(y-1)+(z-1)=0$$

化简为

$$2x+3y+z-6=0$$

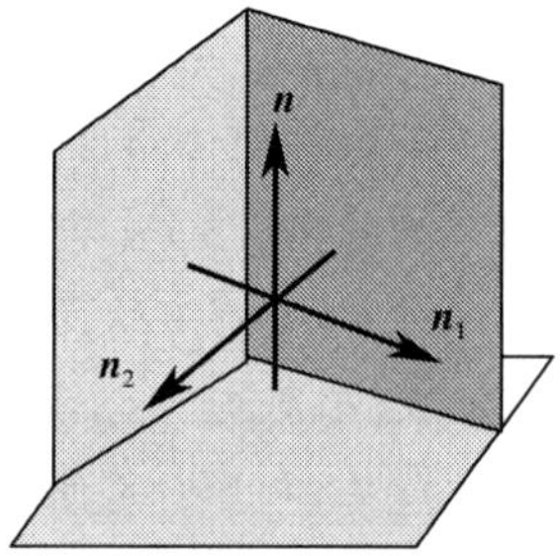

图 2.20

2. 平面的一般式方程

化简平面的点法式方程 $A(x-x_0)+B(y-y_0)+C(z-z_0)=0$ 得到

$$Ax+By+Cz+D=0\quad (D=-Ax_0-By_0-Cz_0)$$

一般情况下(A,B,C 至少有一个不为 0),在空间直角坐标系中满足方程 $Ax+By+Cz+D=0$ 的一切点构成空间中一个平面,向量 $\{A,B,C\}$ 为此平面的法向量,此时我们称

$$Ax+By+Cz+D=0$$

为此平面的**一般式方程**.

平面方程的几种特殊情况:

(1) 过原点：$Ax+By+Cz=0$.

(2) 平行于 x 轴：$By+Cz+D=0$.

(3) 过 x 轴(x 轴在平面内)：$By+Cz=0$.

(4) 过点 $A(a,0,0)$,$B(0,b,0)$,$C(0,0,c)$($abc\neq 0$)的平面：$\frac{x}{a}+\frac{y}{b}+\frac{z}{c}=1$(**截距式平面方程**).

例 2.12 求过 x 轴且与平面 $x-y+2z=0$ 垂直的平面方程.

解 平面方程为 $By+Cz=0$,其法向量为 $\{0,B,C\}$. 由条件 $\{0,B,C\}\cdot\{1,-1,2\}=-B+2C=0$,平面方程为 $2y+z=0$.

3. 两个平面的关系

给定两个不同的平面

$$\Pi_1: A_1x+B_1y+C_1z+D_1=0,\quad \Pi_2: A_2x+B_2y+C_2z+D_2=0$$

由它们的法向量 $\boldsymbol{n}_1$ 和 $\boldsymbol{n}_2$,我们得知：

(1) $\Pi_1\perp\Pi_2\Leftrightarrow \boldsymbol{n}_1\perp\boldsymbol{n}_2\Leftrightarrow A_1A_2+B_1B_2+C_1C_2=0$;

(2) $\Pi_1/\!/\Pi_2\Leftrightarrow \boldsymbol{n}_1/\!/\boldsymbol{n}_2\Leftrightarrow \frac{A_1}{A_2}=\frac{B_1}{B_2}=\frac{C_1}{C_2}$(若分母为0,理解分子也为0);

(3) 若 $\boldsymbol{n}_1,\boldsymbol{n}_2$ 为平面 Π_1,Π_2 的法向量,则平面的夹角(约定为法线的夹角,为锐角)

$$\theta=\arccos\frac{|\boldsymbol{n}_1\cdot\boldsymbol{n}_2|}{|\boldsymbol{n}_1||\boldsymbol{n}_2|}$$

例 2.13 讨论以下各组两平面的位置关系：

(1) $2x-y+z-1=0$,$4x-2y+2z-1=0$;

(2) $2x-y-z+1=0$,$x+3y-z-2=0$;

(3) $x-y+2z-6=0$,$2x+y+z-5=0$.

解 对于(1)中的两个平面,$\frac{2}{4}=\frac{-1}{-2}=\frac{1}{2}$说明两个平面平行(不重合)；对于(2)中的两个平面,$2\times1+(-1)\times3+(-1)\times(-1)=0$ 说明两个平面垂直；对于(3)中的两个平面,容易看到它们不平行,也不垂直,它们的夹角

$$\theta=\arccos\frac{|1\times2+(-1)\times1+2\times1|}{\sqrt{1^2+(-1)^2+2^2}\ \sqrt{2^2+1^2+1^2}}=\arccos\frac{1}{2}=\frac{\pi}{3}$$

4. 点到平面的距离

命题 2.6 在空间直角坐标系中,点 $P_0(x_0,y_0,z_0)$ 到平面 $Ax+By+Cz+D=0$ 的距离为

$$d=\frac{|Ax_0+By_0+Cz_0+D|}{\sqrt{A^2+B^2+C^2}}$$

证明 如图 2.21 所示，$P(x,y,z)$为平面上取定的一点，N为P_0在平面上的投影点，则点到平面的距离为NP_0，也相当于$\overrightarrow{PP_0}$在$\boldsymbol{n}$上投影的绝对值

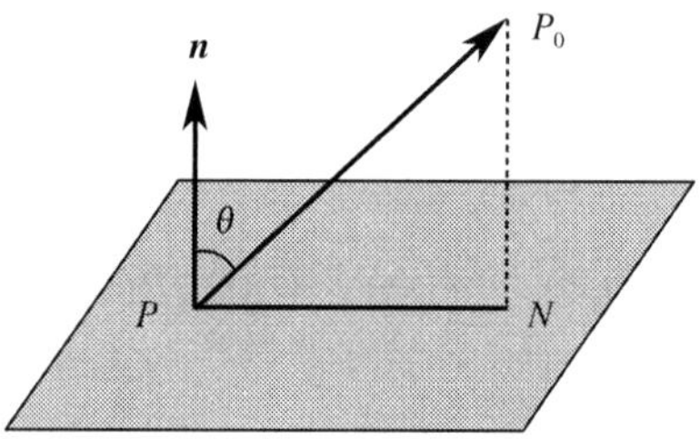

图 2.21

$$d=|\mathrm{Prj}_n\overrightarrow{P_0P}|=|\overrightarrow{P_0P}\cdot\boldsymbol{n}^0|=\frac{|\boldsymbol{n}\cdot\overrightarrow{P_0P}|}{|\boldsymbol{n}|}$$

或
$$d=|P_0N|=|\overrightarrow{P_0P}||\cos\theta|=|\overrightarrow{P_0P}|\frac{|\boldsymbol{n}\cdot\overrightarrow{P_0P}|}{|\boldsymbol{n}||\overrightarrow{P_0P}|}$$

$$=\frac{|\boldsymbol{n}\cdot\overrightarrow{P_0P}|}{|\boldsymbol{n}|}$$

$$=\frac{|A(x_0-x)+B(y_0-y)+C(z_0-z)|}{\sqrt{A^2+B^2+C^2}}=\frac{|Ax_0+By_0+Cz_0+D|}{\sqrt{A^2+B^2+C^2}}$$

习 题 2.4

1. 求过点(2,1,1)且与平面 $2x+3y-2z=1$ 平行的平面方程.
2. 求过(1,3,2),(2,1,3),(−1,−1,2)三点的平面方程.
3. 指出下列平面的特殊位置:

(1) $Ax+By+Cz=0$; (2) $By+Cz+D=0$; (3) $Cz+D=0$; (4) $By+Cz=0$.

4. 求平面 $x+2y+z+1=0$ 与各坐标面夹角的余弦值.
5. 求三平面 $x+3y+z=1$, $2x-y-z=0$, $-x+2y+2z=3$ 的交点.
6. 分别按下列条件求平面方程:

(1) 平行 xOy 坐标面且过点(1,2,3);

(2) 过 x 轴和两点(3,−1,−1),(1,3,3)连线的中点;

(3) 平行 z 轴且过两点(4,0,−2),(5,1,7).

7. 求两平行平面 $Ax+By+Cz+D_1=0$, $Ax+By+Cz+D_2=0$ 的距离.

2.5 空间直线及其方程

本节我们将讨论空间直角坐标系中直线的各种方程.

1. 直线的点向式方程

如图 2.22 所示，在空间直角坐标系中有一直线 L，$M_0(x_0,y_0,z_0)\in L$，$\boldsymbol{d}=\{l,m,n\}\neq\boldsymbol{0}$ 为 L

的**方向向量**(与直线平行的一个非零向量). 此时

$$M(x,y,z)\in L \Leftrightarrow \overrightarrow{M_0M}/\!/\boldsymbol{d}$$
$$\Leftrightarrow \{x-x_0,y-y_0,z-z_0\}=t\{l,m,n\}$$
$$\Leftrightarrow \begin{cases}x=x_0+lt\\ y=y_0+mt \quad (-\infty<t<+\infty)\\ z=z_0+nt\end{cases}$$

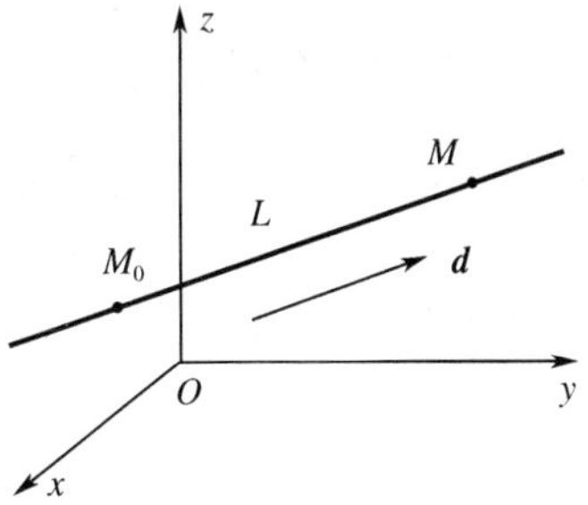

图 2.22

评注:

(1) 上述方程 $\begin{cases}x=x_0+lt\\ y=y_0+mt \quad (-\infty<t<+\infty)\\ z=z_0+nt\end{cases}$ 称为直线 L 的**参数式方程**,其含义是,当点 $M(x,y,z)$ 在直线 L 上时,必存在一个实数 t 使得 $x=x_0+lt,y=y_0+mt,z=z_0+nt$;反之亦然. 从运动的角度,视参数 t 为时间,此方程就是一个质点的运动方程,其轨迹就是直线 L.

(2) 由直线 L 的参数式方程(消去参数 t),我们得到

$$\frac{x-x_0}{l}=\frac{y-y_0}{m}=\frac{z-z_0}{n}$$

上述方程称为直线 L 的**对称式方程**,有序数 l,m,n 称为直线 L 的**方向数**(不唯一). 此方程的优点是明确地展示了直线的几何特征: 过点 $M_0(x_0,y_0,z_0)$,且与向量 $\{l,m,n\}$ 平行. 作为分母,若 l,m,n 有等于0 的,我们就视分子也为0; 如 $l=0$ 时,就是 $x=x_0$ 在直线上的每点处都成立. 例如,$\frac{x}{0}=\frac{y}{0}=\frac{z}{1}$ 就是 $\begin{cases}x=0\\ y=0 \quad (-\infty<t<+\infty)\\ z=t\end{cases}$,即直线为 z 轴.

例 2.14 求过点 $A(1,2,3)$,$B(3,2,1)$的直线方程.

解 直线的方向向量 $\boldsymbol{d}=\overrightarrow{AB}=\{2,0,-2\}$; 直线方程为

$$\frac{x-1}{1}=\frac{y-2}{0}=\frac{z-3}{-1}$$

例 2.15 求过点 $A(1,0,-1)$,且与两平面 $x+2y-z=0,2x-y-z=1$ 平行的直线方程.

解 两平面的法向量为 $\boldsymbol{n}_1=\{1,2,-1\}$,$\boldsymbol{n}_2=\{2,-1,-1\}$; 向量

$$\boldsymbol{d}=\boldsymbol{n}_1\times\boldsymbol{n}_2=\left\{\begin{vmatrix}2&-1\\-1&-1\end{vmatrix},-\begin{vmatrix}1&-1\\2&-1\end{vmatrix},\begin{vmatrix}1&2\\2&-1\end{vmatrix}\right\}=\{-3,-1,-5\}$$

为直线的方向向量; 直线方程为

$$\frac{x-1}{3}=\frac{y}{1}=\frac{z+1}{5}$$

2. 直线的一般式方程

一般情况下空间中两个曲面的交线为空间中的曲线,特别当两个平面

$$\Pi_1: A_1x+B_1y+C_1z+D_1=0,\quad \Pi_2: A_2x+B_2y+C_2z+D_2=0$$

相交(非重合)为空间中一条直线 L 时,我们称方程组

$$L: \begin{cases} A_1x+B_1y+C_1z+D_1=0 \\ A_2x+B_2y+C_2z+D_2=0 \end{cases}$$

为直线 L 的**一般式方程**. 此时,两平面法向量的向量积为直线的方向向量.

例 2.16 写出直线 $L: \begin{cases} x+y+z+1=0 \\ 2x-y+3z+4=0 \end{cases}$ 的对称式方程.

解 取 $\boldsymbol{d}=\{1,1,1\}\times\{2,-1,3\}=\{4,-1,-3\}$ 为直线的方向向量;在直线方程中令 $z=0$ 得到方程组

$$\begin{cases} x+y+1=0 \\ 2x-y+4=0 \end{cases}$$

解此方程组得到 $x=-\dfrac{5}{3}, y=-\dfrac{2}{3}$,即 $M\left(-\dfrac{5}{3},-\dfrac{2}{3},0\right)$ 为直线上的一点,从而

$$\frac{x+\frac{5}{3}}{4}=\frac{y+\frac{2}{3}}{-1}=\frac{z}{-3}$$

为直线的对称式方程.

3. 两直线的关系

给定两条不同的直线

$$L_1: \frac{x-x_1}{l_1}=\frac{y-y_1}{m_1}=\frac{z-z_1}{n_1},\quad L_2: \frac{x-x_2}{l_2}=\frac{y-y_2}{m_2}=\frac{z-z_2}{n_2}$$

由它们的方向向量 $\boldsymbol{d}_1$ 与 $\boldsymbol{d}_2$,我们得知:

(1) $L_1\perp L_2 \Leftrightarrow \boldsymbol{d}_1\perp \boldsymbol{d}_2 \Leftrightarrow l_1l_2+m_1m_2+n_1n_2=0$;

(2) $L_1 /\!/ L_2 \Leftrightarrow \boldsymbol{d}_1 /\!/ \boldsymbol{d}_2 \Leftrightarrow \dfrac{l_1}{l_2}=\dfrac{m_1}{m_2}=\dfrac{n_1}{n_2}$(若分母为 0,理解分子也为 0);

(3) L_1 与 L_2 的夹角(约定为锐角)$\theta=\arccos\dfrac{|\boldsymbol{d}_1\cdot\boldsymbol{d}_2|}{|\boldsymbol{d}_1||\boldsymbol{d}_2|}$.

4. 直线与平面的关系

给定一直线和一平面:

$$L: \frac{x-x_0}{l}=\frac{y-y_0}{m}=\frac{z-z_0}{n},\quad \Pi: Ax+By+Cz+D=0$$

由直线 L 的方向向量 $\boldsymbol{d}$ 和平面 Π 的法向量 $\boldsymbol{n}$,我们得知:

(1) $L \perp \Pi \Leftrightarrow \boldsymbol{d} /\!/ \boldsymbol{n} \Leftrightarrow \dfrac{l}{A}=\dfrac{m}{B}=\dfrac{n}{C}$(若分母为0,理解分子也为0);

(2) $L /\!/ \Pi \Leftrightarrow \boldsymbol{d} \perp \boldsymbol{n} \Leftrightarrow lA+mB+nC=0$;

(3) L 与 Π 的夹角 θ(约定为锐角) $=\dfrac{\pi}{2}-\arccos\dfrac{|\boldsymbol{d}\cdot\boldsymbol{n}|}{|\boldsymbol{d}||\boldsymbol{n}|}=\arcsin\dfrac{|\boldsymbol{d}\cdot\boldsymbol{n}|}{|\boldsymbol{d}||\boldsymbol{n}|}$.

5. 平面束

设直线 L 为平面 $\Pi_1:A_1x+B_1y+C_1z+D_1=0$ 与 $\Pi_2:A_2x+B_2y+C_2z+D_2=0$ 的交线,则当 λ 取遍一切实数后,方程

$$A_1x+B_1y+C_1z+D_1+\lambda(A_2x+B_2y+C_2z+D_2)=0$$

包括了过直线 L(除 Π_2 外)的一切平面方程. 事实上,如图 2.23 所示,若 Π_λ 为过直线 L 的一个平面,则一定存在一个实数 λ 使得

$$\boldsymbol{n}_\lambda=\boldsymbol{n}_1+\lambda\boldsymbol{n}_2=\{A_1+\lambda A_2,B_1+\lambda B_2,C_1+\lambda C_2\}$$

为平面 Π_λ 的法向量(注意,无论 λ 取何值,$\boldsymbol{n}_\lambda$ 都不会取到 $\boldsymbol{n}_2$),再假设 $P_0(x_0,y_0,z_0)$ 为直线 L 的一点,从而平面 Π_λ 的方程为

$$(A_1+\lambda A_2)(x-x_0)+(B_1+\lambda B_2)(y-y_0)+(C_1+\lambda C_2)(z-z_0)=0$$

化简为

$$A_1x+B_1y+C_1z+D_1+\lambda(A_2x+B_2y+C_2z+D_2)=0$$

例 2.17 求直线 $L:\begin{cases}x+y-z-1=0\\x-y+z+1=0\end{cases}$ 在平面 $\Pi:x+y+z=0$ 上的投影直线 L' 的方程.

解 过 L 的平面束方程为

$$(x+y-z-1)+\lambda(x-y+z+1)=0$$

即 $(\lambda+1)x+(1-\lambda)y+(\lambda-1)z+\lambda-1=0$. 如图 2.24 所示,在此平面束中找出一个与平面 Π 垂直的平面 Π':

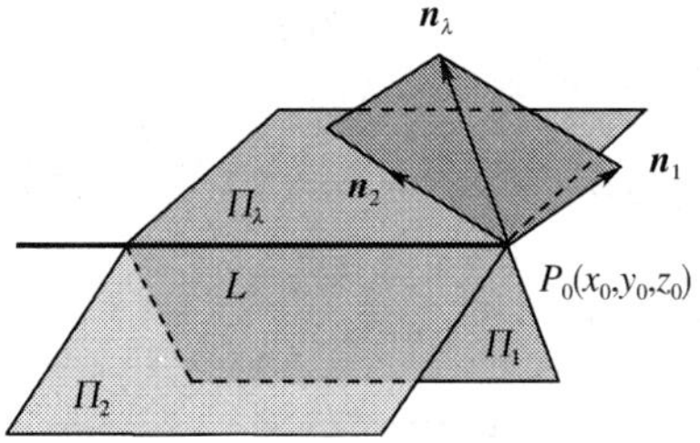

图 2.23

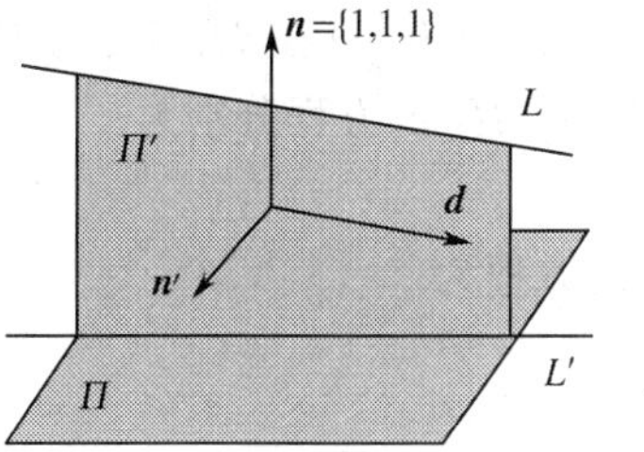

图 2.24

$$(\lambda+1)\cdot 1+(1-\lambda)\cdot 1+(\lambda-1)\cdot 1=0$$

解得 $\lambda=-1$,平面 Π' 的方程为 $y-z-1=0$. 从而直线 L' 的方程为

$$L':\begin{cases}y-z-1=0\\x+y+z=0\end{cases}$$

另解 再如图 2.24 所示,直线 L 的方向向量为

$$\boldsymbol{d}=\left\{\begin{vmatrix}1&-1\\-1&1\end{vmatrix},-\begin{vmatrix}1&-1\\1&1\end{vmatrix},\begin{vmatrix}1&1\\1&-1\end{vmatrix}\right\}=\{0,-2,-2\}=(-2)\{0,1,1\}$$

在直线 L 上找到一点 $(0,1,0)$;过直线 L 与 $x+y+z=0$ 垂直的平面的法向量为

$$\boldsymbol{n}'=\boldsymbol{d}\times\boldsymbol{n}=\left\{\begin{vmatrix}1&1\\1&1\end{vmatrix},-\begin{vmatrix}0&1\\1&1\end{vmatrix},\begin{vmatrix}0&1\\1&1\end{vmatrix}\right\}=\{0,1,-1\}$$

此平面的方程为

$$0(x-0)+1(y-1)+(-1)(z-0)=0$$

即 $y-z-1=0$,直线 L' 的方程为 $\begin{cases}y-z-1=0\\x+y+z=0\end{cases}$.

在解决直线和平面较复杂的综合问题时,几何直观是非常重要的,解答问题仅仅是通过代数运算逐步实现这些直观.

例 2.18 求两异面直线 $L_1:\dfrac{x}{1}=\dfrac{y}{2}=\dfrac{z}{3}$,$L_2:\dfrac{x-1}{1}=\dfrac{y+1}{1}=\dfrac{z-2}{1}$ 的公垂线 L 的方程,并求出异面直线距离.

解 如图 2.25 所示,由几何直观,若直线 L 与 L_1 张成的平面为 Π_1,直线 L 与 L_2 张成的平面为 Π_2,则 Π_1 和 Π_2 的交线就是 L. 直线 L 的方向向量

$$\boldsymbol{d}=\boldsymbol{d}_1\times\boldsymbol{d}_2=\{1,2,3\}\times\{1,1,1\}=\{-1,2,-1\}$$

平面 Π_1,Π_2 的法向量分别为

$$\boldsymbol{n}_1=\boldsymbol{d}\times\boldsymbol{d}_1=\{-1,2,-1\}\times\{1,2,3\}=2\{4,1,-2\}$$

$$\boldsymbol{n}_2=\boldsymbol{d}\times\boldsymbol{d}_2=\{-1,2,-1\}\times\{1,1,1\}=3\{1,0,-1\}$$

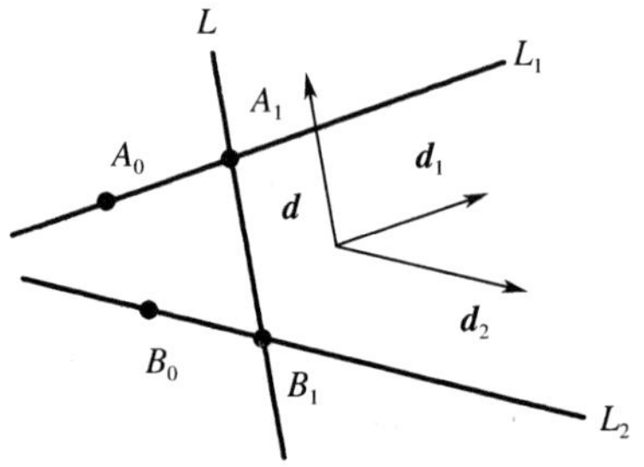

图 2.25

再注意点 $A_0(0,0,0)$ 在 Π_1 上,点 $B_0(1,-1,2)$ 在 Π_2 上,从而 Π_1,Π_2 的方程分别为

$$4x+y-2z=0,x-z+1=0$$

直线 L 的方程为

$$\begin{cases}4x+y-2z=0\\x-z+1=0\end{cases}$$

联立方程求直线 L 分别与 L_1,L_2 的交点,即垂足 $A_1:\left(\dfrac{1}{2},1,\dfrac{3}{2}\right)$,$B_1:\left(\dfrac{4}{3},-\dfrac{2}{3},\dfrac{7}{3}\right)$,则两

异面直线距离为$\sqrt{(\frac{1}{2}-\frac{4}{3})^2+(1+\frac{2}{3})^2+(\frac{3}{2}-\frac{7}{3})^2}=\frac{5}{\sqrt{6}}=\frac{5\sqrt{6}}{6}$.

我们也可以通过向量投影的方法,不求出公垂线方程,直接求出两异面直线距离.

例 2.19　利用投影向量,求例 2.18 中两异面直线的距离.

解　如图 2.26 所示,$A_0(0,0,0)$,$B_0(1,-1,2)$为L_1,L_2上给定点,设直线L为L_1,L_2的公垂线,$\boldsymbol{l}$,$\boldsymbol{l}_1$,$\boldsymbol{l}_2$分别为直线L,L_1,L_2的方向向量.

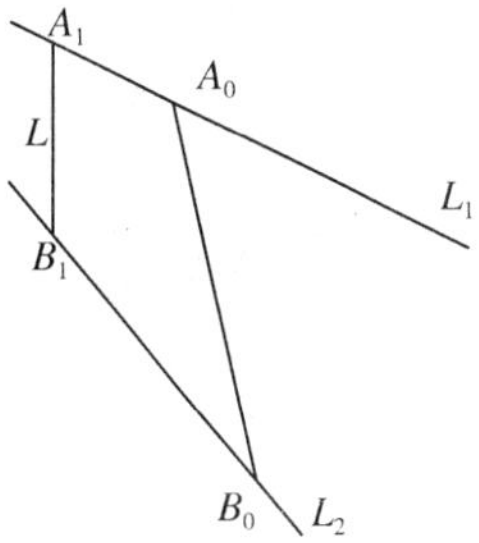

图 2.26

由于直线L为公垂线,根据向量投影定义得,L与L_1,L_2的交点A_1,B_1分别为A_0,B_0在直线L上的投影点,向量$\overrightarrow{A_0B_0}$在直线L上的投影的绝对值即为异面直线的距离,$d=|\overrightarrow{A_1B_1}|=|\mathrm{Prj}_l\overrightarrow{A_0B_0}|$,其中$\boldsymbol{l}=\boldsymbol{l}_1\times\boldsymbol{l}_2$.

$$\boldsymbol{l}=\boldsymbol{l}_1\times\boldsymbol{l}_2=\{1,2,3\}\times\{1,1,1\}=\{-1,2,-1\}$$

$$d=|\mathrm{Prj}_l\overrightarrow{A_0B_0}|=|\overrightarrow{A_0B_0}\cdot\boldsymbol{l}^0|=\left|\frac{1\times(-1)+(-1)\times2+2\times(-1)}{\sqrt{(-1)^2+2^2+(-1)^2}}\right|=\frac{5}{\sqrt{6}}=\frac{5\sqrt{6}}{6}$$

习　题　2.5

1. 求过两点$A(3,2,-1)$,$B(2,1,0)$的直线方程.

2. 将直线$\begin{cases}x-y+z=1\\2x+y+z=4\end{cases}$化为对称式方程.

3. 求点$P(2,1,-1)$在平面$x+2y-z=0$上的投影.

4. 求直线$\begin{cases}x-y+2z=0\\2x+y+z=0\end{cases}$与直线$\frac{x}{1}=\frac{y-1}{1}=\frac{z-1}{2}$的夹角余弦值.

5. 求过点$(-1,2,1)$且与两平面$x-y=0$,$y-z=0$平行的直线方程.

6. 求直线$\frac{x-1}{2}=\frac{y}{1}=\frac{z}{0}$与平面$3x+2y+z=0$的夹角.

7. 设M_0是直线L外一点,M是直线L上任意一点,且直线方向向量为$\boldsymbol{s}$,试证:点M_0到直线L的距离为$d=\frac{|\overrightarrow{M_0M}\times\boldsymbol{s}|}{|\boldsymbol{s}|}$.

8. 求点$P(1,1,2)$到直线$\frac{x}{1}=\frac{y-1}{-1}=\frac{z+1}{2}$的距离.

9. 试确定下列各组直线和平面的位置关系:

(1) $\frac{x+3}{-2}=\frac{y+4}{-7}=\frac{z}{3}$和$4x-2y-2z=3$;

(2) $\frac{x}{3}=\frac{y}{-2}=\frac{z}{7}$和 $3x-2y+7z=8$;

(3) $\frac{x-2}{3}=\frac{y+2}{1}=\frac{z-3}{-4}$和 $x+y+z=3$.

10. 求过直线$\frac{x-1}{2}=\frac{y}{3}=\frac{z}{1}$及点(0,1,2)的平面方程.

11. 求直线$\frac{x-1}{1}=\frac{y}{2}=\frac{z}{3}$在平面 $4x-y+z=1$ 上的投影直线方程.

2.6 曲面及其方程

在本节中我们将介绍一些重要的空间曲面,特别是二次曲面,这些曲面将为多元微积分中二元函数和三元函数提供几何模型.

1. 球面

一般情况下,在空间直角坐标系 $Oxyz$ 中,坐标满足一个三元方程 $F(x,y,z)=0$ 的所有点在空间中形成一张曲面,此时我们称方程 $F(x,y,z)=0$ 为此曲面的方程.例如 $x+y+z=1$ 就为一平面的方程.

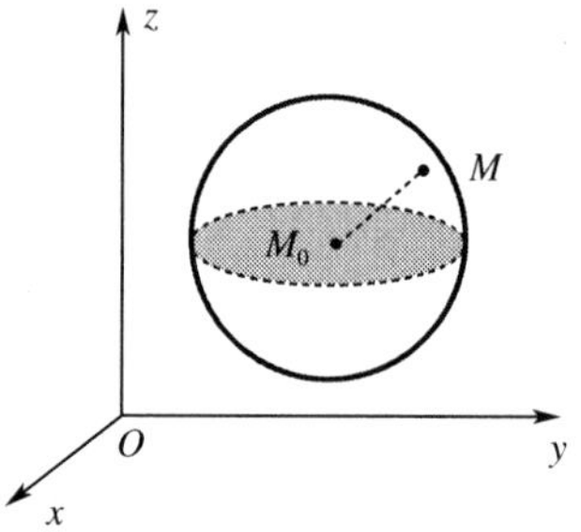

图 2.27

如图 2.27 所示,在空间直角坐标系 $Oxyz$ 中,到定点 $M_0(x_0,y_0,z_0)$等于定长 R 的一切点构成以点 M_0 为球心,半径为 R 的**球面**,此球面上的任何一点 $M(x,y,z)$的坐标满足下面**标准球面方程**

$$(x-x_0)^2+(y-y_0)^2+(z-z_0)^2=R^2$$

以原点为球心,半径为 1 的**单位球面**的方程为 $x^2+y^2+z^2=1$. 展开上述标准球面方程可以得到下面**一般球面方程**

$$x^2+y^2+z^2+Ax+By+Cz+D=0$$

注意,这个方程在极端情况下并不是球面的方程. 例如 $x^2+y^2+z^2=-1$ 无实数解,不是任何曲面的方程; 而 $x^2+y^2+z^2=0$ 的解仅为一个原点. 除了这两种极端情况,一般球面方程确实是一个球面的方程.

例 2.20 给球面方程 $x^2+y^2+z^2=2Rz(R>0)$配平方得到 $x^2+y^2+(z-R)^2=R^2$,其表示以点$(0,0,R)$为球心,半径为 R 的**偏心球面**.

2. 母线平行于 z 轴的柱面

如图2.28所示，C 为 xOy 平面内的一条曲线，过 C 且平行于 z 轴的直线 L 沿曲线 C 平行移动形成的曲面称为**柱面**，曲线 C 称为此柱面的**准线**，直线 L 称为**母线**. 若在 xOy 平面直角坐标系中，准线 C 的方程为 $F(x,y)=0$，则作为空间曲面的方程，$F(x,y)=0$ 就是此柱面的方程. 此柱面也是曲线 C 上下无限滑动所生成的.

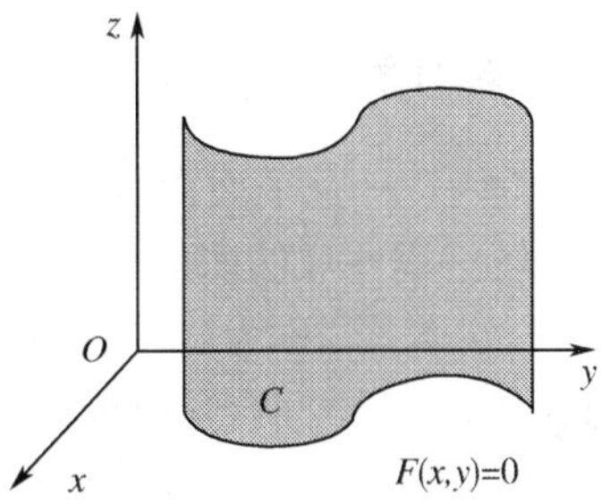

图 2.28

注：缺变量的方程在空间中表示柱面方程，缺哪个变量，母线就平行于哪个坐标轴.

下面我们图示两个常用柱面：**圆柱面**与**抛物柱面**.

例 2.21 方程 $x^2+y^2=R^2$ 表示怎样的曲面？

解 方程 $x^2+y^2=R^2$ 在 xOy 面上表示圆心在 O，半径为 R 的圆. 在空间直角坐标系中，此方程不含竖坐标 z，即不论空间点的竖坐标 z 怎样，只要它的横坐标 x 和纵坐标 y 能满足此方程，那么这些点就在这曲面上. 这曲面可以看作是由平行于 z 轴的直线 l 沿 xOy 面上的圆 $x^2+y^2=R^2$ 移动而成的. 这曲面叫做**圆柱面**，xOy 面上的**圆** $x^2+y^2=R^2$ 叫做它的**准线**，这平行于 z 轴的**直线** l 叫做它的**母线**，如图2.29所示.

类似地，方程 $y^2=ax$ 表示母线平行于 z 轴，它的准线是 xOy 面上的抛物线 $y^2=ax$，该柱面叫做**抛物柱面**，如图2.30所示.

类似可知，只含 x,z 而缺 y 的方程 $G(x,z)=0$ 和只含 y,z 而缺 x 的方程 $H(y,z)=0$ 分别表示母线平行于 y 轴和 x 轴的柱面. 例如，方程 $x-z=0$ 表示母线平行于 y 轴的柱面，其准线是 xOz 面上的直线 $x-z=0$. 所以它是过 y 轴的平面.

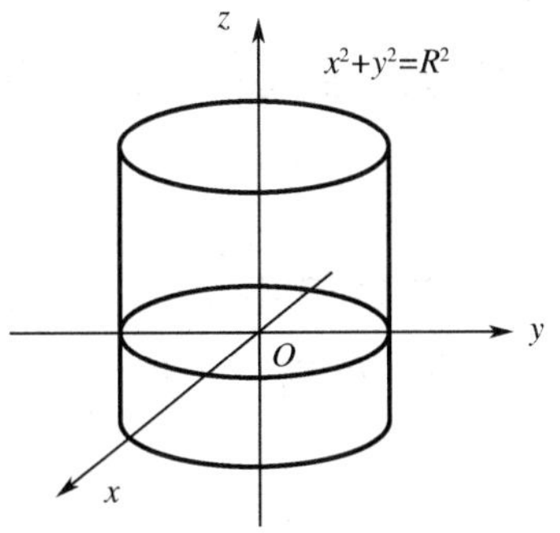

图 2.29

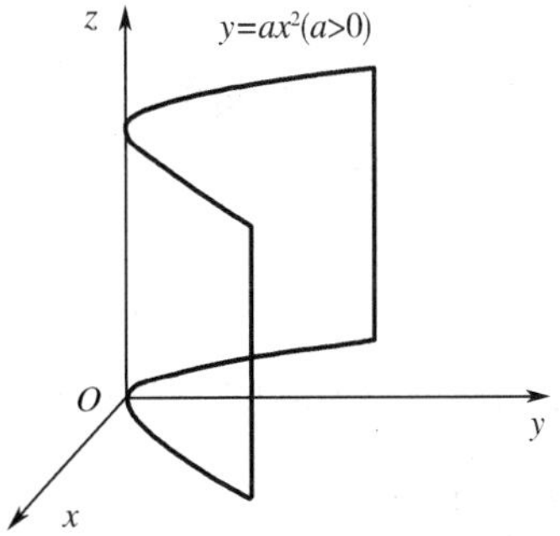

图 2.30

3. 旋转曲面

在空间中,一条平面曲线 C 绕其所在平面内的一条定直线 l 旋转一周所成的曲面称为**旋转曲面**,曲线 C 叫旋转曲面的**母线**、定直线 l 称为旋转曲面的**轴**.

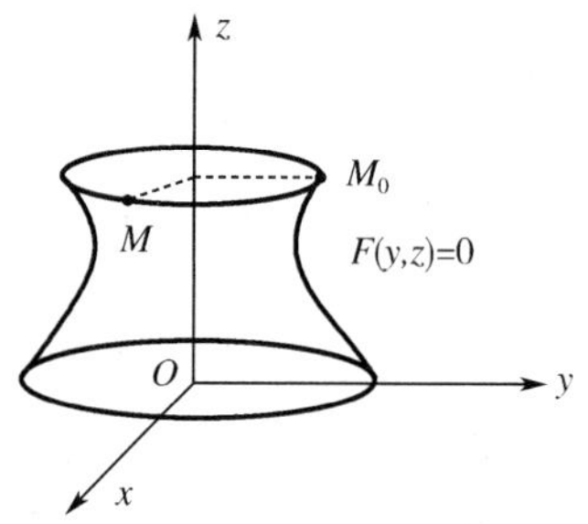

图 2.31

如图 2.31,在空间直角坐标系 $Oxyz$ 中,yOz 平面内的曲线 $C:F(y,z)=0$ 绕 z 轴一周所成曲面的方程按如下方法求得.

设 $M(x,y,z)$ 是曲面上任意一点,则 M 点在曲线 C 上某点 $M_0(0,y_0,z_0)$ 绕 z 轴旋转而成的圆周上. 该圆周在过点 M_0 垂直于 z 轴的平面上,半径为 $|y_0|$,所以有 $z=z_0$, $\sqrt{x^2+y^2}=|y_0|$ 即 $y_0=\pm\sqrt{x^2+y^2}$. 因为 y_0,z_0 满足 $F(y_0,z_0)=0$,所以代入曲线 $C:F(y,z)=0$,则 x,y,z 满足 $F(\pm\sqrt{x^2+y^2},z)=0$.

$F(y,z)=0$ 也可以绕 y 轴旋转形成旋转曲面,由完全同样的讨论可知,只要在 C 的方程中 y 保持不变,而将 z 换成 $\pm\sqrt{x^2+z^2}$,就得到旋转曲面的方程为 $F(y,\pm\sqrt{x^2+z^2})=0$.

由上可知,坐标平面内的曲线绕哪个坐标轴旋转,就在曲线方程中保持哪个变量不变,而将另一变量换成其余两个坐标(变量)的平方和的平方根. 这是由平面曲线方程得到旋转曲面方程的一般方法.

例 2.22 在空间直角坐标系 $Oxyz$ 中,证 yOz 平面内的抛物线 $z=ay^2$ 绕 z 轴走一周产生**旋转抛物曲面**(见图 2.32),其方程为

$$z=a(x^2+y^2)$$

解 在 yOz 平面上以抛物线 $z=ay^2$ 为母线,以 z 轴为旋转轴,所以在直线方程中保持 z 不变,将 y 换作 $\pm\sqrt{x^2+y^2}$,就得到旋转抛物曲面方程为 $z=a(x^2+y^2)$.

例 2.23 在空间直角坐标系 $Oxyz$ 中,yOz 平面内的直线 $z=ky$ 绕 z 轴一周产生**圆锥面**(见图 2.33),其方程为

$$z^2=k^2(x^2+y^2)$$

解 在 yOz 平面上取直线 L 为母线,以 z 轴为旋转轴,所以在直线方程中保持 z 不变,将 y 换作 $\pm\sqrt{x^2+y^2}$,就得到圆锥面方程为 $z=\pm k\cdot\sqrt{x^2+y^2}$. 并对上式两边平方,则有 $z^2=k^2(x^2+y^2)$.

4. 椭圆抛物面

方程 $z=\dfrac{x^2}{2p}+\dfrac{y^2}{2q}(p>0,q>0)$ 所确定的曲面称为**椭圆抛物面**,如图 2.34. 平面 $z=h(h>0)$ 截曲面为椭圆,投影到 xOy 坐标面中为$\dfrac{x^2}{2ph}+\dfrac{y^2}{2qh}=1$; 平面 $y=h$ 截曲面为抛物线,投影到 zOx

坐标面中为 $z=\dfrac{1}{2p}x^2+\dfrac{h^2}{2q}$.

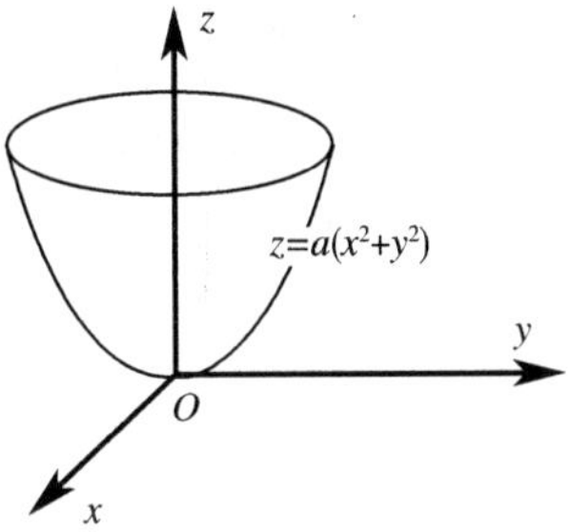

图 2.32

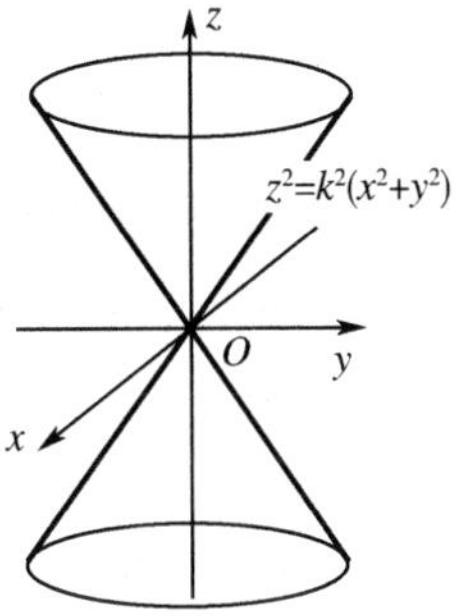

图 2.33

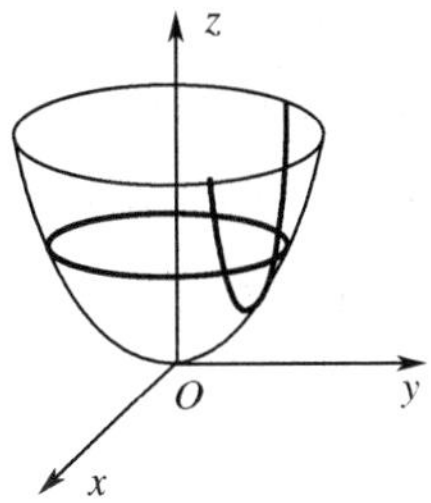

图 2.34

5. 椭球面

方程$\dfrac{x^2}{a^2}+\dfrac{y^2}{b^2}+\dfrac{z^2}{c^2}=1(a>0,b>0,c>0)$所确定的曲面称为**椭球面**,如图 2.35 所示. 六个平面 $x=\pm a,y=\pm b,z=\pm c$ 与此曲面相切,且整个曲面界于这六个平面所围成的长方体内. 平面 $z=h(-c<h<c)$ 截曲面为椭圆,投影到 xOy 坐标面中为$\dfrac{x^2}{a^2(1-\dfrac{h^2}{c^2})}+\dfrac{y^2}{b^2(1-\dfrac{h_2}{c_2})}=1$; 平面 $y=h(-b<h<b)$ 与 $x=h,(-a<h<a)$ 截曲面也为椭圆.

6. 双曲抛物面

方程 $z=-\dfrac{x^2}{2p}+\dfrac{y^2}{2q}(p>0,q>0)$ 所确定的曲面称为**双曲抛物面**,由于形如马鞍,也称**鞍面**,如图 2.36 所示. 平面 $z=0$ 截曲面为两条相交直线; 平面 $z=h(h\neq0)$ 截曲面为双曲线; 平面 $y=h$和 $x=h$ 截曲面都为抛物线.

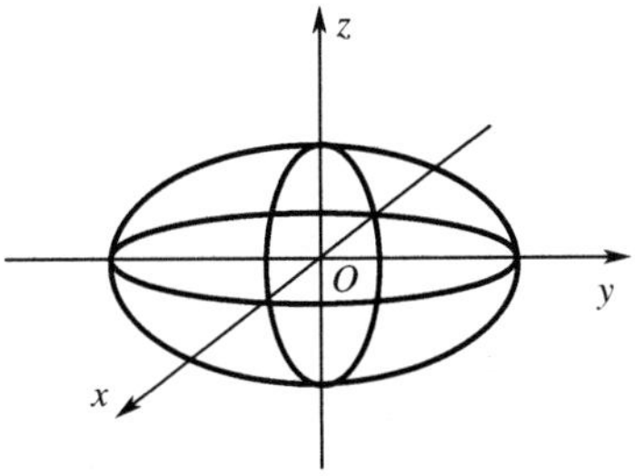

图 2.35

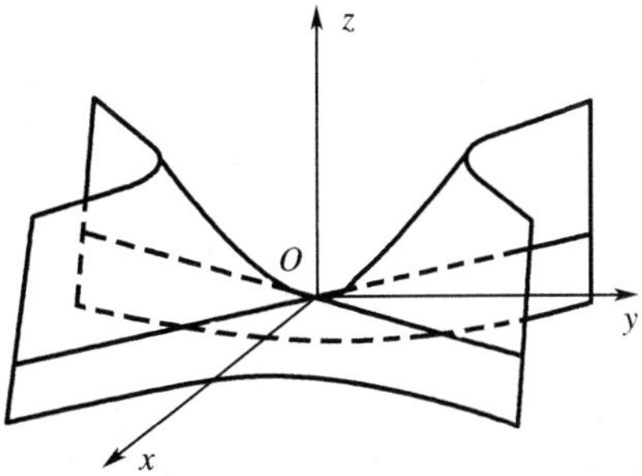

图 2.36

7. 单叶双曲面

方程$\frac{x^2}{a^2}+\frac{y^2}{b^2}-\frac{z^2}{c^2}=1$,$(a>0,b>0,c>0)$所确定的曲面称为**单叶双曲面**,如图 2.37 所示,其形状如热电厂的冷却塔. 平面$z=h$截曲面为椭圆; 平面 $y=\pm b$,$x=\pm a$ 截曲面为两条相交直线; 平面 $y=h(h\neq\pm b)$,$x=h(h\neq\pm a)$截曲面都为双曲线.

8. 双叶双曲面

方程$\frac{x^2}{a^2}+\frac{y^2}{b^2}-\frac{z^2}{c^2}=-1(a>0,b>0,c>0)$所确定的曲面称为**双叶双曲面**,如图 2.38 所示,其由上下两片构成. 平面$z=h(-c<h<c)$与曲面不相交; 平面 $z=\pm c$ 与曲面相切; 平面 $z=h$ $(|h|>c)$截曲面为椭圆; 平面 $y=h$,$x=h$ 截曲面为双曲线.

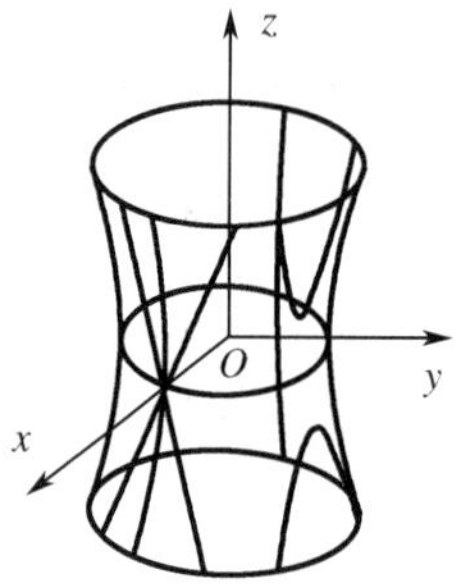

图 2.37

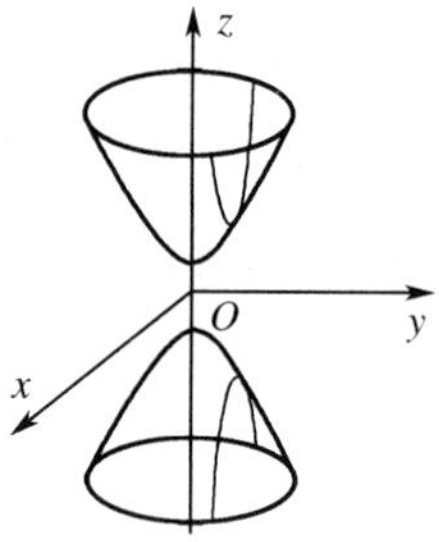

图 2.38

习 题 2.6

1. 建立球心为$(1,3,-2)$且过原点的球面方程.
2. 指出方程 $x^2+y^2+z^2+2y+4z=0$ 所表示的曲面.
3. 求下列旋转曲面的方程:
(1) 平面 xOz 内抛物线 $z^2=x$ 绕 x 轴旋转;
(2) 平面 xOz 内椭圆$\frac{x^2}{a^2}+\frac{z^2}{c^2}=1$ 绕 z 轴旋转;
(3) 平面 xOy 内双曲线 $x^2-4y^2=16$ 分别绕 x 轴和 y 轴旋转.
4. 说明下列旋转曲面是如何形成的:
(1) $\frac{x^2}{4}+\frac{y^2}{9}+\frac{z^2}{9}=1$;

（2）$x^2-y^2+z^2=1$；

（3）$x^2+y^2=(1-z)^2$.

5. 画出下列方程所表示的曲面：

（1）$x^2+y^2=2x$；

（2）$4x^2+9y^2=16$；

（3）$z=y^2$；

（4）$z=6-x^2-y^2$；

（5）$x^2+y^2+z^2=2z$；

（6）$z=x^2+\frac{1}{4}y^2$.

6. 画出以下曲面所围成的立体图形：

（1）$x=1,x=-1,y=1,y=-1,z=0,x+y+z=3$；

（2）$2y^2=x,z=0,\frac{x}{4}+\frac{y}{2}+\frac{z}{2}=1$；

（3）$x=0,y=0,z=0,x^2+y^2=R^2,y^2+z^2=R^2$（第一卦限）；

（4）$z=\sqrt{x^2+y^2},z=2-x^2-y^2$.

2.7　空间曲线及其方程

本节我们简单地讨论空间曲线的一般方程和参数方程.

1. 空间曲线的一般方程

从几何角度讲，若两个曲面 $\Sigma_1:F(x,y,z)=0$ 与 $\Sigma_2:G(x,y,z)=0$ 相交成空间曲线，此时我们称方程组

$$\begin{cases}F(x,y,z)=0\\G(x,y,z)=0\end{cases}$$

为此曲线的**一般方程**.

例 2.24　曲线$\begin{cases}x^2+y^2+z^2=R^2\\x+y+z=0\end{cases}$为空间中的一个圆.

2. 空间曲线的参数方程

从运动的角度讲，有时空间曲线可以视为一个质点的运动轨迹，因而一般情况下方程组

$$\begin{cases}x=x(t)\\y=y(t)\quad(\alpha\leqslant t\leqslant\beta)\\z=z(t)\end{cases}$$

所确定的一切点构成空间中一条曲线，上式就称为此曲线的**参数方程**.

例 2.25 下式就是**圆柱螺线**的参数方程，如图 2.39 所示.

$$\begin{cases} x = a\cos\theta \\ y = a\sin\theta \\ z = k\theta \end{cases} \quad (-\infty < \theta < +\infty, a>0, k>0)$$

消去参数 θ，得圆柱螺线的一般方程为

$$\begin{cases} x^2+y^2=a^2 \\ y = a\sin\dfrac{z}{k} \end{cases}$$

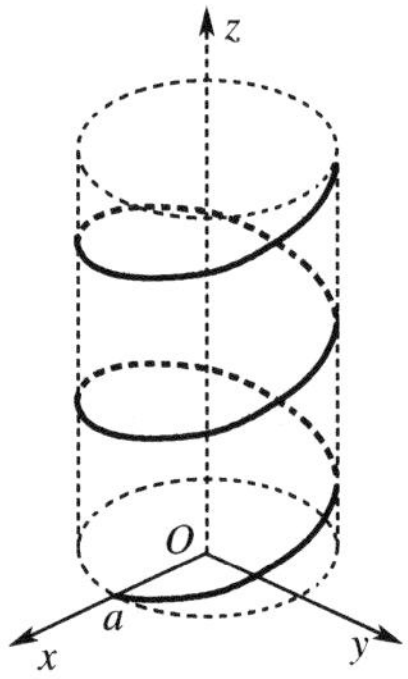

图 2.39

3. 空间曲线在坐标面上的投影

空间曲线 C 的一般方程为$\begin{cases} F(x,y,z)=0 \\ G(x,y,z)=0 \end{cases}$，若由此方程消去 z 得到 $H(x,y)=0$，则 $H(x,y)=0$ 视为空间中的一个柱面，此柱面就是曲线 C 向 xOy 坐标面投影产生的投影面，因而

$$\begin{cases} H(x,y)=0 \\ z=0 \end{cases}$$

就是曲线 C 在 xOy 坐标面上投影线的一般方程.

例 2.26 设一立体由上半球面 $z=\sqrt{4-x^2-y^2}$ 和锥面 $z=\sqrt{3(x^2+y^2)}$ 所围成，求它在 xOy 面上的投影.

解 半球面和锥面的交线为 $C:\begin{cases} z=\sqrt{4-x^2-y^2} \\ z=\sqrt{3(x^2+y^2)} \end{cases}$.

消去 z，得到 $x^2+y^2=1$，见图 2.40，容易看出，这恰好是交线 C 关于 xOy 面的投影柱面，因此交线 C 在 xOy 面上的投影曲线为

$$\begin{cases} x^2+y^2=1 \\ z=0 \end{cases}$$

这是一个 xOy 面上的圆. 于是所求立体在 xOy 面上的投影就是该圆在 xOy 面上所围成的部分：$x^2+y^2\leqslant 1$.

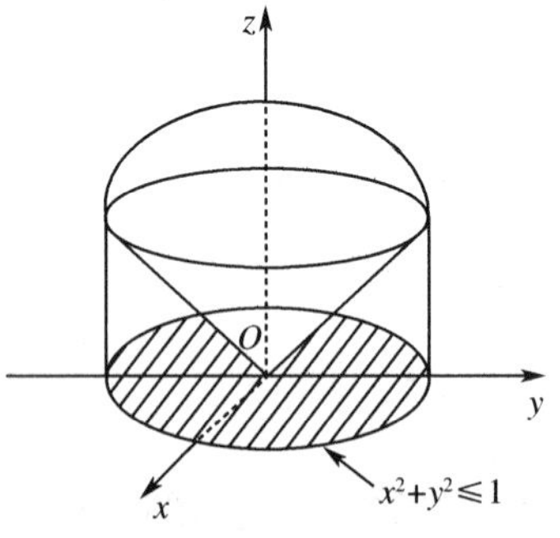

图 2.40

例 2.27 求曲线 $C:\begin{cases} x^2+y^2+z^2=1 \\ x+y+z=0 \end{cases}$ 在 xOy 坐标面上的投影线及此曲线的一个参数方程.

解　由曲线方程消去 z 得到 $x^2+y^2+xy=\frac{1}{2}$，所以曲线 C 在 xOy 坐标面上投影线的方程为

$$\begin{cases} x^2+y^2+xy=\frac{1}{2} \\ z=0 \end{cases}$$

在 xOy 坐标面中，方程 $x^2+y^2+xy=\frac{1}{2}$ 为一个椭圆，不妨设参数 u,v 消去 xy 交叉项，

$$\begin{cases} x=\frac{1}{\sqrt{2}}(u-v) \\ y=\frac{1}{\sqrt{2}}(u+v) \end{cases}$$

代入此方程得到 $3u^2+v^2=1$，其为 uOv 坐标系中的椭圆，$\begin{cases} u=\frac{1}{\sqrt{3}}\cos\theta \\ v=\sin\theta \end{cases}$ $(0\leqslant\theta\leqslant 2\pi)$ 为此椭圆的参数方程，从而

$$\begin{cases} x=\frac{1}{\sqrt{6}}(\cos\theta-\sqrt{3}\sin\theta) \\ y=\frac{1}{\sqrt{6}}(\cos\theta+\sqrt{3}\sin\theta) \quad (0\leqslant\theta\leqslant 2\pi) \\ z=-\sqrt{\frac{2}{3}}\cos\theta \end{cases}$$

为空间曲线 C 的一个参数方程.

注：曲线的一般式方程和参数方程都不是唯一的.

习　题　2.7

1. 画出下列曲线的图形：

(1) $\begin{cases} z=\sqrt{1-x^2-y^2} \\ x^2+y^2=x \end{cases}$；

(2) $\begin{cases} z=1-x^2-y^2 \\ y=x \end{cases}$.

2. 将下列曲线的一般方程化为参数方程：

(1) $\begin{cases} x^2+y^2+z^2=1 \\ x+y+z=0 \end{cases}$；

(2) $\begin{cases}(x-1)^2+y^2+(z+1)^2=4\\ z=0\end{cases}$.

3. 求曲线$\begin{cases}z=2-x^2-y^2\\ z=(x-1)^2+(y-1)^2\end{cases}$分别在三个坐标面上的投影曲线方程.

4. 求锥面 $z=\sqrt{x^2+y^2}$ 与柱面 $z^2=2x$ 所围立体在三个坐标面上的投影.

第 3 章　线性方程组与矩阵

本章的重点是研究矩阵更深层的性质——秩，它是矩阵理论的核心概念，是由德国数学家佛洛本纽斯在 1879 年首先提出的. 为了研究矩阵秩的概念，首先要介绍一个重要的工具——矩阵的初等变换，它不仅能解决求矩阵秩的问题，而且还是帮助求解线性方程组、求逆阵、判定向量组相关性等的有力工具，然后我们将应用秩理论解决方程组的求解问题.

3.1　矩阵的概念

1. 矩阵的概念的引例

例 3.1　某公司三家商店出售四种食品，单位售价(元)，如表 3.1 所示：

表 3.1　食品单位价格表

商店＼食品	F1	F2	F3	F4
S1	17	17	16	20
S2	15	15	16	17
S3	18	19	20	20

表的第二行表示在商店 S1 中，四种食品 F1，F2，F3，F4 单位售价分别为 17，17，16，20 元，其余类推. 把表中数据取出并且不改变数据的相对位置，得到如下的价格数表：

$$\begin{bmatrix} 17 & 17 & 16 & 20 \\ 15 & 15 & 16 & 17 \\ 18 & 19 & 20 & 20 \end{bmatrix}$$

例 3.2　把商品从产地 A，B 运送到销地甲，乙，丙，丁，戊的运输量如表 3.2 所示：

表 3.2　运输量表

产地＼销地	甲	乙	丙	丁	戊
A	1	2	5	4	3
B	2	3	2	0	4

表的第二行表示从产地 A 运送商品到销地甲、乙、丙、丁、戊的运输量分别为 1,2,5,4,3 吨,其余类推. 运输量数表如下:

$$\begin{bmatrix} 1 & 2 & 5 & 4 & 3 \\ 2 & 3 & 2 & 0 & 4 \end{bmatrix}$$

2. 矩阵的定义

定义 3.1 由 $m\times n$ 个数 $a_{ij}(i=1,\cdots,m;\ j=1,\cdots,n)$ 排成的如下的 m 行 n 列的数表

$$\begin{bmatrix} a_{11} & a_{12} & \cdots & a_{1n} \\ a_{21} & a_{22} & \cdots & a_{2n} \\ \vdots & \vdots & & \vdots \\ a_{m1} & a_{m2} & \cdots & a_{mn} \end{bmatrix}_{m\times n}$$

称为一个 $m\times n$ 阶**矩阵**,简记为 $[a_{ij}]_{m\times n}$,称 a_{ij} 为此矩阵的第 i 行第 j 列的**元素**. 一般用大写英文字的黑斜体 $\boldsymbol{A},\boldsymbol{B},\boldsymbol{C}$ 等表示矩阵. $n\times n$ 矩阵称为 n **阶方阵**. 若 $\boldsymbol{A}=[a_{ij}]_{n\times n}$ 为方阵,我们用 $|\boldsymbol{A}|$ 表示行列式 $|a_{ij}|_n$. 方阵从左上角元素到右下角元素这条对角线称为**主对角线**,从右上角元素到左下角元素这条对角线称为**次对角线**.

当 $m=1$,矩阵只有一行:

$$\boldsymbol{A}=[a_{11}\quad a_{12}\quad \cdots\quad a_{1n}]$$

称为**行矩阵**,或**行向量**.

当 $n=1$,矩阵只有一列:

$$\boldsymbol{A}=\begin{bmatrix} a_{11} \\ a_{21} \\ \vdots \\ a_{n1} \end{bmatrix}$$

称为**列矩阵**,或**列向量**.

定义 3.2 矩阵 $\boldsymbol{A}=[a_{ij}]_{m\times n}$ 的所有元素前面都添上负号(即 a_{ij} 的相反数)得到的矩阵,称为 $\boldsymbol{A}$ 的**负矩阵**,记作 $-\boldsymbol{A}=[-a_{ij}]_{m\times n}$.

例如 $\boldsymbol{A}=\begin{bmatrix} 1 & -2 \\ 2 & 3 \\ -1 & 0 \end{bmatrix}$, $-\boldsymbol{A}=\begin{bmatrix} -1 & 2 \\ -2 & -3 \\ 1 & 0 \end{bmatrix}$,那么 $-\boldsymbol{A}$ 是 $\boldsymbol{A}$ 的负矩阵.

定义 3.3 矩阵 $\boldsymbol{A}=[a_{ij}]_{m\times n}$ 的行与列互换,并且不改变原来各元素的顺序得到的矩阵称为矩阵 $\boldsymbol{A}$ 的**转置矩阵**,记作 $\boldsymbol{A}^{\mathrm{T}}$. 显然 $\boldsymbol{A}^{\mathrm{T}}=[a_{ji}]_{n\times m}$,$\boldsymbol{A}^{\mathrm{T}}$ 的第 i 行是 $\boldsymbol{A}$ 的第 i 列,$\boldsymbol{A}^{\mathrm{T}}$ 的第 j 列是 $\boldsymbol{A}$ 的第 j 行,$i=1,2,\cdots,n,j=1,2,\cdots,m$.

例如 $\boldsymbol{A}=\begin{bmatrix}1&1&1&1\\2&2&2&2\end{bmatrix}$, $\boldsymbol{A}^{\mathrm{T}}=\begin{bmatrix}1&2\\1&2\\1&2\\1&2\end{bmatrix}$.

定义 3.4 一个矩阵的所有元素都为零时,叫做**零矩阵**,记作 $\boldsymbol{O}_{m\times n}$ 或 $\boldsymbol{O}$.

例如 $\boldsymbol{O}_{2\times 3}=\begin{bmatrix}0&0&0\\0&0&0\end{bmatrix}$.

定义 3.5 主对角线以下的元素全是零的方阵称为**上三角矩阵**,主对角线以上的元素全是零的方阵称为**下三角矩阵**,即

$$\begin{bmatrix}a_{11}&a_{12}&\cdots&a_{1n}\\0&a_{22}&\cdots&a_{2n}\\\vdots&\vdots&&\vdots\\0&0&\cdots&a_{nn}\end{bmatrix},\quad\begin{bmatrix}b_{11}&0&\cdots&0\\b_{21}&b_{22}&\cdots&0\\\vdots&\vdots&&\vdots\\b_{n1}&b_{n2}&\cdots&b_{nn}\end{bmatrix}$$

分别是**上三角矩阵,下三角矩阵**.

定义 3.6 主对角线以外的元素全是零的方阵称为**对角矩阵**.

定义 3.7 主对角线上元素都是相同的非零常数,其余元素全为零的方阵称为**数量矩阵**.

定义 3.8 主对角线上元素都等于 1 的 n 阶数量矩阵,用字母 $\boldsymbol{E}_n$ 表示,称为**单位矩阵**.

例如

$$\begin{bmatrix}4&0&0\\0&3&0\\0&0&-1\end{bmatrix},\quad\begin{bmatrix}2&0&0\\0&2&0\\0&0&2\end{bmatrix},\quad\boldsymbol{E}_3=\begin{bmatrix}1&0&0\\0&1&0\\0&0&1\end{bmatrix}$$

分别是**三阶对角矩阵,三阶数量矩阵,三阶单位矩阵**.

3. 阶梯型矩阵

形如如下形式的矩阵 $\begin{bmatrix}2&2&-1\\0&0&3\\0&0&0\end{bmatrix}$, $\begin{bmatrix}0&1&2\\0&0&3\\0&0&0\end{bmatrix}$, $\begin{bmatrix}1&-2&4&5&2\\0&0&2&0&3\\0&0&0&3&4\\0&0&0&0&0\end{bmatrix}$,称为行阶梯形矩阵.

定义 3.9 具有如下特点的矩阵,称为**行阶梯矩阵**.

(1) 元素全为 0 的行(称为零行)在下方(如果有零行的话);

(2) 元素不全为 0 的行(称为非零行),从左边数起第一个不为 0 的元素(称为主元),它们的列标随着行指标的递增而严格增大.

定义 3.10 若矩阵为行阶梯矩阵,且每行中第一个非零元素为 1,又这个 1 所在的列中的

其他元素都为 0,则称此矩阵为**行最简形矩阵**. 下面的矩阵都是行最简形矩阵:

$$\begin{bmatrix}1&2&0\\0&0&1\\0&0&0\end{bmatrix},\quad \begin{bmatrix}0&1&0\\0&0&1\\0&0&0\end{bmatrix},\quad \begin{bmatrix}1&-2&0&0&2\\0&0&1&0&3\\0&0&0&1&4\\0&0&0&0&0\end{bmatrix}$$

习　题　3.1

1. 写出下列矩阵:

(1) $a_{ij}=0$ 的 1×3 矩阵;　　(2) $a_{ij}=0$ 的 3×1 矩阵;

(3) $a_{ij}=i+j$ 的 2×3 矩阵;　　(4) $a_{ij}=i\cdot j$ 的 3×3 矩阵.

2. 判断下列矩阵是否为行最简形矩阵:

(1) $\begin{bmatrix}1&0&0&0\\1&0&1&0\\0&0&0&1\end{bmatrix}$;　　(2) $\begin{bmatrix}0&1&0&5\\0&0&1&3\\0&0&0&0\end{bmatrix}$;

(3) $\begin{bmatrix}1&-1&0&2&-3\\0&0&1&-2&2\\0&0&1&2&0\\0&0&0&0&0\end{bmatrix}$;　　(4) $\begin{bmatrix}1&1&2&0&-2\\0&0&-1&0&3\\0&0&0&1&4\\0&0&0&0&0\end{bmatrix}$.

3.2　矩阵的初等变换与矩阵的秩

1. 矩阵的初等变换的引例

矩阵的初等变换是矩阵之间的一种十分重要的变换,是从实际问题的解决中抽象得到的. 下面观察用消元法解下列方程组的过程.

例 3.3　用消元法解下列方程组:

$$\begin{cases}x+\ \ y+z=3 & ①\\2x+\ \ y-z=2 & ②\\x-3y+z=-1 & ③\end{cases}$$

我们应注意到,用消元法解方程组实际上是对方程组的未知数的系数和右边的常数进行运算. 如下,我们先将方程组与一个由方程组的未知数的系数和右边的常数组成的一个数表(矩阵)对应起来,方程组的每一个消法运算和倍法运算都对应此矩阵的一个行运算(r_i 表示矩阵的第 i 行):

$$\begin{cases} x+\ \ y+z=3 & ① \\ 2x+\ \ y-z=2 & ② \\ x-3y+z=-1 & ③ \end{cases} \leftrightarrow \left[\begin{array}{ccc:c} 1 & 1 & 1 & 3 \\ 2 & 1 & -1 & 2 \\ 1 & -3 & 1 & -1 \end{array}\right]$$

方程的运算$(-2)\times$①$\xrightarrow{+}$②对应矩阵的变换$(-2)\times r_1\to r_2$，方程的运算$(-1)\times$①$\xrightarrow{+}$③对应矩阵的变换$(-1)\times r_1\to r_3$，即

$$\begin{cases} x+\ \ y+\ \ z=3 & ① \\ \ \ \ -\ \ y-3z=-4 & ② \\ \ \ \ -4y\qquad=-4 & ③ \end{cases} \leftrightarrow \left[\begin{array}{ccc:c} 1 & 1 & 1 & 3 \\ 0 & -1 & -3 & -4 \\ 0 & -4 & 0 & -4 \end{array}\right]$$

方程的运算$(-1)\times$②对应矩阵的变换$(-1)\times r_2$，方程的运算$(-\dfrac{1}{4})\times$③对应矩阵的变换$(-\dfrac{1}{4})\times r_3$，即

$$\begin{cases} x+y+\ \ z=3 & ① \\ \qquad y+3z=4 & ② \\ \qquad y\qquad=1 & ③ \end{cases} \leftrightarrow \left[\begin{array}{ccc:c} 1 & 1 & 1 & 3 \\ 0 & 1 & 3 & 4 \\ 0 & 1 & 0 & 1 \end{array}\right]$$

方程的运算②↔③对应矩阵的变换$r_2\leftrightarrow r_3$，即

$$\begin{cases} x+y+\ \ z=3 & ① \\ \qquad y\qquad=1 & ② \\ \qquad y+3z=4 & ③ \end{cases} \leftrightarrow \left[\begin{array}{ccc:c} 1 & 1 & 1 & 3 \\ 0 & 1 & 0 & 1 \\ 0 & 1 & 3 & 4 \end{array}\right]$$

方程的运算$(-1)\times$②$\xrightarrow{+}$①对应矩阵的变换$(-1)\times r_2\to r_1$，方程的运算$(-1)\times$②$\xrightarrow{+}$③对应矩阵的变换$(-1)\times r_2\to r_3$，即

$$\begin{cases} x+\qquad z=2 & ① \\ \qquad y\qquad=1 & ② \\ \qquad\quad 3z=3 & ③ \end{cases} \leftrightarrow \left[\begin{array}{ccc:c} 1 & 0 & 1 & 2 \\ 0 & 1 & 0 & 1 \\ 0 & 0 & 3 & 3 \end{array}\right]$$

方程的运算$(-\dfrac{1}{3})\times$③$\xrightarrow{+}$①对应矩阵的变换$(-\dfrac{1}{3})\times r_3\to r_1$，方程的运算$\dfrac{1}{3}\times$③对应矩阵的变换$\dfrac{1}{3}\times r_3$，即

$$\begin{cases} x\qquad\quad=1 & ① \\ \qquad y\quad=1 & ② \\ \qquad\quad z=1 & ③ \end{cases} \leftrightarrow \left[\begin{array}{ccc:c} 1 & 0 & 0 & 1 \\ 0 & 1 & 0 & 1 \\ 0 & 0 & 1 & 1 \end{array}\right]$$

由此我们看到了用消元法解方程组的本质是对一个矩阵进行运算. 现在我们就引入矩阵的初等变换.

2. 矩阵的初等变换

定义 3.11 以下三种变换称为矩阵的**初等行变换**：

（ⅰ）对调两行（对调 i,j 两行记作：$r_i \leftrightarrow r_j$）；

（ⅱ）以数 $k\neq 0$ 乘某行中的所有元素（第 i 行乘 k 记作：$r_i\times k$）；

（ⅲ）将某行所有元素的 k 倍加到另一行对应元素上去（将第 j 行的 k 倍加到第 i 行记作：r_i+kr_j）.

将定义中的"行"换成"列"，即可得到矩阵**初等列变换**的定义，将记号中的 r 换成 c 就是初等列变换的记号. 初等行、列变换统称**初等变换**.

定义 3.12 若对矩阵 $\boldsymbol{A}$ 实行有限次初等变换变成矩阵 $\boldsymbol{B}$，则称矩阵 $\boldsymbol{A}$ 与 $\boldsymbol{B}$ 等价，记作 $\boldsymbol{A}\to\boldsymbol{B}$. 类似于无穷小的等价概念，它具有：

① 自反性 —— $\boldsymbol{A}\to\boldsymbol{A}$（取 $k=1$，作乘数初等变换即可）；

② 对称性 —— $\boldsymbol{A}\to\boldsymbol{B}\Rightarrow\boldsymbol{B}\to\boldsymbol{A}$（初等变换都是可逆的）；

③ 传递性 —— $\boldsymbol{A}\to\boldsymbol{B},\boldsymbol{B}\to\boldsymbol{C}\Rightarrow\boldsymbol{A}\to\boldsymbol{C}$（将两次的初等变换合并到一起对 $\boldsymbol{A}$ 作变换即可）.

定义 3.13 如果对行最简阵 $\boldsymbol{B}=\begin{bmatrix}1&0&2&0&\frac{1}{2}\\0&1&0&0&\frac{1}{2}\\0&0&0&0&0\end{bmatrix}$再进行初等列变换，可将矩阵 $\boldsymbol{B}$ 变成更简单的以下形式：

$$\begin{bmatrix}1&0&0&0&0\\0&1&0&0&0\\0&0&0&0&0\end{bmatrix}=\boldsymbol{F}=\begin{bmatrix}\boldsymbol{E}_2&\boldsymbol{O}\\\boldsymbol{O}&\boldsymbol{O}\end{bmatrix}$$

我们称 $\boldsymbol{F}$ 是矩阵 $\boldsymbol{B}$ 的**标准形**. 可以证明，一般地，任一 $m\times n$ 矩阵 $\boldsymbol{A}$ 都可以经初等变换（行变换和列变换）变成标准形

$$\boldsymbol{A}\to\boldsymbol{F}=\begin{bmatrix}\boldsymbol{E}_r&\boldsymbol{O}\\\boldsymbol{O}&\boldsymbol{O}\end{bmatrix}_{m\times n}$$

其中 r 就是 $\boldsymbol{A}$ 行阶梯形的非零行的行数.

注 ① 任一个矩阵都有标准形，且若行阶梯形的非零行的行数 r 是唯一的话，标准形是唯一的.

② 容易证明一个重要结论：矩阵 $\boldsymbol{A}\to\boldsymbol{B}\Leftrightarrow\boldsymbol{A}$ 与 $\boldsymbol{B}$ 的标准形相同（$\boldsymbol{B}\to\boldsymbol{A}\to\boldsymbol{F}$，且等价具有传递性）. 所有与 $\boldsymbol{A}$ 等价的矩阵组成的集合 $\{\boldsymbol{B}\mid\boldsymbol{B}$ 与 $\boldsymbol{A}$ 等价$\}$ 称为是一个**等价类**，$\boldsymbol{A}$ 的标准形 $\boldsymbol{F}$ 就是这个集合里最简单的矩阵，可视为这个等价类的**代表元**.

3. 矩阵的秩

例 3.4 观察矩阵 $\boldsymbol{A}$ 的初等行变换：

$$\boldsymbol{A}=\begin{bmatrix}1&1&2&4&3\\3&1&6&2&3\\-1&2&-2&1&1\end{bmatrix}\xrightarrow[r_1\to r_3]{(-3)\times r_1\to r_2}\begin{bmatrix}1&1&2&4&3\\0&-2&0&-10&-6\\0&3&0&5&4\end{bmatrix}\xrightarrow{(-\frac{1}{2})\times r_2}$$

$$\begin{bmatrix}1&1&2&4&3\\0&1&0&5&3\\0&3&0&5&4\end{bmatrix}\xrightarrow[(-3)\times r_2\to r_3]{(-1)\times r_2\to r_1}\begin{bmatrix}1&0&2&-1&0\\0&1&0&5&3\\0&0&0&-10&-5\end{bmatrix}\xrightarrow{(-\frac{1}{10})\times r_3}$$

$$\begin{bmatrix}1&0&2&-1&0\\0&1&0&5&3\\0&0&0&1&\frac{1}{2}\end{bmatrix}\xrightarrow[(-5)\times r_3\to r_2]{r_3\to r_1}\begin{bmatrix}1&0&2&0&\frac{1}{2}\\0&1&0&0&\frac{1}{2}\\0&0&0&1&\frac{1}{2}\end{bmatrix}=\boldsymbol{B}$$

根据例 3.4 我们猜测：矩阵经初等行变换化为行阶梯形时，其非零的行数 r 是唯一确定的，且这个行数 r 与自由未知量的个数有关，即自由未知量的个数 = 变量个数 $n-r$. 由此可见，r 是矩阵的一个很重要的数字特征，实际上将其抽象出来就是矩阵秩的概念. 但非零行数的唯一性未经证明，故不能直接从行阶梯形的非零行数来抽象矩阵秩的概念，我们从另一个角度建立秩的概念，然后建立矩阵的秩与其行阶梯形非零行数的关系. 为此先引入以下定义.

定义 3.14 在 $m\times n$ 矩阵 $\boldsymbol{A}$ 中，任取 k 行与 k 列，位于这些行列交叉处的这 k^2 个元素，按原位置次序构成的 k 阶行列式，称为**矩阵的 k 阶子式**.

例如$\begin{bmatrix}1&1&0&-2&1&4\\3&-2&1&-1&0&2\\2&-3&0&1&-1&2\\5&6&-4&0&7&9\end{bmatrix}$，得其 3 阶子式：$\begin{vmatrix}1&-2&1\\-3&1&-1\\6&0&7\end{vmatrix}$.

注 $m\times n$ 矩阵 $\boldsymbol{A}$ 共有 $C_m^k C_n^k$ 个 k 阶子式.

定义 3.15 设在矩阵 $\boldsymbol{A}$ 中有一个不为 0 的 r 阶子式 $\boldsymbol{D}$，且所有的 $r+1$ 阶子式（若存在的话）均为 0，则称 $\boldsymbol{D}$ 为矩阵 $\boldsymbol{A}$ 的最高阶非零子式，数 r 称为矩阵 $\boldsymbol{A}$ 的秩，记作 $\mathrm{r}(\boldsymbol{A})$. 并规定 $\mathrm{r}(\boldsymbol{O})=0$.

注 矩阵 $\boldsymbol{A}$ 的秩就是 $\boldsymbol{A}$ 所有非零子式的最高阶数. 只要 $\boldsymbol{A}$ 不是零阵，就有 $\mathrm{r}(\boldsymbol{A})>0$. 并且秩有以下基本性质：

① $\mathrm{r}(\boldsymbol{A})\leqslant\min\{m,n\}$；

② 若有一个 r 阶子式不为 0，则 $\mathrm{r}(\boldsymbol{A})\geqslant r$；若所有的 $r+1$ 阶子式都等于 0，则 $\mathrm{r}(\boldsymbol{A})\leqslant r$；

③ $\mathrm{r}(\boldsymbol{A}^{\mathrm{T}})=\mathrm{r}(\boldsymbol{A})$.

例 3.5 求矩阵 $\boldsymbol{A}$ 与 $\boldsymbol{B}$ 的秩,其中

$$\boldsymbol{A}=\begin{bmatrix}1&2&2\\2&3&-5\\4&7&-1\end{bmatrix},\quad \boldsymbol{B}=\begin{bmatrix}2&-1&0&3&-2\\0&3&1&-2&5\\0&0&0&4&-3\\0&0&0&0&0\end{bmatrix}$$

解 因为 $\boldsymbol{A}$ 有 2 阶子式 $\begin{vmatrix}1&2\\2&3\end{vmatrix}\neq 0$,且 $\boldsymbol{A}$ 只有一个 3 阶子式,且 $|\boldsymbol{A}|=0$,所以 $\mathrm{r}(\boldsymbol{A})=2$. 因为 $\boldsymbol{B}$ 有 3 阶子式 $\begin{vmatrix}2&-1&3\\0&3&-2\\0&0&4\end{vmatrix}=24\neq 0$,由于 $\boldsymbol{B}$ 的第 4 行元素均为 0,故 $\boldsymbol{B}$ 的 4 阶子式均为 0,所以 $\mathrm{r}(\boldsymbol{B})=3$.

注 ① 若 n 阶方阵的行列式 $|\boldsymbol{A}|\neq 0$,则 $\boldsymbol{A}$ 的最高阶非零子式就是 $|\boldsymbol{A}|$,所以 $\mathrm{r}(\boldsymbol{A})=n$,故称 $\boldsymbol{A}$ 为**满秩矩阵**.

② 当矩阵的行、列数都较高时,用定义求秩是困难的,定义主要具有理论价值.

③ $\boldsymbol{B}$ 的秩较好求是因为它是一个行阶梯形阵,显然行阶梯形阵的最高阶非零子式就是其非零行的第一个非零数所在的行与列所构成的子式,即阶梯形阵的秩就等于其非零的行数.

自然的想法:能否将矩阵化为行阶梯形阵来求其秩,即问题是等价矩阵的秩是否相等?下面的定理给出了回答.

定理 3.1 若 $\boldsymbol{A}\rightarrow\boldsymbol{B}$,则 $\mathrm{r}(\boldsymbol{A})=\mathrm{r}(\boldsymbol{B})$,即初等变换不改变矩阵的秩.

注 由于初等变换不改变矩阵的秩,故我们可用初等行变换将 $\boldsymbol{A}$ 化为行阶梯形矩阵,即得其秩.

例 3.6 求下列矩阵 $\boldsymbol{A}$ 的秩:

$$\boldsymbol{A}=\begin{bmatrix}2&1&8&3&7\\2&-3&0&7&-5\\3&-2&5&8&0\\1&0&3&2&0\end{bmatrix}$$

解 先对 $\boldsymbol{A}$ 进行行初等变换:

$$\boldsymbol{A}\xrightarrow[r_1\leftrightarrow r_4]{(\text{i})\text{型行初等变换}}\begin{bmatrix}1&0&3&2&0\\2&-3&0&7&-5\\3&-2&5&8&0\\2&1&8&3&7\end{bmatrix}\xrightarrow[\substack{(-2)\times r_1\rightarrow r_2\\(-3)\times r_1\rightarrow r_3\\(-2)r_1\rightarrow r_4}]{(\text{iii})\text{型行初等变换}}\begin{bmatrix}1&0&3&2&0\\0&-3&-6&3&-5\\0&-2&-4&2&0\\0&1&2&-1&7\end{bmatrix}$$

$$\xrightarrow[r_2\leftrightarrow r_4]{(\text{i})型行初等变换}\begin{bmatrix}1&0&3&2&0\\0&1&2&-1&7\\0&-2&-4&2&0\\0&-3&-6&3&-5\end{bmatrix}\xrightarrow[\substack{2\times r_2\to r_3\\3\times r_2\to r_4}]{(\text{iii})型行初等变换}\begin{bmatrix}1&0&3&2&0\\0&1&2&-1&7\\0&0&0&0&14\\0&0&0&0&16\end{bmatrix}$$

$$\xrightarrow[-\frac{8}{7}\times r_3\to r_4]{(\text{iii})型行初等变换}\begin{bmatrix}1&0&3&2&0\\0&1&2&-1&7\\0&0&0&0&14\\0&0&0&0&0\end{bmatrix}\xrightarrow[\frac{1}{7}\times r_3]{(\text{ii})型行初等变换}\begin{bmatrix}1&0&3&2&0\\0&1&2&-1&7\\0&0&0&0&2\\0&0&0&0&0\end{bmatrix}=\boldsymbol{B}$$

由此容易看到 $\mathrm{r}(\boldsymbol{A})=\mathrm{r}(\boldsymbol{B})=3$.

定义 3.16 对给定的线性方程组

$$\begin{cases}a_{11}x_1+a_{12}x_2+\cdots+a_{1n}x_n=b_1\\a_{21}x_1+a_{22}x_2+\cdots+a_{2n}x_n=b_2\\\qquad\qquad\vdots\\a_{m1}x_1+a_{m2}x_2+\cdots+a_{mn}x_n=b_m\end{cases}$$

称矩阵

$$\boldsymbol{A}\equiv\begin{bmatrix}a_{11}&a_{12}&\cdots&a_{1n}\\a_{21}&a_{22}&\cdots&a_{2n}\\\vdots&\vdots&&\vdots\\a_{m1}&a_{m2}&\cdots&a_{mn}\end{bmatrix}_{m\times n}$$

为此方程组的**系数矩阵**；称矩阵

$$\widetilde{\boldsymbol{A}}\equiv\begin{bmatrix}a_{11}&a_{12}&\cdots&a_{1n}&b_1\\a_{21}&a_{22}&\cdots&a_{2n}&b_2\\\vdots&\vdots&&\vdots&\vdots\\a_{m1}&a_{m2}&\cdots&a_{mn}&b_m\end{bmatrix}_{m\times(n+1)}$$

为此方程组的**增广阵**.

例 3.7 设 $\boldsymbol{A}=\begin{bmatrix}1&-2&2&-1\\2&-4&8&0\\-2&4&-2&3\\3&-6&0&-6\end{bmatrix}$, $\boldsymbol{b}=\begin{bmatrix}1\\2\\3\\4\end{bmatrix}$,求矩阵 $\boldsymbol{A}$ 及增广阵 $\widetilde{\boldsymbol{A}}$ 的秩.

解 $\widetilde{A}\xrightarrow[\substack{(-2)\times r_1\to r_2\\ 2\times r_1\to r_3\\ (-3)\times r_1\to r_4}]{\text{(iii)型行初等变换}}\begin{bmatrix}1&-2&2&-1&1\\0&0&4&2&0\\0&0&2&1&5\\0&0&-6&-3&1\end{bmatrix}\xrightarrow[\substack{\left(-\frac{1}{2}\right)\times r_2\to r_3\\ \frac{3}{2}\times r_2\to r_4}]{\text{(iii)型行初等变换}}\begin{bmatrix}1&-2&2&-1&1\\0&0&4&2&0\\0&0&0&0&5\\0&0&0&0&1\end{bmatrix}$

$$\xrightarrow[\left(-\frac{1}{5}\right)\times r_3\to r_4]{\text{(iii)型行初等变换}}\begin{bmatrix}1&-2&2&-1&1\\0&0&4&2&0\\0&0&0&0&5\\0&0&0&0&0\end{bmatrix}\xrightarrow[\substack{\frac{1}{2}\times r_2\\ \frac{1}{5}\times r_3}]{\text{(ii)型行初等变换}}\begin{bmatrix}1&-2&2&-1&1\\0&0&2&1&0\\0&0&0&0&1\\0&0&0&0&0\end{bmatrix}$$

$\Rightarrow \mathrm{r}(\boldsymbol{A})=2,\quad \mathrm{r}(\widetilde{\boldsymbol{A}})=3$.

注 上面只作了初等行变换,故它们对应的方程组是同解方程组,而 $\widetilde{\boldsymbol{A}}$ 的行阶梯形所对应的方程组含有矛盾方程 $0=1$(矩阵第 3 行所对应的方程),所以 $\widetilde{\boldsymbol{A}}$ 对应的非齐次线性方程组无解,问题的关键是 $\mathrm{r}(\boldsymbol{A})=2\neq\mathrm{r}(\widetilde{\boldsymbol{A}})=3$ 造成的.

事实上 $\mathrm{r}(\boldsymbol{A})\neq\mathrm{r}(\widetilde{\boldsymbol{A}})\Rightarrow\mathrm{r}(\boldsymbol{A})<\mathrm{r}(\widetilde{\boldsymbol{A}})\Rightarrow$在 $\widetilde{\boldsymbol{A}}$ 的行最简形阵中的最后一个非零行对应出现矛盾方程 $0=1\Rightarrow$方程组无解. 这个具体问题让我们猜想:一个线性方程组有没有解应与其系数矩阵及增广矩阵的秩的关系有关. 这是我们下面一节中专门要讨论的问题.

习 题 3.2

1. 判别下列命题的真假,并说明理由:

(1) 若矩阵 $\boldsymbol{A}$ 中有一个元素不是 0,则 $\mathrm{r}(\boldsymbol{A})\geqslant 1$;

(2) 若矩阵 $\boldsymbol{A}$ 是 $m\times n$ 的,则 $\mathrm{r}(\boldsymbol{A})\leqslant\min\{m,n\}$;

(3) 若 $\mathrm{r}(\boldsymbol{A})=r$,则 $\boldsymbol{A}$ 仅有一个 r 阶子式不等于 0;

(4) 若 $\mathrm{r}(\boldsymbol{A})=r$,则 $\boldsymbol{A}$ 没有等于 0 的 r 阶子式;

(5) 若矩阵 $\boldsymbol{A}$ 的 r 阶子式都等于 0,则 $\mathrm{r}(\boldsymbol{A})<r$;

(6) 若 $\boldsymbol{A}_{m\times n}$ 为线性方程组的系数阵,且 $\mathrm{r}(\boldsymbol{A})=m$,则此方程组一定有解;

(7) 若 $\mathrm{r}(\boldsymbol{A}_{m\times n})=n$,$\boldsymbol{A}$ 删除一行为 $\boldsymbol{B}$,则 $\mathrm{r}(\boldsymbol{B})=n-1$.

2. 把下列矩阵化为行最简形矩阵:

(1) $\begin{bmatrix}1&0&2&-1\\2&0&3&1\\3&0&4&-3\end{bmatrix}$; (2) $\begin{bmatrix}0&2&-3&1\\0&3&-4&3\\0&4&-7&-1\end{bmatrix}$;

(3) $\begin{bmatrix} 1 & -1 & 3 & -4 & 3 \\ 3 & -3 & 5 & -4 & 1 \\ 2 & -2 & 3 & -2 & 0 \\ 3 & -3 & 4 & -2 & -1 \end{bmatrix}$;　　(4) $\begin{bmatrix} 2 & 3 & 1 & -3 & -7 \\ 1 & 2 & 0 & -2 & -4 \\ 3 & -2 & 8 & 3 & 0 \\ 2 & -3 & 7 & 4 & 3 \end{bmatrix}$.

3. 求作一个秩是 4 的方阵,它的两个行向量是$[1,0,1,0,0]$,$[1,-1,0,0,0]$.

4. 求下列矩阵的秩,并求一个最高阶非零子式:

(1) $\begin{bmatrix} 3 & 1 & 0 & 2 \\ 1 & -1 & 2 & -1 \\ 1 & 3 & -4 & 4 \end{bmatrix}$;　　(2) $\begin{bmatrix} 3 & 2 & -1 & -3 & -1 \\ 2 & -1 & 3 & 1 & -3 \\ 7 & 0 & 5 & -1 & -8 \end{bmatrix}$;

(3) $\begin{bmatrix} 2 & 1 & 8 & 3 & 7 \\ 2 & -3 & 0 & 7 & -5 \\ 3 & -2 & 5 & 8 & 0 \\ 1 & 0 & 3 & 2 & 0 \end{bmatrix}$.

5. 设 $\boldsymbol{A},\boldsymbol{B}$ 都是 $m\times n$ 阶矩阵,证明 $\boldsymbol{A}\to\boldsymbol{B}$ 的充分必要条件是 $\mathrm{r}(\boldsymbol{A})=\mathrm{r}(\boldsymbol{B})$.

6. 设 $\boldsymbol{A}=\begin{bmatrix} 1 & -2 & 3k \\ -1 & 2k & -3 \\ k & -2 & 3 \end{bmatrix}$,问 k 为何值时,可使:

(1) $\mathrm{r}(\boldsymbol{A})=1$;　　(2) $\mathrm{r}(\boldsymbol{A})=2$;　　(3) $\mathrm{r}(\boldsymbol{A})=3$.

3.3 用初等行变换求解线性方程组

1. 线性方程组的几何应用举例

线性方程组理论与几何有密切关系,下面举例说明如何利用线性方程组理论解决一些几何问题.

例 3.8 平面 $\Pi_1: x+y+z=1$ 与平面 $\Pi_2: x+y+z=2$ 平行,不相交,此时方程组

$$\begin{cases} x+y+z=1 \\ x+y+z=2 \end{cases}$$

无解,即为矛盾方程.

例 3.9 平面 $\Pi_1: x+y+z=1$ 与平面 $\Pi_2: x+2y+3z=1$ 相交成直线,此时方程组

$$\begin{cases} x+y+z=1 \\ x+2y+3z=1 \end{cases}$$

有无穷多组解. 事实上,用简单的消元运算可将此方程组化为

$$\begin{cases} x = 1 + z \\ y = -2z \end{cases}$$

此时,只要 z 取任何一个数 k, $x = 1 + k$, $y = -2k$, $z = k$ 都是一组解. 若视 k 为参数,所有的解(视为点)就形成了直线 $\frac{x-1}{1} = \frac{y}{-2} = z$.

例 3.10 用消元法解下列方程组

$$\begin{cases} x + y + z = 3 \\ 2x + y - z = 2 \\ x - 3y + z = -1 \end{cases}$$

知此方程组有唯一的一组解 $x = 1, y = 1, z = 1$. 若将每个方程视为平面方程,则这三个平面相交于一个点.

例 3.11 用消元法容易发现方程组

$$\begin{cases} x + 2y - z = 1 \\ 2x - 3y + z = 0 \\ 4x + y - z = -1 \end{cases}$$

无解(如第一个方程乘 2 加到第二个方程上,得到 $4x + y - z = 2$). 若将每个方程视为平面方程,则这三个平面上没有共同的点.

例 3.12 方程组

$$\begin{cases} x = 1 \\ y = 2 \\ z = 3 \\ x + y + z = 6 \end{cases}$$

有四个方程,但仍然有唯一一组解. 若将每个方程视为平面方程,则这四个平面相交于一个点.

2. 线性方程组解的判定

关于方程组我们的问题是:非齐次线性方程组什么时候有解,什么时候无解,有解的时候有多少,即解唯一不唯一,不唯一时有多少,有解时如何求出解来? 现在我们将以矩阵的秩为工具给出解的判定定理. 从最简单的情形入手.

定理 3.2 n 元齐次线性方程组 $\begin{cases} a_{11}x_1 + a_{12}x_2 + \cdots + a_{1n}x_n = 0 \\ a_{21}x_1 + a_{22}x_2 + \cdots + a_{2n}x_n = 0 \\ \vdots \\ a_{m1}x_1 + a_{m2}x_2 + \cdots + a_{mn}x_n = 0 \end{cases}$ 有非零解的充分必要条件是 $\mathrm{r}(\boldsymbol{A}) < n$.

证明 “$\Rightarrow$”：若方程组有非零解，求证 $\mathrm{r}(\boldsymbol{A})<n$.

用反证法. 设 $\mathrm{r}(\boldsymbol{A})=n\Rightarrow$在 $\boldsymbol{A}$ 中有一个 n 阶非零子式 $D_n\Rightarrow D_n$ 对应的线性方程组只有零解，这与原方程组有非零解矛盾，即假设错误，所以 $\mathrm{r}(\boldsymbol{A})<n$.

“$\Leftarrow$”：若 $\mathrm{r}(\boldsymbol{A})=r<n\Rightarrow\boldsymbol{A}$ 的行阶梯形矩阵只有 r 个非零行$\Rightarrow$方程组有 $n-r$ 个自由未知量，任取一个自由未知量为 1，其余的自由未知量全取为 0 所得到的那个解，就是方程组的非零解.

定理 3.3 n 元非齐次线性方程组 $\begin{cases}a_{11}x_1+a_{12}x_2+\cdots+a_{1n}x_n=b_1\\a_{21}x_1+a_{22}x_2+\cdots+a_{2n}x_n=b_2\\\quad\vdots\\a_{m1}x_1+a_{m2}x_2+\cdots+a_{mn}x_n=b_n\end{cases}$ 有解的充分必要条件是 $\mathrm{r}(\boldsymbol{A})=\mathrm{r}(\widetilde{\boldsymbol{A}})$，其中 $\widetilde{\boldsymbol{A}}$ 为此方程组的增广阵.

证明 “$\Rightarrow$”：若方程组有非零解，求证 $\mathrm{r}(\boldsymbol{A})=\mathrm{r}(\widetilde{\boldsymbol{A}})$.

用反证法. 设 $\mathrm{r}(\boldsymbol{A})<\mathrm{r}(\widetilde{\boldsymbol{A}})\Rightarrow\widetilde{\boldsymbol{A}}$ 的行阶梯形阵的最后一个非零行对应矛盾方程：$0=1$，这与原方程组有解矛盾，所以 $\mathrm{r}(\boldsymbol{A})=\mathrm{r}(\widetilde{\boldsymbol{A}})$.

“$\Leftarrow$”：若 $\mathrm{r}(\boldsymbol{A})=\mathrm{r}(\widetilde{\boldsymbol{A}})$，求证方程组有解. 设 $\mathrm{r}(\boldsymbol{A})=\mathrm{r}(\widetilde{\boldsymbol{A}})=r(r\leqslant n)$，则 $\widetilde{\boldsymbol{A}}$ 的行阶梯形矩阵中含有 r 个非零行，将这 r 个非零行的第一个元所对应的 r 个未知量作为非自由未知量，其余 $n-r$ 个作为自由未知量，并取这 $n-r$ 个自由未知量为 0，即得方程组的一个解.

注 ① 显然定理 3.2 是定理 3.3 的特例，定理 3.3 也可以解释齐次线性方程组 $\begin{cases}a_{11}x_1+a_{12}x_2+\cdots+a_{1n}x_n=0\\a_{21}x_1+a_{22}x_2+\cdots+a_{2n}x_n=0\\\quad\vdots\\a_{m1}x_1+a_{m2}x_2+\cdots+a_{mn}x_n=0\end{cases}$ 必有解——因为 $\mathrm{r}(\boldsymbol{A})=\mathrm{r}(\widetilde{\boldsymbol{A}})$ 永远成立.

② 因为自由未知量的个数为 $n-r$，所以当 $n=r$ 时方程组没有自由未知量，即 $\mathrm{r}(\boldsymbol{A})=\mathrm{r}(\widetilde{\boldsymbol{A}})=n$ 时方程组没有自由未知量，即只有唯一解；当 $\mathrm{r}(\boldsymbol{A})=\mathrm{r}(\widetilde{\boldsymbol{A}})<n$ 时，方程组有 $n-r$ 个自由未知量，令它们分别等于 $c_1,c_2,\cdots,c_{n-r}$，可得含 $n-r$ 个参数 $c_1,c_2,\cdots,c_{n-r}$的解，显然自由未知量可以任意取值，故方程组就有无穷多组解，且含 $n-r$ 个参数 $c_1,c_2,\cdots,c_{n-r}$的解可以表示方程组的任意一个解，从而称之为**通解**.

定理 3.4 设线性方程组的系数矩阵为 $\boldsymbol{A}=[a_{ij}]_{m\times n}$，增广阵为 $\widetilde{\boldsymbol{A}}$，则：

(1) $\widetilde{\boldsymbol{A}}$ 对应的方程组有解$\Leftrightarrow\mathrm{r}(\boldsymbol{A})=\mathrm{r}(\widetilde{\boldsymbol{A}})$；

(2) 当 $\mathrm{r}(\boldsymbol{A})=\mathrm{r}(\widetilde{\boldsymbol{A}})=n$ 时(n 为未知数的个数)，$\widetilde{\boldsymbol{A}}$ 对应的方程组有唯一一组解；

(3) 当 $\mathrm{r}(\boldsymbol{A})=\mathrm{r}(\widetilde{\boldsymbol{A}})=r<n$ 时，$\widetilde{\boldsymbol{A}}$ 对应的方程组有无穷多组解，且自由未知数的个数是$n-r$.

例 3.13 求解齐次线性方程组$\begin{cases}x_1+2x_2+2x_3+x_4=0\\2x_1+x_2-2x_3-2x_4=0\\x_1-x_2-4x_3-3x_4=0\end{cases}$.

解 $\boldsymbol{A}=\begin{bmatrix}1&2&2&1\\2&1&-2&-2\\1&-1&-4&-3\end{bmatrix}\to\begin{bmatrix}1&2&2&1\\0&-3&-6&-4\\0&-3&-6&-4\end{bmatrix}$

$$\to\begin{bmatrix}1&2&2&1\\0&1&2&\frac{4}{3}\\0&0&0&0\end{bmatrix}\to\begin{bmatrix}1&0&-2&-\frac{5}{3}\\0&1&2&\frac{4}{3}\\0&0&0&0\end{bmatrix}=\boldsymbol{B}$$

因为 $\mathrm{r}(\boldsymbol{A})=\mathrm{r}(\boldsymbol{B})=2<4$,所以方程组有无穷多解. 得

$$\begin{cases}x_1=2x_3+\frac{5}{3}x_4\\x_2=-2x_3-\frac{4}{3}x_4\end{cases}$$

取自由变量 x_3,x_4 为 c_1,c_2,得

$$\begin{cases}x_1=2c_1+\frac{5}{3}c_2\\x_2=-2c_1-\frac{4}{3}c_2\\x_3=c_1\\x_4=c_2\end{cases}$$

其中 c_1,c_2 为任意常数.

例 3.14 求解非齐次线性方程组$\begin{cases}x_1-2x_2+3x_3-x_4=1\\3x_1-x_2+5x_3-3x_4=2\\2x_1+x_2+2x_3-2x_4=3\end{cases}$.

解 $\widetilde{\boldsymbol{A}}=\begin{bmatrix}1&-2&3&-1&1\\3&-1&5&-3&2\\2&1&2&-2&3\end{bmatrix}\to\begin{bmatrix}1&-2&3&-1&1\\0&5&-4&0&-1\\0&5&-4&0&1\end{bmatrix}$

$$\to\begin{bmatrix}1&-2&3&-1&1\\0&5&-4&0&-1\\0&0&0&0&2\end{bmatrix}$$

因为 $\mathrm{r}(\boldsymbol{A})=2$,$\mathrm{r}(\widetilde{\boldsymbol{A}})=3$ 不相等,所以方程组无解.

例 3.15 求解非齐次线性方程组$\begin{cases}x_1+x_2-3x_3-x_4=1\\3x_1-x_2-3x_3+4x_4=4.\\x_1+5x_2-9x_3-8x_4=0\end{cases}$

解 $\widetilde{\boldsymbol{A}}=\begin{bmatrix}1&1&-3&-1&1\\3&-1&-3&4&4\\1&5&-9&-8&0\end{bmatrix}\to\begin{bmatrix}1&1&-3&-1&1\\0&1&-\frac{3}{2}&-\frac{7}{4}&-\frac{1}{4}\\0&0&0&0&0\end{bmatrix}$

$$\to\begin{bmatrix}1&0&-\frac{3}{2}&\frac{3}{4}&\frac{5}{4}\\0&1&-\frac{3}{2}&-\frac{7}{4}&-\frac{1}{4}\\0&0&0&0&0\end{bmatrix}$$

因为 $\mathrm{r}(\boldsymbol{A})=\mathrm{r}(\widetilde{\boldsymbol{A}})=2<4$,所以方程组有无穷多解. 其通解为

$$\begin{cases}x_1=\frac{3}{2}c_1-\frac{3}{4}c_2+\frac{5}{4}\\x_2=\frac{3}{2}c_1+\frac{7}{4}c_2-\frac{1}{4}\\x_3=c_1\\x_4=c_2\end{cases}$$

其中 c_1,c_2 为任意常数.

例 3.16 讨论方程组

$$\begin{cases}x_1+x_2+\lambda x_3=1\\x_1+\lambda x_2+x_3=1\\\lambda x_1+x_2+x_3=1\end{cases}$$

何时无解,何时有唯一一组解,何时有无穷多组解.

解 此方程组的增广矩阵

$$\widetilde{\boldsymbol{A}}=\begin{bmatrix}1&1&\lambda&1\\1&\lambda&1&1\\\lambda&1&1&1\end{bmatrix}\to\begin{bmatrix}1&1&\lambda&1\\0&\lambda-1&1-\lambda&0\\0&1-\lambda&1-\lambda^2&1-\lambda\end{bmatrix}\to\begin{bmatrix}1&1&\lambda&1\\0&\lambda-1&1-\lambda&0\\0&0&(1-\lambda)(\lambda+2)&1-\lambda\end{bmatrix}$$

由此可得出:

(1) 当 $\lambda=-2$,$\mathrm{r}(\boldsymbol{A})=2$,$\mathrm{r}(\widetilde{\boldsymbol{A}})=3$ 方程组无解;

(2) 当 $\lambda\neq1$,且 $\lambda\neq-2$ 时,$\mathrm{r}(\boldsymbol{A})=\mathrm{r}(\widetilde{\boldsymbol{A}})=3$,方程组有唯一一组解;

(3) 当 $\lambda=1$ 时,$\mathrm{r}(\boldsymbol{A})=\mathrm{r}(\widetilde{\boldsymbol{A}})=1<3$,方程组有无穷多组解.

注 讨论含参数 λ 的线性方程组问题切忌作初等行变换 $r_i\times(\lambda+a)$,$r_i\times\frac{1}{\lambda+a}$,

$r_i \pm (\lambda + a) r_j$和 $r_i \pm \dfrac{1}{\lambda + a} r_j$,因为 $\lambda + a$ 可能为零因式,如不得已非作这种变换,则应分别对 $\lambda \neq -a$和 $\lambda = -a$ 两种情形进行讨论.

习　题　3.3

1. 求解下列齐次线性方程组:

(1) $\begin{cases} x_1 + x_2 + 2x_3 - x_4 = 0 \\ 2x_1 + x_2 + x_3 - x_4 = 0 \\ 2x_1 + 2x_2 + x_3 + 2x_4 = 0 \end{cases}$;　　(2) $\begin{cases} x_1 + 2x_2 + x_3 - x_4 = 0 \\ 3x_1 + 6x_2 - x_3 - 3x_4 = 0 \\ 5x_1 + 10x_2 + x_3 - 5x_4 = 0 \end{cases}$;

(3) $\begin{cases} 2x_1 + 3x_2 - x_3 + 5x_4 = 0 \\ 3x_1 + x_2 + 2x_3 - 7x_4 = 0 \\ 4x_1 + x_2 - 3x_3 + 6x_4 = 0 \\ x_1 - 2x_2 + 4x_3 - 7x_4 = 0 \end{cases}$;　　(4) $\begin{cases} 3x_1 + 4x_2 - 5x_3 + 7x_4 = 0 \\ 2x_1 - 3x_2 + 3x_3 - 2x_4 = 0 \\ 4x_1 + 11x_2 - 13x_3 + 16x_4 = 0 \\ 7x_1 - 2x_2 + x_3 + 3x_4 = 0 \end{cases}$.

2. 求解下列非齐次线性方程组:

(1) $\begin{cases} 4x_1 + 2x_2 - x_3 = 2 \\ 3x_1 - x_2 + 2x_3 = 10 \\ 11x_1 + 3x_2 = 8 \end{cases}$;　　(2) $\begin{cases} 2x + 3y + z = 4 \\ x - 2y + 4z = -5 \\ 3x + 8y - 2z = 13 \\ 4x - y + 9z = -6 \end{cases}$;

(3) $\begin{cases} 2x + y - z + w = 1 \\ 4x + 2y - 2z + w = 2 \\ 2x + y - z - w = 1 \end{cases}$;　　(4) $\begin{cases} 2x + y - z + w = 1 \\ 3x - 2y + z - 3w = 4 \\ x + 4y - 3z + 5w = -2 \end{cases}$.

3. λ 取何值时,非齐次线性方程组

$$\begin{cases} \lambda x_1 + x_2 + x_3 = 1 \\ x_1 + \lambda x_2 + x_3 = \lambda \\ x_1 + x_2 + \lambda x_3 = \lambda^2 \end{cases}$$

(1)有唯一解;(2)无解;(3)有无穷多个解?

4. 非齐次线性方程组

$$\begin{cases} -2x_1 + x_2 + x_3 = -2 \\ x_1 - 2x_2 + x_3 = \lambda \\ x_1 + x_2 - 2x_3 = \lambda^2 \end{cases}$$

当 λ 取何值时有解?并求出它的通解.

5. 设$\begin{cases}(2-\lambda)x_1+2x_2-2x_3=1\\ 2x_1+(5-\lambda)x_2-4x_3=2\\ -2x_1-4x_2+(5-\lambda)x_3=-\lambda-1\end{cases}$,问 λ 为何值时,此方程组有唯一解,无解或有无穷多解?并在有无穷多解时求其通解.

6. 求证下列方程组有解的充分必要条件是 $\sum\limits_{i=1}^{5}a_i=0$:

$$\begin{cases}x_1-x_2=a_1\\ x_2-x_3=a_2\\ x_3-x_4=a_3\\ x_4-x_5=a_4\\ -x_1+x_5=a_5\end{cases}$$

7. 问 a,b 为何值时,线性方程组

$$\begin{cases}x_1+x_2+x_3+x_4=0\\ x_2+2x_3+2x_4=1\\ x_2+(a-3)x_3-2x_4=b\\ 3x_1+2x_2+x_3+ax_4=-1\\ x_1+2x_2+3x_3+3x_4=1\end{cases}$$

有唯一解,无解或有无穷多解?并在有无穷多解时求其通解.

第 4 章　矩　　阵

在第 1 章和第 3 章中，我们从解线性方程组的角度，引入矩阵及矩阵的一个重要的等价不变量——秩. 事实上，矩阵不仅仅是解线性方程组的工具，而且在矩阵与矩阵之间还可以引入加、减、乘运算；对特殊的方阵，还存在逆运算. 所有这些不仅使矩阵成了工程数学和纯数学中的重要工具，而且也使矩阵本身成了代数学研究的对象. 本章中，我们重点介绍矩阵的基本运算.

本章的主要内容：

(1) 矩阵的加、减、数乘运算；

(2) 矩阵的乘法及逆阵；

(3) 矩阵的初等变换与初等阵的对应；

(4) 分块矩阵的运算.

4.1　矩阵的运算

1. 矩阵的加法和减法

若两个矩阵都是 $m\times n$ 的，则我们称它们为**同型矩阵**；若两个同型矩阵 $\boldsymbol{A}=[a_{ij}]_{m\times n}$，$\boldsymbol{B}=[b_{ij}]_{m\times n}$ 的对应元素相等，即

$$a_{ij}=b_{ij}\quad (i=1,\cdots,m;\quad j=1,\cdots,n)$$

则称 $\boldsymbol{A}$ 与 $\boldsymbol{B}$ 相等，记为 $\boldsymbol{A}=\boldsymbol{B}$.

定义 4.1　若 $\boldsymbol{A}=[a_{ij}]_{m\times n}$，$\boldsymbol{B}=[b_{ij}]_{m\times n}$ 为两个 $m\times n$ 的矩阵，则矩阵

$$\boldsymbol{A}+\boldsymbol{B}=[a_{ij}+b_{ij}]_{m\times n}=\begin{bmatrix} a_{11}+b_{11} & a_{12}+b_{12} & \cdots & a_{1n}+b_{1n} \\ a_{21}+b_{21} & a_{22}+b_{22} & \cdots & a_{2n}+b_{2n} \\ \vdots & \vdots & & \vdots \\ a_{m1}+b_{m1} & a_{m2}+b_{m2} & \cdots & a_{mn}+b_{mn} \end{bmatrix}$$

为矩阵 $\boldsymbol{A}$ 与 $\boldsymbol{B}$ 的和.

矩阵的加法满足以下规律($\boldsymbol{A},\boldsymbol{B},\boldsymbol{C}$ 为 $m\times n$ 矩阵)：

(1) $\boldsymbol{A}+\boldsymbol{B}=\boldsymbol{B}+\boldsymbol{A}$(交换律)；

(2) $(\boldsymbol{A}+\boldsymbol{B})+\boldsymbol{C}=\boldsymbol{A}+(\boldsymbol{B}+\boldsymbol{C})$(结合律)；

(3) $\boldsymbol{A}+\boldsymbol{O}_{m\times n}=\boldsymbol{O}_{m\times n}+\boldsymbol{A}=\boldsymbol{A}$；

定义 4.2 矩阵

$$\begin{bmatrix} -a_{11} & -a_{12} & \cdots & -a_{1n} \\ -a_{21} & -a_{22} & \cdots & -a_{2n} \\ \vdots & \vdots & & \vdots \\ -a_{m1} & -a_{m2} & \cdots & -a_{mn} \end{bmatrix}$$

称为矩阵 $\boldsymbol{A}$ 的**负矩阵**,记为 $-\boldsymbol{A}$. 显然有

$$\boldsymbol{A}+(-\boldsymbol{A})=0$$

矩阵的减法定义为

$$\boldsymbol{A}-\boldsymbol{B}=\boldsymbol{A}+(-\boldsymbol{B})$$

2. 数乘矩阵

定义 4.3 若 k 为一个数,$\boldsymbol{A}=[a_{ij}]_{m\times n}$,则矩阵

$$k\boldsymbol{A}\equiv[ka_{ij}]_{m\times n}$$

称为 k 与 $\boldsymbol{A}$ 的**数量乘积**,即数乘矩阵相当于用此数乘矩阵的每一个元素; 约定 $-\boldsymbol{A}\equiv(-1)\boldsymbol{A}$.

命题 4.1 **若 $\boldsymbol{A}=[a_{ij}]_{n\times n}$,$k$ 为数,则 $|k\boldsymbol{A}|=k^n\cdot|\boldsymbol{A}|$.**

证明 由行列式的性质 1.2 知,这是明显的.

数乘矩阵的基本性质($\boldsymbol{A}$,$\boldsymbol{B}$ 为矩阵,k,l 为数):

(1) $(kl)\boldsymbol{A}=k(l\boldsymbol{A})$;

(2) $(k+l)\boldsymbol{A}=k\boldsymbol{A}+l\boldsymbol{A}$;

(3) $k(\boldsymbol{A}+\boldsymbol{B})=k\boldsymbol{A}+k\boldsymbol{B}$.

例 4.1 设矩阵 $\boldsymbol{A}$,$\boldsymbol{B}$,$\boldsymbol{X}$ 满足等式 $5(\boldsymbol{A}+\boldsymbol{X})=2(2\boldsymbol{B}-\boldsymbol{X})$,其中

$$\boldsymbol{A}=\begin{bmatrix} 4 & 1 & -2 \\ -1 & 5 & 1 \end{bmatrix},\boldsymbol{B}=\begin{bmatrix} 5 & 3 & 1 \\ -3 & 1 & 3 \end{bmatrix}$$

求矩阵 $\boldsymbol{X}$.

解 由 $5(\boldsymbol{A}+\boldsymbol{X})=2(2\boldsymbol{B}-\boldsymbol{X})$ 得

$$5\boldsymbol{A}+5\boldsymbol{X}=4\boldsymbol{B}-2\boldsymbol{X},7\boldsymbol{X}=4\boldsymbol{B}-5\boldsymbol{A}$$

$$\begin{aligned} \boldsymbol{X}&=\frac{1}{7}(4\boldsymbol{B}-5\boldsymbol{A}) \\ &=\frac{1}{7}\left(4\begin{bmatrix} 5 & 3 & 1 \\ -3 & 1 & 3 \end{bmatrix}-5\begin{bmatrix} 4 & 1 & -2 \\ -1 & 5 & 1 \end{bmatrix}\right) \\ &=\frac{1}{7}\begin{bmatrix} 0 & 7 & 14 \\ -7 & -21 & 7 \end{bmatrix}=\begin{bmatrix} 0 & 1 & 2 \\ -1 & -3 & 1 \end{bmatrix} \end{aligned}$$

3. 矩阵的乘法

定义 4.4 若 $\boldsymbol{A}=[a_{ij}]_{m\times n}$,$\boldsymbol{B}=[b_{ij}]_{n\times s}$那么矩阵

$$\boldsymbol{C}=\boldsymbol{AB}=(c_{ij})_{m\times s}$$

其中

$$c_{ij}=a_{i1}\cdot b_{1j}+\cdots+a_{in}\cdot b_{nj}=\sum_{k=1}^{n}a_{ik}b_{kj}$$

称为 $\boldsymbol{A}$ 与 $\boldsymbol{B}$ 的乘积.

由矩阵乘法的定义可以看出:

(1) 在矩阵乘积的定义中要求,前一个矩阵 $\boldsymbol{A}$ 的列数与后一个矩阵 $\boldsymbol{B}$ 的行数相等. 否则,两个矩阵不能相乘.

(2) 乘积矩阵 $\boldsymbol{AB}$ 是一个 $m\times s$ 矩阵,$\boldsymbol{AB}$ 的行数是左边矩阵 $\boldsymbol{A}$ 的行数,$\boldsymbol{AB}$ 的列数是右边矩阵 $\boldsymbol{B}$ 的列数.

(3) 乘积矩阵 $\boldsymbol{AB}$ 第 i 行第 j 列的元素 c_{ij}是 $\boldsymbol{A}$ 的第 i 行的元素 $a_{i1},\cdots,a_{in}$与 $\boldsymbol{B}$ 的第 j 列元素 $b_{1j},\cdots,b_{nj}$对应乘积的和.

例 4.2 设 $\boldsymbol{A}=(2,1,0)$, $\boldsymbol{B}=\begin{bmatrix}1\\-2\\3\end{bmatrix}$,计算 $\boldsymbol{AB}$ 和 $\boldsymbol{BA}$.

解 $\boldsymbol{AB}=(2,1,0)\begin{bmatrix}1\\-2\\3\end{bmatrix}=[2\times1+1\times(-2)+0\times3]=0;$

$$\boldsymbol{BA}=\begin{bmatrix}1\\-2\\3\end{bmatrix}(2,1,0)=\begin{bmatrix}2&1&0\\-4&-2&0\\6&3&0\end{bmatrix}.$$

注:以后我们不再区分 1×1 矩阵$[a]$与数 a.

例 4.3 设

$$\boldsymbol{A}=\begin{bmatrix}1&-1&2\\3&4&5\end{bmatrix},\quad \boldsymbol{B}=\begin{bmatrix}2&-1\\0&2\\2&4\end{bmatrix}$$

计算 $\boldsymbol{AB}$ 和 $\boldsymbol{BA}$.

解 $\boldsymbol{AB}=\begin{bmatrix}1&-1&2\\3&4&5\end{bmatrix}\begin{bmatrix}2&-1\\0&2\\2&4\end{bmatrix}=\begin{bmatrix}6&5\\16&25\end{bmatrix};$

$$\boldsymbol{BA}=\begin{bmatrix}2&-1\\0&2\\2&4\end{bmatrix}\begin{bmatrix}1&-1&2\\3&4&5\end{bmatrix}=\begin{bmatrix}-1&-6&-1\\6&8&10\\14&14&24\end{bmatrix}.$$

例 4.4 设

$$\boldsymbol{A}=\begin{bmatrix}1&2&0&0\\0&1&2&0\\0&0&1&2\\0&0&0&1\end{bmatrix},\quad \boldsymbol{B}=\begin{bmatrix}1&-2&4&-8\\0&1&-2&4\\0&0&1&-2\\0&0&0&1\end{bmatrix}$$

计算 $\boldsymbol{AB}$ 和 $\boldsymbol{BA}$.

解 $$\boldsymbol{AB}=\begin{bmatrix}1&2&0&0\\0&1&2&0\\0&0&1&2\\0&0&0&1\end{bmatrix}\begin{bmatrix}1&-2&4&-8\\0&1&-2&4\\0&0&1&-2\\0&0&0&1\end{bmatrix}=\begin{bmatrix}1&0&0&0\\0&1&0&0\\0&0&1&0\\0&0&0&1\end{bmatrix}=\boldsymbol{E}_4;$$

$$\boldsymbol{BA}=\begin{bmatrix}1&-2&4&-8\\0&1&-2&4\\0&0&1&-2\\0&0&0&1\end{bmatrix}\begin{bmatrix}1&2&0&0\\0&1&2&0\\0&0&1&2\\0&0&0&1\end{bmatrix}=\begin{bmatrix}1&0&0&0\\0&1&0&0\\0&0&1&0\\0&0&0&1\end{bmatrix}=\boldsymbol{E}_4.$$

例 4.5 设

$$\boldsymbol{A}=\begin{bmatrix}0&1\\0&0\end{bmatrix},\quad \boldsymbol{B}=\begin{bmatrix}1&0\\0&0\end{bmatrix}$$

计算 $\boldsymbol{AB}$,$\boldsymbol{BA}$,$\boldsymbol{AA}$ 和 $\boldsymbol{BB}$.

解 $$\boldsymbol{AB}=\begin{bmatrix}0&1\\0&0\end{bmatrix}\begin{bmatrix}1&0\\0&0\end{bmatrix}=\begin{bmatrix}0&0\\0&0\end{bmatrix}=\boldsymbol{O};$$

$$\boldsymbol{BA}=\begin{bmatrix}1&0\\0&0\end{bmatrix}\begin{bmatrix}0&1\\0&0\end{bmatrix}=\begin{bmatrix}0&1\\0&0\end{bmatrix}=\boldsymbol{A}\neq\boldsymbol{O};$$

$$\boldsymbol{AA}=\begin{bmatrix}0&1\\0&0\end{bmatrix}\begin{bmatrix}0&1\\0&0\end{bmatrix}=\begin{bmatrix}0&0\\0&0\end{bmatrix}=\boldsymbol{O};$$

$$\boldsymbol{BB}=\begin{bmatrix}1&0\\0&0\end{bmatrix}\begin{bmatrix}1&0\\0&0\end{bmatrix}=\begin{bmatrix}1&0\\0&0\end{bmatrix}=\boldsymbol{B}.$$

由以上几例,对矩阵乘法,我们应注意以下几点:

(1) 矩阵的乘法不满足交换律,即 $\boldsymbol{AB}=\boldsymbol{BA}$ 不总成立,虽然 $\boldsymbol{AB}$ 与 $\boldsymbol{BA}$ 都存在,但不一定是同型的,即使是同阶方阵 $\boldsymbol{AB}$ 与 $\boldsymbol{BA}$ 也不一定相等;

(2) 由 $\boldsymbol{AB}=\boldsymbol{O}$ 推不出 $\boldsymbol{A}=\boldsymbol{O}$ 或 $\boldsymbol{B}=\boldsymbol{O}$,即当 $\boldsymbol{A}\neq\boldsymbol{O}$,$\boldsymbol{B}\neq\boldsymbol{O}$ 时,可能有 $\boldsymbol{AB}=\boldsymbol{O}$;

(3) 由 $\boldsymbol{AB}=\boldsymbol{AC}$ 推不出 $\boldsymbol{B}=\boldsymbol{C}$,即使 $\boldsymbol{A}\neq\boldsymbol{O}$.

矩阵乘法运算的基本性质(假设运算可行):

(1) $(\boldsymbol{AB})\boldsymbol{C}=\boldsymbol{A}(\boldsymbol{BC})$(结合律);

(2) $\boldsymbol{A}(\boldsymbol{B}+\boldsymbol{C})=\boldsymbol{AB}+\boldsymbol{AC},(\boldsymbol{B}+\boldsymbol{C})\boldsymbol{A}=\boldsymbol{BA}+\boldsymbol{CA}$(分配律);

(3) $(k\boldsymbol{A})\boldsymbol{B}=\boldsymbol{A}(k\boldsymbol{B})=k(\boldsymbol{AB})$($k$ 为常数);

(4) $\boldsymbol{EA}=\boldsymbol{AE}=\boldsymbol{A}$;

(5) $\boldsymbol{O}_{m\times n}\boldsymbol{A}_{n\times s}=\boldsymbol{O}_{m\times s},\boldsymbol{A}_{n\times s}\boldsymbol{O}_{s\times m}=\boldsymbol{O}_{n\times m}$;

(6) $\boldsymbol{AB}+k\boldsymbol{A}=\boldsymbol{A}(\boldsymbol{B}+k\boldsymbol{E}),\boldsymbol{BA}+k\boldsymbol{A}=(\boldsymbol{B}+k\boldsymbol{E})\boldsymbol{A}$($k$ 为常数).

例 4.6 设 $\boldsymbol{A}=[a_{ij}]_{3\times4}$,计算 $\boldsymbol{E}_3\boldsymbol{A}$ 和 $\boldsymbol{AE}_4$.

解 $$\boldsymbol{E}_3\boldsymbol{A}_{3\times4}=\begin{bmatrix}1&0&0\\0&1&0\\0&0&1\end{bmatrix}\begin{bmatrix}a_{11}&a_{12}&a_{13}&a_{14}\\a_{21}&a_{22}&a_{23}&a_{24}\\a_{31}&a_{32}&a_{33}&a_{34}\end{bmatrix}=\begin{bmatrix}a_{11}&a_{12}&a_{13}&a_{14}\\a_{21}&a_{22}&a_{23}&a_{24}\\a_{31}&a_{32}&a_{33}&a_{34}\end{bmatrix}=\boldsymbol{A}_{3\times4};$$

$$\boldsymbol{A}_{3\times4}\boldsymbol{E}_4=\begin{bmatrix}a_{11}&a_{12}&a_{13}&a_{14}\\a_{21}&a_{22}&a_{23}&a_{24}\\a_{31}&a_{32}&a_{33}&a_{34}\end{bmatrix}\begin{bmatrix}1&0&0&0\\0&1&0&0\\0&0&1&0\\0&0&0&1\end{bmatrix}=\begin{bmatrix}a_{11}&a_{12}&a_{13}&a_{14}\\a_{21}&a_{22}&a_{23}&a_{24}\\a_{31}&a_{32}&a_{33}&a_{34}\end{bmatrix}=\boldsymbol{A}_{3\times4}.$$

例 4.7 设 $\boldsymbol{A}=[a_{ij}]_{3\times4}$,计算 $\boldsymbol{O}_{2\times3}\boldsymbol{A}$ 和 $\boldsymbol{AO}_{4\times2}$.

解 $$\boldsymbol{O}_{2\times3}\boldsymbol{A}_{3\times4}=\begin{bmatrix}0&0&0\\0&0&0\end{bmatrix}\begin{bmatrix}a_{11}&a_{12}&a_{13}&a_{14}\\a_{21}&a_{22}&a_{23}&a_{24}\\a_{31}&a_{32}&a_{33}&a_{34}\end{bmatrix}=\boldsymbol{O}_{2\times4};$$

$$\boldsymbol{A}_{3\times4}\boldsymbol{O}_{4\times2}=\begin{bmatrix}a_{11}&a_{12}&a_{13}&a_{14}\\a_{21}&a_{22}&a_{23}&a_{24}\\a_{31}&a_{32}&a_{33}&a_{34}\end{bmatrix}\begin{bmatrix}0&0\\0&0\\0&0\\0&0\end{bmatrix}=\boldsymbol{O}_{3\times2}.$$

例 4.8 设 $\boldsymbol{A}=\mathrm{diag}(a_1,a_2,a_3),\boldsymbol{B}=\mathrm{diag}(b_1,b_2,b_3)$,计算 $\boldsymbol{A}+\boldsymbol{B}$ 和 $\boldsymbol{AB}$.

解

$$\boldsymbol{A}+\boldsymbol{B}=\begin{bmatrix}a_1&&\\&a_2&\\&&a_3\end{bmatrix}+\begin{bmatrix}b_1&&\\&b_2&\\&&b_3\end{bmatrix}=\begin{bmatrix}a_1+b_1&&\\&a_2+b_2&\\&&a_3+b_3\end{bmatrix}$$
$$=\mathrm{diag}(a_1+b_1,a_2+b_2,a_3+b_3)$$

$$\boldsymbol{AB}=\begin{bmatrix}a_1&&\\&a_2&\\&&a_3\end{bmatrix}\begin{bmatrix}b_1&&\\&b_2&\\&&b_3\end{bmatrix}=\begin{bmatrix}a_1b_1&&\\&a_2b_2&\\&&a_3b_3\end{bmatrix}$$
$$=\mathrm{diag}(a_1b_1,a_2b_2,a_3b_3)$$

4. 方阵的幂

若 $\boldsymbol{A}$ 为方阵，我们用 $\boldsymbol{A}^n$ 表示 n 个 $\boldsymbol{A}$ 的连续乘积，称其为 $\boldsymbol{A}$ 的 n 次**幂**. 由于矩阵的乘法满足结合律，此约定是明确的. 为了方便，我们约定 $\boldsymbol{A}^0=\boldsymbol{E}$. 容易看到对于方阵 $\boldsymbol{A}$ 及任意自然数 m,n，幂运算满足：

(1) $\boldsymbol{A}^m\boldsymbol{A}^n=\boldsymbol{A}^{m+n}$；

(2) $(\boldsymbol{A}^m)^n=\boldsymbol{A}^{mn}$.

又因为矩阵乘法一般不满足交换律，所以对于两个 n 阶矩阵 $\boldsymbol{A}$ 与 $\boldsymbol{B}$，一般来说 $(\boldsymbol{AB})^k\neq\boldsymbol{A}^k\boldsymbol{B}^k$.

例 4.9 (1) 令

$$\boldsymbol{P}=\begin{bmatrix}1&2&0\\0&1&2\\0&0&1\end{bmatrix},\quad \boldsymbol{Q}=\begin{bmatrix}1&-2&4\\0&1&-2\\0&0&1\end{bmatrix}$$

计算 $\boldsymbol{QP}$；

(2) 令 $\boldsymbol{A}=\boldsymbol{P}\mathrm{diag}\,(1,2,3)\boldsymbol{Q}$，计算 $\boldsymbol{A}^n$.

解 (1) $\boldsymbol{QP}=\begin{bmatrix}1&-2&4\\0&1&-2\\0&0&1\end{bmatrix}\begin{bmatrix}1&2&0\\0&1&2\\0&0&1\end{bmatrix}=\begin{bmatrix}1&0&0\\0&1&0\\0&0&1\end{bmatrix}=\boldsymbol{E}$；

$$(2)\ \boldsymbol{A}^2=\boldsymbol{P}\begin{bmatrix}1&&\\&2&\\&&3\end{bmatrix}(\boldsymbol{QP})\begin{bmatrix}1&&\\&2&\\&&3\end{bmatrix}\boldsymbol{Q}$$

$$=\boldsymbol{P}\begin{bmatrix}1&&\\&2&\\&&3\end{bmatrix}\begin{bmatrix}1&&\\&2&\\&&3\end{bmatrix}\boldsymbol{Q}=\boldsymbol{P}\begin{bmatrix}1^2&&\\&2^2&\\&&3^2\end{bmatrix}\boldsymbol{Q};$$

同样我们得到

$$\boldsymbol{A}^n=\begin{bmatrix}1&2&0\\0&1&2\\0&0&1\end{bmatrix}\begin{bmatrix}1&0&0\\0&2^n&0\\0&0&3^n\end{bmatrix}\begin{bmatrix}1&-2&4\\0&1&-2\\0&0&1\end{bmatrix}$$

$$=\begin{bmatrix}1&2&0\\0&1&2\\0&0&1\end{bmatrix}\begin{bmatrix}1&-2&4\\0&2^n&-2^{n+1}\\0&0&3^n\end{bmatrix}$$

$$=\begin{bmatrix}1&-2+2^{n+1}&4-2^{n+2}\\0&2^n&-2^{n+1}+2\cdot3^n\\0&0&3^n\end{bmatrix}$$

评注: 由此例我们看到,对 n 阶方阵 $\boldsymbol{A}$,若能将其分解为

$$\boldsymbol{A}=\boldsymbol{P}\mathrm{diag}(\lambda_1,\cdots,\lambda_n)\boldsymbol{Q},\quad \boldsymbol{QP}=\boldsymbol{E}$$

则 $\boldsymbol{A}^m=\boldsymbol{P}\mathrm{diag}(\lambda_1^m,\cdots,\lambda_n^m)\boldsymbol{Q}$. 对于一个方阵,能否实现这一点,如何实现,这将是第 6 章的主要内容.

5. 矩阵的转置

定义 4.5 给定 $m\times n$ 矩阵 $\boldsymbol{A}=[a_{ij}]_{m\times n}$,则 $n\times m$ 矩阵

$$\boldsymbol{A}^{\mathrm{T}}\equiv\begin{bmatrix}a_{11}&\cdots&a_{m1}\\\vdots&&\vdots\\a_{1n}&\cdots&a_{mn}\end{bmatrix}_{n\times m}$$

称为 $\boldsymbol{A}$ 的**转置矩阵**.

例如,若 $\boldsymbol{A}=\begin{bmatrix}1&2&3\\4&5&6\end{bmatrix}$,则 $\boldsymbol{A}^{\mathrm{T}}=\begin{bmatrix}1&4\\2&5\\3&6\end{bmatrix}$; $n\times1$ 矩阵 $\begin{bmatrix}a_1\\\vdots\\a_n\end{bmatrix}$ 也可以方便地写成 $(a_1,\cdots,a_n)^{\mathrm{T}}$.

矩阵转置运算的基本性质:

(1) $(\boldsymbol{A}^{\mathrm{T}})^{\mathrm{T}}=\boldsymbol{A}$;

(2) $(\boldsymbol{A}+\boldsymbol{B})^{\mathrm{T}}=\boldsymbol{A}^{\mathrm{T}}+\boldsymbol{B}^{\mathrm{T}}$;

(3) $(k\boldsymbol{A})^{\mathrm{T}}=k\boldsymbol{A}^{\mathrm{T}}$;

(4) $(\boldsymbol{AB})^{\mathrm{T}}=\boldsymbol{B}^{\mathrm{T}}\boldsymbol{A}^{\mathrm{T}}$.

证明 (4) 设 $\boldsymbol{A}=(a_{ij})_{s\times n}$, $\boldsymbol{B}=(b_{ij})_{n\times t}$,根据矩阵相等的定义,令

$$(\boldsymbol{AB})^{\mathrm{T}}=\boldsymbol{U}=(u_{ij})_{t\times s},\quad \boldsymbol{B}^{\mathrm{T}}\boldsymbol{A}^{\mathrm{T}}=\boldsymbol{V}=(v_{ij})_{t\times s}$$

只需证明 $u_{ij}=v_{ij}$,即 $\boldsymbol{U}$ 的第 i 行第 j 列元素与 $\boldsymbol{V}$ 的第 i 行第 j 列元素对应相等.

$\boldsymbol{U}=(\boldsymbol{AB})^{\mathrm{T}}$ 的第 i 行第 j 列元素是 $\boldsymbol{AB}$ 的第 j 行第 i 列元素,即 $\boldsymbol{A}$ 的第 j 行元素与 $\boldsymbol{B}$ 的第 i 列元素对应相乘再求和

$$u_{ij}=a_{j1}b_{1i}+\cdots+a_{jn}b_{ni}=\sum_{k=1}^{n}a_{jk}b_{ki}$$

$\boldsymbol{V}=\boldsymbol{B}^{\mathrm{T}}\boldsymbol{A}^{\mathrm{T}}$ 的第 i 行第 j 列元素是 $\boldsymbol{B}^{\mathrm{T}}$ 的第 i 行与 $\boldsymbol{A}^{\mathrm{T}}$ 第 j 列元素对应相乘再求和,即 $\boldsymbol{B}$ 的第 i 列与 $\boldsymbol{A}$ 第 j 行元素对应相乘再求和,

$$v_{ij}=b_{1i}a_{j1}+\cdots+b_{ni}a_{jn}=a_{j1}b_{1i}+\cdots+a_{jn}b_{ni}=\sum_{k=1}^{n}a_{jk}b_{ki}=u_{ij}$$

该性质可以推广到多个矩阵相乘(假设运算是可行的)

$$(\boldsymbol{A}_1\boldsymbol{A}_2\cdots\boldsymbol{A}_n)^{\mathrm{T}}=\boldsymbol{A}_n^{\mathrm{T}}\boldsymbol{A}_{n-1}^{\mathrm{T}}\cdots\boldsymbol{A}_1^{\mathrm{T}}$$

命题 4.2 对于任何矩阵 $\boldsymbol{A}$,有 $\mathrm{r}(\boldsymbol{A}^{\mathrm{T}})=\mathrm{r}(\boldsymbol{A})$.

证明 因为 $\boldsymbol{A}$ 与 $\boldsymbol{A}^{\mathrm{T}}$ 有相同的最高阶的非零子式，所以它们有相同的秩.

6. 方阵的行列式

由 n 阶方阵 $\boldsymbol{A}$ 的元素所构成的行列式(各元素的位置不变)，称为方阵 $\boldsymbol{A}$ 的行列式，记作 $|\boldsymbol{A}|$ 或 $\det\boldsymbol{A}$.

应该注意，方阵与行列式是两个不同的概念，n 阶方阵是 n^2 个数按照一定的方式排成的数表，而 n 阶行列式则是这些数按照一定的运算法则所确定的一个数.

方阵 $\boldsymbol{A}$ 的行列式满足下述运算规律：

(1) $|\boldsymbol{A}^{\mathrm{T}}| = |\boldsymbol{A}|$；

(2) $|\lambda\boldsymbol{A}| = \lambda^n|\boldsymbol{A}|$；

(3) $|\boldsymbol{AB}| = |\boldsymbol{A}||\boldsymbol{B}|$.

下面我们仅证明性质(3).

证明 为了清晰，我们在 $n=2$ 时给出证明. 设 $\boldsymbol{A}=[a_{ij}]_{2\times2}$，$\boldsymbol{B}=[b_{ij}]_{2\times2}$，则

$$|\boldsymbol{A}|\cdot|\boldsymbol{B}| = \begin{vmatrix} a_{11} & a_{12} \\ a_{21} & a_{22} \end{vmatrix} \cdot \begin{vmatrix} b_{11} & b_{12} \\ b_{21} & b_{22} \end{vmatrix} = \begin{vmatrix} a_{11} & a_{12} & 0 & 0 \\ a_{21} & a_{22} & 0 & 0 \\ -1 & 0 & b_{11} & b_{12} \\ 0 & -1 & b_{21} & b_{22} \end{vmatrix}$$

$$\xlongequal[b_{12}\times c_1\to c_4]{b_{11}\times c_1\to c_3} \begin{vmatrix} a_{11} & a_{12} & a_{11}b_{11} & a_{11}b_{12} \\ a_{21} & a_{22} & a_{21}b_{11} & a_{21}b_{12} \\ -1 & 0 & 0 & 0 \\ 0 & -1 & b_{21} & b_{22} \end{vmatrix}$$

$$\xlongequal[b_{22}\times c_2\to c_4]{b_{21}\times c_2\to c_3} \begin{vmatrix} a_{11} & a_{12} & a_{11}b_{11}+a_{12}b_{21} & a_{11}b_{12}+a_{12}b_{22} \\ a_{21} & a_{22} & a_{21}b_{11}+a_{22}b_{21} & a_{21}b_{12}+a_{22}b_{22} \\ -1 & 0 & 0 & 0 \\ 0 & -1 & 0 & 0 \end{vmatrix}$$

$$\xlongequal[c_2\leftrightarrow c_4]{c_1\leftrightarrow c_3} (-1)^2 \cdot \begin{vmatrix} a_{11}b_{11}+a_{12}b_{21} & a_{11}b_{12}+a_{12}b_{22} & a_{11} & a_{12} \\ a_{21}b_{11}+a_{22}b_{21} & a_{21}b_{12}+a_{22}b_{22} & a_{21} & a_{22} \\ 0 & 0 & -1 & 0 \\ 0 & 0 & 0 & -1 \end{vmatrix}$$

$$=(-1)^2\cdot|\boldsymbol{AB}|\cdot|(-1)\boldsymbol{E}_2| = (-1)^4|\boldsymbol{AB}| = |\boldsymbol{AB}|$$

7. 共轭矩阵

当矩阵 $\boldsymbol{A}=[a_{ij}]$ 中的元素为复数时，$\boldsymbol{A}$ 就称为复矩阵，用 $\bar{a}_{ij}$ 表示 a_{ij} 的共轭复数，记

$$\overline{\boldsymbol{A}} = [\overline{a}_{ij}]$$

称 $\overline{\boldsymbol{A}}$ 为 $\boldsymbol{A}$ 共轭矩阵. 例如

$$\boldsymbol{A} = \begin{bmatrix} 1 & \mathrm{i} & 1-\mathrm{i} \\ 3\mathrm{i} & 0 & 4+2\mathrm{i} \end{bmatrix}, \quad \overline{\boldsymbol{A}} = \begin{bmatrix} 1 & -\mathrm{i} & 1+\mathrm{i} \\ -3\mathrm{i} & 0 & 4-2\mathrm{i} \end{bmatrix}$$

共轭矩阵有下列性质($\boldsymbol{A},\boldsymbol{B}$ 为共轭矩阵,λ 为复数,且运算都是可行的):

(1) $\overline{\boldsymbol{A}+\boldsymbol{B}} = \overline{\boldsymbol{A}} + \overline{\boldsymbol{B}}$;

(2) $\overline{\lambda \boldsymbol{A}} = \overline{\lambda}\, \overline{\boldsymbol{A}}$;

(3) $\overline{\boldsymbol{AB}} = \overline{\boldsymbol{A}}\, \overline{\boldsymbol{B}}$.

8. 线性方程组的矩阵形式

由矩阵乘法知,线性方程组

$$\begin{cases} a_{11}x_1 + \cdots + a_{1n}x_n = b_1 \\ \qquad\qquad \vdots \\ a_{m1}x_1 + \cdots + a_{mn}x_n = b_m \end{cases}$$

可写成如下矩阵形式

$$\begin{bmatrix} a_{11} & \cdots & a_{1n} \\ \vdots & & \vdots \\ a_{m1} & \cdots & a_{mn} \end{bmatrix} \begin{bmatrix} x_1 \\ \vdots \\ x_n \end{bmatrix} = \begin{bmatrix} b_1 \\ \vdots \\ b_m \end{bmatrix}$$

若记 $\boldsymbol{A} = [a_{ij}]_{m \times n}$,$\boldsymbol{X} = (x_1, \cdots, x_n)^{\mathrm{T}}$,$\boldsymbol{b} = (b_1, \cdots, b_m)^{\mathrm{T}}$,则上式可简写为 $\boldsymbol{AB} = \boldsymbol{b}$. 特别是,齐次线性方程组可写为 $\boldsymbol{AX} = 0$. 例如方程组

$$\begin{cases} 2x_1 + 3x_2 = 4 \\ x_1 + 2x_2 = 5 \end{cases}$$

可以写成

$$\begin{bmatrix} 2 & 3 \\ 1 & 2 \end{bmatrix} \begin{bmatrix} x_1 \\ x_2 \end{bmatrix} = \begin{bmatrix} 4 \\ 5 \end{bmatrix}$$

习 题 4.1

1. 计算下列各式:

(1) $(2,1,0) + 2(-1,0,1)$;

(2) $\begin{bmatrix} 1 & 3 \\ -2 & 0 \end{bmatrix} + \begin{bmatrix} 2 & -3 \\ 1 & 1 \end{bmatrix}$;

(3) $\begin{bmatrix}3\\2\\1\end{bmatrix}(1,2,3)$;　　(4) $(1,2,3)\begin{bmatrix}3\\2\\1\end{bmatrix}$;

(5) $(x_1,x_2)\begin{bmatrix}a_{11} & a_{21}\\a_{12} & a_{22}\end{bmatrix}\begin{bmatrix}x_1\\x_2\end{bmatrix}$;　　(6) $\begin{bmatrix}4 & 3 & 1\\1 & -2 & 3\\5 & 7 & 0\end{bmatrix}\begin{bmatrix}7\\2\\1\end{bmatrix}$;

(7) $\begin{bmatrix}1\\2\\3\end{bmatrix}^{\mathrm{T}}\begin{bmatrix}0 & 1 & 3\\-1 & 0 & 2\\-3 & -2 & 0\end{bmatrix}\begin{bmatrix}1\\2\\3\end{bmatrix}$;　　(8) $\begin{bmatrix}1 & 2 & 1 & -1\\3 & 6 & -1 & -3\\5 & 10 & 1 & -5\end{bmatrix}\begin{bmatrix}-2 & 1\\1 & 0\\0 & 0\\0 & 0\end{bmatrix}$;

(9) $\begin{bmatrix}1 & 1 & 0\\1 & -1 & 0\\\frac{1}{2} & \frac{1}{2} & 1\end{bmatrix}\begin{bmatrix}0 & -2 & 1\\-2 & 0 & 1\\1 & 1 & 0\end{bmatrix}\begin{bmatrix}1 & 1 & \frac{1}{2}\\1 & -1 & \frac{1}{2}\\0 & 0 & 1\end{bmatrix}$;

(10) $\begin{bmatrix}1 & -2 & 4\\0 & 1 & -2\\0 & 0 & 1\end{bmatrix}\begin{bmatrix}1 & 2 & -4\\0 & 2 & 2\\0 & 0 & 3\end{bmatrix}\begin{bmatrix}1 & 2 & 0\\0 & 1 & 2\\0 & 0 & 1\end{bmatrix}$.

2. 设 $\boldsymbol{A},\boldsymbol{B}$ 如下,计算 $\boldsymbol{AB},\boldsymbol{BA}$:

(1) $\boldsymbol{A}=\begin{bmatrix}3 & 4\\5 & 7\end{bmatrix},\boldsymbol{B}=\begin{bmatrix}7 & -4\\-5 & 3\end{bmatrix}$;

(2) $\boldsymbol{A}=\begin{bmatrix}1 & 2 & 2\\2 & 1 & -2\\2 & -2 & 1\end{bmatrix},\boldsymbol{B}=\frac{1}{9}\begin{bmatrix}1 & 2 & 2\\2 & 1 & -2\\2 & -2 & 1\end{bmatrix}$.

3. 设

$$\boldsymbol{A}=\begin{bmatrix}2 & 3\\5 & 7\end{bmatrix}\begin{bmatrix}a & 0\\0 & b\end{bmatrix}\begin{bmatrix}-7 & 3\\5 & -2\end{bmatrix}$$

求 $\boldsymbol{A}^{10}$.

4. 设 $\boldsymbol{A}=(1,2,3)^{\mathrm{T}}(1,2,3)$,求 $\boldsymbol{A}^{100}$.

5. 设 $\boldsymbol{A}=\begin{bmatrix}1 & k\\0 & 1\end{bmatrix}$,求 $\boldsymbol{A}^{n}$.

6. 设

$$A=\begin{bmatrix}0&1&0&0\\0&0&1&0\\0&0&0&1\\0&0&0&0\end{bmatrix}$$

求 $\boldsymbol{A}^2,\boldsymbol{A}^3,\boldsymbol{A}^4$.

7. 设

$$\boldsymbol{A}=\begin{bmatrix}1&2\\1&3\end{bmatrix},\boldsymbol{B}=\begin{bmatrix}1&0\\1&2\end{bmatrix}$$

验证：

(1) $(\boldsymbol{A}+\boldsymbol{B})^2\neq\boldsymbol{A}^2+2\boldsymbol{AB}+\boldsymbol{B}^2$;

(2) $(\boldsymbol{A}+\boldsymbol{B})(\boldsymbol{A}-\boldsymbol{B})\neq\boldsymbol{A}^2-\boldsymbol{B}^2$.

8. 设 $\boldsymbol{A},\boldsymbol{B}$ 为 n 阶方阵，$\boldsymbol{A}^2=\boldsymbol{A},\boldsymbol{B}^2=\boldsymbol{B},(\boldsymbol{A}+\boldsymbol{B})^2=\boldsymbol{A}+\boldsymbol{B}$，求证 $\boldsymbol{AB}=0$.

9. 设 $\boldsymbol{A},\boldsymbol{B}$ 为 n 阶方阵，求证 $\boldsymbol{AB}-\boldsymbol{BA}$ 的主对角线元素之和为 0.

10. 设 $\boldsymbol{A}$ 为实方阵，且 $\boldsymbol{AA}^{\mathrm{T}}=0$，求证 $\boldsymbol{A}=0$. 若 $\boldsymbol{A}$ 为复数矩阵，此结论还成立吗？

11. 设 $\boldsymbol{A},\boldsymbol{B}$ 为 n 阶方阵，且 $\boldsymbol{A}$ 为**对称阵**，即 $\boldsymbol{A}=\boldsymbol{A}^{\mathrm{T}}$. 求证 $\boldsymbol{BAB}^{\mathrm{T}}$ 也为对称阵.

12. 设 n 阶方阵 $\boldsymbol{A}$ 为**反对称阵**，即 $\boldsymbol{A}^{\mathrm{T}}=-\boldsymbol{A}$，再令 $\boldsymbol{X}$ 为 $n\times1$ 矩阵，计算 $\boldsymbol{X}^{\mathrm{T}}\boldsymbol{AX}$.

13. 设 $\boldsymbol{A},\boldsymbol{B}$ 为同阶方阵，且 $\boldsymbol{AB}=\boldsymbol{BA}$，求证

$$(\boldsymbol{A}+\boldsymbol{B})^n=\sum_{k=0}^{n}\mathrm{C}_n^k\boldsymbol{A}^{n-k}\boldsymbol{B}^k$$

14. 设

$$\boldsymbol{A}=\begin{bmatrix}\lambda&1&0\\0&\lambda&1\\0&0&\lambda\end{bmatrix}$$

用上题的公式计算 $\boldsymbol{A}^n$.

4.2 逆 阵

1. 问题的提出

在上一节我们看到，矩阵与复数相仿，有加、减、乘三种运算. 矩阵的乘法是否和复数一样有逆运算呢？

当复数 $a\neq0$ 时，方程 $ax=b$ 的解为 $x=a^{-1}ax=a^{-1}b$. 我们用同样的方法来解方程组

$$\begin{cases}3x+4y=1\\5x+7y=2\end{cases}$$

首先,将方程组改写成矩阵形式

$$\begin{bmatrix}3&4\\5&7\end{bmatrix}\begin{bmatrix}x\\y\end{bmatrix}=\begin{bmatrix}1\\2\end{bmatrix}$$

由于

$$\begin{bmatrix}7&-4\\-5&3\end{bmatrix}\begin{bmatrix}3&4\\5&7\end{bmatrix}=\begin{bmatrix}1&0\\0&1\end{bmatrix}$$

故在上述矩阵形式的方程组的左边同乘$\begin{bmatrix}7&-4\\-5&3\end{bmatrix}$得到:

$$\begin{bmatrix}x\\y\end{bmatrix}=\begin{bmatrix}7&-4\\-5&3\end{bmatrix}\begin{bmatrix}3&4\\5&7\end{bmatrix}\begin{bmatrix}x\\y\end{bmatrix}=\begin{bmatrix}7&-4\\-5&3\end{bmatrix}\begin{bmatrix}1\\2\end{bmatrix}=\begin{bmatrix}-1\\1\end{bmatrix}$$

此时,是否有

$$\begin{bmatrix}x\\y\end{bmatrix}=\begin{bmatrix}3&4\\5&7\end{bmatrix}^{-1}\begin{bmatrix}1\\2\end{bmatrix}=\begin{bmatrix}7&-4\\-5&3\end{bmatrix}\begin{bmatrix}1\\2\end{bmatrix}=\begin{bmatrix}-1\\1\end{bmatrix}$$

成立呢?如果有,如何来求$\begin{bmatrix}3&4\\5&7\end{bmatrix}^{-1}$?

此类问题可以一般化,由矩阵乘法知,方程组

$$\begin{cases}a_{11}x_1+\cdots+a_{1n}x_n=b_1\\ \qquad\qquad\vdots\\ a_{m1}x_1+\cdots+a_{mn}x_n=b_m\end{cases}$$

可写成矩阵形式

$$\begin{bmatrix}a_{11}&\cdots&a_{1n}\\ \vdots&&\vdots\\ a_{m1}&\cdots&a_{mn}\end{bmatrix}\begin{bmatrix}x_1\\ \vdots\\ x_n\end{bmatrix}=\begin{bmatrix}b_1\\ \vdots\\ b_m\end{bmatrix}$$

当 $m=n$ 时,系数矩阵 $\boldsymbol{A}$ 为方阵. 若对此方阵 $\boldsymbol{A}$,能找到方阵 $\boldsymbol{B}$ 满足

$$\boldsymbol{BA}=\boldsymbol{E}_n$$

则我们可以同样得到方程组的解为

$$\begin{bmatrix}x_1\\ \vdots\\ x_n\end{bmatrix}=\boldsymbol{B}\begin{bmatrix}b_1\\ \vdots\\ b_n\end{bmatrix}$$

本节中,我们将回答以下问题:

(1) 方阵 $\boldsymbol{A}$ 在什么条件下,存在上述的方阵 $\boldsymbol{B}$ 满足 $\boldsymbol{BA}=\boldsymbol{E}$?

（2）在方阵 $\boldsymbol{A}$ 满足这个条件时，如何求这个方阵 $\boldsymbol{B}$？

2. 方阵的伴随阵

定义 4.6 设 $\boldsymbol{A}=[a_{ij}]_{n\times n}$ 为 n 阶方阵，A_{ij} 为行列式 $|\boldsymbol{A}|$ 中 a_{ij} 对应的代数余子式，则方阵

$$\boldsymbol{A}^*\equiv\begin{bmatrix} A_{11} & A_{21} & \cdots & A_{n1} \\ A_{12} & a_{22} & \cdots & A_{n2} \\ \vdots & \vdots & & \vdots \\ A_{1n} & A_{2n} & \cdots & A_{nn} \end{bmatrix}$$

称为矩阵 $\boldsymbol{A}$ 的**伴随阵**.

例 4.10 对矩阵

$$\boldsymbol{A}=\begin{bmatrix} a_{11} & a_{12} \\ a_{21} & a_{22} \end{bmatrix}$$

计算 $\boldsymbol{A}\boldsymbol{A}^*$ 和 $\boldsymbol{A}^*\boldsymbol{A}$.

解

$$\boldsymbol{A}\boldsymbol{A}^*=\begin{bmatrix} a_{11} & a_{12} \\ a_{21} & a_{22} \end{bmatrix}\begin{bmatrix} A_{11} & A_{21} \\ A_{12} & A_{22} \end{bmatrix}=\begin{bmatrix} a_{11}A_{11}+a_{12}A_{12} & a_{11}A_{21}+a_{12}A_{22} \\ a_{21}A_{11}+a_{22}A_{12} & a_{21}A_{21}+a_{22}A_{22} \end{bmatrix}$$

$$=\begin{bmatrix} |\boldsymbol{A}| & 0 \\ 0 & |\boldsymbol{A}| \end{bmatrix}=|\boldsymbol{A}|\boldsymbol{E}$$

$$\boldsymbol{A}^*\boldsymbol{A}=\begin{bmatrix} A_{11} & A_{21} \\ A_{12} & A_{22} \end{bmatrix}\begin{bmatrix} a_{11} & a_{12} \\ a_{21} & a_{22} \end{bmatrix}=\begin{bmatrix} a_{11}A_{11}+a_{21}A_{21} & a_{12}A_{11}+a_{22}A_{21} \\ a_{11}A_{12}+a_{21}A_{22} & a_{12}A_{12}+a_{22}A_{22} \end{bmatrix}$$

$$=\begin{bmatrix} |\boldsymbol{A}| & 0 \\ 0 & |\boldsymbol{A}| \end{bmatrix}=|\boldsymbol{A}|\boldsymbol{E}$$

例 4.10 具有一般性，其就是行列式按行（列）的展开定理的另一种形式，我们将其写为下面的重要命题.

命题 4.3 **设 $\boldsymbol{A}$ 为 n 阶方阵，$\boldsymbol{A}^*$ 为其伴随阵，则**

$$\boldsymbol{A}\boldsymbol{A}^*=\boldsymbol{A}^*\boldsymbol{A}=|\boldsymbol{A}|\boldsymbol{E}$$

推论 **若 $\boldsymbol{A}$ 为 n 阶方阵，且 $|\boldsymbol{A}|\neq 0$，则**

$$\boldsymbol{A}\left(\frac{1}{|\boldsymbol{A}|}\boldsymbol{A}^*\right)=\left(\frac{1}{|\boldsymbol{A}|}\boldsymbol{A}^*\right)\boldsymbol{A}=\boldsymbol{E}$$

证明 由于 $|\boldsymbol{A}|\neq 0$，我们可以在 $\boldsymbol{A}\boldsymbol{A}^*=\boldsymbol{A}^*\boldsymbol{A}=|\boldsymbol{A}|\boldsymbol{E}$ 的两边左乘 $\frac{1}{|\boldsymbol{A}|}$ 得到

$$\frac{1}{|\boldsymbol{A}|}(\boldsymbol{A}\boldsymbol{A}^*)=\frac{1}{|\boldsymbol{A}|}(\boldsymbol{A}^*\boldsymbol{A})=\boldsymbol{E}$$

再由运算法则 $k(\boldsymbol{AB})=(k\boldsymbol{A})\boldsymbol{B}=\boldsymbol{A}(k\boldsymbol{B})$得到

$$\boldsymbol{A}\left(\frac{1}{|\boldsymbol{A}|}\boldsymbol{A}^*\right)=\left(\frac{1}{|\boldsymbol{A}|}\boldsymbol{A}^*\right)\boldsymbol{A}=\boldsymbol{E}$$

3. 逆阵

当 $\boldsymbol{A}$ 为 n 阶方阵,且 $|\boldsymbol{A}|\neq 0$ 时,我们有

$$\boldsymbol{A}\left(\frac{1}{|\boldsymbol{A}|}\boldsymbol{A}^*\right)=\left(\frac{1}{|\boldsymbol{A}|}\boldsymbol{A}^*\right)\boldsymbol{A}=\boldsymbol{E}$$

即矩阵 $\boldsymbol{X}=\frac{1}{|\boldsymbol{A}|}\boldsymbol{A}^*$满足等式 $\boldsymbol{AX}=\boldsymbol{XA}=\boldsymbol{E}$.

我们说满足此式的矩阵是唯一的. 事实上,设矩阵 $\boldsymbol{X},\boldsymbol{Y}$ 都满足此式,即

$$\boldsymbol{AX}=\boldsymbol{XA}=\boldsymbol{E},\quad \boldsymbol{AY}=\boldsymbol{YA}=\boldsymbol{E}$$

则 $\boldsymbol{X}=\boldsymbol{XE}=\boldsymbol{X}(\boldsymbol{AY})=(\boldsymbol{XA})\boldsymbol{Y}=\boldsymbol{EY}=\boldsymbol{Y}$.

现在是我们引入逆阵的时候了.

定义 4.7 对于 n 阶方阵 $\boldsymbol{A}$,若存在 n 阶方阵 $\boldsymbol{B}$ 满足

$$\boldsymbol{AB}=\boldsymbol{BA}=\boldsymbol{E}$$

则称 $\boldsymbol{A}$ **可逆**,并将这个唯一的 $\boldsymbol{B}$ 称为 $\boldsymbol{A}$ 的**逆阵**,记为 $\boldsymbol{A}^{-1}$.

评注: 前面的叙述说明,当 $|\boldsymbol{A}|\neq 0$ 时,$\boldsymbol{A}$ 可逆,且

$$\boldsymbol{A}^{-1}=\frac{1}{|\boldsymbol{A}|}\boldsymbol{A}^*$$

另一方面,若 $\boldsymbol{A}$ 可逆,则有方阵 $\boldsymbol{B}$ 满足 $\boldsymbol{AB}=\boldsymbol{E}$; 由此式得到

$$|\boldsymbol{A}|\cdot|\boldsymbol{B}|=1$$

从而 $|\boldsymbol{A}|\neq 0$. 我们将这些重要的结论概括为下面的定理.

定理 4.1 设 $\boldsymbol{A}$ 为方阵,则

(1) $\boldsymbol{A}$ 可逆 $\Leftrightarrow |\boldsymbol{A}|\neq 0$;

(2) 当 $|\boldsymbol{A}|\neq 0$ 时,$\boldsymbol{A}^{-1}=\frac{1}{|\boldsymbol{A}|}\boldsymbol{A}^*$.

例 4.11 求下列方阵的逆阵:

$$\boldsymbol{A}=\begin{bmatrix}2 & 0 & 3\\ 1 & -1 & 1\\ 0 & 1 & -2\end{bmatrix}$$

解 由于 $|\boldsymbol{A}|=5\neq 0$,故 $\boldsymbol{A}$ 可逆; $|\boldsymbol{A}|$的所有代数余子式为:

$$A_{11}=\begin{vmatrix}-1 & 1\\ 1 & -2\end{vmatrix}=1,\quad A_{12}=-\begin{vmatrix}1 & 1\\ 0 & -2\end{vmatrix}=2,\quad A_{13}=\begin{vmatrix}1 & -1\\ 0 & 1\end{vmatrix}=1$$

$$A_{21}=-\begin{vmatrix}0&3\\1&-2\end{vmatrix}=3,\quad A_{22}=\begin{vmatrix}2&3\\0&-2\end{vmatrix}=-4,\quad A_{23}=-\begin{vmatrix}2&0\\0&1\end{vmatrix}=-2$$

$$A_{31}=\begin{vmatrix}0&3\\-1&1\end{vmatrix}=3,\quad A_{32}=-\begin{vmatrix}2&3\\1&1\end{vmatrix}=1,\quad A_{33}=\begin{vmatrix}2&0\\1&-1\end{vmatrix}=-2$$

于是

$$\boldsymbol{A}^{-1}=\frac{1}{|\boldsymbol{A}|}\boldsymbol{A}^{*}=\frac{1}{5}\begin{bmatrix}A_{11}&A_{21}&A_{31}\\A_{12}&A_{22}&A_{32}\\A_{13}&A_{23}&A_{33}\end{bmatrix}=\begin{bmatrix}\frac{1}{5}&\frac{3}{5}&\frac{3}{5}\\\frac{2}{5}&-\frac{4}{5}&\frac{1}{5}\\\frac{1}{5}&-\frac{2}{5}&-\frac{2}{5}\end{bmatrix}$$

命题 4.4　若方阵 $\boldsymbol{A}$ 可逆,且 $\boldsymbol{AB}=\boldsymbol{AC}$,则 $\boldsymbol{B}=\boldsymbol{C}$.

证明　在 $\boldsymbol{AB}=\boldsymbol{AC}$ 的两边左乘 $\boldsymbol{A}^{-1}$得到

$$\begin{aligned}\boldsymbol{A}^{-1}(\boldsymbol{AB})=\boldsymbol{A}^{-1}(\boldsymbol{AC})&\Rightarrow(\boldsymbol{A}^{-1}\boldsymbol{A})\boldsymbol{B}=(\boldsymbol{A}^{-1}\boldsymbol{A})\boldsymbol{C}\\&\Rightarrow\boldsymbol{EB}=\boldsymbol{EC}\\&\Rightarrow\boldsymbol{B}=\boldsymbol{C}\end{aligned}$$

命题 4.5　若 $\boldsymbol{A},\boldsymbol{B}$ 为同阶方阵,则 $\boldsymbol{AB}=\boldsymbol{E}\Leftrightarrow\boldsymbol{BA}=\boldsymbol{E}$.

证明　我们只需在 $\boldsymbol{AB}=\boldsymbol{E}$ 时,推出 $\boldsymbol{BA}=\boldsymbol{E}$;

当 $\boldsymbol{AB}=\boldsymbol{E}$ 时,有 $|\boldsymbol{A}|\neq0$,由定理 4.1 知 $\boldsymbol{A}$ 可逆. 同时,有

$$\boldsymbol{A}(\boldsymbol{BA})=(\boldsymbol{AB})\boldsymbol{A}=\boldsymbol{EA}=\boldsymbol{AE}$$

进而,有

$$\boldsymbol{BA}=\boldsymbol{E}$$

评注:此命题简化了逆阵的定义,即为了说明 $\boldsymbol{B}=\boldsymbol{A}^{-1}$,我们只要说明 $\boldsymbol{AB}=\boldsymbol{E}$ 和 $\boldsymbol{BA}=\boldsymbol{E}$ 之一成立即可.

命题 4.6　若方阵 $\boldsymbol{A}$ 可逆,则:

(1) $(\boldsymbol{A}^{-1})^{-1}=\boldsymbol{A}$;

(2) $|\boldsymbol{A}^{-1}|=|\boldsymbol{A}|^{-1}$;

(3) $(\boldsymbol{AB})^{-1}=\boldsymbol{B}^{-1}\boldsymbol{A}^{-1}$($\boldsymbol{A},\boldsymbol{B}$ 同阶可逆);

(4) $(\boldsymbol{A}^{\mathrm{T}})^{-1}=(\boldsymbol{A}^{-1})^{\mathrm{T}}$;

(5) $(\boldsymbol{A}^{*})^{-1}=(\boldsymbol{A}^{-1})^{*}$.

证明　(4) 由于 $\boldsymbol{A}$ 可逆,故有 $\boldsymbol{A}^{-1}\boldsymbol{A}=\boldsymbol{E}$. 从而

$$(\boldsymbol{A}^{-1}\boldsymbol{A})^{\mathrm{T}}=\boldsymbol{E}^{\mathrm{T}}\Rightarrow\boldsymbol{A}^{\mathrm{T}}(\boldsymbol{A}^{-1})^{\mathrm{T}}=\boldsymbol{E}$$

这就说明 $(\boldsymbol{A}^{\mathrm{T}})^{-1}=(\boldsymbol{A}^{-1})^{\mathrm{T}}$.

其他的证明与(4)类似,留作习题.

习 题 4.2

1. 设有矩阵方程 $\boldsymbol{AX}=\boldsymbol{B}$，且 $\boldsymbol{A}$ 可逆，求解 $\boldsymbol{X}$.

2. 设有矩阵等式 $\boldsymbol{XA}=\boldsymbol{YA}$，且 $\boldsymbol{A}$ 可逆，求证 $\boldsymbol{X}=\boldsymbol{Y}$.

3. 设 $\boldsymbol{A}=\begin{bmatrix}4&2&3\\1&1&0\\-1&2&3\end{bmatrix}$，$\boldsymbol{AB}=\boldsymbol{A}+2\boldsymbol{B}$，求 $\boldsymbol{B}$.

4. 设 $\boldsymbol{P}^{-1}\boldsymbol{AP}=\boldsymbol{B}$，$\boldsymbol{P}=\begin{bmatrix}-1&-1\\0&1\end{bmatrix}$，$\boldsymbol{B}=\begin{bmatrix}-1&0\\0&2\end{bmatrix}$，求 $\boldsymbol{A}^{11}$.

5. 若 $\boldsymbol{A}^2-\boldsymbol{A}-2\boldsymbol{E}=0$，求证 $\boldsymbol{A}$ 与 $\boldsymbol{A}+2\boldsymbol{E}$ 都可逆.

6. 若 n 阶方阵 $\boldsymbol{A}$ 满足 $\boldsymbol{A}^k=0$（k 为一个自然数），求证 $\boldsymbol{E}-\boldsymbol{A}$ 可逆，并求出 $(\boldsymbol{E}-\boldsymbol{A})^{-1}$.

7. 设 $\boldsymbol{A}=[a_{ij}]_{n\times n}$（$n=2k+1\geqslant 3$）为非零的实方阵，且 $A_{ij}=a_{ij}$，求矩阵 $\boldsymbol{A}$ 的行列式 $|\boldsymbol{A}|$ 的值.

8. 设4阶方阵 $\boldsymbol{A}$ 的行列式 $|\boldsymbol{A}|=2$，求行列式 $|\boldsymbol{A}^*-\boldsymbol{A}^{-1}|$ 的值.

9. 设 $\boldsymbol{A}$ 为 n 阶方阵，$\boldsymbol{AA}^{\mathrm{T}}=\boldsymbol{E}$，$|\boldsymbol{A}|<0$，求行列式 $|\boldsymbol{E}+\boldsymbol{A}|$ 的值.

10. 设 $\boldsymbol{A}$ 为 $n(n\geqslant 2)$ 阶方阵，求证 $|\boldsymbol{A}^*|=|\boldsymbol{A}|^{n-1}$.

11. 设 $\boldsymbol{A},\boldsymbol{B}$ 为 n 阶方阵，$\boldsymbol{AB}=\boldsymbol{A}+\boldsymbol{B}$. 求证：

(1) $\boldsymbol{A}-\boldsymbol{E}$ 和 $\boldsymbol{B}-\boldsymbol{E}$ 都可逆；

(2) $\boldsymbol{AB}=\boldsymbol{BA}$.

12. 设 $\boldsymbol{A},\boldsymbol{B},\boldsymbol{A}+\boldsymbol{B}$ 都可逆，求证 $\boldsymbol{A}^{-1}+\boldsymbol{B}^{-1}$ 也可逆.

13. 设 $\boldsymbol{A},\boldsymbol{B}$ 为 n 阶方阵，$\boldsymbol{B}$ 可逆，且 $(\boldsymbol{A}-\boldsymbol{E})^{-1}=(\boldsymbol{B}-\boldsymbol{E})^{\mathrm{T}}$，求证 $\boldsymbol{A}$ 也可逆.

14. 若矩阵 $\boldsymbol{A}=[a_{ij}]_{n\times n}$ 的对角线下方的元素都为0，则称 $\boldsymbol{A}$ 为**上三角阵**. 求证可逆上三角阵的逆阵也是上三角阵.

15. 用矩阵可逆证明克莱姆法则.

4.3 初等矩阵

1. 矩阵的初等变换与初等矩阵

例4.12 观察下列矩阵的运算：

$$\begin{bmatrix}0&1\\1&0\end{bmatrix}\begin{bmatrix}a&b&c\\x&y&z\end{bmatrix}=\begin{bmatrix}x&y&z\\a&b&c\end{bmatrix}$$

$$\begin{bmatrix} a & b & c \\ x & y & z \end{bmatrix}\begin{bmatrix} 0 & 1 & 0 \\ 1 & 0 & 0 \\ 0 & 0 & 1 \end{bmatrix} = \begin{bmatrix} b & a & c \\ y & x & z \end{bmatrix}$$

$$\begin{bmatrix} 1 & 0 \\ 0 & k \end{bmatrix}\begin{bmatrix} a & b & c \\ x & y & z \end{bmatrix} = \begin{bmatrix} a & b & c \\ kx & ky & kz \end{bmatrix}$$

$$\begin{bmatrix} a & b & c \\ x & y & z \end{bmatrix}\begin{bmatrix} 1 & 0 & 0 \\ 0 & k & 0 \\ 0 & 0 & 1 \end{bmatrix} = \begin{bmatrix} a & kb & c \\ x & ky & z \end{bmatrix}$$

$$\begin{bmatrix} 1 & k \\ 0 & 1 \end{bmatrix}\begin{bmatrix} a & b & c \\ x & y & z \end{bmatrix} = \begin{bmatrix} a+kx & b+ky & c+kz \\ x & y & z \end{bmatrix}$$

$$\begin{bmatrix} a & b & c \\ x & y & z \end{bmatrix}\begin{bmatrix} 1 & k & 0 \\ 0 & 1 & 0 \\ 0 & 0 & 1 \end{bmatrix} = \begin{bmatrix} a & b+ka & c \\ x & y+kx & z \end{bmatrix}$$

我们看到对矩阵$\begin{bmatrix} a & b & c \\ x & y & z \end{bmatrix}$进行一次初等变换相当于在矩阵的左边或右边乘上一个特殊的矩阵,这个矩阵是由单位阵进行一次同样的初等变换得到的.

定义 4.8 对 n 阶单位矩阵 $\boldsymbol{E}_n$ 进行一次行或列初等变换得到的矩阵称为 n 阶**初等矩阵**. 初等矩阵有下列三种.

(1) $\boldsymbol{P}_n(i,j)$:对换 $\boldsymbol{E}_n$ 的第 i,j 两行(列)得到的矩阵;

(2) $\boldsymbol{P}_n(i(k))$:用非零数 k 乘 $\boldsymbol{E}_n$ 的第 i 行(列)得到的矩阵;

(3) $\boldsymbol{P}_n(j(k),i)$:用数 k 乘 $\boldsymbol{E}_n$ 的第 j 行加到第 i 行上(或用数 k 乘 $\boldsymbol{E}_n$ 的第 i 列加到第 j 列上)得到的矩阵.

评注:初等矩阵与初等变换是一一对应的. 行初等变换相当于在左边乘一个初等矩阵;列初等变换相当于在右边乘一个初等矩阵. 具体为以下三种.

(1) 对换 $\boldsymbol{A}_{m\times n}$的第 i 行与第 j 行等同于在 $\boldsymbol{A}_{m\times n}$的左边乘以 $\boldsymbol{P}_m(i,j)$; 对换 $\boldsymbol{A}_{m\times n}$的第 i 列与第 j 列等同于在 $\boldsymbol{A}_{m\times n}$的右边乘以 $\boldsymbol{P}_n(i,j)$.

(2) 用非零数 k 乘 $\boldsymbol{A}_{m\times n}$的第 i 行等同于在 $\boldsymbol{A}_{m\times n}$的左边乘以 $\boldsymbol{P}_m(i(k))$; 用非零数 k 乘 $\boldsymbol{A}_{m\times n}$的第 i 列等同于在 $\boldsymbol{A}_{m\times n}$的右边乘以 $\boldsymbol{P}_n(i(k))$.

(3) 将 $\boldsymbol{A}_{m\times n}$的第 j 行乘 k 加到第 i 行上等同于在 $\boldsymbol{A}_{m\times n}$的左边乘以 $\boldsymbol{P}_m(j(k),i)$; 将 $\boldsymbol{A}_{m\times n}$的第 i 列乘 k 加到第 j 列上等同于在 $\boldsymbol{A}_{m\times n}$的右边乘以 $\boldsymbol{P}_n(j(k),i)$.

命题 4.7 初等矩阵的逆阵还是初等矩阵.

证明 容易直接验证

$$\boldsymbol{P}_n(i,j)\cdot\boldsymbol{P}_n(i,j)=\boldsymbol{E}_n$$

$$\boldsymbol{P}_n(i(k))\cdot\boldsymbol{P}_n(i(k^{-1}))=\boldsymbol{E}_n$$

$$P_n(j(k),i)\cdot P_n(j(-k),i)=E_n$$

定理 4.2 若矩阵 $A_{m\times n}$ 的秩为 r，则存在一个 m 阶可逆矩阵 P 和一个 n 阶可逆矩阵 Q 使得

$$A=P\begin{bmatrix}E_r & 0\\0 & 0\end{bmatrix}Q$$

证明 由于矩阵 $A_{m\times n}$ 的秩为 r，所以矩阵 A 等价于

$$\begin{bmatrix}E_r & 0\\0 & 0\end{bmatrix}$$

即 A 经过若干次行初等变换和若干次列初等变换变成上述矩阵；再由初等变换与初等阵的关系知，存在两组初等矩阵

$$P_1,\cdots,P_k(m\text{ 阶})\text{ 和 }Q_1,\cdots,Q_l(n\text{ 阶})$$

使得

$$P_k\cdots P_1AQ_1\cdots Q_l=\begin{bmatrix}E_r & 0\\0 & 0\end{bmatrix}$$

于是

$$A=P\begin{bmatrix}E_r & 0\\0 & 0\end{bmatrix}Q$$

这里 $P=P_1^{-1}\cdots P_k^{-1}$，$Q=Q_l^{-1}\cdots Q_1^{-1}$.

命题 4.8 若 n 阶方阵 A 可逆，则 A 可以分解成若干初等阵的乘积.

证明 当 A 为可逆阵时，A 等价于 E，从而

$$A=P_1^{-1}\cdots P_k^{-1}EQ_l^{-1}\cdots Q_1^{-1}=P_1^{-1}\cdots P_k^{-1}Q_l^{-1}\cdots Q_1^{-1}$$

再由初等阵的逆阵仍为初等阵知本命题成立.

推论 1 若 P 为 m 阶可逆阵，Q 为 n 阶可逆阵，A 为 $m\times n$ 矩阵，则 $\mathrm{r}(PA)=\mathrm{r}(AQ)=\mathrm{r}(A)$.

证明 由初等变换和初等矩阵的性质，知

$$A\xrightarrow{\text{行初等变换}}PA,\quad A\xrightarrow{\text{列初等变换}}AQ$$

从而 $\mathrm{r}(PA)=\mathrm{r}(AQ)=\mathrm{r}(A)$.

推论 2 矩阵 A 与 B 等价$\Leftrightarrow$存在可逆阵 P 和 Q 使得

$$A=PBQ$$

证明(留作习题).

2. 求逆阵的另一方法

用公式 $A^{-1}=\dfrac{1}{|A|}A^*$ 计算一个具体矩阵的逆阵虽然计算量较大，但在理论推导上，此公式

是重要的. 对于具体的矩阵,下面我们给出一个更有效的方法来计算逆阵.

命题 4.9　设 $\boldsymbol{A}$ 为 n 阶方阵. 若

$$[\boldsymbol{A}\quad \boldsymbol{E}]_{n\times 2n}\xrightarrow{\text{行初等变换}}[\boldsymbol{E}\quad \boldsymbol{B}]_{n\times 2n}$$

则 $\boldsymbol{A}$ 可逆,且 $\boldsymbol{B}=\boldsymbol{A}^{-1}$.

例 4.13　求下列方阵的逆阵:

$$\boldsymbol{A}=\begin{bmatrix}0 & 1 & 2\\ 1 & 1 & 4\\ 2 & -1 & 0\end{bmatrix}$$

解　由于

$$[\boldsymbol{A}\mid\boldsymbol{E}]=\left[\begin{array}{ccc|ccc}0 & 1 & 2 & 1 & 0 & 0\\ 1 & 1 & 4 & 0 & 1 & 0\\ 2 & -1 & 0 & 0 & 0 & 1\end{array}\right]\xrightarrow{\text{行初等变换}}\left[\begin{array}{ccc|ccc}1 & 1 & 4 & 0 & 1 & 0\\ 0 & 1 & 2 & 1 & 0 & 0\\ 2 & -1 & 0 & 0 & 0 & 1\end{array}\right]$$

$$\xrightarrow{\text{行初等变换}}\left[\begin{array}{ccc|ccc}1 & 1 & 4 & 0 & 1 & 0\\ 0 & 1 & 2 & 1 & 0 & 0\\ 0 & 0 & -2 & 3 & -2 & 1\end{array}\right]\xrightarrow{\text{行初等变换}}\left[\begin{array}{ccc|ccc}1 & 1 & 4 & 0 & 1 & 0\\ 0 & 1 & 0 & 4 & -2 & 1\\ 0 & 0 & -2 & 3 & -2 & 1\end{array}\right]$$

$$\xrightarrow{\text{行初等变换}}\left[\begin{array}{ccc|ccc}1 & 1 & 0 & 6 & -3 & 2\\ 0 & 1 & 0 & 4 & -2 & 1\\ 0 & 0 & -2 & 3 & -2 & 1\end{array}\right]\xrightarrow{\text{行初等变换}}\left[\begin{array}{ccc|ccc}1 & 0 & 0 & 2 & -2 & 1\\ 0 & 1 & 0 & 4 & -2 & 1\\ 0 & 0 & -2 & 3 & -2 & 1\end{array}\right]$$

$$\xrightarrow{\text{行初等变换}}\left[\begin{array}{ccc|ccc}1 & 0 & 0 & 2 & -1 & 1\\ 0 & 1 & 0 & 4 & -2 & 1\\ 0 & 0 & 1 & -\frac{3}{2} & 1 & -\frac{1}{2}\end{array}\right]$$

故

$$\boldsymbol{A}^{-1}=\begin{bmatrix}2 & -1 & 1\\ 4 & -2 & 1\\ -\frac{3}{2} & 1 & -\frac{1}{2}\end{bmatrix}$$

3. 两个矩阵乘积的秩

命题 4.10　设 $\boldsymbol{A}=[a_{ij}]_{m\times s}$,　$\boldsymbol{B}=[b_{ij}]_{s\times n}$则

$$\mathrm{r}(\boldsymbol{AB})\leqslant\mathrm{r}(\boldsymbol{B}),\quad \mathrm{r}(\boldsymbol{AB})\leqslant\mathrm{r}(\boldsymbol{A})$$

证明　先证 $\mathrm{r}(\boldsymbol{AB})\leqslant\mathrm{r}(\boldsymbol{B})$.

令 $\mathrm{r}(\boldsymbol{B})=r$. 由定理 4.2 知,存在可逆矩阵 $\boldsymbol{P},\boldsymbol{Q}$ 使

$$B = P\begin{bmatrix} E_r & 0 \\ 0 & 0 \end{bmatrix} Q$$

若我们记

$$P = \begin{bmatrix} p_{11} & \cdots & p_{1s} \\ \vdots & & \vdots \\ p_{s1} & \cdots & p_{ss} \end{bmatrix}, \quad \begin{bmatrix} E_r & 0 \\ 0 & 0 \end{bmatrix} = \begin{bmatrix} e_{11} & \cdots & e_{1r} & 0 & \cdots & 0 \\ \vdots & & \vdots & \vdots & & \vdots \\ e_{s1} & \cdots & e_{sr} & 0 & \cdots & 0 \end{bmatrix}$$

则

$$B = \begin{bmatrix} p_{11} & \cdots & p_{1s} \\ \vdots & & \vdots \\ p_{s1} & \cdots & p_{ss} \end{bmatrix} \begin{bmatrix} e_{11} & \cdots & e_{1r} & 0 & \cdots & 0 \\ \vdots & & \vdots & \vdots & & \vdots \\ e_{s1} & \cdots & e_{sr} & 0 & \cdots & 0 \end{bmatrix} Q = \begin{bmatrix} k_{11} & \cdots & k_{1r} & 0 & \cdots & 0 \\ \vdots & & \vdots & \vdots & & \vdots \\ k_{s1} & \cdots & k_{sr} & 0 & \cdots & 0 \end{bmatrix} Q$$

从而

$$AB = \begin{bmatrix} a_{11} & \cdots & a_{1s} \\ \vdots & & \vdots \\ a_{m1} & \cdots & a_{ms} \end{bmatrix} \begin{bmatrix} k_{11} & \cdots & k_{1r} & 0 & \cdots & 0 \\ \vdots & & \vdots & \vdots & & \vdots \\ k_{s1} & \cdots & k_{sr} & 0 & \cdots & 0 \end{bmatrix} Q = \begin{bmatrix} d_{11} & \cdots & d_{1r} & 0 & \cdots & 0 \\ \vdots & & \vdots & \vdots & & \vdots \\ d_{m1} & \cdots & d_{mr} & 0 & \cdots & 0 \end{bmatrix} Q$$

于是

$$\mathrm{r}(AB) = \mathrm{r}\left(\begin{bmatrix} d_{11} & \cdots & d_{1r} \\ \vdots & & \vdots \\ d_{m1} & \cdots & d_{mr} \end{bmatrix}\right) \leqslant r = \mathrm{r}(B)$$

另一方面,我们还有

$$\mathrm{r}(AB) = \mathrm{r}((AB)^{\mathrm{T}}) = \mathrm{r}(B^{\mathrm{T}}A^{\mathrm{T}}) \leqslant \mathrm{r}(A^{\mathrm{T}}) = \mathrm{r}(A)$$

习 题 4.3

1. 用合适的方法求下列矩阵的逆阵:

(1) $\begin{bmatrix} 1 & 2 \\ 2 & 5 \end{bmatrix}$;

(2) $\begin{bmatrix} \cos\alpha & -\sin\alpha \\ \sin\alpha & \cos\alpha \end{bmatrix}$;

(3) $\begin{bmatrix} 1 & 2 & -1 \\ 3 & 4 & -2 \\ 5 & -4 & 1 \end{bmatrix}$;

(4) $\begin{bmatrix} 1 & 2 & -3 \\ 0 & 1 & 2 \\ 0 & 0 & 1 \end{bmatrix}$;

(5) $\begin{bmatrix} 1 & 2 & 0 & 0 \\ 0 & 1 & 2 & 0 \\ 0 & 0 & 1 & 2 \\ 0 & 0 & 0 & 1 \end{bmatrix}$;

(6) $\begin{bmatrix} 3 & -2 & 0 & -1 \\ 0 & 2 & 2 & 1 \\ 1 & -2 & -3 & -2 \\ 0 & 1 & 2 & 1 \end{bmatrix}$.

2. 解下列矩阵方程：

(1) $\begin{bmatrix}2 & 5\\1 & 3\end{bmatrix}X=\begin{bmatrix}7 & 19\\4 & 11\end{bmatrix}$；

(2) $X\begin{bmatrix}2 & 1 & -1\\1 & 1 & 1\\3 & 2 & 1\end{bmatrix}=\begin{bmatrix}1 & -1 & 3\\4 & 3 & 2\\2 & -2 & 5\end{bmatrix}$；

(3) $\begin{bmatrix}1 & 4\\-1 & 2\end{bmatrix}X\begin{bmatrix}2 & 0\\-1 & 1\end{bmatrix}=\begin{bmatrix}3 & 1\\0 & -1\end{bmatrix}$；

(4) $\begin{bmatrix}0 & 1 & 0\\-1 & 0 & 0\\0 & 0 & 1\end{bmatrix}X\begin{bmatrix}1 & 0 & 0\\0 & 0 & 1\\0 & -1 & 0\end{bmatrix}=\begin{bmatrix}1 & -4 & 3\\2 & 0 & -1\\1 & -2 & 0\end{bmatrix}$.

3. 设 n 阶方阵 A 的秩为 1，求证：

(1) $A=(a_1,\cdots,a_n)^{\mathrm{T}}(b_1,\cdots,b_n)$； (2) $A^2=kA$.

4. 求证：矩阵 A 与 B 等价⇔存在可逆阵 P 和 Q 使得 $A=PBQ$.

4.4 分块矩阵的运算

1. 矩阵的分块

矩阵的分块：用贯穿矩阵的纵线和横线将一个矩阵分割成若干个小块矩阵的过程称为此**矩阵的分块**. 例如，以下是矩阵

$$\begin{bmatrix}1 & 2 & 3\\4 & 5 & 6\\7 & 8 & 9\end{bmatrix}$$

的几个分块法：

$$\left[\begin{array}{cc:c}1 & 2 & 3\\4 & 5 & 6\\ \hdashline 7 & 8 & 9\end{array}\right]=\begin{bmatrix}A_{11} & A_{12}\\A_{21} & A_{22}\end{bmatrix}$$

$$A_{11}=\begin{bmatrix}1 & 2\\4 & 5\end{bmatrix},\quad A_{12}=\begin{bmatrix}3\\6\end{bmatrix},\quad A_{21}=(7,8),\quad A_{22}=9$$

$$\left[\begin{array}{c:c:c}1 & 2 & 3\\4 & 5 & 6\\7 & 8 & 9\end{array}\right]=(\beta_1,\beta_2,\beta_3)$$

$$\boldsymbol{\beta}_1=\begin{bmatrix}1\\4\\7\end{bmatrix},\quad \boldsymbol{\beta}_2=\begin{bmatrix}2\\5\\8\end{bmatrix},\quad \boldsymbol{\beta}_3=\begin{bmatrix}3\\6\\9\end{bmatrix}$$

$$\begin{bmatrix}1&2&3\\ \hdashline 4&5&6\\ \hdashline 7&8&9\end{bmatrix}=\begin{bmatrix}\boldsymbol{\alpha}_1\\ \boldsymbol{\alpha}_2\\ \boldsymbol{\alpha}_3\end{bmatrix}$$

$$\boldsymbol{\alpha}_1=(1,2,3),\quad \boldsymbol{\alpha}_2=(4,5,6),\quad \boldsymbol{\alpha}_3=(7,8,9)$$

2. 分块矩阵的运算

分块矩阵的加法：若 $\boldsymbol{A},\boldsymbol{B}$ 都为 $m\times n$ 矩阵，它们分块相同，即

$$\boldsymbol{A}=\begin{bmatrix}\boldsymbol{A}_{11}&\cdots&\boldsymbol{A}_{1t}\\ \vdots&&\vdots\\ \boldsymbol{A}_{s1}&\cdots&\boldsymbol{A}_{st}\end{bmatrix},\quad \boldsymbol{B}=\begin{bmatrix}\boldsymbol{B}_{11}&\cdots&\boldsymbol{B}_{1t}\\ \vdots&&\vdots\\ \boldsymbol{B}_{s1}&\cdots&\boldsymbol{B}_{st}\end{bmatrix}$$

且 $\boldsymbol{A}_{ij}$与 $\boldsymbol{B}_{ij}$为同型矩阵，则有

$$\boldsymbol{A}+\boldsymbol{B}=\begin{bmatrix}\boldsymbol{A}_{11}+\boldsymbol{B}_{11}&\cdots&\boldsymbol{A}_{1t}+\boldsymbol{B}_{1t}\\ \vdots&&\vdots\\ \boldsymbol{A}_{s1}+\boldsymbol{B}_{s1}&\cdots&\boldsymbol{A}_{st}+\boldsymbol{B}_{st}\end{bmatrix}$$

分块矩阵的数乘：若矩阵 $\boldsymbol{A}$ 分块为

$$\boldsymbol{A}=\begin{bmatrix}\boldsymbol{A}_{11}&\cdots&\boldsymbol{A}_{1n}\\ \vdots&&\vdots\\ \boldsymbol{A}_{m1}&\cdots&\boldsymbol{A}_{mn}\end{bmatrix}$$

k 为数，则有

$$k\boldsymbol{A}=\begin{bmatrix}k\boldsymbol{A}_{11}&\cdots&k\boldsymbol{A}_{1n}\\ \vdots&&\vdots\\ k\boldsymbol{A}_{m1}&\cdots&k\boldsymbol{A}_{mn}\end{bmatrix}$$

分块矩阵的乘法：若 $\boldsymbol{A}$ 为 $m\times n$ 矩阵，$\boldsymbol{B}$ 为 $n\times s$ 矩阵，它们分块为

$$\boldsymbol{A}=\begin{bmatrix}\boldsymbol{A}_{11}&\cdots&\boldsymbol{A}_{1l}\\ \vdots&&\vdots\\ \boldsymbol{A}_{k1}&\cdots&\boldsymbol{A}_{kl}\end{bmatrix},\quad \boldsymbol{B}=\begin{bmatrix}\boldsymbol{B}_{11}&\cdots&\boldsymbol{B}_{1r}\\ \vdots&&\vdots\\ \boldsymbol{B}_{l1}&\cdots&\boldsymbol{B}_{lr}\end{bmatrix}$$

且 $\boldsymbol{A}_{it}$的列数与 $\boldsymbol{B}_{tj}$的行数相同，则有

$$\boldsymbol{AB}=\begin{bmatrix}\boldsymbol{C}_{11}&\cdots&\boldsymbol{C}_{1r}\\ \vdots&&\vdots\\ \boldsymbol{C}_{k1}&\cdots&\boldsymbol{C}_{kr}\end{bmatrix}$$

其中 $C_{ij} = \sum_{t=1}^{l} A_{it}B_{tj}(i = 1,\cdots,k;\ j = 1,\cdots,r)$,即

$$AB = \begin{bmatrix} A_{11} & \cdots & A_{1l} \\ \vdots & & \vdots \\ A_{k1} & \cdots & A_{kl} \end{bmatrix} \begin{bmatrix} B_{11} & \cdots & B_{1r} \\ \vdots & & \vdots \\ B_{l1} & \cdots & B_{lr} \end{bmatrix}$$

在形式上如普通矩阵乘法一样运算,仅仅要求 $A_{it}B_{tj}$ 有意义. 分块矩阵的乘法能简化矩阵的乘法运算,特别在理论推导中.

例如

$$\left[\begin{array}{cc:cc} -1 & 2 & -1 & 0 \\ -1 & 0 & 1 & 0 \\ \hdashline 0 & 0 & 0 & 1 \\ 0 & 0 & 0 & 3 \end{array}\right] \left[\begin{array}{cc:cc} 2 & -1 & 0 & 0 \\ -1 & 0 & 0 & 0 \\ \hdashline 0 & 0 & 0 & 1 \\ 0 & 0 & 2 & -1 \end{array}\right] = \begin{bmatrix} X & Y \\ 0 & Z \end{bmatrix} \begin{bmatrix} U & 0 \\ 0 & W \end{bmatrix}$$

$$= \begin{bmatrix} XU + Y0 & X0 + YW \\ 0U + Z0 & 00 + ZW \end{bmatrix} = \begin{bmatrix} XU & YW \\ 0 & ZW \end{bmatrix} = \begin{bmatrix} -4 & 1 & 0 & -1 \\ -2 & 1 & 0 & 1 \\ 0 & 0 & 2 & -1 \\ 0 & 0 & 6 & -3 \end{bmatrix}$$

分块矩阵的转置:若分块矩阵

$$A = \begin{bmatrix} A_{11} & \cdots & A_{1n} \\ \vdots & & \vdots \\ A_{m1} & \cdots & A_{mn} \end{bmatrix}$$

则有

$$A^{\mathrm{T}} = \begin{bmatrix} A_{11}^{\mathrm{T}} & \cdots & A_{m1}^{\mathrm{T}} \\ \vdots & & \vdots \\ A_{1n}^{\mathrm{T}} & \cdots & A_{mn}^{\mathrm{T}} \end{bmatrix}$$

3. 分块对角阵

若 $A_1,\cdots,A_s$ 都为方阵(阶数可以不同),则我们称分块阵

$$A = \begin{bmatrix} A_1 & & 0 \\ & \ddots & \\ 0 & & A_s \end{bmatrix}$$

为**对角分块阵**. 此时

$$|A| = |A_1|\cdots|A_s|$$

当 $A_1,\cdots,A_s$ 都可逆时,A 也可逆,且

$$A^{-1}=\begin{bmatrix} A_1^{-1} & & 0 \\ & \ddots & \\ 0 & & A_s^{-1} \end{bmatrix}$$

例 4.14 求矩阵

$$A=\begin{bmatrix} 2 & 1 & 0 & 0 & 0 \\ 1 & 1 & 0 & 0 & 0 \\ 0 & 0 & 1 & 0 & 2 \\ 0 & 0 & 1 & 1 & 4 \\ 0 & 0 & 2 & -1 & 0 \end{bmatrix}$$

的逆阵.

解 将矩阵 A 如下分块：

$$A=\begin{bmatrix} X & 0 \\ 0 & Y \end{bmatrix},\quad X=\begin{bmatrix} 2 & 1 \\ 1 & 1 \end{bmatrix},\quad Y=\begin{bmatrix} 1 & 0 & 2 \\ 1 & 1 & 4 \\ 2 & -1 & 0 \end{bmatrix}$$

则 $|A|=|X|\cdot|Y|=1\times(-2)\neq 0$；$A,X,Y$ 都可逆. 由于

$$\begin{bmatrix} X & 0 \\ 0 & Y \end{bmatrix}\begin{bmatrix} X^{-1} & 0 \\ 0 & Y^{-1} \end{bmatrix}=\begin{bmatrix} XX^{-1} & 0 \\ 0 & YY^{-1} \end{bmatrix}=E$$

故

$$A^{-1}=\begin{bmatrix} X^{-1} & 0 \\ 0 & Y^{-1} \end{bmatrix}=\begin{bmatrix} 1 & -1 & 0 & 0 & 0 \\ -1 & 2 & 0 & 0 & 0 \\ 0 & 0 & -2 & 1 & 1 \\ 0 & 0 & -4 & 2 & 1 \\ 0 & 0 & \frac{3}{2} & -\frac{1}{2} & -\frac{1}{2} \end{bmatrix}$$

例 4.15 设 A 为 k 阶可逆阵，B 为 l 阶可逆阵，C 为 $l\times k$ 矩阵，$D=\begin{bmatrix} A & 0 \\ C & B \end{bmatrix}$，求证 D 可逆，并求 D^{-1}.

解 由于 $|D|=|A|\cdot|B|\neq 0$，故 D 可逆.

令 $D^{-1}=\begin{bmatrix} X & Y \\ Z & W \end{bmatrix}$，$X$ 为 k 阶方阵，W 为 l 阶方阵，则

$$DD^{-1}=\begin{bmatrix} A & 0 \\ C & B \end{bmatrix}\begin{bmatrix} X & Y \\ Z & W \end{bmatrix}=\begin{bmatrix} AX & AY \\ CX+BZ & CY+BW \end{bmatrix}=\begin{bmatrix} E_k & 0 \\ 0 & E_l \end{bmatrix}$$

于是 $AX=E$，$AY=0$，$CX+BZ=0$，$CY+BW=E$. 由此解出

$$X=A^{-1},\quad Y=0,\quad Z=-B^{-1}CA^{-1},\quad W=B^{-1}$$

从而

$$D^{-1}=\begin{bmatrix} A^{-1} & 0 \\ -B^{-1}CA^{-1} & B^{-1} \end{bmatrix}$$

4. 分块矩阵的初等变换

如同对普通矩阵那样，我们可以对分块矩阵进行类似的初等变换，即：

(1) 交换分块矩阵的两行(列)；

(2) 用一个可逆矩阵从左(右)边乘分块矩阵的一行(列)(只要可乘)；

(3) 用任何一个矩阵从左(右)边乘分块矩阵的某一行(列)，再加到另一行(列)上(只要可乘，可加).

评注：一般情况下，虽然分块矩阵的初等变换不是普通矩阵初等变换，但仍然属于等价变换. 事实上，每个分块矩阵的初等变换为几个普通初等变换的叠加. 下面我们以 2×2 分块阵来说明这一点. 我们完全可以仿照普通矩阵的初等变换与初等矩阵的关系将分块矩阵的初等变换转化为矩阵等式.

给定分块阵

$$M=\begin{bmatrix} A_{m\times k} & B_{m\times l} \\ C_{n\times k} & D_{n\times l} \end{bmatrix}$$

(1) 交换 M 的两行相当于

$$\begin{bmatrix} 0 & E_n \\ E_m & 0 \end{bmatrix}\begin{bmatrix} A_{m\times k} & B_{m\times l} \\ C_{n\times k} & D_{n\times l} \end{bmatrix}=\begin{bmatrix} C & D \\ A & B \end{bmatrix}$$

(2) 交换 M 的两列相当于

$$\begin{bmatrix} A_{m\times k} & B_{m\times l} \\ C_{n\times k} & D_{n\times l} \end{bmatrix}\begin{bmatrix} 0 & E_k \\ E_l & 0 \end{bmatrix}=\begin{bmatrix} B & A \\ D & C \end{bmatrix}$$

(3) M 的第 1 行左乘可逆阵 $P_{m\times m}$ 相当于

$$\begin{bmatrix} P_{m\times m} & 0 \\ 0 & E_n \end{bmatrix}\begin{bmatrix} A_{m\times k} & B_{m\times l} \\ C_{n\times k} & D_{n\times l} \end{bmatrix}=\begin{bmatrix} PA & PB \\ C & D \end{bmatrix}$$

(4) M 的第 1 列右乘可逆阵 $Q_{k\times k}$ 相当于

$$\begin{bmatrix} A_{m\times k} & B_{m\times l} \\ C_{n\times k} & D_{n\times l} \end{bmatrix}\begin{bmatrix} Q_{k\times k} & 0 \\ 0 & E_l \end{bmatrix}=\begin{bmatrix} AQ & B \\ CQ & D \end{bmatrix}$$

(5) M 的第 1 行左乘矩阵 $P_{n\times m}$ 再加到第 2 行上相当于

$$\begin{bmatrix} E_m & 0 \\ P_{n\times m} & E_n \end{bmatrix}\begin{bmatrix} A_{m\times k} & B_{m\times l} \\ C_{n\times k} & D_{n\times l} \end{bmatrix}=\begin{bmatrix} A & B \\ PA+C & PB+D \end{bmatrix}$$

(6) M 的第 1 列右乘矩阵 $Q_{k\times l}$ 再加到第 2 列上相当于

$$\begin{bmatrix} \boldsymbol{A}_{m\times k} & \boldsymbol{B}_{m\times l} \\ \boldsymbol{C}_{n\times k} & \boldsymbol{D}_{n\times l} \end{bmatrix}\begin{bmatrix} \boldsymbol{E}_k & \boldsymbol{Q}_{k\times l} \\ 0 & \boldsymbol{E}_l \end{bmatrix} = \begin{bmatrix} \boldsymbol{A} & \boldsymbol{AQ}+\boldsymbol{B} \\ \boldsymbol{C} & \boldsymbol{CQ}+\boldsymbol{D} \end{bmatrix}$$

由于以上6种情况,在 $\boldsymbol{M}$ 的左边或右边所乘的都是可逆方阵,而可逆阵为若干个初等阵的乘积,所以这些变换都是等价变换. 下面我们通过例题来展示分块阵初等变换的应用. 这些问题,若用普通矩阵的运算来处理是困难的.

命题 4.11 若 $\boldsymbol{A},\boldsymbol{B}$ 为 $m\times n$ 矩阵,则 $\mathrm{r}(\boldsymbol{A}+\boldsymbol{B})\leqslant \mathrm{r}(\boldsymbol{A})+\mathrm{r}(\boldsymbol{B})$.

证明 由于

$$\begin{bmatrix} \boldsymbol{A} & 0 \\ 0 & \boldsymbol{B} \end{bmatrix}\to\begin{bmatrix} \boldsymbol{A} & 0 \\ \boldsymbol{A} & \boldsymbol{B} \end{bmatrix}\to\begin{bmatrix} \boldsymbol{A} & 0 \\ \boldsymbol{A}+\boldsymbol{B} & \boldsymbol{B} \end{bmatrix}$$

故

$$\mathrm{r}(\boldsymbol{A}+\boldsymbol{B})\leqslant \mathrm{r}\left(\begin{bmatrix} \boldsymbol{A} & 0 \\ \boldsymbol{A}+\boldsymbol{B} & \boldsymbol{B} \end{bmatrix}\right) = \mathrm{r}\left(\begin{bmatrix} \boldsymbol{A} & 0 \\ 0 & \boldsymbol{B} \end{bmatrix}\right) = \mathrm{r}(\boldsymbol{A})+\mathrm{r}(\boldsymbol{B})$$

例 4.16 若 $\boldsymbol{A},\boldsymbol{B}$ 为 n 阶方阵,求证 $|\boldsymbol{E}-\boldsymbol{AB}| = |\boldsymbol{E}-\boldsymbol{BA}|$.

证明 我们考虑分块阵 $\begin{bmatrix} \boldsymbol{E} & \boldsymbol{A} \\ \boldsymbol{B} & \boldsymbol{E} \end{bmatrix}$ 的初等变换:

$$\begin{bmatrix} \boldsymbol{E} & \boldsymbol{A} \\ \boldsymbol{B} & \boldsymbol{E} \end{bmatrix}\to\begin{bmatrix} \boldsymbol{E} & \boldsymbol{A} \\ 0 & \boldsymbol{E}-\boldsymbol{BA} \end{bmatrix},\quad \begin{bmatrix} \boldsymbol{E} & \boldsymbol{A} \\ \boldsymbol{B} & \boldsymbol{E} \end{bmatrix}\to\begin{bmatrix} \boldsymbol{E}-\boldsymbol{AB} & 0 \\ \boldsymbol{B} & \boldsymbol{E} \end{bmatrix}$$

将这两个分块阵的初等变换转化为等式:

$$\begin{bmatrix} \boldsymbol{E} & 0 \\ -\boldsymbol{B} & \boldsymbol{E} \end{bmatrix}\begin{bmatrix} \boldsymbol{E} & \boldsymbol{A} \\ \boldsymbol{B} & \boldsymbol{E} \end{bmatrix} = \begin{bmatrix} \boldsymbol{E} & \boldsymbol{A} \\ 0 & \boldsymbol{E}-\boldsymbol{BA} \end{bmatrix}$$

$$\begin{bmatrix} \boldsymbol{E} & -\boldsymbol{A} \\ 0 & \boldsymbol{E} \end{bmatrix}\begin{bmatrix} \boldsymbol{E} & \boldsymbol{A} \\ \boldsymbol{B} & \boldsymbol{E} \end{bmatrix} = \begin{bmatrix} \boldsymbol{E}-\boldsymbol{AB} & 0 \\ \boldsymbol{B} & \boldsymbol{E} \end{bmatrix}$$

在这两个等式的两边取行列式得到 $|\boldsymbol{E}-\boldsymbol{AB}| = |\boldsymbol{E}-\boldsymbol{BA}|$.

习 题 4.4

1. 计算:

(1) $\begin{bmatrix} 1 & 2 & 0 & 1 \\ -1 & 1 & 0 & 0 \\ 0 & 0 & 3 & 1 \\ 0 & 0 & 2 & -1 \end{bmatrix}\begin{bmatrix} -1 & 3 & 0 & 0 \\ 1 & 2 & 0 & 0 \\ 0 & 0 & 2 & 2 \\ 0 & 0 & -1 & 1 \end{bmatrix}$;

(2) $\begin{bmatrix}1&2&1&0\\0&1&0&1\\0&0&2&1\\0&0&0&3\end{bmatrix}\begin{bmatrix}1&0&3&1\\0&1&2&-1\\0&0&-2&3\\0&0&0&-3\end{bmatrix}$.

2. 求下列矩阵的逆阵：

(1) $\begin{bmatrix}5&2&0&0\\2&1&0&0\\0&0&8&3\\0&0&5&2\end{bmatrix}$;　　(2) $\begin{bmatrix}0&0&5&2\\0&0&2&1\\8&3&0&0\\5&2&0&0\end{bmatrix}$.

3. 设矩阵 $\boldsymbol{A},\boldsymbol{B}$ 都可逆，求 $\begin{bmatrix}0&\boldsymbol{A}\\\boldsymbol{B}&0\end{bmatrix}$ 的逆阵.

4. 设 $\boldsymbol{A}$ 为 m 阶方阵，$\boldsymbol{B}$ 为 n 阶方阵，$|\boldsymbol{A}|=a$，$|\boldsymbol{B}|=b$，求 $\begin{vmatrix}0&\boldsymbol{A}\\\boldsymbol{B}&0\end{vmatrix}$ 的值.

5. 设 $\boldsymbol{A},\boldsymbol{B}$ 是 n 阶方阵，求证

$$\begin{vmatrix}\boldsymbol{A}&\boldsymbol{B}\\\boldsymbol{B}&\boldsymbol{A}\end{vmatrix}=|\boldsymbol{A}+\boldsymbol{B}|\cdot|\boldsymbol{A}-\boldsymbol{B}|$$

6. 设 $\boldsymbol{A},\boldsymbol{B},\boldsymbol{C},\boldsymbol{D}$ 是 n 阶方阵，$\boldsymbol{A}$ 可逆，且 $\boldsymbol{AC}=\boldsymbol{CA}$，求证

$$\begin{vmatrix}\boldsymbol{A}&\boldsymbol{B}\\\boldsymbol{C}&\boldsymbol{D}\end{vmatrix}=|\boldsymbol{AD}-\boldsymbol{CB}|$$

7. 设 $\boldsymbol{A},\boldsymbol{B}$ 都为 $n\times n$ 阶方阵：

(1) 求证 $\mathrm{r}(\boldsymbol{AB})\geqslant\mathrm{r}(\boldsymbol{A})+\mathrm{r}(\boldsymbol{B})-n$;

(2) 当 $\boldsymbol{AB}=0$ 时，求证 $\mathrm{r}(\boldsymbol{A})+\mathrm{r}(\boldsymbol{B})\leqslant n$.

提示：讨论分块阵 $\begin{bmatrix}-\boldsymbol{E}_n&\boldsymbol{B}\\\boldsymbol{A}&0\end{bmatrix}$ 的初等变换.

第5章 向量组的线性相关性

第1章,我们介绍了克莱姆法则,它适用于未知数个数等于方程个数的线性方程组,在方程组系数行列式不等于零的情况下,可以给出一个精确的求解公式. 第3章,为了克服克莱姆法则成立的局限性——未知数个数与方程个数相等,以矩阵为工具,介绍了求解一般线性方程组的消元法. 本章中,我们将从向量组的角度进一步讨论矩阵与线性方程组. 为了从更高的角度讨论,我们引入了向量空间,并将其作为我们讨论的范畴.

本章的主要内容:

(1) 向量组的线性相关性;

(2) 向量组的秩及其与矩阵的秩的关系;

(3) 线性方程组解的结构;

(4) 向量空间及线性变换.

5.1 *n* 维向量及其线性运算

物理学中称具有大小和方向的量为向量. 例如力、速度、加速度. 几何学里用有向线段表示向量. 在空间直角坐标系 $Oxyz$ 中,我们将起点为 $O(0,0,0)$,终点为 $A(a_1,a_2,a_3)$ 的有向线段 $\overrightarrow{OA}$ 称为**(几何)向量**,并将其与三元有序数组

$$(a_1,a_2,a_3)$$

等同. 这样,向量的加减和数乘运算转化为这些数组的运算. 若 $\boldsymbol{a}=(a_1,a_2,a_3)$,$\boldsymbol{b}=(b_1,b_2,b_3)$,$k\in\mathbb{R}$,则

$$\boldsymbol{a}+\boldsymbol{b}=(a_1+b_1,a_2+b_2,a_3+b_3)$$
$$k\boldsymbol{a}=(ka_1,ka_2,ka_3)$$

这样的数组就是一个 1×3 实矩阵,向量的加法就是两个矩阵的加法,数乘向量就是数乘矩阵.

由于现实世界中的许多问题需要用数域$\mathbb{R}$上的多个数来刻画,如含 n 个未知数 $x_1,x_2,\cdots,x_n$ 的 n 元一次方程

$$a_1x_1+a_2x_2+\cdots+a_nx_n=b$$

可以用其系数 $a_1,a_2,\cdots,a_n$ 及常数 b 排成的有序数组 $(a_1,a_2,\cdots,a_n,b)$ 表示,而在电路理论和电磁学中常常会遇到由复数组成的向量,因此,我们将上述几何向量推广如下.

定义 5.1 n 个有序的数 $a_1,a_2,\cdots,a_n$ 所组成的数组

$$\boldsymbol{\alpha}=(a_1,a_2,\cdots,a_n)$$

称为 n **维向量**. 数 a_i 叫做向量 a 的第 i 个**坐标**,分量是实数的向量称为**实向量**,分量是复数的向量称为**复向量**. 本章只讨论实向量.

若向量有形式 $\boldsymbol{\alpha}=(a_1,a_2,\cdots,a_n)$ 时称为 n **维行向量**. 我们也可以写成列的形式

$$\boldsymbol{\alpha}=\begin{bmatrix}a_1\\a_2\\\vdots\\a_n\end{bmatrix}$$

称为 n **维列向量**. 坐标全为零的向量 $(0,0,\cdots,0)$ 称为**零向量**,一切 n 维列向量的集合记为 $\mathbb{R}^n$,称其为 n **维向量空间**. 由于在理论的表述上列向量更自然、更方便,**以后若没有特别声明,向量为列向量;有关列向量的理论都有对应的行向量理论**.

另外,n 维向量还可用矩阵的方法给出定义. 一个 n 维行向量可以由一个 $1\times n$ 矩阵 $\boldsymbol{\alpha}=[a_1\quad a_2\quad\cdots\quad a_n]$ 来定义. 同样,一个 $n\times 1$ 矩阵

$$\boldsymbol{\alpha}^{\mathrm{T}}=\begin{bmatrix}a_1\\a_2\\\vdots\\a_n\end{bmatrix}$$

也可以定义一个 n 维列向量.

定义 5.2 如果向量 $\boldsymbol{\alpha}=(a_1,a_2,\cdots,a_n)^{\mathrm{T}}$ 与 $\boldsymbol{\beta}=(b_1,b_2,\cdots,b_n)^{\mathrm{T}}$ 对应分量都相等,即 $a_i=b_i(i=1,2,\cdots,n)$,则称这两个向量**相等**,记作 $\boldsymbol{\alpha}=\boldsymbol{\beta}$.

定义 5.3 设 $\boldsymbol{\alpha}=(a_1,a_2,\cdots,a_n)^{\mathrm{T}}$,$\boldsymbol{\beta}=(b_1,b_2,\cdots,b_n)^{\mathrm{T}}$ 都是 n 维向量,则向量 $(a_1+b_1,a_2+b_2,\cdots,a_n+b_n)^{\mathrm{T}}$ 叫做向量 $\boldsymbol{\alpha}$ 与 $\boldsymbol{\beta}$ 的和,记作 $\boldsymbol{\alpha}+\boldsymbol{\beta}$.

定义 5.4 设 $\boldsymbol{\alpha}=(a_1,a_2,\cdots,a_n)^{\mathrm{T}}$,$\lambda$ 为实数. 那么向量 $(\lambda a_1,\lambda a_2,\cdots,\lambda a_n)^{\mathrm{T}}$ 叫做数 λ 与向量 $\boldsymbol{\alpha}$ 的乘积,简称数量乘法,记作 $\lambda\boldsymbol{\alpha}$ 或 $\boldsymbol{\alpha}\lambda$.

向量相加及数乘运算统称为向量的**线性运算**,它满足下述规律(其中 $\boldsymbol{\alpha},\boldsymbol{\beta},\boldsymbol{\gamma}$ 为 n 维向量,λ,μ 为实数):

交换律 $\boldsymbol{\alpha}+\boldsymbol{\beta}=\boldsymbol{\beta}+\boldsymbol{\alpha}$;

结合律 $(\boldsymbol{\alpha}+\boldsymbol{\beta})+\boldsymbol{\gamma}=\boldsymbol{\alpha}+(\boldsymbol{\beta}+\boldsymbol{\gamma})$;

对任意向量 $\boldsymbol{\alpha}$ 与零向量 0 恒有

$$\boldsymbol{\alpha}+0=0+\boldsymbol{\alpha}$$

$$\boldsymbol{\alpha}+(-\boldsymbol{\alpha})=0$$

数量乘法满足

$$1\cdot\boldsymbol{\alpha}=\boldsymbol{\alpha},\quad k(l\boldsymbol{\alpha})=(kl)\boldsymbol{\alpha}$$

数量乘法和加法满足

$$k(\boldsymbol{\alpha}+\boldsymbol{\beta})=k\boldsymbol{\alpha}+k\boldsymbol{\beta},(k+l)\boldsymbol{\alpha}=k\boldsymbol{\alpha}+l\boldsymbol{\alpha}$$

习 题 5.1

1. 在平面直角坐标系中表示出下列向量:
$\boldsymbol{\alpha}=(1,2),\boldsymbol{\beta}=(3,-1),\boldsymbol{\alpha}+\boldsymbol{\beta},2\boldsymbol{\alpha},-\boldsymbol{\beta},2\boldsymbol{\alpha}-\boldsymbol{\beta}$.
2. 已知向量 $\boldsymbol{\alpha}=(1,2,1)^{\mathrm{T}},\boldsymbol{\beta}=(-1,2,1)^{\mathrm{T}},\boldsymbol{\gamma}=(2,3,4)^{\mathrm{T}}$. 求向量 $\boldsymbol{\alpha}+\boldsymbol{\beta}+\boldsymbol{\gamma},2\boldsymbol{\alpha}+\boldsymbol{\beta}-\boldsymbol{\gamma}$.
3. 已知 $3x+\begin{bmatrix}0\\1\\1\\1\end{bmatrix}=\begin{bmatrix}2\\1\\0\\1\end{bmatrix}+5x$,求未知向量 x.
4. 设 $\boldsymbol{\alpha}=(2,k,0),\boldsymbol{\beta}=(-1,0,\lambda),\boldsymbol{\gamma}=(\mu,-5,4)$,且 $\boldsymbol{\alpha}+\boldsymbol{\beta}+\boldsymbol{\gamma}=0$,求参数 k,λ,μ.

5.2 线性组合

定义 5.5 设 $\boldsymbol{\beta},\boldsymbol{\alpha}_1,\cdots,\boldsymbol{\alpha}_m$ 为 n 维向量. 若存在一组常数 $k_1,k_2,\cdots,k_m$,使得

$$\boldsymbol{\beta}=k_1\boldsymbol{\alpha}_1+k_2\boldsymbol{\alpha}_2+\cdots+k_m\boldsymbol{\alpha}_m$$

则称 $\boldsymbol{\beta}$ 可由 $\boldsymbol{\alpha}_1,\boldsymbol{\alpha}_2,\cdots,\boldsymbol{\alpha}_m$ **线性表示**或称 $\boldsymbol{\beta}$ 是 $\boldsymbol{\alpha}_1,\boldsymbol{\alpha}_2,\cdots,\boldsymbol{\alpha}_m$ 的**线性组合**.

注意:由矩阵运算知

$$k_1\boldsymbol{\alpha}_1+k_2\boldsymbol{\alpha}_2+\cdots+k_m\boldsymbol{\alpha}_m=[\boldsymbol{\alpha}_1\quad\boldsymbol{\alpha}_2\quad\cdots\quad\boldsymbol{\alpha}_m]\begin{bmatrix}k_1\\k_2\\\vdots\\k_m\end{bmatrix}$$

例 5.1 向量空间$\mathbb{R}^n$ 中的任何一个向量 $\boldsymbol{\alpha}=(a_1,a_2,\cdots,a_n)^{\mathrm{T}}$ 都可表示为向量组

$$\boldsymbol{e}_1=\begin{bmatrix}1\\0\\\vdots\\0\end{bmatrix},\quad\boldsymbol{e}_2=\begin{bmatrix}0\\1\\\vdots\\0\end{bmatrix},\quad\cdots,\quad\boldsymbol{e}_n=\begin{bmatrix}0\\0\\\vdots\\1\end{bmatrix}$$

的线性组合,这是因为 $\boldsymbol{\alpha}=a_1\boldsymbol{e}_1+a_2\boldsymbol{e}_2+\cdots+a_n\boldsymbol{e}_n$.

注:以后,$\boldsymbol{e}_1,\boldsymbol{e}_2,\cdots,\boldsymbol{e}_n$ 作为专用符号使用.

例 5.2 求证任意 3 维向量 $\boldsymbol{\beta}=(a,b,c)^{\mathrm{T}}$ 都可表示为向量组

$$\boldsymbol{\alpha}_1=(1,0,0)^{\mathrm{T}},\quad\boldsymbol{\alpha}_2=(1,1,0)^{\mathrm{T}},\quad\boldsymbol{\alpha}_3=(1,1,1)^{\mathrm{T}}$$

的线性组合,并写出表示关系.

解 令 $\boldsymbol{\beta}=x_1\boldsymbol{\alpha}_1+x_2\boldsymbol{\alpha}_2+x_3\boldsymbol{\alpha}_3$,即

$$\begin{bmatrix}1&1&1\\0&1&1\\0&0&1\end{bmatrix}\begin{bmatrix}x_1\\x_2\\x_3\end{bmatrix}=\begin{bmatrix}a\\b\\c\end{bmatrix}$$

此方程组的系数矩阵可逆,因而方程组有唯一一组解. 解为

$$x_1=a-b,\quad x_2=b-c,\quad x_3=c$$

从而

$$\boldsymbol{\beta}=(a-b)\boldsymbol{\alpha}_1+(b-c)\boldsymbol{\alpha}_2+c\boldsymbol{\alpha}_3$$

评注:对于线性方程组

$$\begin{cases}a_{11}x_1+a_{12}x_2+\cdots+a_{1n}x_n=b_1\\a_{21}x_1+a_{22}x_2+\cdots+a_{2n}x_n=b_2\\\qquad\qquad\vdots\\a_{m1}x_1+a_{m2}x_2+\cdots+a_{mn}x_n=b_m\end{cases}$$

若写其系数阵 $\boldsymbol{A}=[\boldsymbol{\alpha}_1\quad\boldsymbol{\alpha}_2\quad\cdots\quad\boldsymbol{\alpha}_n]$,$\boldsymbol{\beta}=(b_1,b_2,\cdots,b_m)^{\mathrm{T}}$,则此方程组就是

$$x_1\boldsymbol{\alpha}_1+x_2\boldsymbol{\alpha}_2+\cdots+x_n\boldsymbol{\alpha}_n=\boldsymbol{\beta}$$

从而,此方程组有解等价于 $\boldsymbol{\beta}$ 可由向量组 $\boldsymbol{\alpha}_1,\boldsymbol{\alpha}_2,\cdots,\boldsymbol{\alpha}_n$ 线性表示.

命题 5.1 对于矩阵 $\boldsymbol{A}=[\boldsymbol{\alpha}_1\quad\boldsymbol{\alpha}_2\quad\cdots\quad\boldsymbol{\alpha}_n]\in\mathbb{R}^{m\times n}$,则存在不全为 0 的数 $k_1,k_2,\cdots,k_n$ 使得 $k_1\boldsymbol{\alpha}_1+k_2\boldsymbol{\alpha}_2+\cdots+k_n\boldsymbol{\alpha}_n=0\Leftrightarrow\mathrm{r}(\boldsymbol{A})<n$.

证明 由于 $x_1\boldsymbol{\alpha}_1+\cdots+x_n\boldsymbol{\alpha}_n=0$ 就是齐次线性方程组

$$[\boldsymbol{\alpha}_1\quad\boldsymbol{\alpha}_2\quad\cdots\quad\boldsymbol{\alpha}_n]\begin{bmatrix}x_1\\x_2\\\vdots\\x_n\end{bmatrix}=0$$

而此方程有非零解的充要条件就是 $\mathrm{r}(\boldsymbol{A})<n$.

例 5.3 给定向量组 A:$\alpha_1,\boldsymbol{\alpha}_2,\cdots,\boldsymbol{\alpha}_m(m\geqslant 2)$. 求证:$A$ 中至少有一个向量可以由其余的 $m-1$个向量线性表示$\Leftrightarrow$存在一组不全为 0 的数 $k_1,k_2,\cdots,k_m$ 使得 $k_1\boldsymbol{\alpha}_1+k_2\boldsymbol{\alpha}_2+\cdots+k_m\boldsymbol{\alpha}_m=0$.

证明 ($\Rightarrow$) 不妨设

$$\boldsymbol{\alpha}_1=k_2\boldsymbol{\alpha}_2+k_3\boldsymbol{\alpha}_3+\cdots+k_m\boldsymbol{\alpha}_m$$

则有

$$k_1\boldsymbol{\alpha}_1+k_2\boldsymbol{\alpha}_2+\cdots+k_n\boldsymbol{\alpha}_n=0,\quad k_1=-1\neq 0$$

($\Leftarrow$) 设不全为 0 的数 $k_1,\cdots,k_m$ 满足

$$k_1\boldsymbol{\alpha}_1+k_2\boldsymbol{\alpha}_2+\cdots+k_m\boldsymbol{\alpha}_m=0$$

若 $k_1\neq 0$,则

$$\boldsymbol{\alpha}_1=(-k_1^{-1}k_2)\boldsymbol{\alpha}_2+\cdots+(-k_1^{-1}k_m)\boldsymbol{\alpha}_m$$

即 $\boldsymbol{\alpha}_1$ 可由其余的向量线性表示；同理，若 $k_i\neq 0$，有 $\boldsymbol{\alpha}_i$ 可由其余的向量线性表示.

定义 5.6　对两个给定的向量组

$$A:\boldsymbol{\alpha}_1,\boldsymbol{\alpha}_2,\cdots\boldsymbol{\alpha}_r;\quad B:\boldsymbol{\beta}_1,\boldsymbol{\beta}_2,\cdots,\boldsymbol{\beta}_s$$

若 A 中的每个向量都可由 B 中的向量线性表示，则称 A **可由** B **线性表示**. 若两个向量组能相互线性表示，则称它们**等价**.

命题 5.2　向量组 $A:\boldsymbol{\alpha}_1,\boldsymbol{\alpha}_2,\cdots\boldsymbol{\alpha}_r$ 可由向量组 $B:\boldsymbol{\beta}_1,\boldsymbol{\beta}_2,\cdots,\boldsymbol{\beta}_s$ 线性表示等同于存在一个 $s\times r$ 矩阵 $\boldsymbol{K}$ 使得

$$[\boldsymbol{\alpha}_1\quad\boldsymbol{\alpha}_2\quad\cdots\quad\boldsymbol{\alpha}_r]=[\boldsymbol{\beta}_1\quad\boldsymbol{\beta}_2\quad\cdots\quad\boldsymbol{\beta}_s]\boldsymbol{K}$$

证明　若 A 可由 B 线性表示，则存在 $s\times r$ 个数 k_{ij} 使得

$$\boldsymbol{\alpha}_1=[\boldsymbol{\beta}_1\quad\boldsymbol{\beta}_2\quad\cdots\quad\boldsymbol{\beta}_s]\begin{bmatrix}k_{11}\\k_{21}\\\vdots\\k_{s1}\end{bmatrix},\quad\cdots,\quad\boldsymbol{\alpha}_r=[\boldsymbol{\beta}_1\quad\boldsymbol{\beta}_2\quad\cdots\quad\boldsymbol{\beta}_s]\begin{bmatrix}k_{1r}\\k_{2r}\\\vdots\\k_{sr}\end{bmatrix}$$

令 $\boldsymbol{K}=[k_{ij}]_{s\times r}$，则上述 r 个等式等同于

$$[\boldsymbol{\alpha}_1\quad\boldsymbol{\alpha}_2\quad\cdots\quad\boldsymbol{\alpha}_r]=[\boldsymbol{\beta}_1\quad\boldsymbol{\beta}_2\quad\cdots\quad\boldsymbol{\beta}_s]\boldsymbol{K}$$

反之是明显的.

推论　若向量组 $\boldsymbol{\alpha}_1,\boldsymbol{\alpha}_2,\cdots,\boldsymbol{\alpha}_r$ 可由向量组 $\boldsymbol{\beta}_1,\boldsymbol{\beta}_2,\cdots,\boldsymbol{\beta}_s$ 线性表示，则

$$\mathrm{r}([\boldsymbol{\alpha}_1\quad\boldsymbol{\alpha}_2\quad\cdots\quad\boldsymbol{\alpha}_r])\leqslant\mathrm{r}([\boldsymbol{\beta}_1\quad\boldsymbol{\beta}_2\quad\cdots\quad\boldsymbol{\beta}_s])$$

特别是，当这两个向量组等价时，有

$$\mathrm{r}([\boldsymbol{\alpha}_1\quad\boldsymbol{\alpha}_2\quad\cdots\quad\boldsymbol{\alpha}_r])=\mathrm{r}([\boldsymbol{\beta}_1\quad\boldsymbol{\beta}_2\quad\cdots\quad\boldsymbol{\beta}_s])$$

证明　由上述命题和命题 4.10 知

$$\mathrm{r}([\boldsymbol{\alpha}_1\quad\boldsymbol{\alpha}_2\quad\cdots\quad\boldsymbol{\alpha}_r])=\mathrm{r}([\boldsymbol{\beta}_1\quad\boldsymbol{\beta}_2\quad\cdots\quad\boldsymbol{\beta}_s]\boldsymbol{K})\leqslant\mathrm{r}([\boldsymbol{\beta}_1\quad\boldsymbol{\beta}_2\quad\cdots\quad\boldsymbol{\beta}_s])$$

习　题　5.2

1. 将向量 $\boldsymbol{\beta}$ 表示成 $\boldsymbol{\alpha}_1,\boldsymbol{\alpha}_2,\boldsymbol{\alpha}_3,\boldsymbol{\alpha}_4$ 的线性组合：

(1) $\begin{cases}\boldsymbol{\alpha}_1=(1,1,1,1)^{\mathrm{T}}\\\boldsymbol{\alpha}_2=(1,1,-1,-1)^{\mathrm{T}}\\\boldsymbol{\alpha}_3=(1,-1,1,-1)^{\mathrm{T}}\\\boldsymbol{\alpha}_4=(1,-1,-1,1)^{\mathrm{T}}\\\boldsymbol{\beta}=(1,2,1,1)^{\mathrm{T}}\end{cases}$；　(2) $\begin{cases}\boldsymbol{\alpha}_1=(1,1,0,1)\\\boldsymbol{\alpha}_2=(2,1,3,1)\\\boldsymbol{\alpha}_3=(1,1,0,0)\\\boldsymbol{\alpha}_4=(0,1,-1,-1)\\\boldsymbol{\beta}=(1,1,1,1)\end{cases}$.

2. 下列向量组中 $\boldsymbol{\beta}$ 可由 $\boldsymbol{\alpha}_1,\boldsymbol{\alpha}_2,\boldsymbol{\alpha}_3$ 线性表示，求 λ：

(1) $\begin{cases}\boldsymbol{\alpha}_1=(2,3,5)^{\mathrm{T}}\\ \boldsymbol{\alpha}_2=(3,7,8)^{\mathrm{T}}\\ \boldsymbol{\alpha}_3=(1,-6,1)^{\mathrm{T}}\\ \boldsymbol{\beta}=(7,-2,\lambda)^{\mathrm{T}}\end{cases}$;　　(2) $\begin{cases}\boldsymbol{\alpha}_1=(4,4,3)\\ \boldsymbol{\alpha}_2=(7,2,1)\\ \boldsymbol{\alpha}_3=(4,1,6)\\ \boldsymbol{\beta}=(5,9,\lambda)\end{cases}$.

3. 已知

$$\begin{cases}\boldsymbol{\alpha}_1=(1,0,2.3)^{\mathrm{T}}\\ \boldsymbol{\alpha}_2=(1,1,3,5)^{\mathrm{T}}\\ \boldsymbol{\alpha}_3=(1,-1,a+2,1)^{\mathrm{T}}\\ \boldsymbol{\alpha}_4=(1,2,4,a+8)^{\mathrm{T}}\\ \boldsymbol{\beta}=(1,1,b+3,5)^{\mathrm{T}}\end{cases}$$

求 $\boldsymbol{\beta}$ 可由 $\boldsymbol{\alpha}_1,\boldsymbol{\alpha}_2,\boldsymbol{\alpha}_3,\boldsymbol{\alpha}_4$ 线性表示的条件,且写出表示关系.

4. 在空间直角坐标系 $Oxyz$ 中,求证 3 个向量

$$\boldsymbol{\alpha}_1=\begin{bmatrix}a_{11}\\a_{21}\\a_{31}\end{bmatrix},\quad \boldsymbol{\alpha}_2=\begin{bmatrix}a_{12}\\a_{22}\\a_{32}\end{bmatrix},\quad \boldsymbol{\alpha}_3=\begin{bmatrix}a_{13}\\a_{23}\\a_{33}\end{bmatrix}$$

共面⇔行列式 $|a_{ij}|_3=0$.

5. 给定向量组 A,B 和 C. 若 A 可由 B 线性表示,B 可由 C 线性表示,求证 A 可由 C 线性表示.

6. 设 $\boldsymbol{\alpha}_1,\boldsymbol{\alpha}_2,\cdots,\boldsymbol{\alpha}_n\in\mathbb{R}^n$,且向量组 $\boldsymbol{e}_1,\boldsymbol{e}_2,\cdots,\boldsymbol{e}_n$ 可由 $\boldsymbol{\alpha}_1,\boldsymbol{\alpha}_2,\cdots,\boldsymbol{\alpha}_n$ 线性表示,求证矩阵 $[\boldsymbol{\alpha}_1\quad\boldsymbol{\alpha}_2\quad\cdots\quad\boldsymbol{\alpha}_n]$ 可逆.

7. 设 $\boldsymbol{\alpha}_1,\boldsymbol{\alpha}_2,\cdots,\boldsymbol{\alpha}_n\in\mathbb{R}^n$,求证:矩阵 $[\boldsymbol{\alpha}_1\quad\boldsymbol{\alpha}_2\quad\cdots\quad\boldsymbol{\alpha}_n]$ 可逆⇔$\mathbb{R}^n$ 中任何一个向量都可由 $\boldsymbol{\alpha}_1,\boldsymbol{\alpha}_2,\cdots,\boldsymbol{\alpha}_n$ 线性表示.

5.3　向量组的线性相关性

线性相关与线性无关是向量在线性运算下的一种性质. 向量的线性相关性是阐述线性空间结构的一个重要的基本概念,也是线性方程组理论的基础. 这个概念来源于向量的共线、共面.

1. 向量组的线性相关性

在上一节中,我们看到,当 $n\geqslant 2$ 时,向量组 $\boldsymbol{\alpha}_1,\boldsymbol{\alpha}_2,\cdots,\boldsymbol{\alpha}_n$ 中有一个向量可由其余的向量线性表示等同于齐次线性方程组

$$x_1\boldsymbol{\alpha}_1+x_2\boldsymbol{\alpha}_2+\cdots+x_n\boldsymbol{\alpha}_n=0$$

有非零解,而这又等同于矩阵 $\boldsymbol{A}=[\boldsymbol{\alpha}_1 \quad \boldsymbol{\alpha}_2 \quad \cdots \quad \boldsymbol{\alpha}_n]$ 的秩 $\mathrm{r}(\boldsymbol{A})<n$. 下面我们将更全面(包括 $n=1$ 的情况)地讨论此问题.

定义 5.7 给定一个向量组 A:$\boldsymbol{\alpha}_1,\boldsymbol{\alpha}_2,\cdots,\boldsymbol{\alpha}_m\in\mathbb{R}^n$. 若存在一组不全为 0 的数 $k_1,k_2,\cdots,k_m$ 使

$$k_1\boldsymbol{\alpha}_1+k_2\boldsymbol{\alpha}_2+\cdots+k_m\boldsymbol{\alpha}_m=0$$

则称向量组 A **线性相关**;否则,称此向量组**线性无关**,即此向量组线性无关等同于以 x_1, $x_2,\cdots,x_m$ 为未知数的方程

$$x_1\boldsymbol{\alpha}_1+x_2\boldsymbol{\alpha}_2+\cdots+x_m\boldsymbol{\alpha}_m=0$$

仅有零解.

评注:在几何空间 $\mathbb{R}^3$ 中,若两个向量 $\boldsymbol{\alpha},\boldsymbol{\beta}$ 共线,则 $\boldsymbol{\alpha}$ 与 $\boldsymbol{\beta}$ 成比例,或者说,有不全为零的实数 k_1,k_2,使得 $k_1\boldsymbol{\alpha}+k_2\boldsymbol{\beta}=0$;反之,若 $\boldsymbol{\alpha},\boldsymbol{\beta}$ 不共线,则无论 $\boldsymbol{\alpha}$ 还是 $\boldsymbol{\beta}$,都不能表示为另一个向量的倍数,即由 $k_1\boldsymbol{\alpha}+k_2\boldsymbol{\beta}=0$,只能有 $k_1=k_2=0$. 类似的,若三个向量 $\boldsymbol{\alpha},\boldsymbol{\beta},\boldsymbol{\gamma}$ 共面,则其中一个向量可由另外两个向量线性表示. 反之,若 $\boldsymbol{\alpha},\boldsymbol{\beta},\boldsymbol{\gamma}$ 不共面,则无论是 $\boldsymbol{\alpha}$,或 $\boldsymbol{\beta}$,或 $\boldsymbol{\gamma}$ 都不能表示为另外两个向量的线性组合.

例 5.4 若 $\boldsymbol{\alpha}_1=(1,1)^{\mathrm{T}},\boldsymbol{\alpha}_2=(1,-2)^{\mathrm{T}},\boldsymbol{\alpha}_3=(3,0)^{\mathrm{T}}$,则向量组 $\boldsymbol{\alpha}_1,\boldsymbol{\alpha}_2,\boldsymbol{\alpha}_3$ 线性相关. 这是因为 $2\boldsymbol{\alpha}_1+\boldsymbol{\alpha}_2+(-1)\boldsymbol{\alpha}_3=0$.

评注:向量 $\boldsymbol{\alpha}_1,\boldsymbol{\alpha}_2,\boldsymbol{\alpha}_3$ 均在 $\mathbb{R}^2$ 中,并且不是共面的.

例 5.5 由 3 个 3 维向量

$$\boldsymbol{e}_1=(1,0,0)^{\mathrm{T}},\quad \boldsymbol{e}_2=(0,1,0)^{\mathrm{T}},\quad \boldsymbol{e}_3=(0,0,1)^{\mathrm{T}}$$

构成的向量组线性无关. 事实上,由

$$k_1\boldsymbol{e}_1+k_2\boldsymbol{e}_2+k_3\boldsymbol{e}_3=0$$

可推出 $k_1=k_2=k_3=0$.

评注:向量 $\boldsymbol{e}_1,\boldsymbol{e}_2,\boldsymbol{e}_3$ 均在 $\mathbb{R}^3$ 中,并且不是共面的.

命题 5.3 向量 $\boldsymbol{\alpha}$ 线性无关 $\Leftrightarrow\boldsymbol{\alpha}\neq 0$.

证明 由于 $\boldsymbol{\alpha}=(a_1,a_2,\cdots,a_n)^{\mathrm{T}}$ 线性无关等同于齐次线性方程组

$$(a_1,a_2,\cdots,a_n)^{\mathrm{T}}x_1=0$$

仅有零解,这等同于矩阵 $(a_1,a_2,\cdots,a_n)^{\mathrm{T}}$ 的秩为 1,即 $a_1,a_2,\cdots,a_n$ 中至少有一个不为 0,即 $\boldsymbol{\alpha}\neq 0$.

命题 5.4 向量组 $\boldsymbol{\alpha}_1,\boldsymbol{\alpha}_2,\cdots,\boldsymbol{\alpha}_m(m\geqslant 2)$ 线性相关 $\Leftrightarrow\boldsymbol{\alpha}_1,\boldsymbol{\alpha}_2,\cdots,\boldsymbol{\alpha}_m$ 中至少有一个向量可由其余的 $m-1$ 个向量线性表示.

证明 这就是上一节的例 5.3.

推论 两个向量

$$\boldsymbol{\alpha}=(a_1,a_2,\cdots,a_n)^{\mathrm{T}},\quad \boldsymbol{\beta}=(b_1,b_2,\cdots,b_n)^{\mathrm{T}}$$

线性相关 $\Leftrightarrow$ 这两个向量的坐标对应成比例.

证明 由命题 5.4 知,$\boldsymbol{\alpha},\boldsymbol{\beta}$ 线性相关 $\Leftrightarrow\boldsymbol{\alpha}=k\boldsymbol{\beta}$ 或 $\boldsymbol{\beta}=k\boldsymbol{\alpha}$,而这就是 $a_i=kb_i(i=1,\cdots,n)$ 或

$b_i = ka_i (i=1,\cdots,n)$.

2. 向量组线性相关性的判定

如何有效地判定一组向量的线性相关性,即这组向量是线性相关的,还是线性无关的. 用线性相关性的语言写出上一节命题 5.1 的逆否命题,我们就得到有关向量组线性相关性的基本定理.

定理 5.1 **矩阵 $\boldsymbol{A}=[\boldsymbol{\alpha}_1 \quad \boldsymbol{\alpha}_2 \quad \cdots \quad \boldsymbol{\alpha}_n]$ 的列向量组 $\boldsymbol{\alpha}_1,\boldsymbol{\alpha}_2,\cdots,\boldsymbol{\alpha}_n$ 线性无关 $\Leftrightarrow \mathrm{r}(\boldsymbol{A})=n$.**

评注:(1) 定理 5.1 说明,要判定一组列向量 $\boldsymbol{\alpha}_1,\boldsymbol{\alpha}_2,\cdots,\boldsymbol{\alpha}_n$ 的线性相关性,只需考察矩阵 $\boldsymbol{A}=[\boldsymbol{\alpha}_1 \quad \boldsymbol{\alpha}_2 \quad \cdots \quad \boldsymbol{\alpha}_n]$ 的秩 $\mathrm{r}(\boldsymbol{A})$ 与这组向量个数之间的关系. 若 $\mathrm{r}(\boldsymbol{A})=n$,这组向量就是线性无关;若 $\mathrm{r}(\boldsymbol{A})<n$,这组向量就是线性相关. 这样,我们就可以很方便地应用矩阵的理论来讨论向量组的线性相关性.

(2) 定理 5.1 的行向量版为'**矩阵 $\boldsymbol{A}=[a_{ij}]_{m\times n}$ 的行向量组 $\boldsymbol{\beta}_1,\boldsymbol{\beta}_2,\cdots,\boldsymbol{\beta}_m$ 线性无关 $\Leftrightarrow \mathrm{r}(\boldsymbol{A})=m$**'.

推论 1 **方阵 $\boldsymbol{A}$ 的列向量组线性无关 $\Leftrightarrow |\boldsymbol{A}|\neq 0$.**

证明 由上述定理,向量组 $\boldsymbol{\alpha}_1,\boldsymbol{\alpha}_2,\cdots,\boldsymbol{\alpha}_n\in\mathbb{R}^n$ 线性无关的充要条件为矩阵 $\boldsymbol{A}=[\boldsymbol{\alpha}_1 \quad \boldsymbol{\alpha}_2 \quad \cdots \quad \boldsymbol{\alpha}_n]$ 的秩 $\mathrm{r}(\boldsymbol{A})=n$,而这等同于 $|\boldsymbol{A}|\neq 0$.

推论 2 **$n+1$ 个 n 维向量一定线性相关.**

证明 由于 $n+1$ 个 n 维列向量构成的矩阵 $\boldsymbol{A}$ 为 $n\times(n+1)$ 的,从而有

$$\mathrm{r}(\boldsymbol{A})\leqslant n<n+1$$

即 $\boldsymbol{A}$ 的秩小于列数;再由上述定理知这组向量线性相关.

例 5.6 讨论向量组

$$\boldsymbol{\alpha}_1=(3,1,0,2)^{\mathrm{T}},\quad \boldsymbol{\alpha}_2=(1,-1,2,-1)^{\mathrm{T}},\quad \boldsymbol{\alpha}_3=(1,3,-4,4)^{\mathrm{T}}$$

的线性相关性.

解 讨论矩阵 $\boldsymbol{A}=[\boldsymbol{\alpha}_1 \quad \boldsymbol{\alpha}_2 \quad \boldsymbol{\alpha}_3]$ 的秩,对 $\boldsymbol{A}$ 进行初等行变换:

$$\boldsymbol{A}=\begin{bmatrix}3&1&1\\1&-1&3\\0&2&-4\\2&-1&4\end{bmatrix}\to\begin{bmatrix}1&-1&3\\3&1&1\\0&2&-4\\2&-1&4\end{bmatrix}\to\begin{bmatrix}1&-1&3\\0&4&-8\\0&2&-4\\0&1&-2\end{bmatrix}\to\begin{bmatrix}1&-1&3\\0&1&-2\\0&1&-2\\0&1&-2\end{bmatrix}\to\begin{bmatrix}1&-1&3\\0&1&-2\\0&0&0\\0&0&0\end{bmatrix}$$

故 $\mathrm{r}(\boldsymbol{A})=2<3$,从而向量组线性相关.

例 5.7 设向量组 $\boldsymbol{\alpha}_1,\boldsymbol{\alpha}_2,\boldsymbol{\alpha}_3$ 线性无关. 令

$$\boldsymbol{\beta}_1=\boldsymbol{\alpha}_1+\boldsymbol{\alpha}_2,\quad \boldsymbol{\beta}_2=\boldsymbol{\alpha}_2+\boldsymbol{\alpha}_3,\quad \boldsymbol{\beta}_3=\boldsymbol{\alpha}_3+\boldsymbol{\alpha}_1$$

求证向量组 $\boldsymbol{\beta}_1,\boldsymbol{\beta}_2,\boldsymbol{\beta}_3$ 也线性无关.

证明 1 由于

$$[\boldsymbol{\beta}_1\quad\boldsymbol{\beta}_2\quad\boldsymbol{\beta}_3]=[\boldsymbol{\alpha}_1\quad\boldsymbol{\alpha}_2\quad\boldsymbol{\alpha}_3]\begin{bmatrix}1&0&1\\1&1&0\\0&1&1\end{bmatrix},\quad\begin{vmatrix}1&0&1\\1&1&0\\0&1&1\end{vmatrix}\neq0$$

故

$$\mathrm{r}([\boldsymbol{\beta}_1\quad\boldsymbol{\beta}_2\quad\boldsymbol{\beta}_3])=\mathrm{r}([\boldsymbol{\alpha}_1\quad\boldsymbol{\alpha}_2\quad\boldsymbol{\alpha}_3])=3$$

因而向量组$\boldsymbol{\beta}_1,\boldsymbol{\beta}_2,\boldsymbol{\beta}_3$线性无关.

证明2　设$k_1\boldsymbol{\beta}_1+k_2\boldsymbol{\beta}_2+k_3\boldsymbol{\beta}_3=0$,则

$$(k_1+k_3)\boldsymbol{\alpha}_1+(k_1+k_2)\boldsymbol{\alpha}_2+(k_2+k_3)\boldsymbol{\alpha}_3=0$$

而由于$\boldsymbol{\alpha}_1,\boldsymbol{\alpha}_2,\boldsymbol{\alpha}_3$线性无关,故

$$\begin{cases}k_1+k_3=0\\k_1+k_2=0\\k_2+k_3=0\end{cases}$$

由此解出$k_1=k_2=k_3=0$. 由定义知向量组$\boldsymbol{\beta}_1,\boldsymbol{\beta}_2,\boldsymbol{\beta}_3$线性无关.

例5.8　给定两个向量组:

$$A:\boldsymbol{\alpha}_1,\boldsymbol{\alpha}_2,\cdots,\boldsymbol{\alpha}_r;\quad B:\boldsymbol{\beta}_1,\boldsymbol{\beta}_2,\cdots,\boldsymbol{\beta}_r$$

而且A可由B线性表示. 若A线性无关,求证B也线性无关,且A与B等价.

证明　由于A可由B线性表示,故存在一个$r\times r$方阵$\boldsymbol{K}$使

$$[\boldsymbol{\alpha}_1\quad\boldsymbol{\alpha}_2\quad\cdots\quad\boldsymbol{\alpha}_r]=[\boldsymbol{\beta}_1\quad\boldsymbol{\beta}_2\quad\cdots\quad\boldsymbol{\beta}_r]\boldsymbol{K}$$

这里的$\boldsymbol{K}$必是可逆的; 否则,记上式为$\boldsymbol{A}=\boldsymbol{BK}$,则

$$\mathrm{r}(\boldsymbol{A})=\mathrm{r}(\boldsymbol{BK})\leqslant\mathrm{r}(\boldsymbol{K})<r$$

但由定理5.1知$\mathrm{r}(\boldsymbol{A})=r$. 由$\boldsymbol{K}$可逆得到

$$[\boldsymbol{\beta}_1\quad\boldsymbol{\beta}_2\quad\cdots\quad\boldsymbol{\beta}_r]=[\boldsymbol{\alpha}_1\quad\boldsymbol{\alpha}_2\quad\cdots\quad\boldsymbol{\alpha}_r]\boldsymbol{K}^{-1}$$

于是$\mathrm{r}(\boldsymbol{B})=\mathrm{r}(\boldsymbol{AK}^{-1})=\mathrm{r}(\boldsymbol{A})=r$,从而向量组$B$线性无关. 上式也说明$B$也可由$A$线性表示,因而$A$与$B$等价.

命题5.5　若向量组$\boldsymbol{\alpha}_1,\boldsymbol{\alpha}_2,\cdots,\boldsymbol{\alpha}_r$可由向量组$\boldsymbol{\beta}_1,\boldsymbol{\beta}_2,\cdots,\boldsymbol{\beta}_s$线性表示,且$\boldsymbol{\alpha}_1,\boldsymbol{\alpha}_2,\cdots,\boldsymbol{\alpha}_r$线性无关,则$r\leqslant s$.

证明　由条件知,存在一个矩阵$\boldsymbol{K}$使得

$$[\boldsymbol{\alpha}_1\quad\boldsymbol{\alpha}_2\quad\cdots\quad\boldsymbol{\alpha}_r]=[\boldsymbol{\beta}_1\quad\boldsymbol{\beta}_2\quad\cdots\quad\boldsymbol{\beta}_s]\boldsymbol{K}$$

记上式为$\boldsymbol{A}=\boldsymbol{BK}$,则

$$r=\mathrm{r}(\boldsymbol{A})=\mathrm{r}(\boldsymbol{BK})\leqslant\mathrm{r}(\boldsymbol{B})\leqslant s$$

推论　若两个线性无关的向量组等价,则它们所含向量的个数必相同.

证明　若向量组$\boldsymbol{\alpha}_1,\boldsymbol{\alpha}_2,\cdots,\boldsymbol{\alpha}_r$和$\boldsymbol{\beta}_1,\boldsymbol{\beta}_2,\cdots,\boldsymbol{\beta}_s$等价,且都线性无关,则由命题5.5,有$r\leqslant s$和$r\geqslant s$,从而$r=s$.

习 题 5.3

1. 判别下列命题的真假,举反例或证明:

(1) 若向量组 $\boldsymbol{\alpha}_1,\boldsymbol{\alpha}_2,\cdots,\boldsymbol{\alpha}_m$ 中含有零向量,则此向量组线性相关.

(2) 在一个线性相关的向量组中再加入一个同维数的向量后,这个新的向量组还是线性相关的.

(3) 在一个线性无关的向量组(向量多于 1 个)中去掉一个向量后,这个新的向量组还是线性无关的.

(4) 一个向量组是否线性相关与向量组中的向量次序无关.

(5) 若向量组 $\boldsymbol{\alpha}_1,\boldsymbol{\alpha}_2,\cdots,\boldsymbol{\alpha}_m$ 线性无关,则 $k\boldsymbol{\alpha}_1,\boldsymbol{\alpha}_2,\cdots,\boldsymbol{\alpha}_m$ 也是线性无关的向量组.

(6) 若向量组 $\boldsymbol{\alpha}_1,\boldsymbol{\alpha}_2,\cdots,\boldsymbol{\alpha}_m$ 线性相关,则 $\boldsymbol{\alpha}_1+k\boldsymbol{\alpha}_2,\boldsymbol{\alpha}_2,\cdots,\boldsymbol{\alpha}_m$ 也是线性相关的向量组.

(7) 同时对换一组向量的第 1 个与第 2 个坐标不会改变此向量组的线性相关性.

(8) 若 m 个 n 维向量 $\boldsymbol{\alpha}_1,\boldsymbol{\alpha}_2,\cdots,\boldsymbol{\alpha}_m$ 是线性无关的,同时给它们加上第 $n+1$ 个坐标得到 m 个 $n+1$ 维向量 $\boldsymbol{\beta}_1,\boldsymbol{\beta}_2,\cdots,\boldsymbol{\beta}_m$,则这组新的向量还是线性无关的.

2. 判别下列向量组的线性相关性:

(1) $\begin{cases}\boldsymbol{\alpha}_1=(1,-2,3,-4)^{\mathrm{T}}\\ \boldsymbol{\alpha}_2=(0,1,-1,-1)^{\mathrm{T}}\\ \boldsymbol{\alpha}_3=(1,3,0,1)^{\mathrm{T}}\\ \boldsymbol{\alpha}_4=(0,-7,3,1)^{\mathrm{T}}\end{cases}$; (2) $\begin{cases}\boldsymbol{\alpha}_1=(1,3,5,-4,0)\\ \boldsymbol{\alpha}_2=(1,3,2,-2,1)\\ \boldsymbol{\alpha}_3=(1,-2,1,-1,-1)\\ \boldsymbol{\alpha}_4=(1,-4,1,1,-1)\end{cases}$;

(3) $\begin{cases}\boldsymbol{\alpha}_1=(1,2,3,-1)^{\mathrm{T}}\\ \boldsymbol{\alpha}_2=(3,2,1,-1)^{\mathrm{T}}\\ \boldsymbol{\alpha}_3=(2,3,1,1)^{\mathrm{T}}\\ \boldsymbol{\alpha}_4=(2,2,2,-1)^{\mathrm{T}}\\ \boldsymbol{\alpha}_5=(5,5,2,0)^{\mathrm{T}}\end{cases}$; (4) $\begin{cases}\boldsymbol{\alpha}_1=(1,-1,0,0,0)\\ \boldsymbol{\alpha}_2=(0,1,-1,0,0)\\ \boldsymbol{\alpha}_3=(0,0,1,-1,0)\\ \boldsymbol{\alpha}_4=(-1,0,0,0,1)\end{cases}$.

3. 设 m 个 n 维向量 $\boldsymbol{\alpha}_1,\boldsymbol{\alpha}_2,\cdots,\boldsymbol{\alpha}_m$ 是线性无关的,求证向量组

$$\boldsymbol{\beta}_1=\boldsymbol{\alpha}_1,\quad \boldsymbol{\beta}_2=\boldsymbol{\alpha}_1+\boldsymbol{\alpha}_2,\quad \cdots,\quad \boldsymbol{\beta}_m=\boldsymbol{\alpha}_1+\boldsymbol{\alpha}_2+\cdots+\boldsymbol{\alpha}_m$$

也线性无关.

4. 设 $\boldsymbol{\alpha}_1,\boldsymbol{\alpha}_2,\boldsymbol{\alpha}_3,\boldsymbol{\alpha}_4$ 为任意 4 个 n 维向量,求证向量组

$$\boldsymbol{\beta}_1=\boldsymbol{\alpha}_1+\boldsymbol{\alpha}_2,\quad \boldsymbol{\beta}_2=\boldsymbol{\alpha}_2+\boldsymbol{\alpha}_3,\quad \boldsymbol{\beta}_3=\boldsymbol{\alpha}_3+\boldsymbol{\alpha}_4,\quad \boldsymbol{\beta}_4=\boldsymbol{\alpha}_4+\boldsymbol{\alpha}_1$$

线性相关.

5. 设 $\boldsymbol{\alpha}_1,\boldsymbol{\alpha}_2,\boldsymbol{\alpha}_3,\boldsymbol{\alpha}_4$ 为 4 个线性无关的 n 维向量,且有

$$\begin{cases}\boldsymbol{\alpha}_1 = \boldsymbol{\beta}_1 - \boldsymbol{\beta}_2 - \boldsymbol{\beta}_3 - \boldsymbol{\beta}_4 \\ \boldsymbol{\alpha}_2 = -\boldsymbol{\beta}_1 + \boldsymbol{\beta}_2 - \boldsymbol{\beta}_3 - \boldsymbol{\beta}_4 \\ \boldsymbol{\alpha}_3 = -\boldsymbol{\beta}_1 - \boldsymbol{\beta}_2 + \boldsymbol{\beta}_3 - \boldsymbol{\beta}_4 \\ \boldsymbol{\alpha}_4 = -\boldsymbol{\beta}_1 - \boldsymbol{\beta}_2 - \boldsymbol{\beta}_3 + \boldsymbol{\beta}_4\end{cases}$$

求证向量组 $\boldsymbol{\beta}_1,\boldsymbol{\beta}_2,\boldsymbol{\beta}_3,\boldsymbol{\beta}_4$ 也线性无关.

6. 设 $\boldsymbol{\beta}_1,\boldsymbol{\beta}_2,\cdots,\boldsymbol{\beta}_m$ 是 m 个线性无关的 n 维向量,且 $\boldsymbol{P}$ 是 n 阶可逆方阵. 求证向量组 $\boldsymbol{P\beta}_1,\boldsymbol{P\beta}_2,\cdots,\boldsymbol{P\beta}_n$ 也线性无关.

7. 设 $\boldsymbol{A}\in\mathbb{R}^{n\times n}$,$0\neq\boldsymbol{\beta}\in\mathbb{R}^n$,且 $\boldsymbol{A}^k\boldsymbol{\beta}\neq 0$,$\boldsymbol{A}^{k+1}\boldsymbol{\beta}=0$($k$ 是自然数),求证向量组 $\boldsymbol{\beta},\boldsymbol{A\beta},\boldsymbol{A}^2\boldsymbol{\beta},\cdots,\boldsymbol{A}^k\boldsymbol{\beta}$ 线性无关.

8. 设向量组 $\boldsymbol{\alpha}_1,\boldsymbol{\alpha}_2,\cdots,\boldsymbol{\alpha}_m$ 线性无关,而向量组 $\boldsymbol{\beta},\boldsymbol{\alpha}_1,\cdots,\boldsymbol{\alpha}_m$ 线性相关,求证 $\boldsymbol{\beta}$ 可由向量组 $\boldsymbol{\alpha}_1,\boldsymbol{\alpha}_2,\cdots,\boldsymbol{\alpha}_m$ 唯一地线性表示.

9. 给定一个 n 维向量组 $\boldsymbol{\alpha}_1,\boldsymbol{\alpha}_2,\cdots,\boldsymbol{\alpha}_m$,其中后一个向量不能由前面的向量线性表示,且 $\boldsymbol{\alpha}_1\neq 0$,求证此向量组线性无关.

5.4　向量组的秩

1. 向量组的秩

定义 5.8　(1) 若向量组 A 中有 $r(r\geqslant 1)$ 个向量线性无关,A 中任何 $r+1$ 个向量(若存在)都线性相关,则称数 r 为向量组 A 的**秩**,记为 $\mathrm{r}(A)$; 仅含有零向量的向量组的秩约定为0.

(2) 若向量组 A 的秩为 $r(r\geqslant 1)$,则 A 中任何 r 个线性无关的向量构成的向量组称为 A 的一个**极大无关组**.

例如,向量组 $\boldsymbol{\alpha}_1=(1,0)^{\mathrm{T}}$,$\boldsymbol{\alpha}_2=(0,1)^{\mathrm{T}}$,$\boldsymbol{\alpha}_3=(1,1)^{\mathrm{T}}$ 的秩为 2; 向量组 $\boldsymbol{\alpha}_1,\boldsymbol{\alpha}_2$;$\boldsymbol{\alpha}_1,\boldsymbol{\alpha}_3$;$\boldsymbol{\alpha}_2,\boldsymbol{\alpha}_3$ 都是此向量组的极大无关组.

由此定义,我们明显有下面的命题.

命题 5.6　**向量组 A:$\boldsymbol{\alpha}_1,\boldsymbol{\alpha}_2,\cdots,\boldsymbol{\alpha}_r$ 线性无关 $\Leftrightarrow \mathrm{r}(A)=r$.**

命题 5.7　**设线性无关的向量组 B 是向量组 A 的一部分,则 B 是 A 的极大无关组 $\Leftrightarrow B$ 可以线性表示 A.**

证明　($\Rightarrow$)　设向量组 A 的秩为 r,B:$\boldsymbol{\beta}_1,\boldsymbol{\beta}_2,\cdots,\boldsymbol{\beta}_r$ 是 A 的极大无关组. 令 $\boldsymbol{\alpha}$ 为 A 中任何一个向量,则向量组 $\boldsymbol{\alpha},\boldsymbol{\beta}_1,\cdots,\boldsymbol{\beta}_r$ 必是线性相关的. 于是存在一组不全为 0 的常数 $k,k_1,\cdots,k_r$ 使得

$$k\boldsymbol{\alpha}+k_1\boldsymbol{\beta}_1+\cdots+k_r\boldsymbol{\beta}_r=0$$

此时,一定有 $k\neq 0$; 否则将有 $k_1\boldsymbol{\beta}_1+k_2\boldsymbol{\beta}_2+\cdots+k_r\boldsymbol{\beta}_r=0$,再由 B 线性无关得到 $k_1=k_2=\cdots=k_r=0$. 这与 $k,k_1,\cdots,k_r$ 不全为 0 矛盾. 当 $k\neq 0$ 时,

$$\boldsymbol{\alpha}=(-k^{-1}k_1)\boldsymbol{\beta}+(-k^{-1}k_2)\boldsymbol{\beta}_2+\cdots+(-k^{-1}k_r)\boldsymbol{\beta}_r$$

即 $\boldsymbol{\alpha}$ 是 $\boldsymbol{\beta}_1,\boldsymbol{\beta}_2,\cdots,\boldsymbol{\beta}_r$ 的线性组合. 于是 B 可以线性表示 A.

($\Leftarrow$) 反之,设向量组 $B:\boldsymbol{\beta}_1,\boldsymbol{\beta}_2,\cdots,\boldsymbol{\beta}_r$ 线性无关,且可线性表示向量组 A. 为了说明 B 是极大无关组,我们只要说明 $\mathrm{r}(\boldsymbol{A})=r$. 此时,在 A 中任取 $r+1$ 个向量 $\boldsymbol{\alpha}_1,\boldsymbol{\alpha}_2,\cdots,\boldsymbol{\alpha}_{r+1}$. 由于这组向量可由线性无关的 $\boldsymbol{\beta}_1,\boldsymbol{\beta}_2,\cdots,\boldsymbol{\beta}_r$ 线性表示,则由命题 5.5 知,这 $r+1$ 个向量一定是线性相关的,否则会有 $r+1\leqslant r$. 由定义知向量组 A 的秩为 r.

评注: 命题 5.7 说明,极大无关组的特征是,其本身线性无关且能够线性表示整个向量组. 此命题也说明,一个向量组与它的任何一个极大无关组等价.

命题 5.8　若向量组 A 可由 B 线性表示,则 $\mathrm{r}(A)\leqslant\mathrm{r}(B)$; 特别是,等价的向量组有相同的秩.

证明　令 $\bar{A}:\boldsymbol{\alpha}_1,\boldsymbol{\alpha}_2,\cdots,\boldsymbol{\alpha}_r$ 是 A 的极大无关组;$\bar{B}:\boldsymbol{\beta}_1,\boldsymbol{\beta}_2,\cdots,\boldsymbol{\beta}_s$ 是 B 的极大无关组,则 $\bar{A}$ 与 A 等价,$\bar{B}$ 与 B 等价. 由题设,$\bar{A}$ 可由 $\bar{B}$ 线性表示,再由命题 5.5 知

$$\mathrm{r}(A)=\mathrm{r}(\bar{A})=r\leqslant s=\mathrm{r}(\bar{B})=\mathrm{r}(B)$$

2. 向量组的秩与矩阵的秩的关系

矩阵有秩,矩阵的行向量组有一个秩,列向量组也有一个秩,下面的定理揭示这三个秩的关系: 它们相等. 此关系是矩阵的最本质的性质.

定理 5.2　设矩阵

$$\boldsymbol{A}=[a_{ij}]_{m\times n}=\begin{bmatrix}\boldsymbol{\alpha}_1\\ \boldsymbol{\alpha}_2\\ \vdots\\ \boldsymbol{\alpha}_m\end{bmatrix}=[\boldsymbol{\gamma}_1\quad\boldsymbol{\gamma}_2\quad\cdots\quad\boldsymbol{\gamma}_n]$$

的行向量组 $R:\boldsymbol{\alpha}_1,\boldsymbol{\alpha}_2,\cdots,\boldsymbol{\alpha}_m$ 的秩为 s,列向量组 $C:\boldsymbol{\gamma}_1,\boldsymbol{\gamma}_2,\cdots,\boldsymbol{\gamma}_n$ 的秩为 t,则 $\mathrm{r}(\boldsymbol{A})=s=t$.

证明　先证 $\mathrm{r}(\boldsymbol{A})=t$.

不妨设 $\gamma_1,\gamma_2,\cdots,\gamma_t$ 就是 $\gamma_1,\gamma_2,\cdots,\gamma_n$ 的极大无关组,否则只需重排 $\gamma_1,\gamma_2,\cdots,\gamma_n$ 的顺序. 因为 $\gamma_1,\gamma_2,\cdots,\gamma_n$ 可由 $\gamma_1,\gamma_2,\cdots,\gamma_t$ 线性表示,从而

$$\boldsymbol{A}=[\gamma_1\quad\cdots\quad\gamma_t\quad\gamma_{t+1}\quad\cdots\quad\gamma_n]\xrightarrow{\text{(iii)型列初等变换}}[\gamma_1\quad\cdots\quad\gamma_t\quad 0\quad\cdots\quad 0]$$

事实上,若 $\gamma_n=k_1\gamma_1+k_2\gamma_2+\cdots+k_t\gamma_t$,则 t 个列初等变换

$$(-k_i)\times c_i\to c_n\quad(i=1,\cdots,t)$$

可将 $\boldsymbol{A}$ 的最后一列变为0. 由于初等变换不改变矩阵的秩,且删除几列全为 0 的列向量不影响矩阵的秩,从而有

$$\mathrm{r}(\boldsymbol{A})=\mathrm{r}([\gamma_1\quad\gamma_2\quad\cdots\quad\gamma_t])=t$$

另一方面,$\mathrm{r}(\boldsymbol{A})=\mathrm{r}(\boldsymbol{A}^{\mathrm{T}})$; 再由前面的结论知,$\mathrm{r}(\boldsymbol{A}^{\mathrm{T}})$ 就是矩阵 $\boldsymbol{A}$ 的行向量组 $R:\boldsymbol{\alpha}_1,\boldsymbol{\alpha}_2$,

$\cdots,\boldsymbol{\alpha}_m$ 的秩.

评注: 定理5.2将向量组的秩转化为矩阵的秩,而我们可以用矩阵的初等变换来求矩阵的秩. 可如何有效地去找一个向量组的极大无关组呢? 对此,下面的命题是有用的,当然其本身也是向量组的一个重要性质.

命题5.9　若

$\boldsymbol{A}=[\boldsymbol{\alpha}_1\quad\boldsymbol{\alpha}_2\quad\cdots\quad\boldsymbol{\alpha}_n]_{m\times n}\xrightarrow{\text{行初等变换}}\boldsymbol{B}=[\boldsymbol{\beta}_1\quad\boldsymbol{\beta}_2\quad\cdots\quad\boldsymbol{\beta}_n]_{m\times n}$,则向量组 $\boldsymbol{\alpha}_1,\boldsymbol{\alpha}_2,\cdots,\boldsymbol{\alpha}_n$ 与 $\boldsymbol{\beta}_1,\boldsymbol{\beta}_2,\cdots,\boldsymbol{\beta}_n$ 有相同的线性结构,即

$$k_1\boldsymbol{\alpha}_1+k_2\boldsymbol{\alpha}_2+\cdots+k_n\boldsymbol{\alpha}_n=0\Leftrightarrow k_1\boldsymbol{\beta}_1+k_2\boldsymbol{\beta}_2+\cdots+k_n\boldsymbol{\beta}_n=0$$

进而向量组 $\boldsymbol{\alpha}_1,\boldsymbol{\alpha}_2,\cdots,\boldsymbol{\alpha}_n$ 与 $\boldsymbol{\beta}_1,\boldsymbol{\beta}_2,\cdots,\boldsymbol{\beta}_n$ 有相同的线性相关性.

证明　方程 $x_1\boldsymbol{\alpha}_1+x_2\boldsymbol{\alpha}_2+\cdots+x_n\boldsymbol{\alpha}_n=0$ 为齐次线性方程组

$$[\boldsymbol{\alpha}_1\quad\boldsymbol{\alpha}_2\quad\cdots\quad\boldsymbol{\alpha}_n]\begin{bmatrix}x_1\\x_2\\\vdots\\x_n\end{bmatrix}=0$$

又对矩阵 $\boldsymbol{A}=[\boldsymbol{\alpha}_1\quad\boldsymbol{\alpha}_2\quad\cdots\quad\boldsymbol{\alpha}_n]$ 进行行初等变换相当于对上述齐次线性方程组的系数阵进行行初等变换,而这是此方程组的同解变换. 于是本命题成立.

下面我们看上述命题的一个应用.

例5.9　求下列向量组的秩和一个极大无关组,并将其他向量表示成这个极大无关组的线性组合:

$$\begin{cases}\boldsymbol{\alpha}_1=(1,1,0,1,0)^{\mathrm{T}}\\\boldsymbol{\alpha}_2=(0,1,1,1,1)^{\mathrm{T}}\\\boldsymbol{\alpha}_3=(1,0,1,2,1)^{\mathrm{T}}\\\boldsymbol{\alpha}_4=(2,2,2,4,2)^{\mathrm{T}}\\\boldsymbol{\alpha}_5=(1,1,2,3,2)^{\mathrm{T}}\end{cases}$$

解　我们的方法是对矩阵 $\boldsymbol{A}=[\boldsymbol{\alpha}_1\quad\boldsymbol{\alpha}_2\quad\cdots\quad\boldsymbol{\alpha}_5]$ 进行行初等变换,将其化简至行最简形式:

$$\boldsymbol{A}=\begin{bmatrix}1&0&1&2&1\\1&1&0&2&1\\0&1&1&2&2\\1&1&2&4&3\\0&1&1&2&2\end{bmatrix}\xrightarrow{\text{行初等变换}}\begin{bmatrix}1&0&0&1&0\\0&1&0&1&1\\0&0&1&1&1\\0&0&0&0&0\\0&0&0&0&0\end{bmatrix}=\boldsymbol{B}$$

$$\boldsymbol{\alpha}_1\ \boldsymbol{\alpha}_2\ \boldsymbol{\alpha}_3\ \boldsymbol{\alpha}_4\ \boldsymbol{\alpha}_5\qquad\qquad\boldsymbol{\beta}_1\ \boldsymbol{\beta}_2\ \boldsymbol{\beta}_3\ \boldsymbol{\beta}_4\ \boldsymbol{\beta}_5$$

由定理5.2知,向量组的秩为 $\mathrm{r}(\boldsymbol{A})=\mathrm{r}(\boldsymbol{B})=3$; 又由于 $\boldsymbol{\beta}_1,\boldsymbol{\beta}_2,\boldsymbol{\beta}_3$ 为向量组 $\boldsymbol{\beta}_1,\boldsymbol{\beta}_2,\cdots,\boldsymbol{\beta}_5$ 的一

个极大无关组,且

$$\boldsymbol{\beta}_4=\boldsymbol{\beta}_1+\boldsymbol{\beta}_2+\boldsymbol{\beta}_3,\quad \boldsymbol{\beta}_5=\boldsymbol{\beta}_2+\boldsymbol{\beta}_3$$

故由命题5.9知,$\boldsymbol{\alpha}_1,\boldsymbol{\alpha}_2,\boldsymbol{\alpha}_3$ 为 $\boldsymbol{\alpha}_1,\boldsymbol{\alpha}_2,\cdots,\boldsymbol{\alpha}_5$ 的一个极大无关组(不唯一),且

$$\boldsymbol{\alpha}_4=\boldsymbol{\alpha}_1+\boldsymbol{\alpha}_2+\boldsymbol{\alpha}_3,\quad \boldsymbol{\alpha}_5=\boldsymbol{\alpha}_2+\boldsymbol{\alpha}_3$$

例5.10 证明下列两个向量组等价:

$$A:\boldsymbol{\alpha}_1=(2,0,-1,3)^{\mathrm{T}},\quad \boldsymbol{\alpha}_2=(3,-2,1,-1)^{\mathrm{T}}$$

$$B:\boldsymbol{\beta}_1=(-5,6,-5,9)^{\mathrm{T}},\quad \boldsymbol{\beta}_2=(4,-4,3,-5)^{\mathrm{T}}$$

证明 由于这两个向量组的秩都是2,若有

$$\mathrm{r}([\boldsymbol{\alpha}_1\quad \boldsymbol{\alpha}_2\quad \boldsymbol{\beta}_1\quad \boldsymbol{\beta}_2])=2$$

则 A,B 都是向量组 $\boldsymbol{\alpha}_1,\boldsymbol{\alpha}_2,\boldsymbol{\beta}_1,\boldsymbol{\beta}_2$ 的极大无关组,从而它们等价. 事实上,由下面的运算,我们看到 $\mathrm{r}([\boldsymbol{\alpha}_1\quad \boldsymbol{\alpha}_2\quad \boldsymbol{\beta}_1\quad \boldsymbol{\beta}_2])=2$.

$$[\boldsymbol{\alpha}_1\quad \boldsymbol{\alpha}_2\quad \boldsymbol{\beta}_1\quad \boldsymbol{\beta}_2]=\begin{bmatrix}2&3&-5&4\\0&-2&6&-4\\-1&1&-5&3\\3&-1&9&-5\end{bmatrix}\xrightarrow{\text{行初等变换}}\begin{bmatrix}1&-1&5&-3\\0&1&-3&2\\2&3&-5&4\\3&-1&9&-5\end{bmatrix}$$

$$\xrightarrow{\text{行初等变换}}\begin{bmatrix}1&-1&5&-3\\0&1&-3&2\\0&5&-15&10\\0&2&-6&4\end{bmatrix}\xrightarrow{\text{行初等变换}}\begin{bmatrix}1&-1&5&-3\\0&1&-3&2\\0&0&0&0\\0&0&0&0\end{bmatrix}$$

例5.11 设 $\boldsymbol{A},\boldsymbol{B}$ 为 $m\times n$ 矩阵,求证 $\mathrm{r}(\boldsymbol{A}+\boldsymbol{B})\leqslant\mathrm{r}(\boldsymbol{A})+\mathrm{r}(\boldsymbol{B})$.

证明 在命题4.11中,我们用分块阵的初等变换证实过此结论,现在我们用向量组的秩来证实它. 令

$$\boldsymbol{A}=[\boldsymbol{\alpha}_1\quad \boldsymbol{\alpha}_2\quad \cdots\quad \boldsymbol{\alpha}_n],\quad \boldsymbol{B}=[\boldsymbol{\beta}_1\quad \boldsymbol{\beta}_2\quad \cdots\quad \boldsymbol{\beta}_n]$$

则

$$\boldsymbol{A}+\boldsymbol{B}=[\boldsymbol{\alpha}_1+\boldsymbol{\beta}_1\quad \boldsymbol{\alpha}_2+\boldsymbol{\beta}_2\quad \cdots\quad \boldsymbol{\alpha}_n+\boldsymbol{\beta}_n]$$

因此,向量组

$$\boldsymbol{\alpha}_1+\boldsymbol{\beta}_1,\quad \boldsymbol{\alpha}_2+\boldsymbol{\beta}_2,\quad \cdots,\quad \boldsymbol{\alpha}_n+\boldsymbol{\beta}_n$$

可由

$$\boldsymbol{\alpha}_1,\quad \boldsymbol{\alpha}_2,\quad \cdots,\quad \boldsymbol{\alpha}_n,\quad \boldsymbol{\beta}_1,\quad \boldsymbol{\beta}_2,\quad \cdots,\quad \boldsymbol{\beta}_n$$

线性表示. 又向量组 $\boldsymbol{\alpha}_1,\boldsymbol{\alpha}_2,\cdots,\boldsymbol{\alpha}_n$,可由 $\mathrm{r}(\boldsymbol{A})$ 个向量线性表示;向量组 $\boldsymbol{\beta}_1,\boldsymbol{\beta}_2,\cdots,\boldsymbol{\beta}_n$ 可由 $\mathrm{r}(\boldsymbol{B})$ 个向量线性表示,从而

$$\boldsymbol{\alpha}_1+\boldsymbol{\beta}_1,\quad \boldsymbol{\alpha}_2+\boldsymbol{\beta}_2,\quad \cdots,\quad \boldsymbol{\alpha}_n+\boldsymbol{\beta}_n$$

可由 $\mathrm{r}(\boldsymbol{A})+\mathrm{r}(\boldsymbol{B})$ 个向量线性表示. 于是,由命题5.8知

$$\mathrm{r}(\boldsymbol{A}+\boldsymbol{B})=\mathrm{r}(\boldsymbol{\alpha}_1+\boldsymbol{\beta}_1,\boldsymbol{\alpha}_2+\boldsymbol{\beta}_2,\cdots,\boldsymbol{\alpha}_n+\boldsymbol{\beta}_n)\leqslant\mathrm{r}(\boldsymbol{A})+\mathrm{r}(\boldsymbol{B})$$

习 题 5.4

1. 回答下列问题,并说明理由:

(1) 由 n 维向量构成的向量组的秩最大是多少?

(2) 若一个向量组中任何 r 个向量都线性相关,那么这个向量组的秩最大是多少?

(3) 若一个向量组中有 r 个向量线性无关,那么这个向量组的秩最小是多少?

(4) 对于一个行向量组,如何求它的秩和一个极大无关组?

2. 求下列向量组的秩及一个极大无关组:

(1) $\begin{cases}\boldsymbol{\alpha}_1=(1,2,-1,4)^{\mathrm T}\\ \boldsymbol{\alpha}_2=(9,10,10,4)^{\mathrm T};\\ \boldsymbol{\alpha}_3=(2,4,-2,8)^{\mathrm T}\end{cases}$ (2) $\begin{cases}\boldsymbol{\alpha}_1=(1,1,0)^{\mathrm T}\\ \boldsymbol{\alpha}_2=(0,2,0)^{\mathrm T};\\ \boldsymbol{\alpha}_3=(0,0,3)^{\mathrm T}\end{cases}$ (3) $\begin{cases}\boldsymbol{\alpha}_1=(1,2,1,3)\\ \boldsymbol{\alpha}_2=(4,-1,-5,-6).\\ \boldsymbol{\alpha}_3=(-1,3,4,7)\end{cases}$

3. 向量组 A 如下:

$$\begin{cases}\boldsymbol{\alpha}_1=(5,2,-3,1)^{\mathrm T}\\ \boldsymbol{\alpha}_2=(4,1,-2,3)^{\mathrm T}\\ \boldsymbol{\alpha}_3=(1,1,-1,-2)^{\mathrm T}\\ \boldsymbol{\alpha}_4=(3,4,-1,2)^{\mathrm T}\end{cases}$$

求向量组 A 的秩及一个极大无关组,并将其他向量表示成这个极大无关组的线性组合.

4. 设有三个 n 维向量组

$$A:\boldsymbol{\alpha}_1,\boldsymbol{\alpha}_2,\cdots,\boldsymbol{\alpha}_s;\quad B:\boldsymbol{\beta}_1,\boldsymbol{\beta}_2,\cdots,\boldsymbol{\beta}_t$$
$$C:\boldsymbol{\alpha}_1,\boldsymbol{\alpha}_2,\cdots,\boldsymbol{\alpha}_s,\boldsymbol{\beta}_1,\boldsymbol{\beta}_2,\cdots,\boldsymbol{\beta}_t$$

它们的秩分别为 r_1,r_2,r_3,求证:$r_1,r_2\leqslant r_3\leqslant r_1+r_2$.

5. 给定两个矩阵 $\boldsymbol{A}_{l\times n},\boldsymbol{B}_{m\times n}$,且 $\mathrm{r}(\boldsymbol{A})+\mathrm{r}(\boldsymbol{B})<n$,求证齐次线性方程组 $\boldsymbol{AX}=0,\boldsymbol{BX}=0$ 至少有一组共同的非零解.

6. 利用行初等变换求下列矩阵列向量组的一个极大无关组,并将其他向量表示成这个极大无关组的线性组合:

(1) $\begin{bmatrix}25&31&17&43\\75&94&53&132\\75&94&54&134\\25&32&20&48\end{bmatrix}$; (2) $\begin{bmatrix}1&1&2&2&1\\0&2&1&5&-1\\2&0&3&-1&3\\1&1&0&4&-1\end{bmatrix}$.

5.5 线性方程组解的结构

1. 齐次线性方程组的基础解系

例 5.12 写出下列四元齐次线性方程组通解的向量形式：

$$\begin{cases} x_1 - 2x_3 - x_4 = 0 \\ x_2 - x_3 - 2x_4 = 0 \end{cases}$$

解 原方程组化简为$\begin{cases} x_1 = 2x_3 + x_4 \\ x_2 = x_3 + 2x_4 \end{cases}$,其通解为

$$\begin{cases} x_1 = 2c_1 + c_2 \\ x_2 = c_1 + 2c_2 \\ x_3 = c_1 \\ x_4 = c_2 \end{cases} \quad (c_1, c_2 \text{ 为任意常数})$$

其向量形式为

$$\begin{bmatrix} x_1 \\ x_2 \\ x_3 \\ x_4 \end{bmatrix} = c_1 \begin{bmatrix} 2 \\ 1 \\ 1 \\ 0 \end{bmatrix} + c_2 \begin{bmatrix} 1 \\ 2 \\ 0 \\ 1 \end{bmatrix}$$

评注：在上式中我们注意到

$$\boldsymbol{X}_1 = (2, 1, 1, 0)^{\mathrm{T}}, \quad \boldsymbol{X}_2 = (1, 2, 0, 1)^{\mathrm{T}}$$

是原齐次线性方程组的两个线性无关的解向量,而且任何一个其他解向量都是它们的线性组合. 再注意到这样解向量的个数等于自由未知数的个数,即未知数的个数减系数矩阵的秩. 这种现象具有一般性,因而我们有如下的定义和结论.

定义 5.9 若 n 元齐次线性方程组 $\boldsymbol{AX} = 0$ 有非零解,则满足下列条件的一组解向量 $\boldsymbol{X}_1$, $\boldsymbol{X}_2, \cdots, \boldsymbol{X}_s$ 称为此方程组的一个**基础解系**：

(1) $\boldsymbol{X}_1, \boldsymbol{X}_2, \cdots, \boldsymbol{X}_s$ 线性无关；

(2) 方程组的任何一个解向量都是 $\boldsymbol{X}_1, \boldsymbol{X}_2, \cdots, \boldsymbol{X}_s$ 的线性组合.

命题 5.10 **若 n 元齐次线性方程组 $\boldsymbol{AX} = 0$ 有非零解,则此方程组必有一个基础解系,且含有 $n - \mathrm{r}(\boldsymbol{A})$ 个线性无关的解向量.**

证明 由定理 3.2 的证明知,若 $\mathrm{r}(\boldsymbol{A}_{m\times n}) = r \geqslant 1$,则齐次线性方程组 $\boldsymbol{AX} = 0$ 与如下的方程组同解：

$$\begin{cases} y_1 = d_{1,r+1}y_{r+1} + d_{1,r+2}y_{r+2} + \cdots + d_{1n}y_n \\ y_2 = d_{2,r+1}y_{r+1} + d_{2,r+2}y_{r+2} + \cdots + d_{2n}y_n \\ \qquad\vdots \\ y_r = d_{r,r+1}y_{r+1} + d_{r,r+2}y_{r+2} + \cdots + d_{rn}y_n \end{cases} \tag{5.1}$$

这里的 $y_1, y_2, \cdots, y_n$ 为 $x_1, x_2, \cdots, x_n$ 的一个排列；此方程组的向量形式为

$$\begin{bmatrix} y_1 \\ y_2 \\ \vdots \\ y_r \\ y_{r+1} \\ y_{r+2} \\ \vdots \\ y_n \end{bmatrix} = y_{r+1}\begin{bmatrix} d_{1,r+1} \\ d_{2,r+1} \\ \vdots \\ d_{r,r+1} \\ 1 \\ 0 \\ \vdots \\ 0 \end{bmatrix} + y_{r+2}\begin{bmatrix} d_{1,r+2} \\ d_{2,r+2} \\ \vdots \\ d_{r,r+2} \\ 0 \\ 1 \\ \vdots \\ 0 \end{bmatrix} + \cdots + y_n\begin{bmatrix} d_{1,n} \\ d_{2,n} \\ \vdots \\ d_{r,n} \\ 0 \\ 0 \\ \vdots \\ 1 \end{bmatrix}$$

上式右边的 $n-r$ 个向量为方程组(5.1)的解向量,且线性无关(因为它们截去前 r 个坐标后是线性无关的). 上式也表明方程组(5.1)的任何一个解向量都是这组线性无关向量组的线性组合. 由于 $y_1, y_2, \cdots, y_n$ 为 $x_1, x_2, \cdots, x_n$ 的一个排列,故此命题成立.

命题 5.11　设两个矩阵 $\boldsymbol{A}_{m\times n}$,$\boldsymbol{B}_{n\times s}$ 的乘积 $\boldsymbol{AB}=0$,则

$$\mathrm{r}(\boldsymbol{A}) + \mathrm{r}(\boldsymbol{B}) \leqslant n$$

证明　若令 $\boldsymbol{B} = [\boldsymbol{\beta}_1 \quad \boldsymbol{\beta}_2 \quad \cdots \quad \boldsymbol{\beta}_s]$,则 $\boldsymbol{AB}=0$ 等同于

$$\boldsymbol{A\beta}_1 = 0, \quad \boldsymbol{A\beta}_2 = 0, \quad \cdots, \quad \boldsymbol{A\beta}_s = 0$$

即矩阵 $\boldsymbol{B}$ 的 s 个列向量 $\boldsymbol{\beta}_1, \boldsymbol{\beta}_2, \cdots, \boldsymbol{\beta}_s$ 都是方程组 $\boldsymbol{AX}=0$ 的解向量. 于是矩阵 $\boldsymbol{B}$ 的列向量组可由方程组 $\boldsymbol{AX}=0$ 的基础解系线性表示. 而方程 $\boldsymbol{AX}=0$ 的基础解系中向量的个数为 $n-\mathrm{r}(\boldsymbol{A})$,再由命题 5.8 知 $\mathrm{r}(\boldsymbol{B}) \leqslant n-\mathrm{r}(\boldsymbol{A})$,即

$$\mathrm{r}(\boldsymbol{A}) + \mathrm{r}(\boldsymbol{B}) \leqslant n$$

2. 线性方程组解的结构

命题 5.12　若 $\boldsymbol{X}_1$,$\boldsymbol{X}_2$ 是齐次线性方程组 $\boldsymbol{AX}=0$ 的解,则它们的线性组合 $c_1\boldsymbol{X}_1 + c_2\boldsymbol{X}_2$ 也是此方程组的解.

证明　$\boldsymbol{A}(c_1\boldsymbol{X}_1 + c_2\boldsymbol{X}_2) = c_1\boldsymbol{AX}_1 + c_2\boldsymbol{AX}_2 = 0 + 0 = 0.$

定理 5.3　设 n 元线性方程组 $\boldsymbol{AX}=\boldsymbol{b}$ 有无穷多组解,即有 $\mathrm{r}(\boldsymbol{A}) = \mathrm{r}(\widetilde{\boldsymbol{A}}) = r < n$. 若 $\boldsymbol{X}_0$ 是 $\boldsymbol{AX}=\boldsymbol{b}$ 的一个解向量,且 $\boldsymbol{X}_1$,$\boldsymbol{X}_2$,$\cdots$,$\boldsymbol{X}_{n-r}$ 是 $\boldsymbol{AX}=0$ 的基础解系,则

$$\boldsymbol{X} = \boldsymbol{X}_0 + c_1\boldsymbol{X}_1 + \cdots + c_{n-r}\boldsymbol{X}_{n-r}$$

是 $\boldsymbol{AX}=\boldsymbol{b}$ 的通解.

证明 设 $\widetilde{\boldsymbol{X}}$ 为方程组 $\boldsymbol{AX}=\boldsymbol{b}$ 的任何一个解向量，即 $\boldsymbol{A}\widetilde{\boldsymbol{X}}=\boldsymbol{b}$. 由条件还有 $\boldsymbol{AX}_0=\boldsymbol{b}$，从而 $\boldsymbol{A}(\widetilde{\boldsymbol{X}}-\boldsymbol{X}_0)=0$，即 $\widetilde{\boldsymbol{X}}-\boldsymbol{X}_0$ 为 $\boldsymbol{AX}=0$ 的解. 于是 $\widetilde{\boldsymbol{X}}-\boldsymbol{X}_0$ 为 $\boldsymbol{X}_1,\boldsymbol{X}_2,\cdots,\boldsymbol{X}_{n-r}$ 的线性组合，即存在一组常数 $c_1,c_2,\cdots,c_{n-r}$ 使得 $\widetilde{\boldsymbol{X}}-\boldsymbol{X}_0=c_1\boldsymbol{X}_1+c_2\boldsymbol{X}_2+\cdots+c_{n-r}\boldsymbol{X}_{n-r}$，从而

$$\widetilde{\boldsymbol{X}}=\boldsymbol{X}_0+c_1\boldsymbol{X}_1+\cdots+c_{n-r}\boldsymbol{X}_{n-r}$$

评注：定理 5.3 说明，线性方程组 $\boldsymbol{AX}=\boldsymbol{b}$ 的通解由两部分构成，一部分是方程组 $\boldsymbol{AX}=\boldsymbol{b}$ 的任何一个解向量，另一部分为齐次线性方程组 $\boldsymbol{AX}=0$ 的通解.

例 5.13 求方程组

$$\begin{cases}x+y-3z=-1\\3x-y-3z=4\\x+5y-9z=-8\end{cases}$$

的全部解.

解 由于此方程组的增广阵

$$\begin{bmatrix}1&1&-3&-1\\3&-1&-3&4\\1&5&-9&-8\end{bmatrix}\to\begin{bmatrix}1&0&-\dfrac{3}{2}&\dfrac{3}{4}\\0&1&-\dfrac{3}{2}&-\dfrac{7}{4}\\0&0&0&0\end{bmatrix}.$$ 由于 $\mathrm{r}(\boldsymbol{A})=\mathrm{r}(\widetilde{\boldsymbol{A}})=2$，原方程组有解，其同解方程组为

$$\begin{cases}x-\dfrac{3}{2}z=\dfrac{3}{4}\\y-\dfrac{3}{2}z=-\dfrac{7}{4}\end{cases}\quad\text{或者}\begin{cases}x=\dfrac{3}{4}+\dfrac{3}{2}z\\y=-\dfrac{7}{4}+\dfrac{3}{2}z\end{cases}$$

其中 z 为自由变量.

方法 1 在同解方程组中令 $z=0$，就得到原方程组的一个特解 $\boldsymbol{X}_0=(\frac{3}{4},-\frac{7}{4},0)^{\mathrm{T}}$. 再求原方程组所对应的齐次方程组

$$\begin{cases}x+\ \ y-3z=0\\3x-\ \ y-3z=0\\x+5y-9z=0\end{cases}$$

的基础解系. 由于原方程组与此方程组的系数矩阵相同，且 $\mathrm{r}(\boldsymbol{A})=2$，不难求出此方程组的通解为

$$\boldsymbol{X}_1=k(\frac{3}{2},\frac{3}{2},1)^{\mathrm{T}},\ \forall k\in\mathbb{R}$$

因此原方程组的全部解为

$$\boldsymbol{X}=\boldsymbol{X}_0+k\boldsymbol{X}_1=(\frac{3}{4},-\frac{7}{4},0)^{\mathrm{T}}+k(\frac{3}{2},\frac{3}{2},1)^{\mathrm{T}},\ \forall k\in\mathbb{R}$$

方法 2 原方程组的通解可以写为

$$\begin{cases} x = \dfrac{3}{4} + \dfrac{3}{2}k \\ y = -\dfrac{7}{4} + \dfrac{3}{2}k \\ z = k \end{cases}$$

或者向量形式

$$\begin{bmatrix} x \\ y \\ z \end{bmatrix} = \begin{bmatrix} \dfrac{3}{4} \\ -\dfrac{7}{4} \\ 0 \end{bmatrix} + k\begin{bmatrix} \dfrac{3}{2} \\ \dfrac{3}{2} \\ 1 \end{bmatrix}, \forall k \in \mathbb{R}$$

其中$(\frac{3}{4},-\frac{7}{4},0)^{\mathrm{T}}$为原方程组的特解,$(\frac{3}{2},\frac{3}{2},1)^{\mathrm{T}}$为齐次方程组的基础解系.

评注:在例 5.13 中,可以对方程组的解集作出几何解释. 在三维空间,取定坐标系$[\boldsymbol{O};\boldsymbol{i},\boldsymbol{j},\boldsymbol{k}]$后,一个三元线性方程 $\boldsymbol{ax}+\boldsymbol{by}+\boldsymbol{ca}=\boldsymbol{d}$ 表示一个平面 π,对应的齐次方程 $\boldsymbol{ax}+\boldsymbol{by}+\boldsymbol{cz}=0$,则是通过原点 O 的平面 π',π'与 π 平行. 例 5.13 说明,方程组的解集是三个平面之交,即它是$\mathbb{R}^3$中一条直线 L,L 不经过原点;但基础解系 W 恰好为过原点的三个平面之交,它是过原点且与 L 平行的直线,取定原方程组的一个特解 X_0,则 L 可由 W 沿 $\boldsymbol{X}_0$ 作平移得到(见图 5.1)

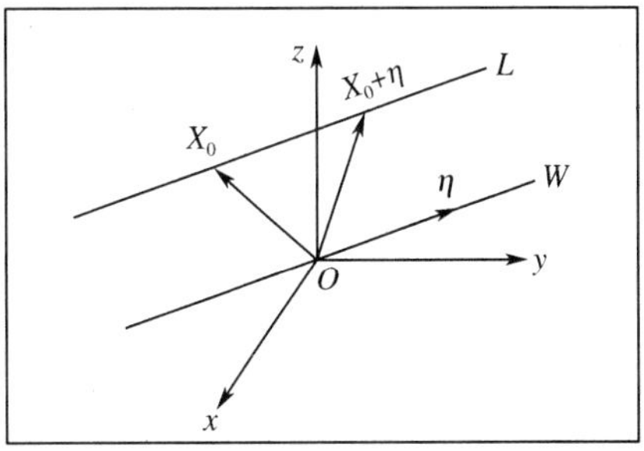

图 5.1

例 5.13 也启发我们,可以利用线性方程组的理论,解决一些几何问题,如平面间的位置关系,直线间的位置关系等.

例 5.14 试讨论两条直线

$$L_1:\begin{cases} a_{11}x_1 + a_{12}x_2 + a_{13}x_3 = b_1 \\ a_{21}x_1 + a_{22}x_2 + a_{23}x_3 = b_2 \end{cases}$$

$$L_2:\begin{cases} a_{31}x_1 + a_{32}x_2 + a_{33}x_3 = b_3 \\ a_{41}x_1 + a_{42}x_2 + a_{43}x_3 = b_4 \end{cases}$$

间的位置关系.

解 将这 4 个线性方程联立可得到 4×3 线性方程组. 设该方程组的系数矩阵与增广矩阵分别为 $\boldsymbol{A}$ 和 $\widetilde{\boldsymbol{A}}$. $\boldsymbol{A}$ 的行向量为 $\boldsymbol{a}_1,\boldsymbol{a}_2,\boldsymbol{a}_3,\boldsymbol{a}_4$.

因为表示直线 $L_i(i=1,2)$ 的方程组的导出组的解空间是一维的,所以 $\mathrm{r}(\boldsymbol{a}_1,\boldsymbol{a}_2)=2$,$\mathrm{r}(\boldsymbol{a}_3,\boldsymbol{a}_4)=2$,因此 $\mathrm{r}(\boldsymbol{A})=2$ 或 3.

(1) $\mathrm{r}(\boldsymbol{A})=\mathrm{r}(\widetilde{\boldsymbol{A}})=3$ 时,方程组有唯一解,此时,直线 L_1 与 L_2 交于一点;

(2) 当 $\mathrm{r}(\boldsymbol{A})=\mathrm{r}(\widetilde{\boldsymbol{A}})=2$ 时,方程组有无穷多解,即直线 L_1 与 L_2 有无穷多个公共点,此时

L_1 与 L_2 重合；

(3) 当 $r(A)=2, r(\widetilde{A})=3$ 时，方程组无解. 此时 $\boldsymbol{a}_3$ 和 $\boldsymbol{a}_4$ 都可由 $\boldsymbol{a}_1, \boldsymbol{a}_2$ 线性表示，四个平面的法向量 $\boldsymbol{a}_1, \boldsymbol{a}_2, \boldsymbol{a}_3, \boldsymbol{a}_4$ 共面，因而直线 L_1 的方向向量跟直线 L_2 的方向向量平行，但直线 L_1 上任一点都不在直线 L_2 上，因此 L_1 与 L_2 平行；

(4) $r(A)=3, r(\widetilde{A})=4$，时，方程组也无解. 此时直线 L_1 与 L_2 既不平行，也不相交（称为异面直线），即 L_1 与 L_2 不共面.

例 5.15 设 $\boldsymbol{A}=[a_{ij}]_{m\times n}$ 为实数矩阵，求证 $r(\boldsymbol{A})=r(\boldsymbol{A}^{\mathrm{T}}\boldsymbol{A})$.

证明 我们将证明齐次线性方程组 $\boldsymbol{AX}=0$ 与 $\boldsymbol{A}^{\mathrm{T}}\boldsymbol{AX}=0$ 在实数范围内同解：

若 $\boldsymbol{AX}=0$，在此式的左边同乘 $\boldsymbol{A}^{\mathrm{T}}$，得到 $\boldsymbol{A}^{\mathrm{T}}\boldsymbol{AX}=0$.

反之，若先有 $\boldsymbol{A}^{\mathrm{T}}\boldsymbol{AX}=0, \boldsymbol{X}\in\mathbb{R}^n$，在此式的左边同乘 $\boldsymbol{X}^{\mathrm{T}}$，得到

$$(\boldsymbol{AX})^{\mathrm{T}}(\boldsymbol{AX})=\boldsymbol{X}^{\mathrm{T}}(\boldsymbol{A}^{\mathrm{T}}\boldsymbol{AX})=0$$

若令 $\boldsymbol{AX}=(b_1,b_2,\cdots,b_m)^{\mathrm{T}}\in\mathbb{R}^{m\times 1}$，则上式为

$$b_1^2+b_2^2+\cdots+b_m^2=0$$

于是 $\boldsymbol{AX}=(b_1,b_2,\cdots,b_m)^{\mathrm{T}}=0$.

由于齐次线性方程组 $\boldsymbol{AX}=0$ 与 $\boldsymbol{A}^{\mathrm{T}}\boldsymbol{AX}=0$ 同解，从而它们有相同的基础解系. 于是 $n-r(\boldsymbol{A})=n-r(\boldsymbol{A}^{\mathrm{T}}\boldsymbol{A})$，从而 $r(\boldsymbol{A})=r(\boldsymbol{A}^{\mathrm{T}}\boldsymbol{A})$.

注意：若矩阵 $\boldsymbol{A}$ 为复数矩阵，$r(\boldsymbol{A})=r(\boldsymbol{A}^{\mathrm{T}}\boldsymbol{A})$ 可能不成立. 例如，当 $\boldsymbol{A}=(1,\mathrm{i})^{\mathrm{T}}$ 时，$\boldsymbol{A}^{\mathrm{T}}\boldsymbol{A}=0$，但 $r(\boldsymbol{A})=1$.

习　题　5.5

1. 回答下列问题：

(1) 一个齐次线性方程组何时存在基础解系？

(2) 若一个齐次线性方程组有基础解系，那么两个不同的基础解系之间有什么关系？

2. 求下列齐次线性方程组的基础解系：

(1) $\begin{cases} x_2-x_3+x_4=0\\ -7x_2+3x_3+x_4=0\\ x_1+3x_2-3x_4=0\\ x_1-2x_2+3x_3-4x_4=0 \end{cases}$；

(2) $\begin{cases} x_1+x_2+x_3+4x_4-3x_5=0\\ 2x_1+x_2+3x_3+5x_4-5x_5=0\\ x_1-x_2+3x_3-2x_4-x_5=0\\ 3x_1+x_2+5x_3+6x_4-7x_5=0 \end{cases}$.

3. 用向量形式写出下列线性方程组的通解：

(1) $\begin{cases}2x+3y+z=4\\x-2y+4z=-5\\3x+8y-2z=13\\4x-y+9z=-6\end{cases}$；　　(2) $\begin{cases}2x+y-z+w=1\\4x+2y-2z+w=2\\2x+y-z-w=1\end{cases}$.

4. 已知 n 阶方阵 $\boldsymbol{A}$ 的每行元素的和为 0，且 $\mathrm{r}(\boldsymbol{A})=n-1$，求方程组 $\boldsymbol{AX}=0$ 的通解.

5. 设四元非齐次线性方程组 $\boldsymbol{AX}=\boldsymbol{b}$ 的系数阵的秩为 3. 已知 $\boldsymbol{X}_1,\boldsymbol{X}_2,\boldsymbol{X}_3$ 是它的三个解向量，且

$$\boldsymbol{X}_1=(2,3,4,5)^{\mathrm{T}},\quad \boldsymbol{X}_2+\boldsymbol{X}_3=(1,2,3,4)^{\mathrm{T}}$$

求此方程组的通解.

6. 已知 $\boldsymbol{X}_1=(0,1,0)^{\mathrm{T}},\boldsymbol{X}_2=(-3,2,2)^{\mathrm{T}}$ 为方程组

$$\begin{cases}x_1-x_2+2x_3=-1\\3x_1+x_2+4x_3=1\\ax_1+bx_2+cx_3=d\end{cases}$$

的两个解向量，求此方程组的通解.

7. 设 $\boldsymbol{X}_0$ 是 n 元非齐次线性方程组 $\boldsymbol{AX}=\boldsymbol{b}$ 的解向量；$\boldsymbol{X}_1,\boldsymbol{X}_2,\cdots,\boldsymbol{X}_{n-r}$ 是 $\boldsymbol{AX}=0$ 的基础解系，求证 $\boldsymbol{X}_0,\boldsymbol{X}_1,\cdots,\boldsymbol{X}_{n-r}$ 线性无关.

8. 设 $\boldsymbol{X}_0$ 是 n 元非齐次线性方程组 $\boldsymbol{AX}=\boldsymbol{b}$ 的解向量；$\boldsymbol{X}_1,\boldsymbol{X}_2,\cdots,\boldsymbol{X}_{n-r}$ 是 $\boldsymbol{AX}=0$ 的基础解系，求证 $\boldsymbol{X}_0,\boldsymbol{X}_0+\boldsymbol{X}_1,\cdots,\boldsymbol{X}_0+\boldsymbol{X}_{n-r}$ 是 $\boldsymbol{AX}=\boldsymbol{b}$ 的线性无关的解向量.

9. 设 $\boldsymbol{A}$ 是 n 阶方阵，$n\geqslant 2$，求证

$$\mathrm{r}(\boldsymbol{A}^*)=\begin{cases}n & (\mathrm{r}(\boldsymbol{A})=n)\\1 & (\mathrm{r}(\boldsymbol{A})=n-1)\\0 & (\mathrm{r}(\boldsymbol{A})<n-1)\end{cases}$$

10. 设 $\boldsymbol{A}$ 为 n 阶方阵，$\mathrm{r}(\boldsymbol{A})=r<n$. 若 $\boldsymbol{X}_1,\boldsymbol{X}_2,\cdots,\boldsymbol{X}_s(s>r)$ 为任意一组 n 维列向量，求证向量组 $\boldsymbol{AX}_1,\boldsymbol{AX}_2,\cdots,\boldsymbol{AX}_s$ 必线性相关.

11. 试用齐次线性方程组解的理论证明 $\mathrm{r}(\boldsymbol{AB})\leqslant\mathrm{r}(\boldsymbol{B})$.

12. 设空间有两直线：

$$L_1:\frac{x-a_3}{a_1-a_2}=\frac{y-b_3}{b_1-b_2}=\frac{z-c_3}{c_1-c_2},\quad L_2:\frac{x-a_1}{a_2-a_3}=\frac{y-b_1}{b_2-b_3}=\frac{z-c_1}{c_2-c_3}$$

如果三阶方阵 $\boldsymbol{A}=\begin{bmatrix}a_1&b_1&c_1\\a_2&b_2&c_2\\a_3&b_3&c_3\end{bmatrix}$ 可逆，证明 L_1 与 L_2 相交.

13. 设有三个不同的平面方程 $\boldsymbol{a}_{i1}\boldsymbol{x}_1+\boldsymbol{a}_{i2}\boldsymbol{x}_2+\boldsymbol{a}_{i3}\boldsymbol{x}_3=\boldsymbol{b}_i,(\boldsymbol{i}=1,2,3)$，它们所组成的线性方程组的系数矩阵 $\boldsymbol{A}$ 与增广矩阵为 $\widetilde{\boldsymbol{A}}$. 讨论三张平面的位置关系.

5.6　向量空间与线性变换

1. 向量空间

定义 5.9　设 V 是 $\mathbb{R}^n$ 的一个非空子集. 若 V 满足如下两项,则称 V 为**向量空间**:

(1)(**加法封闭**)对任意 $\boldsymbol{\alpha},\boldsymbol{\beta}\in V$ 有 $\boldsymbol{\alpha}+\boldsymbol{\beta}\in V$;

(2)(**数乘封闭**)对任意 $\boldsymbol{\alpha}\in V,k\in\mathbb{R}$,有 $k\boldsymbol{\alpha}\in V$.

评注:(1) 此定义中的加法、数乘封闭可合并成**线性运算封闭**:对任意 $\boldsymbol{\alpha},\boldsymbol{\beta}\in V,k,l\in\mathbb{R}$,有 $k\boldsymbol{\alpha}+l\boldsymbol{\beta}\in V$.

(2) 由于 $\mathbb{R}^n$ 本身为向量空间,当 $V\subseteq\mathbb{R}^n$ 为向量空间时,我们也说 V 为 $\mathbb{R}^n$ 的子空间.

例 5.14　仅有一个零向量构成的集合 $V=\{(0,\cdots,0)^{\mathrm{T}}\}\subseteq\mathbb{R}^n$ 是一个向量空间. 容易看到这是唯一一个仅由有限个向量构成的线性空间. 事实上,若 V 是线性空间,且 $0\neq\boldsymbol{\alpha}\in V$,则向量

$$\pm\boldsymbol{\alpha},\quad \pm2\boldsymbol{\alpha},\quad \pm3\boldsymbol{\alpha},\quad \cdots$$

为 V 中无限个不同的向量.

例 5.15　$\mathbb{R}^n$ 本身明显为一个向量空间.

例 5.16　$V=\{(0,a,b)^{\mathrm{T}}\mid a,b\in\mathbb{R}\}$ 是一个向量空间. V 对线性运算是封闭的:若 $k,l\in\mathbb{R}$,$\boldsymbol{\alpha}=(0,a,b)^{\mathrm{T}}$,$\boldsymbol{\beta}=(0,c,d)^{\mathrm{T}}\in V$,有

$$k\boldsymbol{\alpha}+l\boldsymbol{\beta}=(0,ka+lc,kb+ld)^{\mathrm{T}}\in V$$

例 5.17　$V=\{(1,a)^{\mathrm{T}}\mid a\in\mathbb{R}\}\subseteq\mathbb{R}^2$ 不是向量空间. 例如,$\boldsymbol{\alpha}=(1,1)^{\mathrm{T}}$,$\boldsymbol{\beta}=(1,-1)^{\mathrm{T}}\in V$,但 $\boldsymbol{\alpha}+\boldsymbol{\beta}=(2,0)^{\mathrm{T}}\notin V$.

2. 向量空间的基与维数

定义 5.10　(1) 设 V 是向量空间. 若 V 中有 r 个 $\boldsymbol{\alpha}_1,\boldsymbol{\alpha}_2,\cdots,\boldsymbol{\alpha}_r$ 满足下列条件:

① $\boldsymbol{\alpha}_1,\boldsymbol{\alpha}_2,\cdots,\boldsymbol{\alpha}_r$ 线性无关;

② V 中任何一个向量都是 $\boldsymbol{\alpha}_1,\boldsymbol{\alpha}_2,\cdots,\boldsymbol{\alpha}_r$ 的线性组合,则称 $\boldsymbol{\alpha}_1,\boldsymbol{\alpha}_2,\cdots,\boldsymbol{\alpha}_r$ 为向量空间 V 的一个**基**;此时,对于 V 中任何一个向量 $\boldsymbol{\alpha}$,都存在唯一的一组数 $k_1,k_2,\cdots,k_r$ 使得

$$\boldsymbol{\alpha}=k_1\boldsymbol{\alpha}_1+k_2\boldsymbol{\alpha}_2+\cdots+k_r\boldsymbol{\alpha}_r$$

我们称 $(k_1,k_2,\cdots,k_r)^{\mathrm{T}}$ 为向量 $\boldsymbol{\alpha}$ 在基 $\boldsymbol{\alpha}_1,\boldsymbol{\alpha}_2,\cdots,\boldsymbol{\alpha}_r$ 下的**坐标**.

(2) 若 $\boldsymbol{\alpha}_1,\boldsymbol{\alpha}_2,\cdots,\boldsymbol{\alpha}_r$ 为向量空间 V 的基,则称数 r 为 V 的**维数**,记为 $r=\dim V$. **注意**:V 的任何两个基中向量的个数必相同.

(3) **零空间** $V=\{0\}$ 没有基,约定它的维数为 0.

例 5.18　由于线性无关的向量组

$$\boldsymbol{e}_1=(1,0,\cdots,0)^{\mathrm{T}},\quad \boldsymbol{e}_2=(0,1,\cdots,0)^{\mathrm{T}},\quad \cdots,\quad \boldsymbol{e}_n=(0,0,\cdots,1)^{\mathrm{T}}$$

为$\mathbb{R}^n$的基,故$\dim\mathbb{R}^n=n$.

例 5.19　向量空间$V=\{(0,a,b)^{\mathrm{T}}\mid a,b\in\mathbb{R}\}$的维数为 2,向量组$\boldsymbol{e}_2=(0,1,0)^{\mathrm{T}},\boldsymbol{e}_3=(0,0,1)^{\mathrm{T}}$为$V$的一个基.

例 5.20　求证向量组

$$\boldsymbol{\alpha}_1=(-1,1,1)^{\mathrm{T}},\quad \boldsymbol{\alpha}_2=(1,-1,1)^{\mathrm{T}},\quad \boldsymbol{\alpha}_3=(1,1,-1)^{\mathrm{T}}$$

为向量空间$\mathbb{R}^3$的一个基,并求向量$\boldsymbol{\alpha}=(a,b,c)^{\mathrm{T}}$在此基下的坐标.

证明　由于矩阵$\boldsymbol{A}=[\boldsymbol{\alpha}_1\quad\boldsymbol{\alpha}_2\quad\boldsymbol{\alpha}_3]$的行列式

$$|\boldsymbol{A}|=\begin{vmatrix}-1&1&1\\1&-1&1\\1&1&-1\end{vmatrix}=4$$

故向量组$\boldsymbol{\alpha}_1,\boldsymbol{\alpha}_2,\boldsymbol{\alpha}_3$线性无关,从而$\boldsymbol{\alpha}_1,\boldsymbol{\alpha}_2,\boldsymbol{\alpha}_3$可以线性表示$\mathbb{R}^3$中的任何一个向量. 于是$\boldsymbol{\alpha}_1,\boldsymbol{\alpha}_2,\boldsymbol{\alpha}_3$为$\mathbb{R}^3$的一个基.

方程$x_1\boldsymbol{\alpha}_1+x_2\boldsymbol{\alpha}_2+x_3\boldsymbol{\alpha}_3=\boldsymbol{\alpha}$为

$$\begin{bmatrix}-1&1&1\\1&-1&1\\1&1&-1\end{bmatrix}\begin{bmatrix}x_1\\x_2\\x_3\end{bmatrix}=\begin{bmatrix}a\\b\\c\end{bmatrix}$$

解此方程得到$x_1=\frac{1}{2}(b+c),x_2=\frac{1}{2}(a+c),x_3=\frac{1}{2}(a+b)$,即向量$\boldsymbol{\alpha}$在此基下的坐标为$\left(\frac{1}{2}(b+c),\frac{1}{2}(a+c),\frac{1}{2}(a+b)\right)^{\mathrm{T}}$.

3. 向量空间中两个基的联系

评注:若$\dim V=r>0$,则V的基不是唯一的. 若$\boldsymbol{\alpha}_1,\boldsymbol{\alpha}_2,\cdots,\boldsymbol{\alpha}_r$和$\boldsymbol{\beta}_1,\boldsymbol{\beta}_2,\cdots,\boldsymbol{\beta}_r$都是$V$的基,则由基的性质知$\boldsymbol{\beta}_1,\boldsymbol{\beta}_2,\cdots,\boldsymbol{\beta}_r$可由$\boldsymbol{\alpha}_1,\boldsymbol{\alpha}_2,\cdots,\boldsymbol{\alpha}_r$线性表示,从而存在一个$r$阶方阵$\boldsymbol{K}=[k_{ij}]_{r\times r}$使得

$$[\boldsymbol{\beta}_1\quad\boldsymbol{\beta}_2\quad\cdots\quad\boldsymbol{\beta}_r]=[\boldsymbol{\alpha}_1\quad\boldsymbol{\alpha}_2\quad\cdots\quad\boldsymbol{\alpha}_r]\begin{bmatrix}k_{11}&k_{12}&\cdots&k_{1r}\\k_{21}&k_{22}&\cdots&k_{2r}\\\vdots&\vdots&&\vdots\\k_{r1}&k_{r2}&\cdots&k_{rr}\end{bmatrix}$$

这里的方阵$\boldsymbol{K}$称为基$\boldsymbol{\alpha}_1,\boldsymbol{\alpha}_2,\cdots,\boldsymbol{\alpha}_r$到基$\boldsymbol{\beta}_1,\boldsymbol{\beta}_2,\cdots,\boldsymbol{\beta}_r$的**过渡阵**,它是沟通这两个基的媒介.

命题 5.13　**设$\boldsymbol{\alpha}_1,\boldsymbol{\alpha}_2,\cdots,\boldsymbol{\alpha}_r$和$\boldsymbol{\beta}_1,\boldsymbol{\beta}_2,\cdots,\boldsymbol{\beta}_r$为向量空间$V$的两个基,基$\boldsymbol{\alpha}_1,\boldsymbol{\alpha}_2,\cdots,\boldsymbol{\alpha}_r$到基$\boldsymbol{\beta}_1,\boldsymbol{\beta}_2,\cdots,\boldsymbol{\beta}_r$的过渡阵为$\boldsymbol{K}$. 若向量$\boldsymbol{v}$在基$\boldsymbol{\alpha}_1,\boldsymbol{\alpha}_2,\cdots,\boldsymbol{\alpha}_r$下的坐标为$(x_1,x_2,\cdots,x_r)^{\mathrm{T}}$,在基**

$\boldsymbol{\beta}_1,\boldsymbol{\beta}_2,\cdots,\boldsymbol{\beta}_r$ 下的坐标为 $(y_1,y_2,\cdots,y_r)^{\mathrm{T}}$，则

$$\begin{bmatrix} y_1 \\ y_2 \\ \vdots \\ y_r \end{bmatrix} = \boldsymbol{K}^{-1}\begin{bmatrix} x_1 \\ x_2 \\ \vdots \\ x_r \end{bmatrix}$$

注：上式称为**坐标变换公式**.

证明 由条件，我们有

$$\boldsymbol{v} = [\boldsymbol{\alpha}_1 \quad \boldsymbol{\alpha}_2 \quad \cdots \quad \boldsymbol{\alpha}_r]\begin{bmatrix} x_1 \\ x_2 \\ \vdots \\ x_r \end{bmatrix} = [\boldsymbol{\beta}_1 \quad \boldsymbol{\beta}_2 \quad \cdots \quad \boldsymbol{\beta}_r]\begin{bmatrix} y_1 \\ y_2 \\ \vdots \\ y_r \end{bmatrix} = [\boldsymbol{\alpha}_1 \quad \boldsymbol{\alpha}_2 \quad \cdots \quad \boldsymbol{\alpha}_r]\left(\boldsymbol{K}\begin{bmatrix} y_1 \\ y_2 \\ \vdots \\ y_r \end{bmatrix}\right)$$

由于一个向量在一个基下的坐标是唯一的，从而有

$$\begin{bmatrix} x_1 \\ x_2 \\ \vdots \\ x_r \end{bmatrix} = \boldsymbol{K}\begin{bmatrix} y_1 \\ y_2 \\ \vdots \\ y_r \end{bmatrix}, \quad \begin{bmatrix} y_1 \\ y_2 \\ \vdots \\ y_r \end{bmatrix} = \boldsymbol{K}^{-1}\begin{bmatrix} x_1 \\ x_2 \\ \vdots \\ x_r \end{bmatrix}$$

例 5.21 给定 $\mathbb{R}^2$ 的两个基

$$[\boldsymbol{\alpha}_1 \quad \boldsymbol{\alpha}_2] = \begin{bmatrix} 1 & 1 \\ 1 & 2 \end{bmatrix}, \quad [\boldsymbol{\beta}_1 \quad \boldsymbol{\beta}_2] = \begin{bmatrix} 2 & 1 \\ 1 & 1 \end{bmatrix}$$

求基 $\boldsymbol{\alpha}_1,\boldsymbol{\alpha}_2$ 到基 $\boldsymbol{\beta}_1,\boldsymbol{\beta}_2$ 的过渡阵 $\boldsymbol{K}$，并求向量 $\boldsymbol{v} = \begin{bmatrix} 1 \\ 1 \end{bmatrix} + \begin{bmatrix} 1 \\ 2 \end{bmatrix}$ 在基 $\boldsymbol{\beta}_1,\boldsymbol{\beta}_2$ 下的坐标.

解 由于基 $\boldsymbol{\alpha}_1,\boldsymbol{\alpha}_2$ 到基 $\boldsymbol{\beta}_1,\boldsymbol{\beta}_2$ 的过渡阵 $\boldsymbol{K}$ 满足

$$[\boldsymbol{\beta}_1 \quad \boldsymbol{\beta}_2] = [\boldsymbol{\alpha}_1 \quad \boldsymbol{\alpha}_2]\boldsymbol{K}$$

故

$$\boldsymbol{K} = [\boldsymbol{\alpha}_1 \quad \boldsymbol{\alpha}_2]^{-1}[\boldsymbol{\beta}_1 \quad \boldsymbol{\beta}_2] = \begin{bmatrix} 1 & 1 \\ 1 & 2 \end{bmatrix}^{-1}\begin{bmatrix} 2 & 1 \\ 1 & 2 \end{bmatrix} = \begin{bmatrix} 3 & 1 \\ -1 & 0 \end{bmatrix}$$

向量 $\boldsymbol{v}$ 在基 $\boldsymbol{\alpha}_1,\boldsymbol{\alpha}_2$ 下的坐标为 $\begin{bmatrix} 1 \\ 1 \end{bmatrix}$，从而 $\boldsymbol{v}$ 在基 $\boldsymbol{\beta}_1,\boldsymbol{\beta}_2$ 下的坐标为

$$\begin{bmatrix} y_1 \\ y_2 \end{bmatrix} = \boldsymbol{K}^{-1}\begin{bmatrix} 1 \\ 1 \end{bmatrix} = \begin{bmatrix} 0 & -1 \\ 1 & 3 \end{bmatrix}\begin{bmatrix} 1 \\ 1 \end{bmatrix} = \begin{bmatrix} -1 \\ 4 \end{bmatrix}$$

4. $\mathbb{R}^n$ 的生成子空间

例 5.22 若 $\boldsymbol{\alpha}_1,\boldsymbol{\alpha}_2,\cdots,\boldsymbol{\alpha}_m \in \mathbb{R}^n$，则 $\boldsymbol{\alpha}_1,\boldsymbol{\alpha}_2,\cdots,\boldsymbol{\alpha}_m$ 的一切线性组合的集合

$$L(\boldsymbol{\alpha}_1,\boldsymbol{\alpha}_2,\cdots,\boldsymbol{\alpha}_m) \equiv \{k_1\boldsymbol{\alpha}_1 + k_2\boldsymbol{\alpha}_2 + \cdots + k_m\boldsymbol{\alpha}_m \mid k_1,k_2,\cdots,k_m \in \mathbb{R}\}$$

在线性运算下明显是封闭的,从而为向量空间. 例如,我们有

$$\mathbb{R}^n = L(\boldsymbol{e}_1, \boldsymbol{e}_2, \cdots, \boldsymbol{e}_n)$$

定义 5.11　若 $\boldsymbol{\alpha}_1, \boldsymbol{\alpha}_2, \cdots, \boldsymbol{\alpha}_m \in \mathbb{R}^n$,我们称 $L(\boldsymbol{\alpha}_1, \boldsymbol{\alpha}_2, \cdots, \boldsymbol{\alpha}_m)$ 为 $\boldsymbol{\alpha}_1, \boldsymbol{\alpha}_2, \cdots, \boldsymbol{\alpha}_m$ 的**生成向量空间**.

注意:每个向量空间都由它的基生成.

命题 5.14　**向量组 $\boldsymbol{\alpha}_1, \boldsymbol{\alpha}_2, \cdots, \boldsymbol{\alpha}_m$ 的极大无关组为 $L(\boldsymbol{\alpha}_1, \boldsymbol{\alpha}_2, \cdots, \boldsymbol{\alpha}_m)$ 的基,从而**

$$\dim L(\boldsymbol{\alpha}_1, \boldsymbol{\alpha}_2, \cdots, \boldsymbol{\alpha}_m) = \mathrm{r}(\boldsymbol{\alpha}_1, \boldsymbol{\alpha}_2, \boldsymbol{\alpha}, \cdots, \boldsymbol{\alpha}_m)$$

证明　由极大无关组的性质和基的定义知这是明显的.

5. 矩阵的值域与核

若 $\boldsymbol{A} \in \mathbb{R}^{m \times n}$,则称映射 $\sigma: \mathbb{R}^n \to \mathbb{R}^m, \boldsymbol{X} \mapsto \boldsymbol{AX}$ 为由向量空间 $\mathbb{R}^n$ 到 $\mathbb{R}^m$ 的**线性映射**,即 σ 为 $\mathbb{R}^n$ 到 $\mathbb{R}^m$ 的映射,且保持线性运算:

$$\sigma(k_1\boldsymbol{X}_1 + k_2\boldsymbol{X}_2) = \boldsymbol{A}(k_1\boldsymbol{X}_1 + k_2\boldsymbol{X}_2) = k_1(\boldsymbol{AX}_1) + k_2(\boldsymbol{AX}_2) = k_1\sigma(\boldsymbol{X}_1) + k_2\sigma(\boldsymbol{X}_2)$$

以后,我们就用关系式 $\boldsymbol{Y} = \boldsymbol{AX}$ 来表示这个线性映射,其类似于线性函数 $y = ax$.

矩阵的值域:若 $\boldsymbol{A} \in \mathbb{R}^{m \times n}$,则容易验证集合

$$R(\boldsymbol{A}) \equiv \{\boldsymbol{AX} \mid \boldsymbol{X} \in \mathbb{R}^n\} \subseteq \mathbb{R}^m$$

为向量空间($\mathbb{R}^m$ 的子空间),$R(\boldsymbol{A})$就是线性映射 $\boldsymbol{Y} = \boldsymbol{AX}$ 的值域,故我们称其为矩阵 $\boldsymbol{A}$ 的**值域**.

矩阵的核:若 $\boldsymbol{A} \in \mathbb{R}^{m \times n}$,也容易验证集合

$$N(\boldsymbol{A}) \equiv \{\boldsymbol{X} \in \mathbb{R}^n \mid \boldsymbol{AX} = 0\} \subseteq \mathbb{R}^n$$

为向量空间($\mathbb{R}^n$ 的子空间),其就是齐次线性方程组 $\boldsymbol{AX} = 0$ 的一切解向量构成的向量空间,故称其为矩阵 A 的**核(零空间)**,也称其为齐次线性方程组 $\boldsymbol{AX} = 0$ 的**解空间**.

定理 5.4　**设 $\boldsymbol{A} \in \mathbb{R}^{m \times n}$ 则:**

(1) $\dim R(\boldsymbol{A}) = \mathrm{r}(\boldsymbol{A})$;

(2) $n = \dim R(\boldsymbol{A}) + \dim N(\boldsymbol{A})$.

证明　(1) 由定义,$R(\boldsymbol{A})$中的一般向量

$$\boldsymbol{AX} = [\boldsymbol{\alpha}_1 \quad \boldsymbol{\alpha}_2 \quad \cdots \quad \boldsymbol{\alpha}_n]\begin{bmatrix} x_1 \\ x_2 \\ \vdots \\ x_n \end{bmatrix} = x_1\boldsymbol{\alpha}_1 + x_2\boldsymbol{\alpha}_2 + \cdots + x_n\boldsymbol{\alpha}_n$$

即 $R(\boldsymbol{A}) = L(\boldsymbol{\alpha}_1, \boldsymbol{\alpha}_2, \cdots, \boldsymbol{\alpha}_n)$,从而 $\dim R(\boldsymbol{A}) = \mathrm{r}(\boldsymbol{A})$.

(2) 由于 $N(\boldsymbol{A})$就是方程组 $\boldsymbol{AX} = 0$ 的解空间,从而此方程组的一个基础解系就是 $N(\boldsymbol{A})$ 的基. 于是 $\dim N(\boldsymbol{A}) = n - \mathrm{r}(\boldsymbol{A})$,从而

$$n = \dim R(\boldsymbol{A}) + \dim N(\boldsymbol{A})$$

6. 线性空间$\mathbb{R}^n$的线性变换

定义 5.12 (1) 若$\boldsymbol{A}\in\mathbb{R}^{n\times n}$,则关系式

$$\boldsymbol{Y}=\boldsymbol{AX}(\boldsymbol{X}\in\mathbb{R}^n)$$

称为向量空间$\mathbb{R}^n$的**线性变换**.

(2) 若$\boldsymbol{\beta}_1,\boldsymbol{\beta}_2,\cdots,\boldsymbol{\beta}_n$是$\mathbb{R}^n$的一个基,则我们有

$$\begin{cases}\boldsymbol{A\beta}_1=b_{11}\boldsymbol{\beta}_1+b_{21}\boldsymbol{\beta}_2+\cdots+b_{n1}\boldsymbol{\beta}_n\\ \boldsymbol{A\beta}_2=b_{12}\boldsymbol{\beta}_1+b_{22}\boldsymbol{\beta}_2+\cdots+b_{n2}\boldsymbol{\beta}_n\\ \qquad\vdots\\ \boldsymbol{A\beta}_n=b_{1n}\boldsymbol{\beta}_1+b_{2n}\boldsymbol{\beta}_2+\cdots+b_{nn}\boldsymbol{\beta}_n\end{cases}$$

即

$$\boldsymbol{A}[\boldsymbol{\beta}_1\quad\boldsymbol{\beta}_2\quad\cdots\quad\boldsymbol{\beta}_n]=[\boldsymbol{\beta}_1\quad\boldsymbol{\beta}_2\quad\cdots\quad\boldsymbol{\beta}_n]\boldsymbol{B}$$

这里称$\boldsymbol{B}=[b_{ij}]_{n\times n}$为**线性变换$\boldsymbol{Y}=\boldsymbol{AX}$在基$\boldsymbol{\beta}_1,\boldsymbol{\beta}_2,\cdots,\boldsymbol{\beta}_n$下的矩阵**.

例 5.23 令$\boldsymbol{A}=\begin{bmatrix}2&1\\1&2\end{bmatrix}$,求线性变换$\boldsymbol{Y}=\boldsymbol{AX}$在$\mathbb{R}^2$的基

$$\boldsymbol{\beta}_1=\begin{bmatrix}1\\-1\end{bmatrix},\quad\boldsymbol{\beta}_2=\begin{bmatrix}1\\1\end{bmatrix}$$

下的矩阵$\boldsymbol{B}$.

解 令$\boldsymbol{P}=[\boldsymbol{\beta}_1\quad\boldsymbol{\beta}_2]$,则

$$\boldsymbol{A}[\boldsymbol{\beta}_1\quad\boldsymbol{\beta}_2]=[\boldsymbol{\beta}_1\quad\boldsymbol{\beta}_2](\boldsymbol{P}^{-1}\boldsymbol{AP})=\boldsymbol{P}\begin{bmatrix}1&1\\-1&1\end{bmatrix}^{-1}\begin{bmatrix}2&1\\1&2\end{bmatrix}\begin{bmatrix}1&1\\-1&1\end{bmatrix}=[\boldsymbol{\beta}_1\quad\boldsymbol{\beta}_2]\begin{bmatrix}1&0\\0&3\end{bmatrix}$$

因而$\boldsymbol{B}=\begin{bmatrix}1&0\\0&3\end{bmatrix}$.

习 题 5.6

1. 回答下列问题,并说明理由:

(1) 一个向量空间必含有什么向量?

(2) 维数不是 0 的向量空间中向量的个数有限吗?

(3) 一个向量空间包含维数更小的向量空间吗?

(4) 一个向量空间的两个基之间有什么关系?

(5) 向量组$\boldsymbol{\alpha}_1,\boldsymbol{\alpha}_2,\cdots,\boldsymbol{\alpha}_m$的秩和极大无关组是向量空间$L(\boldsymbol{\alpha}_1,\boldsymbol{\alpha}_2,\cdots,\boldsymbol{\alpha}_m)$的什么?

2. 判别下列集合是否为向量空间,若是求出维数和一个基:

(1) $V_1=\{(x_1,x_2,x_3)^{\mathrm{T}}\in\mathbb{R}^3\mid x_1+x_2+x_3=0\}$;

(2) $V_2=\{(x_1,x_2,x_3)^{\mathrm{T}}\in\mathbb{R}^3\mid x_1+x_2+x_3=1\}$;

(3) $V_3=\{(x_1,x_2,x_3)^{\mathrm{T}}\in\mathbb{R}^3\mid x_1+x_3=0,2x_1+2x_2+x_3=0\}$;

(4) $V_4=\left\{\begin{bmatrix}2&-1&1\\1&1&0\end{bmatrix}\begin{bmatrix}x_1\\x_2\\x_3\end{bmatrix}\in\mathbb{R}^2\mid x_1,x_2,x_3\in\mathbb{R}\right\}$.

3. 求向量空间 $R(\boldsymbol{A})$ 和 $N(\boldsymbol{A})$ 的维数和一个基,这里

$$\boldsymbol{A}=\begin{bmatrix}1&1&2&2&1\\0&2&1&5&-1\\2&0&3&-1&3\\1&1&0&4&-1\end{bmatrix}$$

4. 令

$$\boldsymbol{\alpha}_1=\begin{bmatrix}-2\\1\\0\\3\end{bmatrix},\quad\boldsymbol{\alpha}_2=\begin{bmatrix}1\\-3\\2\\4\end{bmatrix},\quad\boldsymbol{\beta}_1=\begin{bmatrix}-1\\-2\\2\\7\end{bmatrix},\quad\boldsymbol{\beta}_2=\begin{bmatrix}3\\-2\\2\\1\end{bmatrix}$$

求证 $L(\boldsymbol{\alpha}_1,\boldsymbol{\alpha}_2)=L(\boldsymbol{\beta}_1,\boldsymbol{\beta}_2)$.

5. 设 $\boldsymbol{A}=\begin{bmatrix}2&1&1\\1&2&1\\1&1&2\end{bmatrix}$,求线性变换 $\boldsymbol{Y}=\boldsymbol{AX}$ 在$\mathbb{R}^3$ 的基

$$\boldsymbol{\beta}_1=(1,0,-1)^{\mathrm{T}},\quad\boldsymbol{\beta}_2=(0,1,-1)^{\mathrm{T}},\quad\boldsymbol{\beta}_3=(1,1,1)^{\mathrm{T}}$$

下的矩阵 $\boldsymbol{B}$.

6. 给定$\mathbb{R}^3$ 的两个基

$$\begin{cases}\boldsymbol{\alpha}_1=(1,1,1)^{\mathrm{T}}\\\boldsymbol{\alpha}_2=(0,1,1)^{\mathrm{T}},\\\boldsymbol{\alpha}_3=(0,0,1)^{\mathrm{T}}\end{cases}\quad\begin{cases}\boldsymbol{\beta}_1=(3,1,4)^{\mathrm{T}}\\\boldsymbol{\beta}_2=(5,2,1)^{\mathrm{T}}\\\boldsymbol{\beta}_3=(1,1,0)^{\mathrm{T}}\end{cases}$$

求基 $\boldsymbol{\alpha}_1,\boldsymbol{\alpha}_2,\boldsymbol{\alpha}_3$ 到基 $\boldsymbol{\beta}_1,\boldsymbol{\beta}_2,\boldsymbol{\beta}_3$ 的过渡阵 $\boldsymbol{K}$.

7. 设 V_1,V_2 是$\mathbb{R}^n$ 中的两个向量空间,求证 $V_1\cap V_2$ 也是向量空间.

8. 设 V_1,V_2 是$\mathbb{R}^n$ 中的两个向量空间,定义 V_1 和 V_2 的**和**

$$V_1+V_2\equiv\{v_1+v_2\mid v_1\in V_1,v_2\in V_2\}$$

求证 V_1+V_2 也是一个向量空间.

9. 设 $\boldsymbol{A}$ 为 n 阶方阵,且 $\mathrm{r}(\boldsymbol{A})=\mathrm{r}(\boldsymbol{A}^2)$,求证:

(1) 齐次线性方程组 $\boldsymbol{AX}=0$ 与 $\boldsymbol{A}^2\boldsymbol{X}=0$ 同解;

(2) $R(\boldsymbol{A})\cap N(\boldsymbol{A})=\{0\}$.

第 6 章　方阵的对角化

在关于实际问题的系统分析中，我们经常会希望用矩阵来表示系统中变量的关系. 比如，研究者曾将某区域在时间 k(k 的单位是月)的猫头鹰和老鼠的数量分别表示为 O_k 和 R_k，并将二者间的关系表述为

$$\begin{bmatrix} O_{k+1} \\ R_{k+1} \end{bmatrix} = \boldsymbol{A} \begin{bmatrix} O_k \\ R_k \end{bmatrix}$$

其中矩阵 $\boldsymbol{A}$ 可被称为系统矩阵. 显然，

$$\begin{bmatrix} O_{k+1} \\ R_{k+1} \end{bmatrix} = \boldsymbol{A}^k \begin{bmatrix} O_1 \\ R_1 \end{bmatrix}$$

因此，只要知道系统的初始状态$\begin{bmatrix} O_1 \\ R_1 \end{bmatrix}$，就可以研究其他时期的系统状态$\begin{bmatrix} O_{k+1} \\ R_{k+1} \end{bmatrix}$. 而且，如果 $\boldsymbol{A}$ 是一个对角阵，那么对这样一个(解耦)系统的分析将会相对简单很多. 事实上对角阵在系统描述中有着非常重要的作用. 因此，我们有必要考虑如何将一个普通的方阵转换为一个对角阵的问题.

基于前面的学习，我们已经了解到，经由一系列初等变换，任何一个方阵都可以被转换为对角阵，但是这种做法除了保持方阵的秩不变之外，方阵的许多重要特性却都被损失掉了. 因此，我们需要找到另外一种变换方式，既可以将方阵转换为对角阵，又可以保留方阵的另外的一些重要特性. 这也是我们在这一章中要解决的问题.

在章节的安排上，我们将首先介绍两个重要的概念：特征值与特征向量，进而基于这两个概念实现一些方阵的对角化；而后对于一些不能利用特征值和特征向量实现对角化的方阵，我们会在第三节的内容中介绍另一种类似于对角化的处理方式.

6.1　方阵的特征值与特征向量

1. 基本概念

定义 6.1　设 $\boldsymbol{A}$ 是一个 n 阶方阵，$\boldsymbol{x}$ 是一个非零的 n 维向量，如果存在数 λ_0 使得

$$\boldsymbol{A}x = \lambda_0 \boldsymbol{x} \tag{6.1}$$

则称 λ_0 是矩阵 $\boldsymbol{A}$ 的(一个)特征值，$\boldsymbol{x}$ 为 $\boldsymbol{A}$ 的属于 λ_0 的特征向量.

注:(1) 特征值问题是针对方阵而言的;

(2) 特征向量一定是非零的向量.

对定义 6.1 的两点解释:

(1) 基于线性变换的角度,n 阶方阵 $\boldsymbol{A}$ 实际上是建立了一个线性变换 $\boldsymbol{x}\to\boldsymbol{Ax}$,将$\mathbb{R}^n$ 中的向量 $\boldsymbol{x}$ 变换为了$\mathbb{R}^n$ 中的向量 $\boldsymbol{Ax}$. 例如,如果所考察的 $n=2$ 并且 $\boldsymbol{A}$ 是一个确定的 2 阶方阵,我们就可以在一个平面空间$\mathbb{R}^2$ 中考察此种变换. 从图 6.1 中可以发现,线性变换 $\boldsymbol{x}\to\boldsymbol{Ax}$ 可以使向量往其他方向旋转;但通常也会存在一些特殊的向量,使得 $\boldsymbol{A}$ 对其的作用是很简单的拉伸或缩短,而这些特殊的向量就是本章希望研究的特征向量.

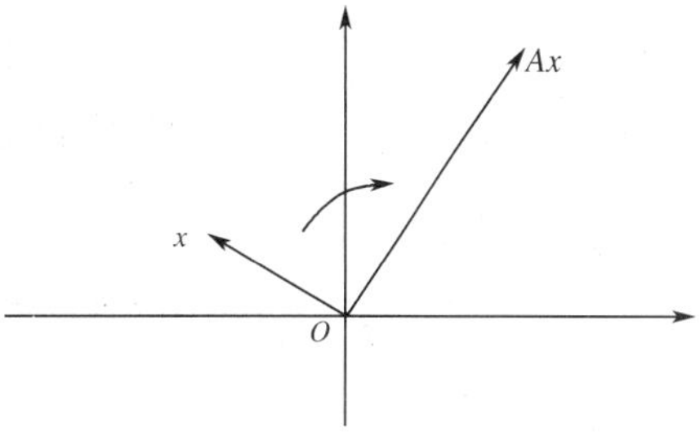

图 6.1 线性变换 $\boldsymbol{x}\to\boldsymbol{Ax}$ 对$\mathbb{R}^2$ 空间中向量的作用效果

(2) 基于向量线性相关的角度,如果非零向量 $\boldsymbol{x}$ 是方阵 $\boldsymbol{A}$ 的一个特征向量,那么由定义 6.1 可知,向量 $\boldsymbol{Ax}$ 与 $\boldsymbol{x}$ 是线性相关的. 由此,我们不难回答这样一个问题:如果非零向量 $\boldsymbol{x}$ 与 $\boldsymbol{Ax}$ 是线性无关的,那么 $\boldsymbol{x}$ 可能是方阵 $\boldsymbol{A}$ 的特征向量吗?

2. 特征值与特征向量的求法

将(6.1)式改写为

$$(\lambda_0\boldsymbol{E}-\boldsymbol{A})\boldsymbol{x}=0 \tag{6.2}$$

其中 $\boldsymbol{x}\neq 0$. 显然,n 元齐次线性方程组(6.2)有非零解的充要条件是:

$$|\lambda_0\boldsymbol{E}-\boldsymbol{A}|=0$$

一般地,我们可以将以 λ 为未知数的多项式

$$|\lambda\boldsymbol{E}-\boldsymbol{A}|=\begin{vmatrix}\lambda-a_{11} & -a_{12} & \cdots & -a_{1n}\\ -a_{21} & \lambda-a_{22} & \cdots & -a_{2n}\\ \vdots & \vdots & & \vdots\\ -a_{n1} & -a_{n2} & \cdots & \lambda-a_{nn}\end{vmatrix}$$

称为方阵 $\boldsymbol{A}$ 的特征多项式.

命题 6.1 数 λ_0 是 n 阶方阵 $\boldsymbol{A}$ 的特征值$\Leftrightarrow\lambda_0$ 是方阵 $\boldsymbol{A}$ 的特征多项式$|\lambda\boldsymbol{E}-\boldsymbol{A}|$的根,即$|\lambda_0\boldsymbol{E}-\boldsymbol{A}|=0$.

因此,对具体方阵的特征值与特征向量的求解过程,可以通过如下步骤实现:

(1)先解出方阵 $\boldsymbol{A}$ 的特征多项式$|\lambda\boldsymbol{E}-\boldsymbol{A}|$的所有不同的根,从而得到 $\boldsymbol{A}$ 的所有不同的特征值 $\lambda_1\cdots,\lambda_m$;

(2)对于每一个特征值 λ_i,方程组$(\lambda_i\boldsymbol{E}-\boldsymbol{A})x=0$ 的非零解是与 λ_i 对应的特征向量$(i=1,2,\cdots,m)$. 因此,如果设$(\lambda_i\boldsymbol{E}-\boldsymbol{A})x=0$ 的一个基础解系为 $x_1,\cdots,x_k$,则线性组合

$$l_1x_1+\cdots+l_kx_k \quad (\text{其中 } l_1\cdots,l_k,\text{不全为零})$$

是属于特征值 λ_i 的一切特征向量的通式.

例 6.1 求 $\boldsymbol{A}=\begin{bmatrix}4&3\\1&2\end{bmatrix}$的特征值和特征向量.

解 $\boldsymbol{A}$ 的特征多项式

$$|\lambda\boldsymbol{E}-\boldsymbol{A}|=\begin{vmatrix}\lambda-4&-3\\-1&\lambda-2\end{vmatrix}=\lambda^2-6\lambda+5=(\lambda-1)(\lambda-5)$$

所以 $\boldsymbol{A}$ 的特征值为 $\lambda_1=1$ 和 $\lambda_2=5$.

当 $\lambda_1=1$ 时,由于方程组

$$(\lambda_1\boldsymbol{E}-\boldsymbol{A})x=\begin{bmatrix}1-4&-3\\-1&1-2\end{bmatrix}x=0$$

的基础解系为

$$\boldsymbol{p}_1=\begin{bmatrix}1\\-1\end{bmatrix}$$

所以 $\boldsymbol{p}_1$ 是对应特征值 $\lambda_1=1$ 的一个特征向量,可以用 $k\boldsymbol{p}_1(k\neq0)$来表示对应 $\lambda_1=1$ 的所有特征向量.

当 $\lambda_2=5$ 时,方程组

$$(\lambda_2\boldsymbol{E}-\boldsymbol{A})x=\begin{bmatrix}5-4&-3\\-1&5-2\end{bmatrix}x=0$$

的基础解系为

$$\boldsymbol{p}_2=\begin{bmatrix}3\\1\end{bmatrix}$$

所以 $\boldsymbol{p}_2$ 是对应特征值 $\lambda_2=5$ 的一个特征向量,可以用 $k\boldsymbol{p}_2(k\neq0)$来表示对应 $\lambda_2=5$ 的所有特征向量.

例 6.2 求 $\boldsymbol{A}=\begin{bmatrix}3&1&0\\-4&-1&0\\5&0&2\end{bmatrix}$的特征值和特征向量.

解 $\boldsymbol{A}$ 的特征多项式为

$$|\lambda\boldsymbol{E}-\boldsymbol{A}|=\begin{vmatrix}\lambda-3&-1&0\\4&\lambda+1&0\\-5&0&\lambda-2\end{vmatrix}=(\lambda-2)(\lambda-1)^2$$

所以 $\boldsymbol{A}$ 的特征值为 $\lambda_1=2,\lambda_2=\lambda_3=1$.

当 $\lambda_1=2$ 时,方程组 $(2\boldsymbol{E}-\boldsymbol{A})x=0$ 的基础解系为

$$\boldsymbol{p}_1=\begin{bmatrix}0\\0\\1\end{bmatrix}$$

因此 $k\boldsymbol{p}_1(k\neq0)$ 是对应 $\lambda_1=2$ 的所有特征向量.

当 $\lambda_2=\lambda_3=1$ 时,方程组 $(\boldsymbol{E}-\boldsymbol{A})x=0$ 的基础解系为

$$\boldsymbol{p}_2=\begin{bmatrix}-1\\2\\5\end{bmatrix}$$

因此 $k\boldsymbol{p}_2(k\neq0)$ 是对应 $\lambda_2=\lambda_3=1$ 的所有特征向量.

例 6.3 求 $\boldsymbol{A}=\begin{bmatrix}1&-2&2\\-2&-2&4\\2&4&-2\end{bmatrix}$ 的特征值和特征向量.

解 $\boldsymbol{A}$ 的特征多项式为

$$|\lambda\boldsymbol{E}-\boldsymbol{A}|=\begin{vmatrix}\lambda-1&2&-2\\2&\lambda+2&-4\\-2&-4&\lambda+2\end{vmatrix}=(\lambda-2)^2(\lambda+7)$$

所以 $\boldsymbol{A}$ 的特征值为 $\lambda_1=-7,\lambda_2=\lambda_3=2$.

当 $\lambda_1=-7$ 时,方程组 $(-7\boldsymbol{E}-\boldsymbol{A})x=0$ 的基础解系为

$$\boldsymbol{p}_1=\begin{bmatrix}1\\2\\-2\end{bmatrix}$$

因此,$k\boldsymbol{p}_1(k\neq0)$ 是对应 $\lambda_1=-7$ 的所有特征向量.

当 $\lambda_2=\lambda_3=2$ 时,方程组 $(2\boldsymbol{E}-\boldsymbol{A})x=0$ 的基础解系为

$$\boldsymbol{p}_2=\begin{bmatrix}0\\1\\1\end{bmatrix},\quad \boldsymbol{p}_3=\begin{bmatrix}2\\1\\2\end{bmatrix}$$

因此 $k_2\boldsymbol{p}_2+k_3\boldsymbol{p}_3$ 是对应 $\lambda_2=\lambda_3=2$ 的所有特征向量,其中 k_2 与 k_3 不同时为零.

3. 关于特征值与特征向量的若干性质

命题 6.2 **设 n 阶方阵 $\boldsymbol{A}=[a_{ij}]_{n\times n}$,$\lambda_1,\lambda_2,\cdots,\lambda_n$ 是 $\boldsymbol{A}$ 的 n 个特征值,则**

(1) $|\lambda\boldsymbol{E}-\boldsymbol{A}|=\lambda^n-(a_{11}+a_{22}+\cdots+a_{nn})\lambda^{n-1}+\cdots+(-1)^n\cdot|\boldsymbol{A}|$;

(2) $|\lambda\boldsymbol{E}-\boldsymbol{A}|=(\lambda-\lambda_1)\cdots(\lambda-\lambda_n)$.

从而,$\lambda_1+\cdots+\lambda_n=a_{11}+\cdots+a_{nn}$,$\lambda_1\cdots\lambda_n=|\boldsymbol{A}|$.

证明 (1) 由于行列式

$$|\lambda\boldsymbol{E}-\boldsymbol{A}|=\begin{vmatrix}\lambda-a_{11} & -a_{12} & \cdots & -a_{1n}\\ -a_{21} & \lambda-a_{22} & \cdots & -a_{2n}\\ \vdots & \vdots & & \vdots\\ -a_{n1} & -a_{n2} & \cdots & \lambda-a_{nn}\end{vmatrix}$$

的展开式中,只有一项是主对角线的乘积

$$(\lambda-a_{11})(\lambda-a_{22})\cdots(\lambda-a_{nn})$$

而其他每个加项的因子中最多含有

$$\lambda-a_{11},\lambda-a_{22},\cdots,\lambda-a_{nn}$$

中的 $n-2$ 项,因而$|\lambda\boldsymbol{E}-\boldsymbol{A}|$是 λ 的 n 次多项式,其中 λ^n,λ^{n-1}的系数分别是

$$\begin{aligned}&(\lambda-a_{11})(\lambda-a_{22})\cdots(\lambda-a_{nn})\\ &=\lambda^n-(a_{11}+\cdots+a_{nn})\lambda^{n-1}+\cdots+(-1)^n a_{11}\cdots a_{nn}\end{aligned}$$

中 λ^n, λ^{n-1} 的系数. 又因为 $|0\boldsymbol{E}-\boldsymbol{A}|=(-1)^n\cdot|\boldsymbol{A}|$, 所以 $|\lambda\boldsymbol{E}-\boldsymbol{A}|$的常数项为$(-1)^n\cdot|\boldsymbol{A}|$.

(2) 由于

$$\begin{aligned}|\lambda\boldsymbol{E}-\boldsymbol{A}|&=(\lambda-\lambda_1)\cdots(\lambda-\lambda_n)\\ &=\lambda^n-(\lambda_1+\cdots+\lambda_n)\lambda^{n-1}+\cdots+(-1)^n\lambda_1\cdots\lambda_n\end{aligned}$$

比较$|\lambda\boldsymbol{E}-\boldsymbol{A}|$中 λ^{n-1}的系数及常数项得到

$$\lambda_1+\cdots+\lambda_n=a_{11}+\cdots+a_{nn},\lambda_1\cdots\lambda_n=|\boldsymbol{A}|$$

例 6.4 若 λ 是可逆阵 $\boldsymbol{A}$ 的特征值,则

(1) $\lambda\neq0$;

(2) λ^{-1}是 $\boldsymbol{A}^{-1}$的特征值.

证明 (1) 由命题 6.2,$\boldsymbol{A}$ 的一切特征值的乘积为$|\boldsymbol{A}|$,而当 $\boldsymbol{A}$ 可逆时,$|\boldsymbol{A}|\neq0$, 从而$\lambda\neq0$.

(2) 令 $\boldsymbol{A}\boldsymbol{x}=\lambda\boldsymbol{x}(\boldsymbol{x}\neq0)$ 则有

$$\boldsymbol{A}^{-1}\boldsymbol{x}=\lambda^{-1}\boldsymbol{x}$$

这说明 λ^{-1}为 $\boldsymbol{A}^{-1}$的特征值,且 $\boldsymbol{x}$ 为对应的一个特征向量.

例 6.5 若 λ_0 为 $\boldsymbol{A}$ 的特征值,求证 λ_0^2 是 $\boldsymbol{A}^2$ 的特征值.

证明 设非零向量 $\boldsymbol{x}$ 是对应特征值 λ_0 的特征向量,则

$$\boldsymbol{A}\boldsymbol{x}=\lambda_0\boldsymbol{x}$$

于是

$$A^2x = A(Ax) = A(\lambda_0 x) = \lambda_0 Ax = \lambda_0(\lambda_0 x) = \lambda_0^2 x$$

这说明 λ_0^2 是 A^2 的特征值.

命题 6.3　若 $\lambda_1,\cdots,\lambda_m$ 是 A 的不同的特征值，又 $p_1,\cdots,p_m$ 为分别对应它们的特征向量，则向量组 $p_1,\cdots,p_m$ 线性无关.

分析　我们在 $m=2$ 的情况下，说明命题的证明原理，由此读者不难用数学归纳法给出严格的证明. 设

$$k_1 p_1 + k_2 p_2 = 0 \tag{6.3}$$

则

$$A(k_1 p_1 + k_2 p_2) = k_1\lambda_1 p_1 + k_2\lambda_2 p_2 = 0 \tag{6.4}$$

另一方面，在(6.3)式两边同乘 λ_1，得到

$$k_1\lambda_1 p_1 + k_2\lambda_1 p_2 = 0 \tag{6.5}$$

再由(6.4)式与(6.5)式得到

$$k_2(\lambda_2 - \lambda_1)p_2 = 0$$

由于 $\lambda_2 \neq \lambda_1$，$p_2 \neq 0$，故 $k_2=0$；再由(6.3)式得 $k_1=0$. 因此，向量组 p_1,p_2 线性无关.

命题 6.4　令 $\lambda_1,\cdots,\lambda_m$ 是 A 的不同的特征值. 若

$p_1^{(1)},\cdots,p_{k_1}^{(1)}$ 是对应 λ_1 的线性无关的特征向量；

$p_1^{(2)},\cdots,p_{k_2}^{(2)}$ 是对应 λ_2 的线性无关的特征向量；

……

$p_1^{(m)},\cdots,p_{k_m}^{(m)}$ 是对应 λ_m 的线性无关的特征向量，

则所有这些特征向量线性无关.

评注：对于一个 n 阶方阵 A，如何找一组个数最多的线性无关的特征向量？上面两个命题回答了此问题：先找到 A 的所有不同的特征值 $\lambda_1,\cdots,\lambda_m$；再求出每个齐次线性方程组$(\lambda_i E - A)x=0$ 的一个基础解系；这 m 个方程组的基础解系拼在一起就是 A 的一组个数最多的线性无关的特征向量. 由于 $n+1$ 个 n 维向量一定线性相关，故这样的一组向量最多有 n 个. 请读者回顾本节的例 6.1 到例 6.4. 正如本节开始的分析(下一节中，我们将详细说明)，这组向量的个数若为 n，则矩阵 A 将有一个重要的特性——可对角化.

对于复数域内多项式的分解，见本章附录。

习　题　6.1

1. 判别下列命题的真假，并说明理由：

(1) 实数方阵的特征值一定为实数.

(2) 方阵的特征向量是唯一的.

(3) 只有对应不同特征值的特征向量才线性无关.

（4）两个不同的方阵的特征多项式一定不同.

2. 求下列矩阵的特征值和特征向量：

（1）$\begin{bmatrix} 0 & 1 \\ 0 & 0 \end{bmatrix}$；（2）$\begin{bmatrix} 2 & 1 \\ 1 & 2 \end{bmatrix}$；（3）$\begin{bmatrix} 2 & 1 & 0 \\ 0 & 2 & 1 \\ 0 & 0 & 2 \end{bmatrix}$；

（4）$\begin{bmatrix} 1 & 1 & 0 \\ 0 & 1 & 0 \\ 0 & 0 & 1 \end{bmatrix}$；（5）$\begin{bmatrix} 5 & 4 & 2 \\ 4 & 5 & 2 \\ 2 & 2 & 2 \end{bmatrix}$；（6）$\begin{bmatrix} -2 & 1 & 1 \\ 0 & 2 & 0 \\ -4 & 1 & 3 \end{bmatrix}$.

3. 设 λ 是方阵 $\boldsymbol{A}$ 的特征值，求证：

（1）$k\lambda$ 是 $k\boldsymbol{A}$ 的特征值；

（2）$k+\lambda$ 是 $k\boldsymbol{E}+\boldsymbol{A}$ 的特征值；

（3）若 $\boldsymbol{A}$ 是可逆阵，则 $\lambda^{-1}|\boldsymbol{A}|$ 是 $\boldsymbol{A}^*$ 的特征值；

（4）$a_0+a_1\lambda+a_2\lambda^2+\cdots+a_m\lambda^m$ 为矩阵

$$a_0\boldsymbol{E}+a_1\boldsymbol{A}+a_2\boldsymbol{A}^2+\cdots+a_m\boldsymbol{A}^m$$

的特征值.

4. 设 3 阶方阵 $\boldsymbol{A}$ 的特征值 $\lambda_1=1,\lambda_2=2,\lambda_3=3$. 求 $\boldsymbol{A}$ 的特征多项式 $|\lambda\boldsymbol{E}-\boldsymbol{A}|$ 及行列式 $|4\boldsymbol{E}-\boldsymbol{A}|$ 和 $|4\boldsymbol{E}+\boldsymbol{A}|$ 的值.

5. 设 $\boldsymbol{A}^2=\boldsymbol{E}$，求 $\boldsymbol{A}$ 的一切可能的特征值.

6. 设 $\boldsymbol{A}$ 为 n 阶方阵，且 $\boldsymbol{A}^m=0$（m 为正整数），求 $|\boldsymbol{E}+\boldsymbol{A}|$ 的值.

7. 设 2 阶方阵 $\boldsymbol{A}$ 的特征值为 $\lambda_1=-1,\lambda_2=2$，对应的特征向量为

$$\boldsymbol{p}_1=\begin{bmatrix} 1 \\ 2 \end{bmatrix},\quad \boldsymbol{p}_2=\begin{bmatrix} 2 \\ 5 \end{bmatrix}$$

求方阵 $\boldsymbol{A}$.

8. 设

$$\boldsymbol{A}=\begin{bmatrix} 0 & 0 & 1 \\ x & 1 & y \\ 1 & 0 & 0 \end{bmatrix}$$

有 3 个线性无关的特征向量，求 x 和 y 满足的条件.

9. 设

$$\boldsymbol{A}=\begin{bmatrix} 1 & 0 & 1 \\ 0 & x & 0 \\ 1 & 0 & y \end{bmatrix}$$

其特征值为 $\lambda_1=0,\lambda_2=2,\lambda_3=2$，求 x 和 y 的值.

10. 设向量 $\boldsymbol{x}_0$ 是方阵 $\boldsymbol{A}$ 的对应特征值 λ_1 的特征向量，即 $\boldsymbol{A}\boldsymbol{x}_0=\lambda_1\boldsymbol{x}_0$，若还存在数 λ_2 使

$\boldsymbol{A}\boldsymbol{x}_0=\lambda_2\boldsymbol{x}_0$，试证明 $\lambda_1=\lambda_2$.

11. 设 λ_1,λ_2 是 $\boldsymbol{A}$ 的两个不同的特征值，且 $\boldsymbol{x}_1,\boldsymbol{x}_2$ 分别为对应它们的特征向量，求证 $\boldsymbol{x}_1+\boldsymbol{x}_2$ 不是 $\boldsymbol{A}$ 的特征向量.

12. 设 $\boldsymbol{A}=\boldsymbol{\alpha}^{\mathrm{T}}\boldsymbol{\alpha}$，且 $\boldsymbol{\alpha}=(a,b,c)$，其中 $a\neq 0$，试求出 $\boldsymbol{A}$ 的所有特征值及相应特征向量.

13. 设 $\boldsymbol{A},\boldsymbol{B}$ 为同阶方阵，λ 是 $\boldsymbol{AB}$ 的特征值，求证 λ 也是 $\boldsymbol{BA}$ 的特征值.（提示：分 $\lambda=0$，$\lambda\neq 0$两种情况讨论）.

14. 设 $\boldsymbol{A}$ 是可逆矩阵，讨论 $\boldsymbol{A}$ 与 $\boldsymbol{A}^*$ 的特征值（特征向量）之间的相互关系.

6.2　方阵的相似与对角化

引：由上一节的内容，我们了解到对任何一个方阵都可以求出其特征值与特征向量. 例如，对于一个 3 阶方阵 $\boldsymbol{A}$，可以得到 $\boldsymbol{A}$ 的 3 个特征值，这里不妨设为 λ_1,λ_2 与 λ_3，进一步可以得到相应的特征向量 $\boldsymbol{p}_1,\boldsymbol{p}_2$ 与 $\boldsymbol{p}_3$，并且

$$\boldsymbol{A}\boldsymbol{p}_i=\lambda_i\boldsymbol{p}_i\quad(i=1,2,3)$$

进而有

$$\boldsymbol{A}[\boldsymbol{p}_1\quad\boldsymbol{p}_2\quad\boldsymbol{p}_3]=[\lambda_1\boldsymbol{p}_1\quad\lambda_2\boldsymbol{p}_2\quad\lambda_3\boldsymbol{p}_3]=[\boldsymbol{p}_1\quad\boldsymbol{p}_2\quad\boldsymbol{p}_3]\begin{bmatrix}\lambda_1&0&0\\0&\lambda_2&0\\0&0&\lambda_3\end{bmatrix}$$

显然，如果 3 阶方阵 $\boldsymbol{P}=(\boldsymbol{p}_1\quad\boldsymbol{p}_2\quad\boldsymbol{p}_3)$ 是可逆的，则有

$$\boldsymbol{P}^{-1}\boldsymbol{A}\boldsymbol{P}=\begin{bmatrix}\lambda_1&0&0\\0&\lambda_2&0\\0&0&\lambda_3\end{bmatrix}$$

也就是，可以将 $\boldsymbol{A}$ 按照一定的方法转换成一个对角阵. 这就是本节要介绍的内容：(1) 当$\boldsymbol{P}$可逆时，对 $\boldsymbol{A}$ 与 $\boldsymbol{P}^{-1}\boldsymbol{A}\boldsymbol{P}$ 的关系进行定义；(2) 给出方阵可对角化的定义，并判断何种方阵可以被对角化.

1. 两个方阵的相似

定义 6.2　设 $\boldsymbol{A},\boldsymbol{B}$ 为两个同阶方阵. 若存在一个可逆矩阵 $\boldsymbol{P}$ 使

$$\boldsymbol{P}^{-1}\boldsymbol{A}\boldsymbol{P}=\boldsymbol{B}$$

则称 $\boldsymbol{A}$ 与 $\boldsymbol{B}$ **相似**，记为 $\boldsymbol{A}\sim\boldsymbol{B}$；由 $\boldsymbol{A}$ 产生 $\boldsymbol{P}^{-1}\boldsymbol{A}\boldsymbol{P}$ 的运算也可以称为对 $\boldsymbol{A}$ 进行**相似变换**.

例如，由于

$$\begin{bmatrix}1&1\\-1&1\end{bmatrix}^{-1}\begin{bmatrix}2&1\\1&2\end{bmatrix}\begin{bmatrix}1&1\\-1&1\end{bmatrix}=\begin{bmatrix}1&0\\0&3\end{bmatrix}$$

故$\begin{bmatrix}2&1\\1&2\end{bmatrix}$与$\begin{bmatrix}1&0\\0&3\end{bmatrix}$相似.

相似关系是矩阵之间的一种特殊的等价关系,即两个相似矩阵是等价矩阵,但反之不然.类似于等价关系,相似关系具有以下基本性质.

(1) 反身性:$\boldsymbol{A}\sim\boldsymbol{A}$;

(2) 对称性:若$\boldsymbol{A}\sim\boldsymbol{B}$,则$\boldsymbol{B}\sim\boldsymbol{A}$;

(3) 传递性:若$\boldsymbol{A}\sim\boldsymbol{B}$,且$\boldsymbol{B}\sim\boldsymbol{C}$,则$\boldsymbol{A}\sim\boldsymbol{C}$.

命题 6.5　相似的矩阵有相同的特征多项式,从而有相同的特征值,即矩阵在相似变换之下特征多项式不变.

证明　设$\boldsymbol{P}^{-1}\boldsymbol{A}\boldsymbol{P}=\boldsymbol{B}$,则

$$\begin{aligned}|\lambda\boldsymbol{E}-\boldsymbol{B}|&=|\lambda\boldsymbol{E}-\boldsymbol{P}^{-1}\boldsymbol{A}\boldsymbol{P}|=|\boldsymbol{P}^{-1}(\lambda\boldsymbol{E}-\boldsymbol{A})\boldsymbol{P}|\\&=|\boldsymbol{P}^{-1}|\cdot|\lambda\boldsymbol{E}-\boldsymbol{A}|\cdot|\boldsymbol{P}|=|\boldsymbol{P}^{-1}\boldsymbol{P}|\cdot|\lambda\boldsymbol{E}-\boldsymbol{A}|\\&=|\lambda\boldsymbol{E}-\boldsymbol{A}|\end{aligned}$$

评注:若两个矩阵的特征多项式相同,它们不一定相似. 例如$\begin{bmatrix}0&0\\0&0\end{bmatrix}$和$\begin{bmatrix}0&1\\0&0\end{bmatrix}$的特征多项式都是$\lambda^2$,但它们不会相似,因为对任何可逆的 2 阶方阵$\boldsymbol{P}$,$\boldsymbol{P}\begin{bmatrix}0&0\\0&0\end{bmatrix}\boldsymbol{P}^{-1}\neq\begin{bmatrix}0&1\\0&0\end{bmatrix}$.

2. 方阵可对角化的问题

定义 6.3　若方阵$\boldsymbol{A}$相似于一个对角阵,则称$\boldsymbol{A}$**可对角化.**

例如$\begin{bmatrix}2&1\\1&2\end{bmatrix}$可对角化,而$\begin{bmatrix}0&1\\0&0\end{bmatrix}$不能对角化. 事实上,若后者能对角化,则它与一个对角阵相似,而相似的矩阵有相同的特征值,所以这个对角阵应该为零矩阵,即$\boldsymbol{P}\begin{bmatrix}0&1\\0&0\end{bmatrix}\boldsymbol{P}^{-1}=\begin{bmatrix}0&0\\0&0\end{bmatrix}$. 但此结果是不可能出现的. 可见,并不是所有的方阵都可以被对角化. 下面,我们将讨论方阵可对角化的条件.

定理 6.1　n 阶方阵 $\boldsymbol{A}$ 可对角化$\Leftrightarrow\boldsymbol{A}$ 有 n 个线性无关的特征向量.

证明　设$\boldsymbol{A}$可对角化,且$\boldsymbol{P}^{-1}\boldsymbol{A}\boldsymbol{P}=\mathrm{diag}(\lambda_1,\cdots,\lambda_n)$,则

$$\boldsymbol{A}\boldsymbol{P}=\boldsymbol{P}\mathrm{diag}(\lambda_1,\cdots,\lambda_n)$$

若写可逆阵$\boldsymbol{P}=[\boldsymbol{p}_1\quad\cdots\quad\boldsymbol{p}_n]$,则$\boldsymbol{p}_1,\cdots,\boldsymbol{p}_n$线性无关,且上式为

$$\boldsymbol{A}\boldsymbol{p}_1=\lambda_1\boldsymbol{p}_1,\cdots,\boldsymbol{A}\boldsymbol{p}_n=\lambda_n\boldsymbol{p}_n$$

即$\boldsymbol{p}_1,\cdots,\boldsymbol{p}_n$为$\boldsymbol{A}$的 n 个线性无关的特征向量.

反之是明显的,因为上面的运算都是双向的.

推论　若 n 阶方阵 $\boldsymbol{A}$ 有 n 个不同的特征值,则 $\boldsymbol{A}$ 可对角化.

证明　因为每个特征值至少有一个特征向量,而对应不同特征值的特征向量是线性无关的,所以 $\boldsymbol{A}$ 有 n 个线性无关的特征向量. 由定理6.1知,$\boldsymbol{A}$ 可对角化.

例6.6　讨论下面的矩阵是否可对角化:

$$\boldsymbol{A}=\begin{bmatrix}1&4&6\\0&2&5\\0&0&3\end{bmatrix}$$

解　因为 $\boldsymbol{A}$ 有三个不同的特征值1,2,3,故 $\boldsymbol{A}$ 可对角化.

例6.7　讨论下面的矩阵是否可对角化:

$$\boldsymbol{A}=\begin{bmatrix}1&0&0\\0&2&1\\0&0&2\end{bmatrix}$$

解　$\boldsymbol{A}$ 的特征多项式

$$|\lambda\boldsymbol{E}-\boldsymbol{A}|=\begin{vmatrix}\lambda-1&0&0\\0&\lambda-2&-1\\0&0&\lambda-2\end{vmatrix}=(\lambda-1)(\lambda-2)^2$$

特征值 $\lambda_1=1,\lambda_2=\lambda_3=2$.

因为 $\mathrm{r}(\lambda_1\boldsymbol{E}-\boldsymbol{A})=2$,故方程组 $(\lambda_1\boldsymbol{E}-\boldsymbol{A})\boldsymbol{x}=0$ 的基础解系中仅有一个向量;

因为 $\mathrm{r}(\lambda_2\boldsymbol{E}-\boldsymbol{A})=2$,故方程组 $(\lambda_2\boldsymbol{E}-\boldsymbol{A})\boldsymbol{x}=0$ 的基础解系中也仅有一个向量.

总之,3阶方阵 $\boldsymbol{A}$ 最多有两个线性无关的特征向量,从而 $\boldsymbol{A}$ 不能对角化.

例6.8　讨论下面的矩阵是否可对角化:

$$\boldsymbol{A}=\begin{bmatrix}5&0&0&0\\0&5&0&0\\1&4&-3&0\\-1&-2&0&-3\end{bmatrix}$$

解　矩阵的特征值为 $\lambda_1=\lambda_2=-3,\lambda_3=\lambda_4=5$. 由

$$-3\boldsymbol{E}-\boldsymbol{A}=\begin{bmatrix}-8&0&0&0\\0&-8&0&0\\-1&-4&0&0\\1&2&0&0\end{bmatrix},\quad 5\boldsymbol{E}-\boldsymbol{A}=\begin{bmatrix}0&0&0&0\\0&0&0&0\\-1&-4&8&0\\1&2&0&8\end{bmatrix}$$

看到 $\mathrm{r}(-3\boldsymbol{E}-\boldsymbol{A})=\mathrm{r}(5\boldsymbol{E}-\boldsymbol{A})=2$,从而方程组 $(-3\boldsymbol{E}-\boldsymbol{A})\boldsymbol{x}=0$ 和方程组 $(5\boldsymbol{E}-\boldsymbol{A})\boldsymbol{x}=0$ 的基础解系中都有两个向量. 从而 $\boldsymbol{A}$ 有4个线性无关的特征向量,于是 $\boldsymbol{A}$ 可对角化.

定理6.2　**n 阶方阵 $\boldsymbol{A}$ 可对角化⇔若 λ_i 是 $\boldsymbol{A}$ 的 k_i 重特征值,则方程组 $(\lambda_i\boldsymbol{E}-\boldsymbol{A})x=0$ 的基础解系中恰好有 k_i 个线性无关的特征向量,即 $\mathrm{r}(\lambda_i\boldsymbol{E}-\boldsymbol{A})=n-k_i$. 这里 $\lambda_1,\cdots,\lambda_m$ 是 $\boldsymbol{A}$ 的**

所有不同的特征值$(i=1,2,\cdots,m)$.

例如 若 3 阶方阵 $\boldsymbol{A}$ 的特征值为 $\lambda_1=\lambda_2\neq\lambda_3$，且 $\mathrm{r}(\lambda_1\boldsymbol{E}-\boldsymbol{A})=1$，则 $\boldsymbol{A}$ 可对角化. 这是因为，对应二重特征值 λ_1，有 $3-\mathrm{r}(\lambda_1\boldsymbol{E}-\boldsymbol{A})=2$；此时一定有 $3-\mathrm{r}(\lambda_3\boldsymbol{E}-\boldsymbol{A})=1$. 从而 $\boldsymbol{A}$ 满足上述定理的条件，一定可对角化.

需要注意的是，一般情况下，如果 λ_0 为 n 阶方阵 $\boldsymbol{A}$ 的 k 重特征值，那么方程组 $(\lambda_0\boldsymbol{E}-\boldsymbol{A})x=0$ 的基础解系中至多有 k 个线性无关的解向量. 有兴趣的同学可以自己证明此结论的正确性(提示：将方程组 $(\lambda_0\boldsymbol{E}-\boldsymbol{A})\boldsymbol{x}=0$ 的基础解系扩展为 $\mathbb{C}^n$ 的基).

例 6.9 判断 2 阶矩阵

$$\boldsymbol{A}=\begin{bmatrix}1 & 4\\ 3 & 2\end{bmatrix}$$

是否可对角化，并求出 $\boldsymbol{A}^{100}$.

解：首先通过特征值与特征向量的情况来判断 $\boldsymbol{A}$ 是否可对角化，由

$$|\lambda\boldsymbol{E}-\boldsymbol{A}|=\begin{vmatrix}\lambda-1 & -4\\ -3 & \lambda-2\end{vmatrix}=(\lambda-5)(\lambda+2)=0$$

可得 $\boldsymbol{A}$ 的两个相异特征值 $\lambda_1=5,\lambda_2=-2$，显然，根据可对角化的相应结论，$\boldsymbol{A}$ 可对角化. 具体的，可以用 $\boldsymbol{A}$ 的特征值和特征向量描述对角化过程. 首先，依据 $\boldsymbol{A}$ 的特征值 $\lambda_1=5$ 与 $\lambda_2=-2$，可分别求得相应的特征向量

$$\boldsymbol{x}_1=\begin{bmatrix}1\\ 1\end{bmatrix},\quad \boldsymbol{x}_2=\begin{bmatrix}-4\\ 3\end{bmatrix}$$

于是，可设

$$\boldsymbol{B}=\begin{bmatrix}\lambda_1 & 0\\ 0 & \lambda_2\end{bmatrix}=\begin{bmatrix}5 & 0\\ 0 & -2\end{bmatrix}$$

$$\boldsymbol{P}=\begin{bmatrix}x_1 & x_2\end{bmatrix}=\begin{bmatrix}1 & -4\\ 1 & 3\end{bmatrix}$$

容易验证得 $\boldsymbol{PB}=\boldsymbol{AP}$，即

$$\boldsymbol{P}^{-1}\boldsymbol{AP}=\boldsymbol{B}$$

其中

$$\boldsymbol{P}^{-1}=\frac{1}{7}\begin{bmatrix}3 & 4\\ -1 & 1\end{bmatrix}$$

完成了将 A 变换为对角阵的过程.

进一步地，

$$\begin{aligned}\boldsymbol{A}^{100}&=(\boldsymbol{PBP}^{-1})^{100}=\boldsymbol{PB}^{100}\boldsymbol{P}^{-1}\\&=\frac{1}{7}\begin{pmatrix}3\times5^{100}+4\times2^{100} & 4\times5^{100}-4\times2^{100}\\ 3\times5^{100}-3\times2^{100} & 4\times5^{100}+3\times2^{100}\end{pmatrix}\end{aligned}$$

习　题　6.2

1. 判别下列命题的真假，并说明理由：

(1) 只有具有 n 个不同特征值的 n 阶方阵才能对角化.

(2) 每个方阵都可对角化.

2. 已知 $\boldsymbol{A}=\begin{bmatrix}1 & 0\\ -1 & 2\end{bmatrix}$，求 $\boldsymbol{P}$ 使 $\boldsymbol{P}^{-1}\boldsymbol{A}\boldsymbol{P}=\begin{bmatrix}1 & 0\\ 0 & 2\end{bmatrix}$，并求 $\boldsymbol{A}^{10}$.

3. 设 $\boldsymbol{A}$ 与 $\boldsymbol{B}$ 相似，且

$$\boldsymbol{A}=\begin{bmatrix}2 & 0 & 0\\ 0 & 0 & 1\\ 0 & 1 & x\end{bmatrix},\quad \boldsymbol{B}=\begin{bmatrix}2 & 0 & 0\\ 0 & y & 0\\ 0 & 0 & -1\end{bmatrix}$$

求 x 和 y，并求可逆矩阵 $\boldsymbol{P}$ 使 $\boldsymbol{P}^{-1}\boldsymbol{A}\boldsymbol{P}=\boldsymbol{B}$.

4. 设 $\boldsymbol{A},\boldsymbol{B}$ 都是 n 阶方阵，且 $\boldsymbol{A}$ 可逆，求证 $\boldsymbol{A}\boldsymbol{B}$ 与 $\boldsymbol{B}\boldsymbol{A}$ 相似.

5. 设 $\boldsymbol{A}_1,\boldsymbol{A}_2$ 分别与 $\boldsymbol{B}_1,\boldsymbol{B}_2$ 相似，求证 $\begin{bmatrix}\boldsymbol{A}_1 & 0\\ 0 & \boldsymbol{A}_2\end{bmatrix}$ 与 $\begin{bmatrix}\boldsymbol{B}_1 & 0\\ 0 & \boldsymbol{B}_2\end{bmatrix}$ 相似.

6. 求证下面的两个 2 阶方阵相似：

$$\begin{bmatrix}a & b\\ c & d\end{bmatrix},\quad \begin{bmatrix}d & c\\ b & a\end{bmatrix}$$

7. 设 $\boldsymbol{A}$ 是一个可对角化的方阵，试证明：若 $\boldsymbol{B}$ 是一个与 $\boldsymbol{A}$ 相似的矩阵，则 $\boldsymbol{B}$ 也是一个可对角化的矩阵.

8. 设 2 阶实方阵 $\boldsymbol{A}$ 的行列式 $|\boldsymbol{A}|<0$，求证 $\boldsymbol{A}$ 可对角化.

9. 设矩阵

$$\boldsymbol{A}=\begin{bmatrix}2 & 0 & 1\\ 3 & 1 & x\\ 4 & 0 & 5\end{bmatrix}$$

可对角化，求 x.

10. 设 n 阶实方阵 $\boldsymbol{A}$ 满足 $\boldsymbol{A}^2=\boldsymbol{A}$，求证：

(1) $\mathrm{r}(\boldsymbol{E}-\boldsymbol{A})+\mathrm{r}(\boldsymbol{A})=n$；

(2) $\boldsymbol{A}$ 相似于 $\begin{bmatrix}\boldsymbol{E}_r & 0\\ 0 & 0\end{bmatrix}$，这里 $r=\mathrm{r}(\boldsymbol{A})$.

6.3* 约当标准形简介

我们曾经指出,矩阵的等价为实数域上(其他的数域也可以)一切 $m\times n$ 矩阵之间的一个等价关系. 而且我们证实了两个矩阵等价的充要条件为它们的秩相同,从而$\mathbb{R}^{m\times n}$中的矩阵按秩是否相同分了若干类,且在秩为 r 的类中,有一个外形优美的标准形$\begin{bmatrix}\boldsymbol{E}_r & 0\\ 0 & 0\end{bmatrix}$.

现在矩阵间的相似也是实数域或复数域上一切 n 阶方阵之间的等价关系. 这样,我们将$\mathbb{R}^{n\times n}$(或$\mathbb{C}^{n\times n}$)视为一个学校,其中的一切学生(方阵)按是否相似也可以分成若干个班级,相似的学生(方阵)在同一个班中. 现在的问题是,我们能否指定一个统一的标准,在每个班中(相似类中)选出一个标准形,此标准形在外形上也要优美规范. 当然这样的标准形不是唯一的,对于复数域上的 n 阶方阵,我们有一种优美规范的相似标准形——**约当标准形**. 下面我们就简要地介绍约当标准形.

下列形式的矩阵称为 k 阶**约当块**:

$$\boldsymbol{J}_k(\lambda)=\begin{bmatrix}\lambda & 1 & & \\ & \ddots & \ddots & \\ & & \ddots & 1\\ & & & \lambda\end{bmatrix}_{k\times k}$$

例如,下面的 4 个矩阵为约当块:

$$\boldsymbol{J}_1(2)=[2],\qquad \boldsymbol{J}_2(-1)=\begin{bmatrix}-1 & 1\\ 0 & -1\end{bmatrix}$$

$$\boldsymbol{J}_3(-2)=\begin{bmatrix}-2 & 1 & 0\\ 0 & -2 & 1\\ 0 & 0 & -2\end{bmatrix},\qquad \boldsymbol{J}_4(3)=\begin{bmatrix}3 & 1 & 0 & 0\\ 0 & 3 & 1 & 0\\ 0 & 0 & 3 & 1\\ 0 & 0 & 0 & 3\end{bmatrix}$$

对角线由约当块构成的对角分块阵称为**约当阵**:

$$\boldsymbol{J}=\begin{bmatrix}\boldsymbol{J}_{k_1}(\lambda_1) & & & \\ & \boldsymbol{J}_{k_2}(\lambda_2) & & \\ & & \ddots & \\ & & & \boldsymbol{J}_{k_s}(\lambda_s)\end{bmatrix}$$

例如,下面的 3 个矩阵都是约当阵:

$$\begin{bmatrix} \boxed{2} & 0 & 0 \\ 0 & 2 & 1 \\ 0 & 0 & 2 \end{bmatrix},\quad \begin{bmatrix} -1 & 1 & 0 & 0 \\ 0 & -1 & 0 & 0 \\ 0 & 0 & 3 & 1 \\ 0 & 0 & 0 & 3 \end{bmatrix},\quad \begin{bmatrix} 5 & 1 & 0 & 0 & 0 \\ 0 & 5 & 1 & 0 & 0 \\ 0 & 0 & 5 & 0 & 0 \\ 0 & 0 & 0 & -1 & 1 \\ 0 & 0 & 0 & 0 & -1 \end{bmatrix}$$

定理 6.3　(Jordan) 在复数域内,任何一个方阵 A 都相似于一个约当阵

$$J = \begin{bmatrix} J_{k_1}(\lambda_1) & & & \\ & J_{k_2}(\lambda_2) & & \\ & & \ddots & \\ & & & J_{k_s}(\lambda_s) \end{bmatrix}$$

即存在可逆阵 P 使得 $A = PJP^{-1}$;若不记约当块的顺序,这个约当阵是唯一的,称其为 A 的约当标准形.

此定理的证明是一个耗时的系统工程,我们不得不略去其证明. 事实上,对于一个具体的方阵 A,有标准的程序来计算其约当标准形 J 及满足 $A = PJP^{-1}$ 的可逆阵 P. 对此,读者可参考其他代数学专著或数学专业的高等代数课本.

例 6.10　特征值为 1,1,1 的一切 3 阶复方阵按相似分几类?

解　由定理 6.3 知,特征值为 1,1,1 的 3 阶约当阵有如下 3 个(不计约当块的顺序):

$$\begin{bmatrix} 1 & 0 & 0 \\ 0 & 1 & 0 \\ 0 & 0 & 1 \end{bmatrix},\quad \begin{bmatrix} 1 & 0 & 0 \\ 0 & 1 & 1 \\ 0 & 0 & 1 \end{bmatrix},\quad \begin{bmatrix} 1 & 1 & 0 \\ 0 & 1 & 1 \\ 0 & 0 & 1 \end{bmatrix}$$

特征值为 1,1,1 的一切 3 阶复方阵按相似分 3 类.

例 6.11　设矩阵

$$A = \begin{bmatrix} -3 & 3 & -2 \\ -7 & 6 & -3 \\ 1 & -1 & 2 \end{bmatrix}$$

求 A 的约当标准形 J.

解　A 的特征多项式

$$|\lambda E - A| = \begin{vmatrix} \lambda+3 & -3 & 2 \\ 7 & \lambda-6 & 3 \\ -1 & 1 & \lambda-2 \end{vmatrix} = (\lambda-1)(\lambda-2)^2$$

可得 A 的 3 个特征值 $\lambda_1 = 1, \lambda_2 = 2, \lambda_3 = 2$.

再对特征值 $\lambda_1=1$ 与 $\lambda_2=2$ 分别求出对应的特征向量.

对于 $\lambda_1=1$,$(\boldsymbol{E}-\boldsymbol{A})x=0$,解得其的一个特征向量为

$$\boldsymbol{x}_1=[1\quad 2\quad 1]^{\mathrm{T}}$$

对于 $\lambda_2=2$,$(2\boldsymbol{E}-\boldsymbol{A})\boldsymbol{x}=0$ 的系数矩阵的秩为 2,因此其基础解系中只含一个线性无关的解向量

$$\boldsymbol{x}_2=[1\quad 1\quad -1]^{\mathrm{T}}$$

故 $\boldsymbol{A}$ 不能对角化,从而 $\boldsymbol{A}$ 的约当标准形为

$$\boldsymbol{J}=\begin{bmatrix}1&0&0\\0&2&1\\0&0&2\end{bmatrix}$$

即存在可逆阵 $\boldsymbol{P}$ 使得 $\boldsymbol{A}=\boldsymbol{PJP}^{-1}$.

习　题　6.3

1. 在复数域内,特征值为 2,1,1 的一切 3 阶方阵分多少个相似类?

2. 在复数域内,特征值为 1,1,1,1 的一切 4 阶方阵分多少个相似类?

3. 设矩阵

$$\boldsymbol{A}=\begin{bmatrix}-1&0&1\\3&1&-1\\-1&0&1\end{bmatrix}$$

(1) 求 $\boldsymbol{A}$ 的约当标准形 $\boldsymbol{J}$;

(2) 求一个可逆阵 $\boldsymbol{P}$ 使 $\boldsymbol{A}=\boldsymbol{PJP}^{-1}$.

4. 设 $\boldsymbol{A}$ 为 3 阶方阵,$\boldsymbol{A}^2\neq 0$,$\boldsymbol{A}^3=0$. 求证 $\boldsymbol{A}$ 相似于矩阵 $\boldsymbol{J}_3(0)$.

5. 对于方阵 $\boldsymbol{A}$,若 $\boldsymbol{A}^k=0$(k 为一个确定的正整数),则称 $\boldsymbol{A}$ 为**幂零阵**. 求证 $\boldsymbol{A}$ 为幂零阵$\Leftrightarrow$$\boldsymbol{A}$ 的特征值都为 0.

附录　复数域内多项式的分解

作为 6.1 节的补充,在本附录中,我们简单介绍复数域内多项式的分解.

代数学基本定理　每个次数大于等于 1 的复系数多项式在复数域内至少有一个根.

此定理的证明是代数学中的一个系统工程,有兴趣的读者可参阅高深的代数学专著. 由此定理我们可以得到复数域内多项式的分解定理.

定理 1　每个次数大于等于 1 的复系数多项式

$$f(x)=x^n+a_{n-1}x^{n-1}+\cdots+a_1x+a_0$$

在复数域内都可分解成一次式的乘积,即

$$f(x)=(x-z_1)(x-z_2)\cdots(x-z_n)$$

这里的 $z_1,z_2,\cdots,z_n$ 为复数.

例如,

$$\begin{aligned}x^5-x^4+x-1&=(x-1)(x^4+1)\\&=(x-1)(x^2-\sqrt{2}x+1)(x^2+\sqrt{2}x+1)\\&=(x-1)\left[x-\left(\frac{\sqrt{2}}{2}+\frac{\sqrt{2}}{2}\mathrm{i}\right)\right]\left[x-\left(\frac{\sqrt{2}}{2}-\frac{\sqrt{2}}{2}\mathrm{i}\right)\right]\times\\&\quad\left[x-\left(-\frac{\sqrt{2}}{2}+\frac{\sqrt{2}}{2}\mathrm{i}\right)\right]\left[x-\left(-\frac{\sqrt{2}}{2}-\frac{\sqrt{2}}{2}\mathrm{i}\right)\right]\end{aligned}$$

定理2 设$f(x)=x^n+a_{n-1}x^{n-1}+\cdots+a_1x+a_0$为实系数多项式. 若$z=a+b\mathrm{i}\in\mathbb{C}$为$f(x)$的一个复根,则$\bar{z}=a-b\mathrm{i}$也是$f(x)$的根,即实系数多项式的虚部不为0的根共轭成对出现.

证明 由条件,有$f(z)=0$,即

$$z^n+a_{n-1}z^{n-1}+\cdots+a_1z+a_0=0$$

由复数运算的性质,我们得到

$$\begin{aligned}\bar{z}^n+a_{n-1}\bar{z}^{n-1}+\cdots+a_1\bar{z}^n+a_0&=\bar{z}^n+\bar{a}_{n-1}\bar{z}^{n-1}+\cdots+\bar{a}_1\bar{z}+\bar{a}_0\\&=\overline{z^n+a_{n-1}z^{n-1}+\cdots+a_1z+a_0}=0\end{aligned}$$

即$f(\bar{z})=0$.

第 7 章　实对称阵与二次型

本章实际上为线性代数的一个应用,借助实对称阵来讨论一类特殊的多元实函数——二次型. 例如,三元二次型的一般形式为:

$$\begin{aligned} f(x_1,x_2,x_3) = a_{11}x_1^2 &+ 2a_{12}x_1x_2 + 2a_{13}x_1x_3 \\ &+ a_{22}x_2^2 \quad + 2a_{23}x_2x_2 \\ &\qquad\qquad\quad + a_{33}x_3^2 \end{aligned}$$

若我们令 $\boldsymbol{x} = (x_1,x_2,x_3)^{\mathrm{T}}$,再构造一个对称矩阵

$$\boldsymbol{A} = \begin{bmatrix} a_{11} & a_{12} & a_{13} \\ a_{12} & a_{22} & a_{23} \\ a_{13} & a_{23} & a_{33} \end{bmatrix}$$

则 $f(\boldsymbol{x}) = \boldsymbol{x}^{\mathrm{T}}\boldsymbol{A}\boldsymbol{x}$. 每个二次型对应一个实对称阵,二次型的讨论可以等效地转化为实对称阵的讨论. 本章中,我们首先讨论二次型与矩阵的对应及二次型的标准形,指出了实对称阵在合同变换下的不变量,再将实对称阵的理论转化为实二次型的理论.

本章的主要内容:

(1) 向量的内积;

(2) 二次型与矩阵合同;

(3) 二次型的标准形;

(4) 正定二次型.

7.1　向量的内积

1. 向量的内积

在空间直角坐标系 $Oxyz$ 中,我们引入了两个向量的数量积(内积):若向量 $\boldsymbol{a} = (a_1,a_2,a_3)$,$\boldsymbol{b} = (b_1,b_2,b_3)$,则 $\boldsymbol{a}$ 与 $\boldsymbol{b}$ 的内积

$$\boldsymbol{a} \cdot \boldsymbol{b} = a_1b_1 + a_2b_2 + a_3b_3$$

内积具有如下的基本性质:

(1) $\boldsymbol{a} \cdot \boldsymbol{b} = \boldsymbol{b} \cdot \boldsymbol{a}$;

(2) $\boldsymbol{a} \cdot (\lambda\boldsymbol{b}) = (\lambda\boldsymbol{a}) \cdot \boldsymbol{b} = \lambda(\boldsymbol{a} \cdot \boldsymbol{b})$;

(3) $\boldsymbol{a} \cdot (\boldsymbol{b} + \boldsymbol{c}) = \boldsymbol{a} \cdot \boldsymbol{b} + \boldsymbol{a} \cdot \boldsymbol{c}$;

(4) $\boldsymbol{a}\cdot\boldsymbol{a}\geqslant\boldsymbol{0},\boldsymbol{a}\cdot\boldsymbol{a}=0\Leftrightarrow\boldsymbol{a}=\boldsymbol{0}$.

通过向量的内积,我们还引入了向量的正交、平行及夹角等概念. 所有这些都可以平移到线性空间$\mathbb{R}^n$上.

定义 7.1 (1) 对任意的$\boldsymbol{x}=(x_1,\cdots,x_n)^{\mathrm{T}},\boldsymbol{y}=(y_1,\cdots,y_n)^{\mathrm{T}}\in\mathbb{R}^n$,我们称实数

$$[\boldsymbol{x},\boldsymbol{y}]\equiv\boldsymbol{x}^{\mathrm{T}}\boldsymbol{y}=x_1y_1+\cdots+x_ny_n$$

为向量$\boldsymbol{x}$与$\boldsymbol{y}$的**内积**.

(2) 对于向量$\boldsymbol{x}=(x_1,\cdots,x_n)^{\mathrm{T}}$,称实数

$$\|\boldsymbol{x}\|\equiv\sqrt{[\boldsymbol{x},\boldsymbol{x}]}=\sqrt{x_1^2+\cdots+x_n^2}$$

为向量$\boldsymbol{x}$的**模**,**长度**或**范数**; 模为 1 的向量称**单位向量**.

(3) 当$[\boldsymbol{x},\boldsymbol{y}]=0$时,称向量$\boldsymbol{x}$与$\boldsymbol{y}$**正交**.

(4) 对于非零向量$\boldsymbol{x},\boldsymbol{y}\in\mathbb{R}^n$,称

$$\arccos\frac{[\boldsymbol{x},\boldsymbol{y}]}{\|\boldsymbol{x}\|\cdot\|\boldsymbol{y}\|}$$

为向量$\boldsymbol{x}$与$\boldsymbol{y}$的**夹角**.

内积的基本性质:

(1) $[\boldsymbol{x},\boldsymbol{y}]=[\boldsymbol{y},\boldsymbol{x}]$;

(2) $[\lambda\boldsymbol{x},\boldsymbol{y}]=[\boldsymbol{x},\lambda\boldsymbol{y}]=\lambda[\boldsymbol{x},\boldsymbol{y}](\lambda\in\mathbb{R})$;

(3) $[\boldsymbol{x}+\boldsymbol{y},\boldsymbol{z}]=[\boldsymbol{x},\boldsymbol{z}]+[\boldsymbol{y},\boldsymbol{z}],[\boldsymbol{z},\boldsymbol{x}+\boldsymbol{y}]=[\boldsymbol{z},\boldsymbol{x}]+[\boldsymbol{z},\boldsymbol{y}]$;

(4) $[\boldsymbol{x},\boldsymbol{x}]\geqslant0,[\boldsymbol{x},\boldsymbol{x}]=0\Leftrightarrow\boldsymbol{x}=0$;

(5) $[\boldsymbol{x},\boldsymbol{y}]^2\leqslant\|\boldsymbol{x}\|^2\cdot\|\boldsymbol{y}\|^2$(Cauchy 不等式);

(6) $\|\boldsymbol{x}+\boldsymbol{y}\|\leqslant\|\boldsymbol{x}\|+\|\boldsymbol{y}\|$(三角不等式).

以上六项除了(5),(6)以外,只是形式验证. 我们仅证明(5),(6)留作习题. 当$\boldsymbol{x}=0$时,(5)为$0=0$; 当$\boldsymbol{x}\neq0$时,$[\boldsymbol{x},\boldsymbol{x}]>0$,我们有$\lambda$的一元二次不等式:

$$[\lambda\boldsymbol{x}+\boldsymbol{y},\lambda\boldsymbol{x}+\boldsymbol{y}]=[\boldsymbol{x},\boldsymbol{x}]\cdot\lambda^2+2[\boldsymbol{x},\boldsymbol{y}]\cdot\lambda+[\boldsymbol{y},\boldsymbol{y}]\geqslant0$$

此不等式的判别式

$$\Delta=4[\boldsymbol{x},\boldsymbol{y}]^2-4[\boldsymbol{x},\boldsymbol{x}]\cdot[\boldsymbol{y},\boldsymbol{y}]\leqslant0$$

此不等式就是不等式(5).

例 7.1 在$\mathbb{R}^3$中给定两个线性无关的向量

$$\boldsymbol{\alpha}=(a_1,a_2,a_3)^{\mathrm{T}},\quad\boldsymbol{\beta}=(b_1,b_2,b_3)^{\mathrm{T}}$$

求与$\boldsymbol{\alpha},\boldsymbol{\beta}$同时正交的一切向量.

解 设$\boldsymbol{\gamma}=(x_1,x_2,x_3)^{\mathrm{T}}$与$\boldsymbol{\alpha},\boldsymbol{\beta}$同时正交,则

$$\begin{cases}a_1x_1+a_2x_2+a_3x_3=0\\b_1x_1+b_2x_2+b_3x_3=0\end{cases}\tag{7.1}$$

由于此方程组系数阵的秩为 2,故系数阵的三个二阶子式中至少有一个不为 0,从而向量

$$\boldsymbol{\gamma}_0=\left(\begin{vmatrix}a_2 & a_3\\ b_2 & b_3\end{vmatrix},-\begin{vmatrix}a_1 & a_3\\ b_1 & b_3\end{vmatrix},\begin{vmatrix}a_1 & a_2\\ b_1 & b_2\end{vmatrix}\right)^{\mathrm{T}}\neq 0$$

另一方面,向量 $\boldsymbol{\gamma}_0$ 的坐标为下列行列式第 1 行的代数余子式:

$$\begin{vmatrix}1 & 1 & 1\\ a_1 & a_2 & a_3\\ b_1 & b_2 & b_3\end{vmatrix}$$

由行列式的展开定理知 $\boldsymbol{\gamma}_0$ 为方程组(7.1)的一个非零解向量;再由齐次线性方程组解的理论知

$$\boldsymbol{\gamma}=k\boldsymbol{\gamma}_0\,(k\in\mathbb{R})$$

为与 $\boldsymbol{\alpha},\boldsymbol{\beta}$ 同时正交的一切向量(**注意:**$\boldsymbol{\gamma}_0$ 就是 $\boldsymbol{\alpha}$ 与 $\boldsymbol{\beta}$ 的向量积(如图7.1所示)).

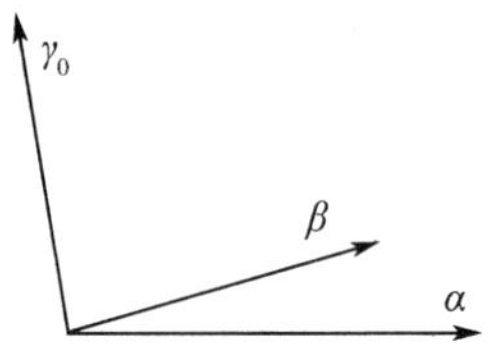

图 7.1　$\boldsymbol{\alpha}$ 与 $\boldsymbol{\beta}$ 的向量积

例 7.2　已知 $\boldsymbol{\alpha}_1,\boldsymbol{\alpha}_2\in\mathbb{R}^n$ 线性无关,试求另一组与 $\boldsymbol{\alpha}_1,\boldsymbol{\alpha}_2$ 等价的正交向量组 $\boldsymbol{\beta}_1,\boldsymbol{\beta}_2$.

解　为了简便,先取 $\boldsymbol{\beta}_1=\boldsymbol{\alpha}_1$. 由于 $\boldsymbol{\beta}_2$ 应是 $\boldsymbol{\alpha}_1,\boldsymbol{\alpha}_2$ 的线性组合,为此,我们试取 $\boldsymbol{\beta}_2=k\boldsymbol{\alpha}_1+\boldsymbol{\alpha}_2$. 无论 k 取何值,因为

$$(\boldsymbol{\beta}_1,\boldsymbol{\beta}_2)=(\boldsymbol{\alpha}_1,\boldsymbol{\alpha}_2)\begin{bmatrix}1 & k\\ 0 & 1\end{bmatrix},\quad \begin{vmatrix}1 & k\\ 0 & 1\end{vmatrix}\neq 0$$

所以 $\boldsymbol{\beta}_1,\boldsymbol{\beta}_2$ 必与 $\boldsymbol{\alpha}_1,\boldsymbol{\alpha}_2$ 等价. 我们期望选个合适的 k 使 $\boldsymbol{\beta}_1$ 与 $\boldsymbol{\beta}_2$ 正交. 由

$$0=[\boldsymbol{\beta}_1,\boldsymbol{\beta}_2]=[\boldsymbol{\alpha}_1,k\boldsymbol{\alpha}_1+\boldsymbol{\alpha}_2]=k[\boldsymbol{\alpha}_1,\boldsymbol{\alpha}_1]+[\boldsymbol{\alpha}_1,\boldsymbol{\alpha}_2]$$

知,这只要取 $k=-\dfrac{[\boldsymbol{\alpha}_1,\boldsymbol{\alpha}_2]}{[\boldsymbol{\alpha}_1,\boldsymbol{\alpha}_1]}$. 总之,向量组

$$\boldsymbol{\beta}_1=\boldsymbol{\alpha}_1,\quad \boldsymbol{\beta}_2=\boldsymbol{\alpha}_2-\frac{[\boldsymbol{\alpha}_1,\boldsymbol{\alpha}_2]}{[\boldsymbol{\alpha}_1,\boldsymbol{\alpha}_1]}\boldsymbol{\alpha}_1$$

为所求.

以上由 $\boldsymbol{\alpha}_1,\boldsymbol{\alpha}_2$ 求 $\boldsymbol{\beta}_1,\boldsymbol{\beta}_2$ 的过程称为 Schmidt **正交化过程**.

命题 7.1　若向量组 $\boldsymbol{\alpha}_1,\boldsymbol{\alpha}_2,\boldsymbol{\alpha}_3$ 线性无关,则向量组

$$\boldsymbol{\beta}_1=\boldsymbol{\alpha}_1,\quad \boldsymbol{\beta}_2=\boldsymbol{\alpha}_2-\frac{[\boldsymbol{\alpha}_2,\boldsymbol{\beta}_1]}{[\boldsymbol{\beta}_1,\boldsymbol{\beta}_1]}\boldsymbol{\beta}_1,\quad \boldsymbol{\beta}_3=\boldsymbol{\alpha}_3-\frac{[\boldsymbol{\alpha}_3,\boldsymbol{\beta}_2]}{[\boldsymbol{\beta}_2,\boldsymbol{\beta}_2]}\boldsymbol{\beta}_2-\frac{[\boldsymbol{\alpha}_3,\boldsymbol{\beta}_1]}{[\boldsymbol{\beta}_1,\boldsymbol{\beta}_1]}\boldsymbol{\beta}_1$$

正交且与向量组 $\boldsymbol{\alpha}_1,\boldsymbol{\alpha}_2,\boldsymbol{\alpha}_3$ 等价.

证明　直接验证知 $\boldsymbol{\beta}_1,\boldsymbol{\beta}_2,\boldsymbol{\beta}_3$ 相互正交;再由

$$[\boldsymbol{\beta}_1,\boldsymbol{\beta}_2,\boldsymbol{\beta}_3]=[\boldsymbol{\alpha}_1,\boldsymbol{\alpha}_2,\boldsymbol{\alpha}_3]\begin{bmatrix}1 & * & *\\ 0 & 1 & *\\ 0 & 0 & 1\end{bmatrix}$$

知,向量组 $\boldsymbol{\beta}_1,\boldsymbol{\beta}_2,\boldsymbol{\beta}_3$ 与 $\boldsymbol{\alpha}_1,\boldsymbol{\alpha}_2,\boldsymbol{\alpha}_3$ 等价.

在这里很容易就可以得到 m 个向量的 Schmidt 正交化过程公式：

$$\begin{aligned}
\boldsymbol{\beta}_1 &= \boldsymbol{\alpha}_1 \\
\boldsymbol{\beta}_2 &= \boldsymbol{\alpha}_2 - \frac{[\boldsymbol{\alpha}_2,\boldsymbol{\beta}_1]}{[\boldsymbol{\beta}_1,\boldsymbol{\beta}_1]}\boldsymbol{\beta}_1 \\
\boldsymbol{\beta}_3 &= \boldsymbol{\alpha}_3 - \frac{[\boldsymbol{\alpha}_3,\boldsymbol{\beta}_2]}{[\boldsymbol{\beta}_2,\boldsymbol{\beta}_2]}\boldsymbol{\beta}_2 - \frac{[\boldsymbol{\alpha}_3,\boldsymbol{\beta}_1]}{[\boldsymbol{\beta}_1,\boldsymbol{\beta}_1]}\boldsymbol{\beta}_1 \\
&\vdots \\
\boldsymbol{\beta}_m &= \boldsymbol{\alpha}_m - \frac{[\boldsymbol{\alpha}_m,\boldsymbol{\beta}_{m-1}]}{[\boldsymbol{\beta}_{m-1},\boldsymbol{\beta}_{m-1}]}\boldsymbol{\beta}_{m-1} - \cdots - \frac{[\boldsymbol{\alpha}_m,\boldsymbol{\beta}_1]}{[\boldsymbol{\beta}_1,\boldsymbol{\beta}_1]}\boldsymbol{\beta}_1
\end{aligned}$$

例 7.3 已知向量 $\boldsymbol{\alpha}_1=(1,0,-1)^{\mathrm{T}},\boldsymbol{\alpha}_2=(0,1,-1)^{\mathrm{T}}$ 试求另一组与 $\boldsymbol{\alpha}_1,\boldsymbol{\alpha}_2$ 等价的正交向量组 $\boldsymbol{\beta}_1,\boldsymbol{\beta}_2$.

解 由命题公式可以知道

$$\boldsymbol{\beta}_1=\boldsymbol{\alpha}_1=(1,0,-1)^{\mathrm{T}},\quad \boldsymbol{\beta}_2=\boldsymbol{\alpha}_2-\frac{[\boldsymbol{\alpha}_2,\boldsymbol{\beta}_1]}{[\boldsymbol{\beta}_1,\boldsymbol{\beta}_1]}\boldsymbol{\beta}_1=\frac{1}{2}(-1,2,-1)^{\mathrm{T}}$$

即为满足题目所求.

命题 7.2 若 $\boldsymbol{\alpha}_1,\boldsymbol{\alpha}_2,\cdots,\boldsymbol{\alpha}_m$ 为正交向量组(向量两两正交)，且此向量组中没有零向量，则此向量组线性无关.

证明(留作习题).

2. 正交矩阵与标准正交基

定义 7.2 (1) 若向量空间 $\mathbb{R}^n$ 的基 $\boldsymbol{\alpha}_1,\cdots,\boldsymbol{\alpha}_n$ 中的向量都是单位向量，且相互正交，则称此基为**标准正交基**.

(2) 若实方阵 $\boldsymbol{P}$ 满足 $\boldsymbol{P}^{\mathrm{T}}\boldsymbol{P}=\boldsymbol{E}$，即 $\boldsymbol{P}^{-1}=\boldsymbol{P}^{\mathrm{T}}$ 则称 $\boldsymbol{P}$ 为**正交阵.**

例如 $\boldsymbol{E}_n$， $\begin{bmatrix}0 & -1\\ 1 & 0\end{bmatrix},\begin{bmatrix}0 & 1 & 0\\ \cos\theta & 0 & -\sin\theta\\ \sin\theta & 0 & \cos\theta\end{bmatrix}$ 都是正交阵.

正交矩阵的性质：

(1) 正交矩阵可逆，且逆矩阵仍然为正交矩阵；

(2) 两个正交矩阵的乘积仍然为正交矩阵；

(3) 正交矩阵的行列式为 ±1；

(4) 若 $\boldsymbol{A}$ 为正交矩阵，则 $\boldsymbol{A}^{-1},\boldsymbol{A}^*,\boldsymbol{A}^{\mathrm{T}},\boldsymbol{A}^k(k\in\mathbb{R})$ 都为正交矩阵；

(5) 正交变换不改变两个向量的内积与夹角；

(6)若 $\boldsymbol{A}$ 为正交矩阵 $\Leftrightarrow\boldsymbol{A}$ 的列向量是标准正交基 $\Leftrightarrow\boldsymbol{A}$ 的行向量是标准正交基；

(7) 正交阵的特征值的模为 1，存在特征值不是实数的正交阵.

例如,正交阵$\begin{bmatrix}0 & -1\\1 & 0\end{bmatrix}$的特征值为 $\pm \mathrm{i}$.

评注:n 阶实方阵 $\boldsymbol{P}$ 是正交阵的充要条件是其列向量组是向量空间$\mathbb{R}^n$ 的标准正交基. 事实上,若将 n 阶方阵 $\boldsymbol{P}$ 按列向量分块为 $\boldsymbol{P}=[\boldsymbol{p}_1 \quad \cdots \quad \boldsymbol{p}_n]$,则 $\boldsymbol{P}^{\mathrm{T}}\boldsymbol{P}=\boldsymbol{E}$ 等同于

$$\begin{bmatrix}\boldsymbol{p}_1^{\mathrm{T}}\\ \vdots \\ \boldsymbol{p}_n^{\mathrm{T}}\end{bmatrix}[\boldsymbol{p}_1 \quad \cdots \quad \boldsymbol{p}_n]=\begin{bmatrix}\boldsymbol{p}_1^{\mathrm{T}}\boldsymbol{p}_1 & \cdots & \boldsymbol{p}_1^{\mathrm{T}}\boldsymbol{p}_n\\ \vdots & & \vdots\\ \boldsymbol{p}_n^{\mathrm{T}}\boldsymbol{p}_1 & \cdots & \boldsymbol{p}_n^{\mathrm{T}}\boldsymbol{p}_n\end{bmatrix}=\boldsymbol{E}$$

即

$$\boldsymbol{p}_i^{\mathrm{T}}\boldsymbol{p}_j=\begin{cases}1 & (i=j)\\ 0 & (i\neq j)\end{cases}$$

从而 $\boldsymbol{p}_1,\cdots,\boldsymbol{p}_n$ 是相互正交的单位向量,就是$\mathbb{R}^n$ 的标准正交基.

例 7.4 设 $\boldsymbol{P}$ 为正交阵,且$|\boldsymbol{P}|=-1$,求证 -1 为 $\boldsymbol{P}$ 的特征值.

证明 我们只要证明$|(-1)\boldsymbol{E}-\boldsymbol{P}|=0$,即$|\boldsymbol{E}+\boldsymbol{P}|=0$.

由于 $\boldsymbol{P}^{\mathrm{T}}\boldsymbol{P}=\boldsymbol{E}$,故

$$\begin{aligned}|\boldsymbol{E}+\boldsymbol{P}|&=|\boldsymbol{P}^{\mathrm{T}}\boldsymbol{P}+\boldsymbol{P}|=|(\boldsymbol{P}^{\mathrm{T}}+\boldsymbol{E})\boldsymbol{P}|\\&=|(\boldsymbol{P}+\boldsymbol{E})^{\mathrm{T}}\boldsymbol{P}|=|\boldsymbol{E}+\boldsymbol{P}|\cdot|\boldsymbol{P}|\end{aligned}$$

又由于$|\boldsymbol{P}|=-1$,因而$|\boldsymbol{E}+\boldsymbol{P}|=0$.

习　题　7.1

1. 求下列两向量的内积:

(1) $\boldsymbol{x}=(1,-1,0,1)^{\mathrm{T}}$,$\boldsymbol{y}=(2,-2,1,-3)^{\mathrm{T}}$;

(2) $\boldsymbol{x}=(0,1,4,-1,3)^{\mathrm{T}}$,$\boldsymbol{y}=(1,-1,0,3,-1)^{\mathrm{T}}$.

2. 求下列向量的长度:

(1) $\boldsymbol{x}=(1,-1,0,1)^{\mathrm{T}}$;

(2) $\boldsymbol{y}=(2,-2,1,-3)^{\mathrm{T}}$.

3. 求一个 4 维列向量 $\boldsymbol{x}$ 与下列三个向量同时正交:

$$(1,1,-1,1)^{\mathrm{T}},\quad (1,-1,-1,1)^{\mathrm{T}},\quad (2,1,1,3)^{\mathrm{T}}$$

4. 求证一组相互正交的非零向量线性无关.

5. 设两个向量 $\boldsymbol{x},\boldsymbol{y}$ 正交,求证 $\|\boldsymbol{x}\|^2+\|\boldsymbol{y}\|^2=\|\boldsymbol{x}+\boldsymbol{y}\|^2$.

6. 对任意向量 $\boldsymbol{x},\boldsymbol{y}\in\mathbb{R}^n$,求证 $\|\boldsymbol{x}+\boldsymbol{y}\|\leqslant\|\boldsymbol{x}\|+\|\boldsymbol{y}\|$.

7. 设 $\boldsymbol{\alpha}_1,\cdots,\boldsymbol{\alpha}_m\in\mathbb{R}^n$,$a_{ij}=[\boldsymbol{\alpha}_i,\boldsymbol{\alpha}_j]$. 求证向量组 $\boldsymbol{\alpha}_1,\cdots,\boldsymbol{\alpha}_m$ 线性无关$\Leftrightarrow$行列式$|a_{ij}|_m\neq 0$.

8. 求证正交阵的行列式为 ± 1.

9. 求证两个同阶正交阵的乘积还是正交阵.

10. 求证一个正交阵的逆阵还是正交阵.

11. 设 $\boldsymbol{x}$ 是 n 维实单位向量,$\boldsymbol{P}=\boldsymbol{E}_n-2\boldsymbol{x}\boldsymbol{x}^{\mathrm{T}}$,求证 $\boldsymbol{P}$ 是正交阵.

12. 设 λ 是正交阵 $\boldsymbol{P}$ 的特征值,求证 λ^{-1} 也是 $\boldsymbol{P}$ 的特征值.

13. 若 $\boldsymbol{P}$ 为 3 阶正交阵,且 $|\boldsymbol{P}|=1$,求证 1 是 $\boldsymbol{P}$ 的特征值.

14. 求证正交变换 $\boldsymbol{y}=\boldsymbol{P}\boldsymbol{x}$($\boldsymbol{P}$ 为正交阵)不改变两个向量的内积及夹角,也不改变向量的长度.

7.2 二次型与矩阵合同

1. 二次型与实对称阵的对应

在工程中,我们经常遇到一类特殊的 n 元实函数——二次型,即 n 元实系数二次齐次多项式函数.

定义 7.3 设 $\boldsymbol{A}=[a_{ij}]_{n\times n}$ 为实对称阵,$\boldsymbol{x}=(x_1,\cdots,x_n)^{\mathrm{T}}$,则变元 $x_1,\cdots,x_n$ 的二次齐次多项式

$$\begin{aligned}f(\boldsymbol{x})&=\boldsymbol{x}^{\mathrm{T}}\boldsymbol{A}\boldsymbol{x}\\&=a_{11}x_1^2+2a_{12}x_1x_2+\cdots+2a_{1n}x_1x_n\\&\quad+a_{22}x_2^2\qquad+\cdots+2a_{2n}x_2x_n\\&\quad\cdots\cdots\\&\qquad\qquad\qquad+a_{nn}x_n^2\end{aligned}$$

称为(n **元**)**二次型**,称 $\boldsymbol{A}$ 为这个**二次型的矩阵**,且称 $\boldsymbol{A}$ 的秩为此**二次型的秩**.

例如 $f(x_1,x_2)=ax_1^2+2bx_1x_2+cx_2^2=(x_1,x_2)\begin{bmatrix}a&b\\b&c\end{bmatrix}\begin{bmatrix}x_1\\x_2\end{bmatrix}$,

$$g(x_1,\cdots,x_n)=\lambda_1x_1^2+\cdots+\lambda_nx_n^2=(x_1,\cdots,x_n)\begin{bmatrix}\lambda_1&&\\&\ddots&\\&&\lambda_n\end{bmatrix}\begin{bmatrix}x_1\\\vdots\\x_n\end{bmatrix}.$$

评注:不含交叉项的二次型 $\lambda_1x_1^2+\cdots+\lambda_nx_n^2$ 很好处理,是最优美的二次型,这样的二次型对应的矩阵是对角阵. 另一方面,对于一个给定的 n 元二次型 $f(\boldsymbol{x})=\boldsymbol{x}^{\mathrm{T}}\boldsymbol{A}\boldsymbol{x}$,将可逆线性变换 $\boldsymbol{x}=\boldsymbol{C}\boldsymbol{y}$($\boldsymbol{C}$可逆,$\boldsymbol{y}=(y_1,\cdots,y_n)^{\mathrm{T}}$)代入此二次型,得到

$$f(\boldsymbol{x})=\boldsymbol{x}^{\mathrm{T}}\boldsymbol{A}\boldsymbol{x}=(\boldsymbol{C}\boldsymbol{y})^{\mathrm{T}}\boldsymbol{A}(\boldsymbol{C}\boldsymbol{y})=\boldsymbol{y}^{T}(\boldsymbol{C}^{T}\boldsymbol{A}\boldsymbol{C})\boldsymbol{y}$$

此时 $g(\boldsymbol{y})=\boldsymbol{y}^{\mathrm{T}}(\boldsymbol{C}^{T}\boldsymbol{A}\boldsymbol{C})\boldsymbol{y}$ 还是一个二次型,只是变元变成了 $y_1,\cdots,y_n$. 但由于 $\boldsymbol{x}=\boldsymbol{C}\boldsymbol{y}$,而 $\boldsymbol{C}$ 可逆,因而变元 $x_1,\cdots,x_n$ 与变元 $y_1,\cdots,y_n$ 之间能相互唯一决定,即 $\boldsymbol{x}=\boldsymbol{C}\boldsymbol{y}$ 仍然联系着 $f(\boldsymbol{x})$ 和$g(\boldsymbol{y})$.

2. 实对称阵的合同

定义 7.4 对于$\boldsymbol{A},\boldsymbol{B}\in\mathbb{R}^{n\times n}$,若存在可逆矩阵$\boldsymbol{C}\in\mathbb{R}^{n\times n}$使得

$$\boldsymbol{C}^{\mathrm{T}}\boldsymbol{A}\boldsymbol{C}=\boldsymbol{B}$$

则称$\boldsymbol{A}$与$\boldsymbol{B}$**合同**,记为$\boldsymbol{A}\simeq\boldsymbol{B}$;由$\boldsymbol{A}$到$\boldsymbol{C}^{\mathrm{T}}\boldsymbol{A}\boldsymbol{C}$的变换也称$\boldsymbol{A}$的**合同变换**.

容易验证,合同关系也是$\mathbb{R}^{n\times n}$上的一个等价关系,即:

(1) 对任何$\boldsymbol{A}\in\mathbb{R}^{n\times n}$,有$\boldsymbol{A}\simeq\boldsymbol{A}$;(自反性)

(2) 若$\boldsymbol{A}\simeq\boldsymbol{B}$,则$\boldsymbol{B}\simeq\boldsymbol{A}$;(对称性)

(3) 若$\boldsymbol{A}\simeq\boldsymbol{B}$,$\boldsymbol{B}\simeq\boldsymbol{C}$,则$\boldsymbol{A}\simeq\boldsymbol{C}$.(传递性)

对于一般的方阵,合同没有什么特殊的含义(当然,若$\boldsymbol{A}\simeq\boldsymbol{B}$,则有$\boldsymbol{A}\to\boldsymbol{B}$),但若将合同限制在实对称阵上,则$\boldsymbol{A}$与$\boldsymbol{B}$合同将有特别重要的含义,可以说合同是专为实对称阵而引入的.

习 题 7.2

1. 求下列二次型对应的矩阵:

(1) $f=x_1^2+2x_2^2+4x_3^2+2x_1x_2+2x_1x_3+6x_2x_3$;

(2) $f=x_1x_2-2x_1x_3+3x_2x_3$.

7.3 二次型的标准形

1. 二次型的标准形

在讨论二次型$f=\boldsymbol{x}^{\mathrm{T}}\boldsymbol{A}\boldsymbol{x}$时,有时我们仅需要一个可逆变换$\boldsymbol{x}=\boldsymbol{C}\boldsymbol{y}$将其化为$d_1y_1^2+\cdots+d_ny_n^2$形式.

定义 7.5 若一个可逆变换$\boldsymbol{x}=\boldsymbol{C}\boldsymbol{y}$将二次型$f=\boldsymbol{x}^{\mathrm{T}}\boldsymbol{A}\boldsymbol{x}$化为

$$f=\boldsymbol{y}^{\mathrm{T}}(\boldsymbol{C}^{\mathrm{T}}\boldsymbol{A}\boldsymbol{C})\boldsymbol{y}=d_1y_1^2+\cdots+d_ny_n^2$$

则称后者为二次型$f=\boldsymbol{x}^{\mathrm{T}}\boldsymbol{A}\boldsymbol{x}$的(一个)**标准形**.

2. 配方法化二次型为标准形

事实上,用公式$(a+b)^2=a^2+2ab+b^2$可将任何一个二次型化成标准形.以下我们举例说明这一点.

(1) 含平方项二次型的配方法

例 7.5 用配方法化二次型

$$f=x_1^2-4x_1x_2+2x_1x_3+x_2^2+2x_2x_3-2x_3^2$$

为标准形,并求所用的可逆变换 $\boldsymbol{x}=\boldsymbol{C}\boldsymbol{y}$.

解 先从集中含 x_1 的项开始,

$$\begin{aligned}
f &= \underline{x_1^2+2x_1(-2x_2+x_3)}+x_2^2+2x_2x_3-2x_3^2 \\
&= \underline{x_1^2+2x_1(-2x_2+x_3)+(-2x_2+x_3)^2} \\
&\quad -(-2x_2+x_3)^2+x_2^2+2x_2x_3-2x_3^2 \\
&= (x_1-2x_2+x_3)^2-3\,\underline{(x_2^2-2x_2x_3+x_3^2)} \\
&= (x_1-2x_2+x_3)^2-3(x_2-x_3)^2 \\
&= y_1^2-3y_2^2
\end{aligned}$$

其中

$$\begin{cases} y_1=x_1-2x_2+x_3 \\ y_2=\quad\quad x_2-x_3 \\ y_3=\quad\quad\quad\quad x_3 \end{cases}$$

其逆变换为

$$\begin{bmatrix} x_1 \\ x_2 \\ x_3 \end{bmatrix}=\begin{bmatrix} 1 & 2 & 1 \\ 0 & 1 & 1 \\ 0 & 0 & 1 \end{bmatrix}\begin{bmatrix} y_1 \\ y_2 \\ y_3 \end{bmatrix}$$

(2)不含平方项二次型的配方法

例 7.6 用配方法化二次型

$$f=x_1x_2+x_2x_3$$

为标准形,并求所用的可逆变换 $\boldsymbol{x}=\boldsymbol{C}\boldsymbol{y}$.

解 我们先用可逆线性变换

$$\begin{cases} x_1=z_1+z_2 \\ x_2=z_1-z_2 \\ x_3=z_3 \end{cases}$$

将二次型化为含平方项的二次型,再用上题的方法配方:

$$\begin{aligned}
f &= z_1^2-z_2^2+z_1z_3-z_2z_3 \\
&= (z_1+\frac{1}{2}z_3)^2-\frac{1}{4}z_3^2-z_2z_3-z_2^2 \\
&= (z_1+\frac{1}{2}z_3)^2-(z_2+\frac{1}{2}z_3)^2 \\
&= y_1^2-y_2^2
\end{aligned}$$

其中

$$\begin{cases} y_1 = z_1 & & +\dfrac{1}{2}z_3 \\ y_2 = & z_2 & +\dfrac{1}{2}z_3 \\ y_3 = & & z_3 \end{cases}$$

由可逆变换

$$\begin{bmatrix} x_1 \\ x_2 \\ x_3 \end{bmatrix} = \begin{bmatrix} 1 & 1 & 0 \\ 1 & -1 & 0 \\ 0 & 0 & 1 \end{bmatrix}\begin{bmatrix} z_1 \\ z_2 \\ z_3 \end{bmatrix}, \quad \begin{bmatrix} y_1 \\ y_2 \\ y_3 \end{bmatrix} = \begin{bmatrix} 1 & 0 & \dfrac{1}{2} \\ 0 & 1 & \dfrac{1}{2} \\ 0 & 0 & 1 \end{bmatrix}\begin{bmatrix} z_1 \\ z_2 \\ z_3 \end{bmatrix}$$

得到

$$\begin{bmatrix} x_1 \\ x_2 \\ x_3 \end{bmatrix} = \begin{bmatrix} 1 & 1 & -1 \\ 1 & -1 & 0 \\ 0 & 0 & 1 \end{bmatrix}\begin{bmatrix} y_1 \\ y_2 \\ y_3 \end{bmatrix}$$

即在此可逆变换下,所给二次型变为$f = y_1^2 - y_2^2$.

评注:在用配方法化二次型为标准形时,必须保证变换是可逆的. 有时,我们在配方过程中会遇到看似简单的方法,但得到的结果未必正确. 如

$$\begin{aligned} f(x_1, x_2, x_3) &= 2x_1^2 + 2x_2^2 + 2x_3^2 - 2x_1x_2 + 2x_1x_3 + 2x_2x_3 \\ &= (x_1 - x_2)^2 + (x_1 + x_3)^2 + (x_2 + x_3)^2 \end{aligned}$$

若令$\begin{cases} y_1 = x_1 - x_2 \\ y_2 = x_1 + x_3 \\ y_3 = x_2 + x_3 \end{cases}$,则$f(x_1, x_2, x_3) = y_1^2 + y_2^2 + y_3^2$.

然而,由带平方项的配方法可得

$$f(x_1, x_2, x_3) = 2\left(x_1 + \frac{x_3 - x_2}{2}\right)^2 + \frac{3}{2}(x_2 + x_3)^2 = 2y_1^2 + \frac{3}{2}y_2^2$$

正是由于直接方法的变换$\begin{vmatrix} 1 & -1 & 0 \\ 1 & 0 & 1 \\ 0 & 1 & 1 \end{vmatrix} = 0$,所以是不可逆的,于是最后的结果并不是所求的.

3. 二次型的正交标准形

除了能用配方法得到二次型的标准形,经常还用到另一种二次型的正交标准形. 要想得到二次型的正交标准形,我们需要从实对称距阵理论的角度出发.

(1) 实对称阵的对角化

命题 7.3 实对称阵的特征值都是实数,从而其特征向量都可取为实向量.

证明 * 设复数 λ 是实对称阵 $\boldsymbol{A}$ 的特征值,复向量 $\boldsymbol{x}$ 是对应 λ 的特征向量,则 $\boldsymbol{A}x = \lambda x$. 于是

$$\bar{\boldsymbol{x}}^{\mathrm{T}}(\boldsymbol{A}\boldsymbol{x}) = \bar{\boldsymbol{x}}^{\mathrm{T}}(\lambda\boldsymbol{x}) = \lambda \cdot (\bar{\boldsymbol{x}}^{\mathrm{T}}\boldsymbol{x})$$

另一方面,由 $\boldsymbol{A} = \boldsymbol{A}^{\mathrm{T}}, \boldsymbol{A} = \bar{\boldsymbol{A}}$,我们反方向计算 $\bar{\boldsymbol{x}}^{\mathrm{T}}(\boldsymbol{A}\boldsymbol{x})$,得到

$$\begin{aligned}\bar{\boldsymbol{x}}^{\mathrm{T}}(\boldsymbol{A}\boldsymbol{x}) &= (\bar{\boldsymbol{x}}^{\mathrm{T}}\boldsymbol{A})\boldsymbol{x} = (\bar{\boldsymbol{x}}^{\mathrm{T}}\boldsymbol{A}^{\mathrm{T}})\boldsymbol{x} = (\boldsymbol{A}\bar{\boldsymbol{x}})^{\mathrm{T}}\boldsymbol{x} = (\bar{\boldsymbol{A}}\bar{\boldsymbol{x}})^{\mathrm{T}}\boldsymbol{x} \\ &= (\overline{\boldsymbol{A}\boldsymbol{x}})^{\mathrm{T}}\boldsymbol{x} = (\overline{\lambda\boldsymbol{x}})^{\mathrm{T}}\boldsymbol{x} = (\bar{\lambda}\bar{\boldsymbol{x}})^{\mathrm{T}}\boldsymbol{x} = \bar{\lambda} \cdot (\bar{\boldsymbol{x}}^{\mathrm{T}}\boldsymbol{x})\end{aligned}$$

因而 $\lambda \cdot (\bar{\boldsymbol{x}}^{\mathrm{T}}\boldsymbol{x}) = \bar{\lambda} \cdot (\bar{\boldsymbol{x}}^{\mathrm{T}}\boldsymbol{x})$ 而当 $\boldsymbol{x} \neq 0$ 时,$\bar{\boldsymbol{x}}^{\mathrm{T}}\boldsymbol{x} > 0$,从而我们得到 $\lambda = \bar{\lambda}$. 这就证明了 λ 为实数.

当 λ 为实数时,方程组 $(\lambda\boldsymbol{E} - \boldsymbol{A})\boldsymbol{x} = 0$ 的系数都是实数,从而其解可取为实数向量.

命题 7.4 实对称阵的对应不同特征值的特征向量正交.

证明 设 $\boldsymbol{A}$ 为实对称阵,λ_1, λ_2 是它的两个不同的特征值,且 $\boldsymbol{x}_1, \boldsymbol{x}_2$ 为分别对应它们的特征向量,则

$$\begin{aligned}\lambda_1[\boldsymbol{x}_1, \boldsymbol{x}_2] &= \lambda_1(\boldsymbol{x}_1^{\mathrm{T}}\boldsymbol{x}_2) = (\lambda_1\boldsymbol{x}_1)^{\mathrm{T}}\boldsymbol{x}_2 \\ &= (\boldsymbol{A}\boldsymbol{x}_1)^{\mathrm{T}}\boldsymbol{x}_2 = (\boldsymbol{x}_1^{\mathrm{T}}\boldsymbol{A}^{\mathrm{T}})\boldsymbol{x}_2 \\ &= \boldsymbol{x}_1^{\mathrm{T}}(\boldsymbol{A}^{\mathrm{T}}\boldsymbol{x}_2) = \boldsymbol{x}_1^{\mathrm{T}}(\boldsymbol{A}\boldsymbol{x}_2) \\ &= \boldsymbol{x}_1^{\mathrm{T}}(\lambda_2\boldsymbol{x}_2) = \lambda_2(\boldsymbol{x}_1^{\mathrm{T}}\boldsymbol{x}_2) = \lambda_2[\boldsymbol{x}_1, \boldsymbol{x}_2]\end{aligned}$$

由于 λ_1, λ_2 不同,故 $[\boldsymbol{x}_1, \boldsymbol{x}_2] = 0$,从而 $\boldsymbol{x}_1, \boldsymbol{x}_2$ 正交.

定理 7.1 若 $\boldsymbol{A}$ 为 n 阶实对称阵,则存在一个正交阵 $\boldsymbol{P}$ 使得

$$\boldsymbol{P}^{\mathrm{T}}\boldsymbol{A}\boldsymbol{P} = \mathrm{diag}(\lambda_1, \cdots, \lambda_n)$$

这里的 $\lambda_1, \cdots, \lambda_n$ 为 $\boldsymbol{A}$ 的特征值.

注: 此定理说明实对称阵可以**正交对角化**.

证明 * 我们对实对称阵的阶数用数学归纳法.

(1) 对 1 阶实对称阵,只要取正交阵 $\boldsymbol{P} = [1]$.

(2) 假设结论对 $n-1$ 阶实对称阵成立.

(3) 现设 $\boldsymbol{A}$ 为 n 阶实对称阵. 由命题 7.3,我们可取 $\boldsymbol{A}$ 的一个实特征值 λ_1 和对应的实特征向量 $\boldsymbol{p}_1$,而且取 $\boldsymbol{p}_1$ 为单位向量. 此时,我们可取到另外 $n-1$ 个向量 $\boldsymbol{p}_2, \cdots, \boldsymbol{p}_n$ 使

$$\boldsymbol{p}_1, \boldsymbol{p}_2, \cdots, \boldsymbol{p}_n$$

为向量空间 $\mathbb{R}^n$ 的一个标准正交基. 事实上,可取 $\boldsymbol{p}_2$ 为齐次线性方程组 $\boldsymbol{p}_1^{\mathrm{T}}\boldsymbol{x} = 0$ 的单位解向量,则 $\boldsymbol{p}_1, \boldsymbol{p}_2$ 正交;再取 $\boldsymbol{p}_3$ 为齐次线性方程组 $[\boldsymbol{p}_1 \quad \boldsymbol{p}_2]^{\mathrm{T}}\boldsymbol{x} = 0$ 的单位解向量,则 $\boldsymbol{p}_1, \boldsymbol{p}_2, \boldsymbol{p}_3$ 相互正交;重复这个过程直到取到 $\boldsymbol{p}_n$.

令 $\boldsymbol{P} = [\boldsymbol{p}_1 \quad \cdots \quad \boldsymbol{p}_n]$,则 $\boldsymbol{P}$ 为正交阵,而且

$$\boldsymbol{A}[\boldsymbol{p}_1 \quad \cdots \quad \boldsymbol{p}_n] = [\boldsymbol{p}_1 \quad \cdots \quad \boldsymbol{p}_n]\begin{bmatrix} \lambda_1 & d_1 & \cdots & d_{n-1} \\ 0 & b_{11} & \cdots & b_{1,n-1} \\ \vdots & \vdots & & \vdots \\ 0 & b_{n-1,1} & \cdots & b_{n-1,n-1} \end{bmatrix}$$

$$= [\boldsymbol{p}_1 \quad \cdots \quad \boldsymbol{p}_n]\begin{bmatrix} \lambda_1 & d_1 & \cdots & d_{n-1} \\ 0 & & & \\ \vdots & & \boldsymbol{B} & \\ 0 & & & \end{bmatrix}$$

即

$$\boldsymbol{P}^{\mathrm{T}}\boldsymbol{A}\boldsymbol{P} = \begin{bmatrix} \lambda_1 & d_1 & \cdots & d_{n-1} \\ 0 & & & \\ \vdots & & \boldsymbol{B} & \\ 0 & & & \end{bmatrix}$$

但由于 $\boldsymbol{P}^{\mathrm{T}}\boldsymbol{A}\boldsymbol{P}$ 还是对称阵,故 $d_1 = \cdots = d_{n-1} = 0$,且 $\boldsymbol{B}$ 是一个 $n-1$ 阶实对称阵. 由归纳假设,存在一个 $n-1$ 阶正交阵 $\boldsymbol{Q}_1$ 使

$$\boldsymbol{Q}_1^{\mathrm{T}}\boldsymbol{B}\boldsymbol{Q}_1 = \begin{bmatrix} \lambda_2 & & \\ & \ddots & \\ & & \lambda_n \end{bmatrix}$$

现在令

$$\boldsymbol{Q} = \begin{bmatrix} 1 & 0 \\ 0 & \boldsymbol{Q}_1 \end{bmatrix}$$

则 $\boldsymbol{Q}$ 是 n 阶正交阵,而且

$$\begin{aligned}
(\boldsymbol{P}\boldsymbol{Q})^{\mathrm{T}}\boldsymbol{A}(\boldsymbol{P}\boldsymbol{Q}) &= \boldsymbol{Q}^{\mathrm{T}}(\boldsymbol{P}^{\mathrm{T}}\boldsymbol{A}\boldsymbol{P})\boldsymbol{Q} \\
&= \begin{bmatrix} 1 & 0 \\ 0 & \boldsymbol{Q}_1 \end{bmatrix}^{\mathrm{T}}\begin{bmatrix} \lambda_1 & 0 \\ 0 & \boldsymbol{B} \end{bmatrix}\begin{bmatrix} 1 & 0 \\ 0 & \boldsymbol{Q}_1 \end{bmatrix} \\
&= \begin{bmatrix} \lambda_1 & 0 \\ 0 & \boldsymbol{Q}_1^{\mathrm{T}}\boldsymbol{B}\boldsymbol{Q}_1 \end{bmatrix} \\
&= \mathrm{diag}(\lambda_1, \lambda_1, \cdots, \lambda_n)
\end{aligned}$$

由于 $\boldsymbol{P}\boldsymbol{Q}$ 还是正交阵(两个正交阵的乘积还是正交阵),所以结论对 n 阶实对称阵也成立. 由归纳原理定理得证.

例 7.7 将实对称阵

$$\boldsymbol{A} = \begin{bmatrix} a & b \\ b & a \end{bmatrix}$$

正交对角化.

解 矩阵 $\boldsymbol{A}$ 的特征多项式

$$|\lambda\boldsymbol{E}-\boldsymbol{A}|=\begin{vmatrix}\lambda-a & -b\\ -b & \lambda-a\end{vmatrix}=[\lambda-(a+b)][\lambda-(a-b)]$$

特征值为 $\lambda_1=a+b,\lambda_2=a-b$.

解方程组 $(\lambda_1\boldsymbol{E}-\boldsymbol{A})\boldsymbol{x}=0$ 和 $(\lambda_2\boldsymbol{E}-\boldsymbol{A})\boldsymbol{x}=0$ 得到对应特征值 λ_1,λ_2 的特征向量为

$$\boldsymbol{x}_1=\begin{bmatrix}1\\1\end{bmatrix},\quad \boldsymbol{x}_2=\begin{bmatrix}1\\-1\end{bmatrix}$$

$\boldsymbol{x}_1,\boldsymbol{x}_2$ 是正交的. 现在令

$$\boldsymbol{P}=\left[\frac{1}{\|\boldsymbol{x}_1\|}\boldsymbol{x}_1,\frac{1}{\|\boldsymbol{x}_2\|}\boldsymbol{x}_2\right]=\begin{bmatrix}\frac{1}{\sqrt{2}} & \frac{1}{\sqrt{2}}\\ \frac{1}{\sqrt{2}} & -\frac{1}{\sqrt{2}}\end{bmatrix}$$

则 $\boldsymbol{P}$ 为正交阵,且

$$\boldsymbol{P}^{\mathrm{T}}\boldsymbol{A}\boldsymbol{P}=\begin{bmatrix}a+b & 0\\ 0 & a-b\end{bmatrix}$$

例 7.8 将实对称阵

$$\boldsymbol{A}=\begin{bmatrix}2&1&1\\1&2&1\\1&1&2\end{bmatrix}$$

正交对角化.

解 矩阵 $\boldsymbol{A}$ 的特征多项式

$$|\lambda\boldsymbol{E}-\boldsymbol{A}|=\begin{vmatrix}\lambda-2&-1&-1\\-1&\lambda-2&-1\\-1&-1&\lambda-2\end{vmatrix}=(\lambda-1)^2(\lambda-4)$$

特征值 $\lambda_1=\lambda_2=1,\lambda_3=4$.

解方程组 $(\lambda_1\boldsymbol{E}-\boldsymbol{A})\boldsymbol{x}=0$ 得基础解系

$$\boldsymbol{x}_1=(1,0,-1)^{\mathrm{T}},\boldsymbol{x}_2=(0,1,-1)^{\mathrm{T}}$$

这两个特征向量并不正交. 由 Schmidt 正交化方法,得到如下两个正交的特征向量

$$\boldsymbol{q}_1=\boldsymbol{x}_1=(1,0,-1)^{\mathrm{T}},\quad \boldsymbol{q}_2=\boldsymbol{x}_2-\frac{[\boldsymbol{x}_2,\boldsymbol{x}_1]}{[\boldsymbol{x}_1,\boldsymbol{x}_1]}\boldsymbol{x}_1=\frac{1}{2}(-1,2,-1)^{\mathrm{T}}$$

解方程组 $(\lambda_3\boldsymbol{E}-\boldsymbol{A})\boldsymbol{x}=0$ 得基础解系

$$\boldsymbol{q}_3=(1,1,1)^{\mathrm{T}}$$

再将正交的向量组 $\boldsymbol{q}_1,\boldsymbol{q}_2,\boldsymbol{q}_3$ 单位化得

$$p_1=\begin{bmatrix}\frac{1}{\sqrt{2}}\\0\\-\frac{1}{\sqrt{2}}\end{bmatrix},\quad p_2=\begin{bmatrix}-\frac{1}{\sqrt{6}}\\\frac{2}{\sqrt{6}}\\-\frac{1}{\sqrt{6}}\end{bmatrix},\quad p_3=\begin{bmatrix}\frac{1}{\sqrt{3}}\\\frac{1}{\sqrt{3}}\\\frac{1}{\sqrt{3}}\end{bmatrix}$$

取 $\boldsymbol{P}=[\boldsymbol{p}_1\quad \boldsymbol{p}_2\quad \boldsymbol{p}_3]$,则 $\boldsymbol{P}$ 为正交阵,且

$$\boldsymbol{P}^{\mathrm{T}}\boldsymbol{A}\boldsymbol{P}=\begin{bmatrix}1&&\\&1&\\&&4\end{bmatrix}$$

例 7.9 设 3 阶实对称阵 $\boldsymbol{A}$ 的特征值为 $\lambda_1=\lambda_2=2,\lambda_3=4$;对应特征值 4 的特征向量有 $\boldsymbol{p}_3=(1,0,1)^{\mathrm{T}}$. 求矩阵 $\boldsymbol{A}$.

解 由于 $\boldsymbol{A}$ 可对角化,对应二重特征值 2,可以找到两个线性无关的特征向量. 另一方面,由命题 7.4 知,对应特征值 2 的特征向量 $(x_1,x_2,x_3)^{\mathrm{T}}$ 与 $\boldsymbol{p}_3$ 正交,即为方程

$$x_1+x_3=0$$

的非零解. 而此方程的基础解系中恰有两个向量,从而这个方程组的基础解系:

$$\boldsymbol{p}_1=(-1,0,1)^{\mathrm{T}},\quad \boldsymbol{p}_2=(0,1,0)^{\mathrm{T}}$$

就是对应特征值 2 的特征向量. 于是,令 $\boldsymbol{P}=[\boldsymbol{p}_1\quad \boldsymbol{p}_2\quad \boldsymbol{p}_3]$,则

$$\boldsymbol{A}=\boldsymbol{P}\mathrm{diag}(\lambda_1,\lambda_2,\lambda_3)\boldsymbol{P}^{-1}=\begin{bmatrix}3&0&1\\0&2&0\\1&0&3\end{bmatrix}$$

(2) 二次型的正交标准形

实对称阵可正交对角化,将其转化为二次型的语言,我们就有下面重要的定理.

定理 7.2 对于 n 元二次型 $f(x)=\boldsymbol{x}^{\mathrm{T}}\boldsymbol{A}\boldsymbol{x}$,存在一个正交变换 $\boldsymbol{x}=\boldsymbol{P}\boldsymbol{y}$ 化此二次型为正交标准形

$$f=\lambda_1y_1^2+\cdots+\lambda_ny_n^2$$

这里 $\lambda_1,\cdots,\lambda_n$ 为 $\boldsymbol{A}$ 的特征值.

证明 由定理 7.1 知,存在一个正交阵 $\boldsymbol{P}$ 使

$$\boldsymbol{P}^{\mathrm{T}}\boldsymbol{A}\boldsymbol{P}=\mathrm{diag}(\lambda_1,\cdots,\lambda_n)$$

$\lambda_1,\cdots,\lambda_n$ 为 $\boldsymbol{A}$ 的特征值. 取正交变换 $\boldsymbol{x}=\boldsymbol{P}\boldsymbol{y}$,则

$$\begin{aligned}f(\boldsymbol{x})&=\boldsymbol{y}^{\mathrm{T}}(\boldsymbol{P}^{\mathrm{T}}\boldsymbol{A}\boldsymbol{P})\boldsymbol{y}=(y_1,\cdots,y_n)\begin{bmatrix}\lambda_1&&\\&\ddots&\\&&\lambda_n\end{bmatrix}\begin{bmatrix}y_1\\\vdots\\y_n\end{bmatrix}\\&=\lambda_1\boldsymbol{y}_1^2+\cdots+\lambda_n\boldsymbol{y}_n^2\end{aligned}$$

例 7.10　求正交变换 $\boldsymbol{x}=\boldsymbol{P}\boldsymbol{y}$ 化二元二次型

$$f(x_1,x_2)=ax_1^2+2bx_1x_2+ax_2^2$$

为标准形.

解　此二次型的矩阵

$$\boldsymbol{A}=\begin{bmatrix} a & b \\ b & a \end{bmatrix}$$

由例 7.7 知,取正交阵

$$\boldsymbol{P}=\begin{bmatrix} \frac{1}{\sqrt{2}} & \frac{1}{\sqrt{2}} \\ \frac{1}{\sqrt{2}} & -\frac{1}{\sqrt{2}} \end{bmatrix}$$

则正交变换 $\boldsymbol{x}=\boldsymbol{P}\boldsymbol{y}$ 化二次型 $f(x)$ 为标准形

$$f(x)=\boldsymbol{y}^{\mathrm{T}}(\boldsymbol{P}^{\mathrm{T}}\boldsymbol{A}\boldsymbol{P})\boldsymbol{y}=(a+b)y_1^2+(a-b)y_2^2$$

例 7.11　求正交变换 $\boldsymbol{x}=\boldsymbol{P}\boldsymbol{y}$ 化二次型

$$f(x_1,x_2,x_3)=2x_1^2+2x_1x_2+2x_1x_3+2x_2^2+2x_2x_3+2x_3^2$$

为标准形.

解　二次型的矩阵

$$\boldsymbol{A}=\begin{bmatrix} 2 & 1 & 1 \\ 1 & 2 & 1 \\ 1 & 1 & 2 \end{bmatrix}$$

由例 7.8 知,取正交阵

$$\boldsymbol{P}=\begin{bmatrix} \frac{1}{\sqrt{2}} & -\frac{1}{\sqrt{6}} & \frac{1}{\sqrt{3}} \\ 0 & \frac{2}{\sqrt{6}} & \frac{1}{\sqrt{3}} \\ -\frac{1}{\sqrt{2}} & -\frac{1}{\sqrt{6}} & \frac{1}{\sqrt{3}} \end{bmatrix}$$

则正交变换 $\boldsymbol{x}=\boldsymbol{P}\boldsymbol{y}$ 化二次型 $f(\boldsymbol{x})$ 为标准形

$$f(\boldsymbol{x})=\boldsymbol{y}^{\mathrm{T}}(\boldsymbol{P}^{\mathrm{T}}\boldsymbol{A}\boldsymbol{P})\boldsymbol{y}=y_1^2+y_2^2+4y_3^2$$

例 7.12　已知二次型 $f(x_1,x_2,x_3)=x_1^2+x_2^2+2x_3^2+2x_1x_2$,

(1) 求正交变换 $\boldsymbol{x}=\boldsymbol{P}\boldsymbol{y}$ 化 $f(x_1,x_2,x_3)$ 为标准形;

(2) 方程 $f(x_1,x_2,x_3)=1$ 表示何种曲面?

解　(1) 二次型对应的矩阵 $\boldsymbol{A}=\begin{bmatrix} 1 & 1 & 0 \\ 1 & 1 & 0 \\ 0 & 0 & 2 \end{bmatrix}$,

$|\lambda \boldsymbol{E}-\boldsymbol{A}|=\lambda(\lambda-2)^2$，$\boldsymbol{A}$ 的特征值 $\lambda_1=\lambda_2=2,\lambda_3=0$；

方程组 $(\lambda_1\boldsymbol{E}-\boldsymbol{A})\boldsymbol{X}=0$ 的基础解系为 $\boldsymbol{q}_1=(1,1,0)^{\mathrm{T}}$，$\boldsymbol{q}_2=(0,0,1)^{\mathrm{T}}$（正交）；

方程组 $(\lambda_3\boldsymbol{E}-\boldsymbol{A})\boldsymbol{X}=0$ 的基础解系为 $\boldsymbol{q}_3=(-1,1,0)^{\mathrm{T}}$；

单位化 $\boldsymbol{\alpha}_1,\boldsymbol{\alpha}_2,\boldsymbol{\alpha}_3$ 得到

$$\boldsymbol{p}_1=\frac{1}{\sqrt{2}}(1,1,0)^{\mathrm{T}},\quad \boldsymbol{p}_2=(0,0,1)^{\mathrm{T}},\quad \boldsymbol{p}_3=\frac{1}{\sqrt{2}}(-1,1,0)^{\mathrm{T}}$$

取 $\boldsymbol{P}=[\boldsymbol{p}_1,\boldsymbol{p}_2,\boldsymbol{p}_3]$，则正交变换 $\boldsymbol{x}=\boldsymbol{P}\boldsymbol{y}$ 化 $f(x_1,x_2,x_3)$ 为标准形

$$f(x_1,x_2,x_3)=2y_1^2+2y_2^2+0y_3^2$$

（2）由标准形可以知道方程 $f(x_1,x_2,x_3)=1$ 表示圆柱面.

评注：在解析几何中，我们曾经学过二次曲线及二次曲面的分类，以平面二次曲线为例，一条二次曲线可以由一个二元二次方程给出：$ax^2+bxy+cy^2+dx+ey+f=0$.

要区分是哪一种曲线或曲面，我们通常分两步来做：首先消去交叉项 xy 项，再作坐标的平移以消去一次项. 因此二次曲线或曲面分类的关键是给出一个线性变换，使得式中的二次项只含有平方项. 类似的问题在数学的其他分支、物理、力学中也会遇到.

习　题　7.3

1. 用配方法化下列二次型为标准形，并写出所用的可逆变换：

（1）$f=x_1^2+2x_2^2+4x_3^2+2x_1x_2+2x_1x_3+6x_2x_3$；

（2）$f=x_1x_2-2x_1x_3+3x_2x_3$.

2. 已知 2 阶实对称阵 $\boldsymbol{A}$ 的特征值为 $\lambda_1=1,\lambda_2=2$，且 $\lambda_1=1$ 对应的特征向量为 $(1,2)^{\mathrm{T}}$，求矩阵 $\boldsymbol{A}$.

3. 若 $\boldsymbol{A}$ 为实对称阵，且 $\boldsymbol{A}^2=0$，求证 $\boldsymbol{A}=0$.

4. 设 3 阶实对称阵 $\boldsymbol{A}$ 的特征值为 $\lambda_1=-1,\lambda_2=\lambda_3=1$，且 λ_1 对应的特征向量 $\boldsymbol{x}_1=(0,1,1)^{\mathrm{T}}$，求矩阵 $\boldsymbol{A}$.

5. 对于下列实对称阵 $\boldsymbol{A}$，求正交阵 $\boldsymbol{P}$ 使 $\boldsymbol{P}^{\mathrm{T}}\boldsymbol{A}\boldsymbol{P}$ 为对角阵：

（1）$\boldsymbol{A}=\begin{bmatrix}1&2\\2&4\end{bmatrix}$；　　（2）$\boldsymbol{A}=\begin{bmatrix}2&-2&0\\-2&1&-2\\0&-2&0\end{bmatrix}$.

6. 求下列二次型的正交标准形：

（1）$f=x_1^2+4x_2^2+2x_3^2-4x_1x_2-8x_1x_3-4x_2x_3$；

（2）$f=x_1^2+5x_2^2-x_3^2+4\sqrt{2}x_1x_3$.

7. 求一个正交变换 $\boldsymbol{x}=\boldsymbol{P}\boldsymbol{y}$ 化下列二次型为标准形：

(1) $f=2x_1^2+3x_2^2+3x_3^2+4x_2x_3$;

(2) $f=2x_1x_2-2x_3x_4$.

8. 设实对称阵 $\boldsymbol{A}$ 的特征值的最大者为 λ_M,最小者为 λ_m,求证

$$\lambda_m\cdot(\boldsymbol{x}^{\mathrm{T}}\boldsymbol{x})\leqslant\boldsymbol{x}^{\mathrm{T}}\boldsymbol{A}\boldsymbol{x}\leqslant\lambda_M\cdot(\boldsymbol{x}^{\mathrm{T}}\boldsymbol{x})$$

9. 已知二次型 $f(x_1,x_2,x_3)=5x_1^2+5x_2^2+cx_3^2-2x_1x_2+6x_1x_3-6x_2x_3$ 的秩为 2,

(1)求参数 c;

(2)求一个正交变换 $\boldsymbol{x}=\boldsymbol{P}\boldsymbol{y}$ 将此二次型化为标准形;

(3)指出方程 $f(x_1,x_2,x_3)=1$ 在 $Ox_1x_2x_3$ 坐标系中表示何种二次曲面.

7.4　惯性定理

将一个二次型化为标准形的可逆变换不是唯一的. 例如,对于二次型 $f(x_1,x_2)=2x_1x_2$,正交变换

$$\begin{bmatrix}x_1\\x_2\end{bmatrix}=\begin{bmatrix}\dfrac{1}{\sqrt{2}}&\dfrac{1}{\sqrt{2}}\\\dfrac{1}{\sqrt{2}}&-\dfrac{1}{\sqrt{2}}\end{bmatrix}\begin{bmatrix}y_1\\y_2\end{bmatrix}$$

可将其化为正交标准形

$$f=y_1^2-y_2^2$$

而可逆线性变换

$$\begin{bmatrix}x_1\\x_2\end{bmatrix}=\begin{bmatrix}1&-1\\1&1\end{bmatrix}\begin{bmatrix}y_1\\y_2\end{bmatrix}$$

也可将其化为标准形

$$f=2y_1^2-2y_2^2$$

当变换不是正交变换时,此二次型的标准形中各项的系数就不一定是二次型矩阵的特征值了. 将一个二次型化为标准形的可逆变换不是唯一的,其标准形也就不是唯一的,在这个不唯一中,有没有什么是确定不变的. 我们的回答是:有! 这就是下面**二次型的惯性定理:一个二次型的标准形中,正(负)系数的个数是固定不变的.**

定理 7.3　**设 n 元二次型 $f=\boldsymbol{x}^{\mathrm{T}}\boldsymbol{A}\boldsymbol{x}$ 的秩为 $r>0$. 若可逆变换 $\boldsymbol{x}=\boldsymbol{B}\boldsymbol{y}$,$\boldsymbol{x}=\boldsymbol{C}\boldsymbol{z}$ 分别化此二次型为标准形:**

$$f=b_1y_1^2+\cdots+b_py_p^2-b_{p+1}y_{p+1}^2-\cdots-b_ry_r^2\,(b_1,\cdots,b_r>0)$$
$$f=c_1z_1^2+\cdots+c_qz_q^2-c_{q+1}z_{q+1}^2-\cdots-c_rz_r^2\,(c_1,\cdots,c_r>0)$$

则 $p=q$;这个不变的数 p 称为二次型 $\boldsymbol{x}^{\mathrm{T}}\boldsymbol{A}\boldsymbol{x}$ 或 $\boldsymbol{A}$ 的正惯性指数.

证明 * 由于 $\boldsymbol{B}\boldsymbol{y}=\boldsymbol{C}\boldsymbol{z}$，从而 $\boldsymbol{z}=(\boldsymbol{C}^{-1}\boldsymbol{B})\boldsymbol{y}=[k_{ij}]\boldsymbol{y}$，即

$$\begin{cases} z_1=k_{11}y_1+\cdots+k_{1p}y_p+k_{1,p+1}y_{p+1}+\cdots+k_{1n}y_n \\ \quad\vdots \\ z_q=k_{q1}y_1+\cdots+k_{qp}y_p+k_{q,p+1}y_{p+1}+\cdots+k_{qn}y_n \\ \quad\vdots \\ z_n=k_{n1}y_1+\cdots+k_{np}y_p+k_{n,p+1}y_{p+1}+\cdots+k_{nn}y_n \end{cases} \tag{7.2}$$

假设 $p>q$，则含有 p 个未知数，q 个方程的齐次线性方程组

$$\begin{cases} k_{11}y_1+k_{12}y_2+\cdots+k_{1p}y_p=0 \\ k_{21}y_1+k_{22}y_2+\cdots+k_{2p}y_p=0 \\ \quad\vdots \\ k_{q1}y_1+k_{q2}y_2+\cdots+k_{qp}y_p=0 \end{cases} \tag{7.3}$$

一定有一组非零解 $y_1=d_1,\cdots,y_p=d_p$；再取 $y_{p+1}=\cdots=y_n=0$. 将这组 y_i 代入(7.2)式得到一组 z_i，其中必有 $z_1=\cdots=z_q=0$. 将这两组相关联的 $y_1,\cdots,y_n$ 和 $z_1,\cdots,z_n$ 代入二次型的标准形，得到一个矛盾：

$$0<b_1d_1^2+\cdots+b_pd_p^2=-c_{q+1}z_{q+1}^2-\cdots-c_rz_r^2\leqslant 0$$

于是必有 $p\leqslant q$；完全对称地，也有 $q\leqslant p$. 总之，$p=q$.

推论 **若 n 元二次型 $f(\boldsymbol{x})=\boldsymbol{x}^{\mathrm{T}}\boldsymbol{A}\boldsymbol{x}$ 的秩为 $r>0$，正惯性指数为 p，则 p 为矩阵 $\boldsymbol{A}$ 的正特征值的个数，且此二次型有规范形**

$$f=y_1^2+\cdots+y_p^2-y_{p+1}^2-\cdots-y_r^2$$

证明 首先，存在正交阵 $\boldsymbol{P}$ 使

$$\boldsymbol{P}^{\mathrm{T}}\boldsymbol{A}\boldsymbol{P}=\mathrm{diag}(\lambda_1,\cdots,\lambda_p,\lambda_{p+1},\cdots,\lambda_r,\lambda_{r+1},\cdots,\lambda_n)$$

这里的 λ_i 按正、负、零的顺序排列. 由于 $\boldsymbol{P}$ 可逆，这里的 r 就是 $\mathrm{r}(\boldsymbol{A})$；再由上述定理知，这里的 p 就是此二次型的正惯性指数. 在对角阵

$$\mathrm{diag}(\lambda_1,\cdots,\lambda_p,\lambda_{p+1},\cdots,\lambda_r,0,\cdots,0)$$

的两边乘可逆对角阵

$$\boldsymbol{Q}=\mathrm{diag}\left(\frac{1}{\sqrt{\lambda_1}},\cdots,\frac{1}{\sqrt{\lambda_p}},\frac{1}{\sqrt{|\lambda_{p+1}|}},\cdots,\frac{1}{\sqrt{|\lambda_r|}},1,\cdots,1\right)$$

得到

$$\mathrm{diag}(\boldsymbol{E}_p,-\boldsymbol{E}_{r-p},0)$$

此时，令 $\boldsymbol{K}=\boldsymbol{P}\boldsymbol{Q}$，取可逆变换 $\boldsymbol{x}=\boldsymbol{K}\boldsymbol{y}$，则有

$$f=\boldsymbol{y}^{\mathrm{T}}(\boldsymbol{K}^{\mathrm{T}}\boldsymbol{A}\boldsymbol{K})\boldsymbol{y}=y_1^2+\cdots+y_p^2-y_{p+1}^2-\cdots-y_r^2$$

总结前面的结论，我们有下面的重要定理.

定理 7.4 **若 $\boldsymbol{A},\boldsymbol{B}$ 为两个 n 阶实对称阵，则 $\boldsymbol{A}\simeq\boldsymbol{B}\Leftrightarrow\boldsymbol{A},\boldsymbol{B}$ 的秩和正惯性指数都相同.**

证明　(⇒)　令 $C^{\mathrm{T}}AC=B$, C 可逆. 此时,因 C 可逆,有

$$\mathrm{r}(A)=\mathrm{r}(B)=r$$

再由定理 7.3 的推论知,存在可逆阵 K 使得

$$K^{\mathrm{T}}BK=\begin{bmatrix}E_p&&\\&-E_{r-p}&\\&&0\end{bmatrix},\quad (CK)^{\mathrm{T}}A(CK)=\begin{bmatrix}E_p&&\\&-E_{r-p}&\\&&0\end{bmatrix}$$

左式说明二次型 $x^{\mathrm{T}}Bx$ 的标准形中有 p 个正系数;右式说明二次型 $x^{\mathrm{T}}Ax$ 的标准形中也有 p 个正系数. 从而 A, B 的正惯性指数都是 p.

(⇐)　反之,存在可逆阵 K, L 使得

$$K^{\mathrm{T}}AK=\begin{bmatrix}E_p&&\\&-E_{r-p}&\\&&0\end{bmatrix},\quad L^{\mathrm{T}}BL=\begin{bmatrix}E_p&&\\&-E_{r-p}&\\&&0\end{bmatrix}$$

于是 $K^{\mathrm{T}}AK=L^{\mathrm{T}}BL$, $(KL^{-1})^{\mathrm{T}}A(KL^{-1})=B$,即 $A\simeq B$.

定义 7.6　若实对称阵 $A\simeq\mathrm{diag}(E_p, -E_{r-p}, 0)$,则我们称后者为 A 的**合同标准形**.

评注:上述定理说明,若我们将一切 n 阶实对称阵按合同分类,则有相同的合同标准形,即秩和正惯性指数对应相等就是等效的分类标准. 例如,一切 3 阶实对称阵可分 10 个合同类,仅有一类中有一个成员,其他各类中都有无穷多个成员:

(1) 秩为 0 的仅有 1 类,这一类中仅有一个成员,即 $O_{3\times3}$;

(2) 秩为 1 的有 2 类,它们的典型代表分别为

$$\begin{bmatrix}1&&\\&0&\\&&0\end{bmatrix},\quad\begin{bmatrix}-1&&\\&0&\\&&0\end{bmatrix}$$

(3) 秩为 2 的有 3 类,它们的典型代表分别为

$$\begin{bmatrix}1&&\\&1&\\&&0\end{bmatrix},\quad\begin{bmatrix}1&&\\&-1&\\&&0\end{bmatrix},\quad\begin{bmatrix}-1&&\\&-1&\\&&0\end{bmatrix}$$

(4) 秩为 3 的有 4 类,它们的典型代表分别为

$$\begin{bmatrix}1&&\\&1&\\&&1\end{bmatrix},\quad\begin{bmatrix}1&&\\&1&\\&&-1\end{bmatrix},\quad\begin{bmatrix}1&&\\&-1&\\&&-1\end{bmatrix},\quad\begin{bmatrix}-1&&\\&-1&\\&&-1\end{bmatrix}$$

习　题　7.4

1. 三元二次型的规范形有几个？
2. 求下列二次型的正惯性指数：
(1) $f=x_1^2+2x_2^2+4x_3^2+2x_1x_2+2x_1x_3+6x_2x_3$；
(2) $f=x_1x_2-2x_1x_3+3x_2x_3$.
3. 一切4阶实对称阵按合同分类,可分多少类？

7.5　正定二次型

1. 正定二次型

定义 7.7　对于 n 元二次型 $f(\boldsymbol{x})=\boldsymbol{x}^{\mathrm{T}}\boldsymbol{A}\boldsymbol{x}$,若对任何非零向量 $\boldsymbol{x}\in\mathbb{R}^n$,都有

$$f(\boldsymbol{x})=\boldsymbol{x}^{\mathrm{T}}\boldsymbol{A}\boldsymbol{x}>0$$

则称此二次型为**正定二次型**,对应的矩阵 $\boldsymbol{A}$ 称为**正定阵**.

例如,二元二次型 $f_1(x_1,x_2)=x_1^2+2x_2^2$ 是正定的；而二元二次型 $f_2(x_1,x_2)=x_1^2+2x_1x_2+x_2^2$ 不是正定的,因为 $f_2(1,-1)=0$.

评注：n 元二次型 $f(\boldsymbol{x})=\boldsymbol{x}^{\mathrm{T}}\boldsymbol{A}\boldsymbol{x}$ 正定等同于说 n 元函数 $f(\boldsymbol{x})=\boldsymbol{x}^{\mathrm{T}}\boldsymbol{A}\boldsymbol{x}$ 的最小值为0,且原点为唯一的最小值点.若定义表达式中 $f(\boldsymbol{x})=\boldsymbol{x}^{\mathrm{T}}\boldsymbol{A}\boldsymbol{x}\geqslant 0$ 我们称为半正定二次型,$f(\boldsymbol{x})=\boldsymbol{x}^{\mathrm{T}}\boldsymbol{A}\boldsymbol{x}<0$ 我们称为负定二次型.

定理 7.5　**n 元二次型 $f(\boldsymbol{x})=\boldsymbol{x}^{\mathrm{T}}\boldsymbol{A}\boldsymbol{x}$ 正定 $\Leftrightarrow$ 实对称阵 $\boldsymbol{A}$ 的特征值都大于0,即 $\boldsymbol{A}$ 的正惯性指数为 n.**

证明　首先,由定理7.2知,存在一个正交变换 $\boldsymbol{x}=\boldsymbol{P}\boldsymbol{y}$ 使

$$f(\boldsymbol{x})=\lambda_1y_1^2+\cdots+\lambda_ny_n^2$$

这里 $\lambda_1,\cdots,\lambda_n$ 为 $\boldsymbol{A}$ 的特征值.

若 $f(x)=\boldsymbol{x}^{\mathrm{T}}\boldsymbol{A}\boldsymbol{x}$ 正定,我们说 $\lambda_1,\cdots,\lambda_n$ 必定都是正数.如取 $\boldsymbol{x}=\boldsymbol{P}\boldsymbol{e}_i$,则 $\boldsymbol{x}\neq 0$,从而

$$f(\boldsymbol{x})=\boldsymbol{x}^{\mathrm{T}}\boldsymbol{A}\boldsymbol{x}=\lambda_i>0$$

反之,若 $\lambda_1,\cdots,\lambda_n$ 都是正数,当 $\boldsymbol{x}\neq 0$ 时,$\boldsymbol{y}=\boldsymbol{P}^{\mathrm{T}}\boldsymbol{x}\neq 0$,从而

$$f=\lambda_1y_1^2+\cdots+\lambda_ny_n^2>0$$

即二次型 $\boldsymbol{x}^{\mathrm{T}}\boldsymbol{A}\boldsymbol{x}$ 正定.

例 7.13　二次型 $f=2x_1^2+2x_1x_2+2x_1x_3+2x_2^2+2x_2x_3+2x_3^2$ 正定,因为此二次型矩阵的特征值为1,1,4.

例 7.14 设 $\boldsymbol{A},\boldsymbol{B}$ 都是正定阵，且 $\boldsymbol{AB}=\boldsymbol{BA}$，求证 $\boldsymbol{AB}$ 也正定.

证明 首先，由 $(\boldsymbol{AB})^{\mathrm{T}}=\boldsymbol{B}^{\mathrm{T}}\boldsymbol{A}^{\mathrm{T}}=\boldsymbol{BA}$ 知 $\boldsymbol{AB}$ 为实对称阵. 设 λ 为 $\boldsymbol{AB}$ 的特征值，从而存在非零实向量 $\boldsymbol{x}$ 满足 $\boldsymbol{ABx}=\lambda\boldsymbol{x}$. 于是

$$(\boldsymbol{Bx})^{\mathrm{T}}\boldsymbol{ABx}=\lambda(\boldsymbol{Bx})^{\mathrm{T}}x,(\boldsymbol{Bx})^{\mathrm{T}}\boldsymbol{A}(\boldsymbol{Bx})=\lambda(\boldsymbol{x}^{\mathrm{T}}\boldsymbol{Bx})$$

由于 $\boldsymbol{A},\boldsymbol{B}$ 都是正定的，且 $\boldsymbol{Bx}\neq 0$，故 $(\boldsymbol{Bx})^{\mathrm{T}}\boldsymbol{A}(\boldsymbol{Bx})>0,\boldsymbol{x}^{\mathrm{T}}\boldsymbol{Bx}>0$，从而 $\lambda>0$. 由于 $\boldsymbol{AB}$ 的特征值都是正数，故 $\boldsymbol{AB}$ 也正定.

命题 7.5 若 $\boldsymbol{A}$ 为 n 阶实对称阵，$\boldsymbol{C}$ 为 n 阶可逆阵，则 $\boldsymbol{A}$ 与 $\boldsymbol{C}^{\mathrm{T}}\boldsymbol{AC}$ 有相同的正定性.

证明 因为 $\boldsymbol{A}$ 与 $\boldsymbol{C}^{\mathrm{T}}\boldsymbol{AC}$ 合同，故它们有相同的正惯性指数，从而它们有相同的正定性.

定理 7.6 实对称阵 $\boldsymbol{A}$ 正定 $\Leftrightarrow$ $\boldsymbol{A}$ 与单位阵 $\boldsymbol{E}$ 合同，即存在一个可逆阵 $\boldsymbol{Q}$ 使 $\boldsymbol{A}=\boldsymbol{Q}^{\mathrm{T}}\boldsymbol{Q}$.

证明 $(\Rightarrow)$ 设 $\boldsymbol{A}$ 是正定的，从而 $\boldsymbol{A}$ 的正惯性指数为 n，故其合同标准形为单位阵 $\boldsymbol{E}$，即 $\boldsymbol{A}$ 与单位阵 $\boldsymbol{E}$ 合同.

$(\Leftarrow)$ 单位阵是正定的，由命题 7.5 知 $\boldsymbol{A}$ 正定（此条件下，由正定的定义直接证明也很容易）.

定理 7.7 实对称阵 $\boldsymbol{A}=[a_{ij}]_{n\times n}$ 正定 $\Leftrightarrow$ $\boldsymbol{A}$ 的一切顺序主子式都大于 0，即

$$a_{11}>0,\quad \begin{vmatrix} a_{11} & a_{12} \\ a_{12} & a_{22} \end{vmatrix}>0,\quad \cdots,\quad \begin{vmatrix} a_{11} & \cdots & a_{1n} \\ \vdots & & \vdots \\ a_{1n} & \cdots & a_{nn} \end{vmatrix}>0$$

证明* 设 $\boldsymbol{A}$ 正定，则 r 元二次型

$$\begin{aligned} f_r(x_1,\cdots,x_r) &= (x_1,\cdots,x_r,0,\cdots,0)\boldsymbol{A}(x_1,\cdots,x_r,0,\cdots,0)^{\mathrm{T}} \\ &= (x_1,\cdots,x_r)\begin{bmatrix} a_{11} & \cdots & a_{1r} \\ \vdots & & \vdots \\ a_{1r} & \cdots & a_{rr} \end{bmatrix}\begin{bmatrix} x_1 \\ \vdots \\ x_r \end{bmatrix} \end{aligned}$$

也正定，从而 $\boldsymbol{A}_r=[a_{ij}]_{r\times r}$ 正定，$|\boldsymbol{A}_r|>0$.

反之，我们对矩阵的阶数用数学归纳法证明.

(1) 对于 1 阶实对称阵，结论明显成立.

(2) 假设结论对于 $n-1$ 阶实对称阵成立.

(3) 现在假设 $\boldsymbol{A}$ 是一切顺序主子式都大于 0 的 n 阶实对称阵. 由于 $a_{11}>0$，我们先对 $\boldsymbol{A}$ 进行如下的（合同变换）初等变换：

$$\boldsymbol{A}=\begin{bmatrix} a_{11} & a_{12} & \cdots & a_{1n} \\ a_{12} & a_{22} & \cdots & a_{2n} \\ \vdots & \vdots & & \vdots \\ a_{1n} & a_{2n} & \cdots & a_{nn} \end{bmatrix} \xrightarrow[\left(-\frac{a_{1i}}{a_{11}}\right)\times c_1\to c_i]{\left(-\frac{a_{1i}}{a_{11}}\right)\times r_1\to r_i} \begin{bmatrix} a_{11} & 0 & \cdots & 0 \\ 0 & & & \\ \vdots & & \boldsymbol{B} & \\ 0 & & & \end{bmatrix}$$

由初等变换与初等阵的关系知，若记

$$\boldsymbol{C}=\begin{bmatrix}1 & -\frac{a_{12}}{a_{11}} & \cdots & -\frac{a_{1n}}{a_{11}}\\ 0 & 1 & \cdots & 0\\ \vdots & \vdots & & \vdots\\ 0 & 0 & \cdots & 1\end{bmatrix}$$

则有

$$\boldsymbol{C}^{\mathrm{T}}\boldsymbol{A}\boldsymbol{C}=\begin{bmatrix}a_{11} & 0\\ 0 & \boldsymbol{B}\end{bmatrix}$$

这时,由行列式的性质 3 知

$$\begin{vmatrix}a_{11} & \cdots & a_{1r}\\ \vdots & & \vdots\\ a_{1r} & \cdots & a_{rr}\end{vmatrix}=a_{11}\cdot\begin{vmatrix}b_{11} & \cdots & b_{1,r-1}\\ \vdots & & \vdots\\ b_{1,r-1} & \cdots & b_{r-1,r-1}\end{vmatrix}>0\quad(r=2,\cdots,n)$$

因而 $\boldsymbol{B}$ 是一个 $n-1$ 阶顺序主子式都大于 0 的实对称阵. 由归纳假设,$\boldsymbol{B}$ 是正定的,从而存在一个 $n-1$ 阶正交阵 $\boldsymbol{P}$ 使得

$$\boldsymbol{P}^{\mathrm{T}}\boldsymbol{B}\boldsymbol{P}=\mathrm{diag}(d_1,\cdots,d_{n-1})\quad(d_1,\cdots,d_{n-1}>0)$$

现在令 $\boldsymbol{D}=\begin{bmatrix}1 & 0\\ 0 & \boldsymbol{P}\end{bmatrix}$,则

$$\begin{aligned}(\boldsymbol{CD})^{\mathrm{T}}\boldsymbol{A}(\boldsymbol{CD})&=\boldsymbol{D}^{\mathrm{T}}(\boldsymbol{C}^{\mathrm{T}}\boldsymbol{A}\boldsymbol{C})\boldsymbol{D}\\ &=\begin{bmatrix}1 & 0\\ 0 & \boldsymbol{P}^{\mathrm{T}}\end{bmatrix}\begin{bmatrix}a_{11} & 0\\ 0 & \boldsymbol{B}\end{bmatrix}\begin{bmatrix}1 & 0\\ 0 & \boldsymbol{P}\end{bmatrix}\\ &=\mathrm{diag}(a_{11},d_1,\cdots,d_{n-1})\end{aligned}$$

因而实对称阵 $(\boldsymbol{CD})^{\mathrm{T}}\boldsymbol{A}(\boldsymbol{CD})$ 正定,从而 $\boldsymbol{A}$ 也正定. 由归纳原理,定理得证.

例 7.15 给定一个二元实函数 $f(x,y)=Ax^2+2Bxy+Cy^2$. 若

$$A>0,\quad AC-B^2>0$$

求证 0 是函数的最小值.

证明 将此函数视为变元 x,y 的二次型,其矩阵为

$$\begin{bmatrix}A & B\\ B & C\end{bmatrix}$$

此矩阵的顺序主子式 $A>0$,$AC-B^2>0$,故 $f(x,y)$ 是正定二次型,从而 0 是 $f(x,y)$ 的最小值.

习 题 7.5

1. 判别下列命题的真假,并说明理由:

(1) 若 3 元二次型的标准形为 $y_1^2+y_2^2$,则此二次型正定;

(2) 若 $\boldsymbol{A}=[a_{ij}]_{n\times n}$ 为正定阵,则每个 $a_{ii}>0$;

(3) 系数都是正数的二次型正定;

(4) 系数有负数的二次型一定不是正定的.

2. 判别下列二次型是否正定:

(1) $f(x_1,x_2,x_3)=2x_1^2+2x_2^2+3x_3^2+2x_1x_2+4x_1x_3+2x_2x_3$;

(2) $f(x,y,z)=2x^2+2y^2+5z^2+2xy-4xz-2yz$.

3. 求使 $f(x,y,z)=\lambda(x^2+y^2+z^2)+2xy+2yz+2xz$ 正定的 λ.

4. 设 $\boldsymbol{A},\boldsymbol{B}$ 为同阶的正定阵,求证 $\boldsymbol{A}+\boldsymbol{B}$ 也正定.

5. 设 $\boldsymbol{A}$ 为正定阵,求证 $\boldsymbol{A}^{-1}$ 也正定.

6. 设 $\boldsymbol{A},\boldsymbol{B}$ 为正定阵,求证 $\begin{bmatrix}\boldsymbol{A} & 0\\ 0 & \boldsymbol{B}\end{bmatrix}$ 也正定.

7. 求证:实对称阵 $\boldsymbol{A}$ 正定 $\Leftrightarrow$ 存在一个正定阵 $\boldsymbol{Q}$ 使得 $\boldsymbol{A}=\boldsymbol{Q}^2$. 提示:当 $\boldsymbol{A}$ 正定时,试改写 $\boldsymbol{A}=\boldsymbol{P}\boldsymbol{\Lambda}\boldsymbol{P}^{\mathrm{T}}$.

8. 设 $\boldsymbol{A}\in\mathbb{R}^{m\times n}$,且 $m>n$,求证:$\boldsymbol{A}^{\mathrm{T}}\boldsymbol{A}$ 为正定 $\Leftrightarrow \mathrm{r}(\boldsymbol{A})=n$.

9. 设 $\boldsymbol{A}$ 为正定阵,求证 $|\boldsymbol{E}+\boldsymbol{A}|>1+|\boldsymbol{A}|$.

10. 设 $\boldsymbol{A},\boldsymbol{B}$ 为同阶实对称阵,$\boldsymbol{A}$ 为正定阵,求证 $\boldsymbol{AB}$ 的特征值都是实数. 提示:用定理 7.6 证明 $\boldsymbol{AB}$ 相似于一个实对称阵.

第8章 线性空间与线性映射

在前几章中，向量空间$\mathbb{R}^n$和$\mathbb{R}$上的矩阵，特别是方阵是我们讨论的主要对象. 在本章中，我们将向量空间$\mathbb{R}^n$和矩阵的本质一般化，引入实数域$\mathbb{R}$上的线性空间和线性空间之间的线性映射，并讨论它们的基本性质. 这样，线性代数所适合的对象就大大地扩大了.

本章的主要内容：

(1) 线性空间与子空间；

(2) 线性映射与矩阵表示；

(3) 线性变换与方阵的对应；

(4) 欧氏空间.

8.1 线性空间的定义与基本性质

1. 线性空间的定义

线性空间是线性代数最基本的概念之一. 这一节我们来介绍它的定义，并讨论它的一些基本的性质. 线性空间是我们遇到的第一个抽象的概念. 在引入定义之前，我们先来看几个熟悉的例子.

例 8.1 在解析几何里，我们讨论过三维空间$\mathbb{R}^3$中的向量. 向量的基本属性是可以按平行四边形规律相加，也可以与实数作数量算法. 许多几何和力学对象的性质是可以通过向量的这两种运算来描述的.

(1) 按平行四边形法则所定义的向量的加法是$\mathbb{R}^3$的一个运算；

(2) 解析几何中规定的实数与向量的乘法是$\mathbb{R}\times\mathbb{R}^3$到$\mathbb{R}^3$的一个运算.

(3) 空间中向量的上述两种运算满足八条运算规律.

① $\boldsymbol{\alpha}+\boldsymbol{\beta}=\boldsymbol{\beta}+\boldsymbol{\alpha}(\boldsymbol{\alpha},\boldsymbol{\beta}\in\mathbb{R}^3)$；

② $(\boldsymbol{\alpha}+\boldsymbol{\beta})+\boldsymbol{\gamma}=\boldsymbol{\alpha}+(\boldsymbol{\beta}+\boldsymbol{\gamma})(\boldsymbol{\alpha},\boldsymbol{\beta},\boldsymbol{\gamma}\in\mathbb{R}^3)$；

③ $\mathbb{R}^3$中存在一个元素0，对任何$\boldsymbol{\alpha}\in\mathbb{R}^3$，都有$\boldsymbol{\alpha}+0=\boldsymbol{\alpha}$；

④ 对任何$\boldsymbol{\alpha}\in\mathbb{R}^3$，都有$\boldsymbol{\beta}\in\mathbb{R}^3$满足$\boldsymbol{\alpha}+\boldsymbol{\beta}=0$；

⑤ $1\boldsymbol{\alpha}=\boldsymbol{\alpha}(\boldsymbol{\alpha}\in\mathbb{R}^3)$；

⑥ $k(l\boldsymbol{\alpha})=(kl)\boldsymbol{\alpha}(\boldsymbol{\alpha}\in\mathbb{R}^3,k,l\in\mathbb{R})$；

⑦ $k(\boldsymbol{\alpha}+\boldsymbol{\beta})=k\boldsymbol{\alpha}+k\boldsymbol{\beta}(\boldsymbol{\alpha},\boldsymbol{\beta}\in\mathbb{R}^3,k\in\mathbb{R})$；

⑧ $(k+l)\boldsymbol{\alpha}=k\boldsymbol{\alpha}+l\boldsymbol{\alpha}(\boldsymbol{\alpha}\in\mathbb{R}^3,k,l\in\mathbb{R})$.

例 8.2 $\mathbb{R}$ 上一切 $m\times n$ 矩阵所成的集合对于矩阵的加法和数与矩阵的乘法满足上述规律.

定义 8.1 设 V 是一个非空集合,在 V 的元素之间有一个称为加法的运算(用 + 作运算符号),即对任意 $\boldsymbol{\alpha},\boldsymbol{\beta}\in V$,有唯一的 $\boldsymbol{\alpha}+\boldsymbol{\beta}\in V$; 在$\mathbb{R}$ 与 V 之间还有一个称为数乘的运算,即对任意 $k\in\mathbb{R}$,$\boldsymbol{\alpha}\in V$ 有唯一的 $k\boldsymbol{\alpha}\in V$. 若以上两个运算满足以下八条运算规则(如下 $k,l\in\mathbb{R}$):

(1) $\boldsymbol{\alpha}+\boldsymbol{\beta}=\boldsymbol{\beta}+\boldsymbol{\alpha}\quad(\boldsymbol{\alpha},\boldsymbol{\beta}\in V)$;

(2) $(\boldsymbol{\alpha}+\boldsymbol{\beta})+\boldsymbol{\gamma}=\boldsymbol{\alpha}+(\boldsymbol{\beta}+\boldsymbol{\gamma})(\boldsymbol{\alpha},\boldsymbol{\beta},\boldsymbol{\gamma}\in V)$;

(3) V 中存在一个元素 0,对任何 $\boldsymbol{\alpha}\in V$,都有 $\boldsymbol{\alpha}+0=\boldsymbol{\alpha}$;

(4) 对任何 $\boldsymbol{\alpha}\in V$,都有 $\boldsymbol{\beta}\in V$ 满足 $\boldsymbol{\alpha}+\boldsymbol{\beta}=0$;

(5) $1\boldsymbol{\alpha}=\boldsymbol{\alpha}(\boldsymbol{\alpha}\in V)$;

(6) $k(l\boldsymbol{\alpha})=(kl)\boldsymbol{\alpha}(\boldsymbol{\alpha}\in V)$;

(7) $k(\boldsymbol{\alpha}+\boldsymbol{\beta})=k\boldsymbol{\alpha}+k\boldsymbol{\beta}(\boldsymbol{\alpha},\boldsymbol{\beta}\in V)$;

(8) $(k+l)\boldsymbol{\alpha}=k\boldsymbol{\alpha}+l\boldsymbol{\alpha}(\boldsymbol{\alpha}\in V)$.

则称 V 为(实数域$\mathbb{R}$ 上的)**线性空间**,V 中的元素称为**向量**.

评注:下面我们将证明(3)中的向量 0 是唯一,以后称其为**零向量**; 也容易证明,对于 $\boldsymbol{\alpha}\in V$,满足 $\boldsymbol{\alpha}+\boldsymbol{\beta}=0$ 的 $\boldsymbol{\beta}$ 也是唯一的,以后称其为 $\boldsymbol{\alpha}$ 的**负向量**,记为 $-\boldsymbol{\alpha}$.

例 8.3 $\mathbb{R}^n$ 在通常的向量加法与数乘之下为线性空间.

例 8.4 实数域上的一切 $m\times n$ 矩阵的集合$\mathbb{R}^{m\times n}$在通常的矩阵加法与数乘矩阵之下为线性空间.

例 8.5 令 $C[a,b]$为区间$[a,b]$上的所有一元连续函数. 若如下定义两个函数的加法和数乘函数,则 $C[a,b]$为线性空间.

$$(f+g)(x)=f(x)+g(x),\quad (kf)(x)=k\cdot f(x)$$

例 8.6 $\mathbb{R}[x]$为 x 的所有实系数多项式,则在通常的多项式加法和数乘多项式之下为线性空间.

例 8.7 令 $P_n[x]$为 x 的次数不超过 n 的实系数多项式及零多项式所构成的集合,则在通常的多项式加法和数乘多项式之下 $P_n[x]$也为线性空间.

以上所举的线性空间的加法和数乘都是我们所熟知的. 事实上,线性空间是非常丰富的,运算也许是很离奇的,请看下例.

例 8.8 设 $V=\{x\in\mathbb{R}\mid x>0\}$,定义:

$$\boldsymbol{\alpha}\oplus\boldsymbol{\beta}=\boldsymbol{\alpha}\boldsymbol{\beta}(\boldsymbol{\alpha},\boldsymbol{\beta}\in V);\ k\circ\boldsymbol{\alpha}=\boldsymbol{\alpha}^k(\boldsymbol{\alpha}\in V,k\in\mathbb{R})$$

验证 V 为线性空间.

证明 首先,当 $\boldsymbol{\alpha},\boldsymbol{\beta}>0$ 时,$\boldsymbol{\alpha}\oplus\boldsymbol{\beta}=\boldsymbol{\alpha}\boldsymbol{\beta}>0$,故$\oplus$为 V 上的运算; 当 $\boldsymbol{\alpha}>0,k\in\mathbb{R}$ 时,$k\circ\boldsymbol{\alpha}=\boldsymbol{\alpha}^k>0$,故$\circ$为合法的数乘运算.

(1) $\boldsymbol{\alpha}\oplus\boldsymbol{\beta}=\boldsymbol{\alpha}\boldsymbol{\beta}=\boldsymbol{\beta}\boldsymbol{\alpha}=\boldsymbol{\beta}\oplus\boldsymbol{\alpha}$;

(2) $(\boldsymbol{\alpha}\oplus\boldsymbol{\beta})\oplus\boldsymbol{\gamma}=(\boldsymbol{\alpha}\boldsymbol{\beta})\oplus\boldsymbol{\gamma}=(\boldsymbol{\alpha}\boldsymbol{\beta})\boldsymbol{\gamma}=\boldsymbol{\alpha}(\boldsymbol{\beta}\boldsymbol{\gamma})=\boldsymbol{\alpha}\oplus(\boldsymbol{\beta}\oplus\boldsymbol{\gamma})$;

(3) 1 是零向量:$1\oplus\boldsymbol{\alpha}=1\cdot\boldsymbol{\alpha}=\boldsymbol{\alpha}$;

(4) $\boldsymbol{\alpha}^{-1}$是向量$\boldsymbol{\alpha}$的负向量:$\boldsymbol{\alpha}\oplus\boldsymbol{\alpha}^{-1}=\boldsymbol{\alpha}\boldsymbol{\alpha}^{-1}=1$;

(5) $1\circ\boldsymbol{\alpha}=\boldsymbol{\alpha}^{1}=\boldsymbol{\alpha}$;

(6) $k\circ(l\circ\boldsymbol{\alpha})=k\circ\boldsymbol{\alpha}^{l}=(\boldsymbol{\alpha}^{l})^{k}=\boldsymbol{\alpha}^{kl}=(kl)\circ\boldsymbol{\alpha}$;

(7) $(k+l)\circ\boldsymbol{\alpha}=\boldsymbol{\alpha}^{k+1}=\boldsymbol{\alpha}^{k}\boldsymbol{\alpha}^{l}=\boldsymbol{\alpha}^{k}\oplus\boldsymbol{\alpha}^{l}=(k\circ\boldsymbol{\alpha})\oplus(l\circ\boldsymbol{\alpha})$;

(8) $k\circ(\boldsymbol{\alpha}\oplus\boldsymbol{\beta})=(\boldsymbol{\alpha}\boldsymbol{\beta})^{k}=\boldsymbol{\alpha}^{k}\boldsymbol{\beta}^{k}=\boldsymbol{\alpha}^{k}\oplus\boldsymbol{\beta}^{k}=(k\circ\boldsymbol{\alpha})\oplus(k\circ\boldsymbol{\beta})$.

由此看到,V为线性空间.

2. 线性空间的基本性质

线性空间的元素也称为向量. 当然这里的向量比几何中所谓向量的涵义要广泛得多. 线性空间有时也称为向量空间. 以下用黑体的小写希腊字母$\boldsymbol{\alpha},\boldsymbol{\beta},\boldsymbol{\gamma},\cdots$代表线性空间$V$中的元素. 下面我们直接从定义来证明线性空间的一些基本性质.

命题 8.1 若 V 为线性空间,则下列各项成立:

(1) V 中的零向量是唯一的;

(2) V 中任何一个向量的负向量是唯一的;

(3) $0\boldsymbol{\alpha}=0,(-1)\boldsymbol{\alpha}=-\boldsymbol{\alpha},k0=0$;

(4) 当 $k\boldsymbol{\alpha}=0$ 时,有 $k=0$ 或 $\boldsymbol{\alpha}=0$.

证明 (1) 设$0_1,0_2$为V的零向量,则

$$0_1=0_1+0_2=0_2+0_1=0_2$$

(2) 设$\boldsymbol{\beta},\boldsymbol{\gamma}$都是$\boldsymbol{\alpha}$的负向量,有$\boldsymbol{\alpha}+\boldsymbol{\beta}=0,\boldsymbol{\alpha}+\boldsymbol{\gamma}=0$,则

$$\begin{aligned}\boldsymbol{\beta}&=\boldsymbol{\beta}+0=\boldsymbol{\beta}+(\boldsymbol{\alpha}+\boldsymbol{\gamma})=(\boldsymbol{\beta}+\boldsymbol{\alpha})+\boldsymbol{\gamma}\\&=(\boldsymbol{\alpha}+\boldsymbol{\beta})+\boldsymbol{\gamma}=0+\boldsymbol{\gamma}=\boldsymbol{\gamma}\end{aligned}$$

(3) 由于

$$0\boldsymbol{\alpha}=(0+0)\boldsymbol{\alpha}=0\boldsymbol{\alpha}+0\boldsymbol{\alpha}$$

故$0\boldsymbol{\alpha}=0$;再由

$$\boldsymbol{\alpha}+(-1)\boldsymbol{\alpha}=1\boldsymbol{\alpha}+(-1)\boldsymbol{\alpha}=[1+(-1)]\boldsymbol{\alpha}=0\boldsymbol{\alpha}=0$$

得到$(-1)\boldsymbol{\alpha}=-\boldsymbol{\alpha}$;

而

$$k\boldsymbol{\alpha}+k0=k(\boldsymbol{\alpha}+0)=k\boldsymbol{\alpha}$$

说明$k0=0$.

(4) 若$k\neq0$,则

$$\boldsymbol{\alpha}=1\boldsymbol{\alpha}=(k^{-1}k)\boldsymbol{\alpha}=k^{-1}(k\boldsymbol{\alpha})=k^{-1}0=0$$

习 题 8.1

1. 判别下列集合对所指定的加法和数乘是否构成线性空间:

(1) 次数等于 $n(n\geqslant 1)$ 的实系数多项式集合,加法是多项式加法,数乘为数乘多项式;

(2) 一切 n 阶实对称阵对矩阵的加法和数乘;

(3) 在集合$\mathbb{R}^{n\times n}$上,定义数乘为普通的数乘,但加法定义为

$$\boldsymbol{A}\oplus\boldsymbol{B}=\boldsymbol{AB}+\boldsymbol{BA}$$

(4) 在$\mathbb{R}^{1\times 2}$上,如下定义新的加法和数乘:

$$(a,b)\oplus(c,d)=(a+c,b+d+ac)$$

$$k\circ(a,b)=(ka,kb+\frac{k(k-1)}{2}a^2)$$

(5) 若 W,V 为线性空间,在集合 $W\times V=\{(\boldsymbol{w},\boldsymbol{v})\mid\boldsymbol{w}\in W,\boldsymbol{v}\in V\}$ 上定义加法和数乘:

$$(\boldsymbol{w}_1,\boldsymbol{v}_1)\oplus(\boldsymbol{w}_2,\boldsymbol{v}_2)=(\boldsymbol{w}_1+\boldsymbol{w}_2,\boldsymbol{v}_1+\boldsymbol{v}_2)$$

$$k(\boldsymbol{w},\boldsymbol{v})=(k\boldsymbol{w},k\boldsymbol{v})$$

2. 在线性空间 $P_2[x]$ 中,求证下列两个向量组等价:

$$A:1,x,x^2;\quad B:1,x-1,(x-1)^2$$

3. 求证线性空间 $C[0,1]$ 中存在个数任意的线性无关的向量组.

4. 将复数域$\mathbb{C}$ 视为线性空间,求证任意三个复数都是线性相关的.

8.2 线性空间的基、维数与坐标

1. 向量组的线性相关性

定义 8.2 给定线性空间 V 中的向量组 $\boldsymbol{\alpha}_1,\cdots,\boldsymbol{\alpha}_m$. 若存在一组不全为0 的数 $k_1,\cdots,k_m$ 使得

$$k_1\boldsymbol{\alpha}_1+\cdots+k_m\boldsymbol{\alpha}_m=0$$

则称向量组 $\boldsymbol{\alpha}_1,\cdots,\boldsymbol{\alpha}_m$ **线性相关**; 否则,称此向量组**线性无关**.

评注:

(1) 向量空间$\mathbb{R}^n$ 中有关向量组的线性相关和线性无关的相应结论对线性空间也成立;

(2) 如向量空间$\mathbb{R}^n$ 一样,我们定义了向量组的**线性组合**,向量的**线性表示**;及**两个向量组等价**; 也同样定义一个**向量组的秩**及**极大无关组**.

例 8.9 在线性空间$\mathbb{R}^{2\times 3}$中,向量组

$$\boldsymbol{E}_{11}=\begin{bmatrix}1&0&0\\0&0&0\end{bmatrix},\quad \boldsymbol{E}_{12}=\begin{bmatrix}0&1&0\\0&0&0\end{bmatrix},\quad \boldsymbol{E}_{13}=\begin{bmatrix}0&0&1\\0&0&0\end{bmatrix}$$

$$E_{21}=\begin{bmatrix}0&0&0\\1&0&0\end{bmatrix},\quad E_{22}=\begin{bmatrix}0&0&0\\0&1&0\end{bmatrix},\quad E_{23}=\begin{bmatrix}0&0&0\\0&0&1\end{bmatrix}$$

可以线性表示任何一个向量,因为

$$[a_{ij}]_{2\times3}=a_{11}E_{11}+a_{12}E_{12}+a_{13}E_{13}+a_{21}E_{21}+a_{22}E_{22}+a_{23}E_{23}$$

而且这组向量明显是线性无关的.

例 8.10 在线性空间 $P_n[x]$ 中,向量组

$$1,\quad x,\quad x^2,\quad \cdots,\quad x^n$$

是线性无关的. 事实上,若实数系数多项式

$$a_0 1+a_1x+a_2x^2+\cdots+a_nx^n=0$$

则必有其系数 $a_0=a_1=a_2=\cdots=a_n=0$,否则将有一个次数$\geqslant 1$ 的多项式以一切实数为根,而这是不可能的. 这组向量(多项式)能线性表示 $P_n[x]$中的任何一个向量(多项式)是明显的.

例 8.11 由例 8.10 看到线性空间$\mathbb{R}[x]$中存在向量个数任意的线性无关的向量组,因为向量组 $1,x,x^2,\cdots,x^n$ 在$\mathbb{R}[x]$中线性无关.

2. 线性空间的基与维数

定义 8.3 若线性空间 V 中存在 $n(n\geqslant 1)$个向量 $\boldsymbol{\alpha}_1,\cdots,\boldsymbol{\alpha}_n$ 满足:

(1) $\boldsymbol{\alpha}_1,\cdots,\boldsymbol{\alpha}_n$ 线性无关;

(2) V 中任何一个向量都可由 $\boldsymbol{\alpha}_1,\cdots,\boldsymbol{\alpha}_n$ 线性表示,则称向量组 $\boldsymbol{\alpha}_1,\cdots,\boldsymbol{\alpha}_n$ 为线性空间 V 的一个基.

若 V 有基,则基不是唯一的,但容易证明 V 的任何两个基中所含向量的个数是相同的,我们就称这个数为 V 的**维数**,记为 $\dim V$,且我们称 V 为**有限维线性空间**. 为了方便,我们用

$$V=\langle\boldsymbol{\alpha}_1,\cdots,\boldsymbol{\alpha}_n\rangle$$

表示 V 是以 $\boldsymbol{\alpha}_1,\cdots,\boldsymbol{\alpha}_n$ 为基的线性空间. 若一个线性空间中存在任意多个向量是线性无关的,则称 V 为**无限维线性空间**. 若一个线性空间 V 中仅有零向量,则约定其维数 $\dim V=0$.

例 8.12 线性空间$\mathbb{R}^{m\times n}$的维数为 mn. 事实上,令 E_{ij}为(i,j)位置为 1,其他位置都是 0 的 $m\times n$ 矩阵,则 mn 个矩阵

$$E_{11},\quad E_{12},\quad \cdots,\quad E_{1n},\quad \cdots,\quad E_{m1},\quad E_{m2},\quad \cdots,\quad E_{mn}$$

就是线性空间$\mathbb{R}^{m\times n}$的一个基; 我们称此基为$\mathbb{R}^{m\times n}$的标准基.

例 8.13 在线性空间 $P_n[x]$中,向量组

$$1,\quad x,\quad x^2,\quad \cdots,\quad x^n$$

是一个基,从而 $\dim P_n[x]=n+1$.

例 8.14 由于在线性空间$\mathbb{R}[x]$中,对任何正整数 n,向量组

$$1,\quad x,\quad x^2,\quad \cdots,\quad x^n$$

都线性无关,从而$\mathbb{R}[x]$为无限维线性空间.

例 8.15 若 $S^{3\times 3}$ 为一切 3×3 实对称阵，则 $S^{3\times 3}$ 为线性空间，且 $\dim S^{3\times 3}=6$. 事实上，

$$\begin{bmatrix} a_{11} & a_{12} & a_{13} \\ a_{12} & a_{22} & a_{23} \\ a_{13} & a_{23} & a_{33} \end{bmatrix} = a_{11}\begin{bmatrix} 1 & 0 & 0 \\ 0 & 0 & 0 \\ 0 & 0 & 0 \end{bmatrix} + a_{22}\begin{bmatrix} 0 & 0 & 0 \\ 0 & 1 & 0 \\ 0 & 0 & 0 \end{bmatrix} + a_{33}\begin{bmatrix} 0 & 0 & 0 \\ 0 & 0 & 0 \\ 0 & 0 & 1 \end{bmatrix}$$

$$+ a_{12}\begin{bmatrix} 0 & 1 & 0 \\ 1 & 0 & 0 \\ 0 & 0 & 0 \end{bmatrix} + a_{13}\begin{bmatrix} 0 & 0 & 1 \\ 0 & 0 & 0 \\ 1 & 0 & 0 \end{bmatrix} + a_{23}\begin{bmatrix} 0 & 0 & 0 \\ 0 & 0 & 1 \\ 0 & 1 & 0 \end{bmatrix}$$

即 $S^{3\times 3}$ 中每个向量为 $\boldsymbol{E}_{11},\boldsymbol{E}_{22},\boldsymbol{E}_{33},\boldsymbol{E}_{12}+\boldsymbol{E}_{21},\boldsymbol{E}_{13}+\boldsymbol{E}_{31},\boldsymbol{E}_{23}+\boldsymbol{E}_{32}$ 的线性组合；而这组向量在 $S^{3\times 3}$ 中明显线性无关.

3. 坐标

定义 8.4 若 V 为线性空间，$\boldsymbol{\alpha}_1,\cdots,\boldsymbol{\alpha}_n$ 为线性空间 V 的一个**基**，则对任何 $\boldsymbol{\alpha}\in V$，存在唯一的一组数 $x_1,\cdots,x_n$ 使得

$$\boldsymbol{\alpha}=x_1\boldsymbol{\alpha}_1+\cdots+x_n\boldsymbol{\alpha}_n$$

我们称 $(x_1,\cdots,x_n)^{\mathrm{T}}\in\mathbb{R}^n$ 为向量 $\boldsymbol{\alpha}$ 在基 $\boldsymbol{\alpha}_1,\cdots,\boldsymbol{\alpha}_n$ 下的**坐标**；为了方便用矩阵进行推演，我们将 $\boldsymbol{\alpha}=x_1\boldsymbol{\alpha}_1+\cdots+x_n\boldsymbol{\alpha}_n$ 写成

$$\boldsymbol{\alpha}=[\boldsymbol{\alpha}_1 \quad \cdots \quad \boldsymbol{\alpha}_n]\begin{bmatrix} x_1 \\ \vdots \\ x_n \end{bmatrix}$$

或简写为

$$\boldsymbol{\alpha}=[\boldsymbol{\alpha}_i][x_i]^{\mathrm{T}}$$

例 8.16 在 n 维的空间 $\mathbb{R}^n$ 中，显然

$$\begin{cases} \boldsymbol{e}_1=(1,0,\cdots 0) \\ \boldsymbol{e}_2=(0,1,\cdots 0) \\ \qquad\vdots \\ \boldsymbol{e}_n=(0,\cdots 0,1) \end{cases}$$

是一组基. 对于每一个向量 $\boldsymbol{\alpha}=(a_1,a_2,\cdots,a_n)$ 都有

$$\boldsymbol{\alpha}=a_1\boldsymbol{e}_1+a_2\boldsymbol{e}_2+\cdots+a_n\boldsymbol{e}_n$$

所以 $(a_1,a_2,\cdots,a_n)$ 就是向量 $\boldsymbol{\alpha}$ 在这组基下的坐标.

例 8.17 在线性空间 $P_2[x]$ 中，求 $f(x)=1+x+x^2$ 在基

$$1,\quad x-1,\quad (x-1)^2$$

下的坐标.

解 令 $f(x)=1+x+x^2=a+b(x-1)+c(1-x)^2$，则

$$a=f(1)=3,b=f'(1)=3,c=\frac{1}{2}f''(1)=1$$

所求坐标为$(3,3,1)^{\mathrm{T}}$.

4. 基变换与坐标变换

在 n 维线性空间中,任意 n 个线性无关的向量都可以取作空间的基. 对于不同的基,同一个向量的坐标一般是不同的. 随着基的改变,向量的坐标是怎样变化的呢?

设 $\boldsymbol{\xi}_1,\boldsymbol{\xi}_2,\cdots,\boldsymbol{\xi}_n$ 与 $\boldsymbol{\xi}'_1,\boldsymbol{\xi}'_2,\cdots,\boldsymbol{\xi}'_n$ 是 n 维线性空间 V 中两组基,它们的关系是

$$\begin{cases}\boldsymbol{\xi}'_1=a_{11}\boldsymbol{\xi}_1+a_{21}\boldsymbol{\xi}_2+\cdots+a_{n1}\boldsymbol{\xi}_n\\ \boldsymbol{\xi}'_2=a_{12}\boldsymbol{\xi}_1+a_{22}\boldsymbol{\xi}_2+\cdots+a_{n2}\boldsymbol{\xi}_n\\ \qquad\vdots\\ \boldsymbol{\xi}'_n=a_{1n}\boldsymbol{\xi}_1+a_{2n}\boldsymbol{\xi}_2+\cdots+a_{nn}\boldsymbol{\xi}_n\end{cases}\tag{8.1}$$

设向量 $\boldsymbol{\xi}$ 在这两组基下的坐标分别是 $x_1,x_2,\cdots,x_n$ 与 $x'_1,x'_2,\cdots,x'_n$,即

$$\boldsymbol{\xi}=x_1\boldsymbol{\xi}_1+x_2\boldsymbol{\xi}_2+\cdots+x_n\boldsymbol{\xi}_n$$
$$\boldsymbol{\xi}=x'_1\boldsymbol{\xi}'_1+x'_2\boldsymbol{\xi}'_2+\cdots+x'_n\boldsymbol{\xi}'_n$$

现在的问题就是找出 $x_1,x_2,\cdots,x_n$ 与 $x'_1,x'_2,\cdots,x'_n$ 的关系. 首先指出,(8.1)中各式的系数

$$[a_{1j}\quad a_{2j}\quad\cdots\quad a_{nj}],\quad j=1,2,\cdots,n$$

实际上就是第二组基向量 $\boldsymbol{\xi}'_1,\boldsymbol{\xi}'_2,\cdots,\boldsymbol{\xi}'_n$ 在第一组基向量 $\boldsymbol{\xi}_1,\boldsymbol{\xi}_2,\cdots,\boldsymbol{\xi}_n$ 下的坐标.

向量 $\boldsymbol{\xi}'_1,\boldsymbol{\xi}'_2,\cdots,\boldsymbol{\xi}'_n$ 的线性无关性就保证了(8.1)中系数矩阵的行列式不为零. 换句话说,这个矩阵是可逆的. 为了写起来方便,记

$$\boldsymbol{\xi}=[\boldsymbol{\xi}_1\quad\boldsymbol{\xi}_2\quad\cdots\quad\boldsymbol{\xi}_n]\begin{bmatrix}x_1\\x_2\\\vdots\\x_n\end{bmatrix}$$

相仿的,(8.1)可改写为

$$[\boldsymbol{\xi}'_1\quad\boldsymbol{\xi}'_2\quad\cdots\quad\boldsymbol{\xi}'_n]=[\boldsymbol{\xi}_1\quad\boldsymbol{\xi}_2\quad\cdots\quad\boldsymbol{\xi}_n]\begin{bmatrix}a_{11}&a_{12}&\cdots&a_{1n}\\a_{21}&a_{22}&\cdots&a_{2n}\\\vdots&\vdots&&\vdots\\a_{n1}&a_{n2}&\cdots&a_{nn}\end{bmatrix}=[\boldsymbol{\xi}_1\quad\boldsymbol{\xi}_2\quad\cdots\quad\boldsymbol{\xi}_n]\boldsymbol{K}$$

定义 8.5 若 $\boldsymbol{\xi}_1,\boldsymbol{\xi}_2,\cdots,\boldsymbol{\xi}_n$ 与 $\boldsymbol{\xi}'_1,\boldsymbol{\xi}'_2,\cdots,\boldsymbol{\xi}'_n$ 是 n 维线性空间 V 的两组基,则存在一个 n 阶方阵 $\boldsymbol{K}=[k_{ij}]_{n\times n}$使得

$$[\boldsymbol{\xi}'_1\quad\boldsymbol{\xi}'_2\quad\cdots\quad\boldsymbol{\xi}'_n]=[\boldsymbol{\xi}_1\quad\boldsymbol{\xi}_2\quad\cdots\quad\boldsymbol{\xi}_n]\boldsymbol{K}$$

这里的方阵 $\boldsymbol{K}$ 称为基 $\boldsymbol{\xi}_1,\boldsymbol{\xi}_2,\cdots,\boldsymbol{\xi}_n$ 到基 $\boldsymbol{\xi}'_1,\boldsymbol{\xi}'_2,\cdots,\boldsymbol{\xi}'_n$ 的**过渡阵**,它是沟通这两个基的媒介.

接下来,由

$$\xi=[\xi_1'\quad \xi_2'\quad \cdots\quad \xi_n']\begin{bmatrix}x_1'\\x_2'\\\vdots\\x_n'\end{bmatrix}=[\xi_1\quad \xi_2\quad \cdots\quad \xi_n]K\begin{bmatrix}x_1'\\x_2'\\\vdots\\x_n'\end{bmatrix}=[\xi_1\quad \xi_2\quad \cdots\quad \xi_n]\begin{bmatrix}x_1\\x_2\\\vdots\\x_n\end{bmatrix}$$

得出下面的结论.

命题 8.2　设$\xi_1,\xi_2,\cdots,\xi_n$和$\xi_1',\xi_2',\cdots,\xi_n'$为线性空间$V$的两个基,基$\xi_1,\xi_2,\cdots,\xi_n$到基$\xi_1',\xi_2',\cdots,\xi_n'$的过渡阵为$K$. 向量$\xi$在这两组基下的坐标分别为$(x_1,x_2,\cdots,x_n)^{\mathrm{T}}$与$(x_1',x_2',\cdots,x_n')^{\mathrm{T}}$,则

$$\begin{bmatrix}x_1\\x_2\\\vdots\\x_n\end{bmatrix}=K\begin{bmatrix}x_1'\\x_2'\\\vdots\\x_n'\end{bmatrix}\quad 或者\quad \begin{bmatrix}x_1'\\x_2'\\\vdots\\x_n'\end{bmatrix}=K^{-1}\begin{bmatrix}x_1\\x_2\\\vdots\\x_n\end{bmatrix}$$

注:上式称为**坐标变换公式**.

例 8.18　将$\mathbb{R}^2$视为平面直角坐标系xOy,$e_1=\begin{bmatrix}1\\0\end{bmatrix}$,$e_2=\begin{bmatrix}0\\1\end{bmatrix}$为标准基;将坐标系$xOy$绕原点$O$逆时针旋转$\theta$角得到新的坐标系$x'Oy'$. 求向量$v=\begin{bmatrix}a\\b\end{bmatrix}=ae_1+be_2$在新坐标系$x'Oy'$中的坐标$\begin{bmatrix}a'\\b'\end{bmatrix}$.

解　设新坐标系$x'Oy'$中的标准基为e_1',e_2',则

$$e_1'=\begin{bmatrix}\cos\theta\\\sin\theta\end{bmatrix},\quad e_2'=\begin{bmatrix}-\sin\theta\\\cos\theta\end{bmatrix}$$

即

$$[e_1'\quad e_2']=[e_1\quad e_2]\begin{bmatrix}\cos\theta & -\sin\theta\\\sin\theta & \cos\theta\end{bmatrix}$$

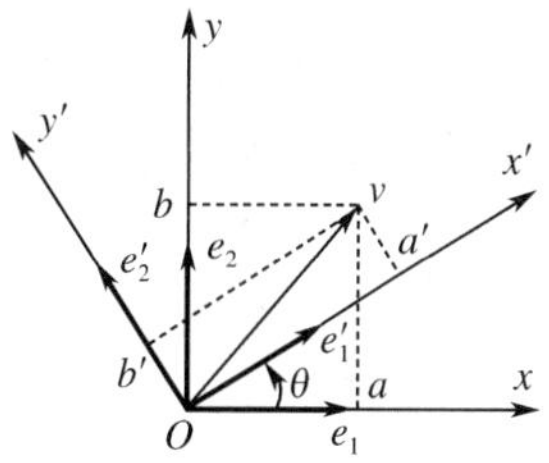

图 8.1

$K=\begin{bmatrix}\cos\theta & -\sin\theta\\\sin\theta & \cos\theta\end{bmatrix}$为基$e_1,e_2$到基$e_1',e_2'$的过渡阵. 于是,由命题 8.2 知$v$在新坐标系$x'Oy'$中的坐标

$$\begin{bmatrix}a'\\b'\end{bmatrix}=K^{-1}\begin{bmatrix}a\\b\end{bmatrix}=\begin{bmatrix}\cos\theta & \sin\theta\\-\sin\theta & \cos\theta\end{bmatrix}\begin{bmatrix}a\\b\end{bmatrix}$$

习　题　8.2

1. 在线性空间$\mathbb{R}^{2\times 2}$中,求矩阵$\boldsymbol{A}=[a_{ij}]_{2\times 2}$在基

$$\boldsymbol{F}_1=\begin{bmatrix}1&0\\0&0\end{bmatrix},\quad \boldsymbol{F}_2=\begin{bmatrix}1&1\\0&0\end{bmatrix},\quad \boldsymbol{F}_3=\begin{bmatrix}1&1\\1&0\end{bmatrix},\quad \boldsymbol{F}_4=\begin{bmatrix}1&1\\1&1\end{bmatrix}$$

下的坐标.

2. 设V为有限维线性空间,求证V中任何一组线性无关的向量都可以扩充为V的一个基.

3. 在线性空间$P_3[x]$中,给定两个基:

$$\begin{cases}\boldsymbol{\alpha}_1= x^3+2x^2-x\\ \boldsymbol{\alpha}_2= x^3-x^2+x+1\\ \boldsymbol{\alpha}_3=-x^3+2x^2+x+1\\ \boldsymbol{\alpha}_4=-x^3-x^2+1\end{cases},\quad \begin{cases}\boldsymbol{\beta}_1=2x^3+x^2+1\\ \boldsymbol{\beta}_2=x^2+2x+2\\ \boldsymbol{\beta}_3=-2x^3+x^2+x+2\\ \boldsymbol{\beta}_4=x^3+3x^2+x+2\end{cases}$$

(1) 求基$\boldsymbol{\alpha}_1,\boldsymbol{\alpha}_2,\boldsymbol{\alpha}_3,\boldsymbol{\alpha}_4$到$\boldsymbol{\beta}_1,\boldsymbol{\beta}_2,\boldsymbol{\beta}_3,\boldsymbol{\beta}_4$的过渡阵;

(2) 求坐标变换公式.

8.3　线性子空间与生成子空间

1. 线性子空间的定义

向量空间$\mathbb{R}^n$有子空间,一个线性空间V也有子空间,通过其子空间也可以认识V本身.

定义 8.6　若$W\subseteq V$为线性空间W的非空子集,且W对于V的加法和数乘运算也构成线性空间,则称W为V的**子空间**,记为$W\leqslant V$. 仅含零向量的集合$\{0\}$和V本身都是V的子空间,称它们为**平凡子空间**;若W是V的子空间,且不是平凡子空间,则称W是V的**真子空间**.

评注:由此定义,要说明$W\leqslant V$,应说明W也满足线性空间定义中的八条;但事实上,容易看到只要W对V的加法和数乘运算封闭,对于W,线性空间的定义中的八条就成立,从而W就是V的子空间.

在线性空间中,由单个的零向量所组成的子集合也是一个线性子空间,它叫做零子空间.

命题 8.3　若W为线性空间V的非空子集,则$W\leqslant V\Leftrightarrow W$对$V$的加法和数乘封闭.

例 8.19　令$\mathrm{S}^{n\times n}$为一切n阶实对称阵的集合,则$\mathrm{S}^{n\times n}$为$\mathbb{R}^{n\times n}$的子空间. 事实上,容易看到$\mathrm{S}^{n\times n}$对加法和数乘运算是封闭的.

例 8.20　$P_n[x]$为$\mathbb{R}[x]$的子空间.

例 8.21　在线性空间$\mathbb{R}^n$中,齐次线性方程组

$$\begin{cases} a_{11}x_1 + a_{12}x_2 + \cdots + a_{1n}x_n = 0 \\ a_{21}x_1 + a_{22}x_2 + \cdots + a_{2n}x_n = 0 \\ \qquad\qquad \vdots \\ a_{n1}x_1 + a_{n2}x_2 + \cdots + a_{nn}x_n = 0 \end{cases}$$

的全部解向量组成一个子空间,这个子空间叫做齐次线性方程组的解空间.

定义 8.7 若 $\boldsymbol{\alpha}_1,\cdots,\boldsymbol{\alpha}_m$ 为线性空间 V 的一个向量组,则

$$L(\boldsymbol{\alpha}_1,\cdots,\boldsymbol{\alpha}_m) \equiv \{k_1\boldsymbol{\alpha}_1 + \cdots + k_m\boldsymbol{\alpha}_m \mid k_1,\cdots,k_m \in \mathbb{R}\}$$

为 V 的子空间,称其为向量 $\boldsymbol{\alpha}_1,\cdots,\boldsymbol{\alpha}_m$(在 V 中)的**生成子空间**.

既然线性子空间本身也是一个线性空间,上面引入的概念,如维数、基、坐标等,当然也可以应用到线性子空间上. 因为线性子空间中不可能比在整个空间中有更多数目线性无关的向量,所以,任何一个线性子空间的维数不能超过整个空间的维数.

命题 8.4 若 W 为有限维线性空间 V 的一个真子空间,则 W 的基可以扩充为 V 的基.

证明 设 $\boldsymbol{\alpha}_1,\cdots,\boldsymbol{\alpha}_m$ 为 W 的基,则由于 W 为 V 的真子空间,故 V 中必有一个向量 $\boldsymbol{\alpha}_{m+1}$ 不能由 $\boldsymbol{\alpha}_1,\cdots,\boldsymbol{\alpha}_m$ 线性表示. 此时,向量组 $\boldsymbol{\alpha}_1,\cdots,\boldsymbol{\alpha}_m,\boldsymbol{\alpha}_{m+1}$ 是线性无关的. 若 V 的向量都可以由此向量组线性表示,则此向量组就是 V 的基; 否则,V 还有一个向量 $\boldsymbol{\alpha}_{m+2}$ 不能由 $\boldsymbol{\alpha}_1,\cdots,\boldsymbol{\alpha}_m,\boldsymbol{\alpha}_{m+1}$ 线性表示,而 $\boldsymbol{\alpha}_1,\cdots,\boldsymbol{\alpha}_m,\boldsymbol{\alpha}_{m+1},\boldsymbol{\alpha}_{m+2}$ 又线性无关. 如此下去,最终 $\boldsymbol{\alpha}_1,\cdots,\boldsymbol{\alpha}_m$ 可以扩展为 V 的基.

2. 子空间的交与和

命题 8.5 若 $W_1,W_2 \leqslant V$,则:

(1) $W_1 \cap W_2 \leqslant V$;

(2) $W_1 + W_2 \equiv \{\boldsymbol{\alpha}+\boldsymbol{\beta} \mid \boldsymbol{\alpha} \in W_1,\boldsymbol{\beta} \in W_2\} \leqslant V$.

证明 (1) 由 $0 \in W_1$,$0 \in W_2$ 知 $0 \in W_1 \cap W_2$,故 $W_1 \cap W_2$ 不是空集. 若 $\boldsymbol{\alpha},\boldsymbol{\beta} \in W_1 \cap W_2$,则由于 W_1 和 W_2 为 V 的子空间,从而

$$\boldsymbol{\alpha}+\boldsymbol{\beta} \in W_1, \quad \boldsymbol{\alpha}+\boldsymbol{\beta} \in W_2$$

于是

$$\boldsymbol{\alpha}+\boldsymbol{\beta} \in W_1 \cap W_2$$

同样,若 $k \in \mathbb{R}$,$\boldsymbol{\alpha} \in W_1 \cap W_2$,则有

$$k\boldsymbol{\alpha} \in W_1 \cap W_2$$

由命题 8.3 知 $W_1 \cap W_2 \leqslant V$.

(2) 同理可证得 $W_1 + W_2 \leqslant V$.

例 8.22 在三维几何中用 V_1 表示一条通过原点的直线,V_2 表示一张通过原点而且与 V_1 垂直的平面,那么 V_1 与 V_2 的交是$\{0\}$,而 V_1 与 V_2 的和是整个空间.

例 8.23 在线性空间$\mathbb{R}^n$中,用 V_1 与 V_2 分别表示齐次方程组

$$\begin{cases} a_{11}x_1 + a_{12}x_2 + \cdots + a_{1n}x_n = 0 \\ a_{21}x_1 + a_{22}x_2 + \cdots + a_{2n}x_n = 0 \\ \qquad \vdots \\ a_{s1}x_1 + a_{s2}x_2 + \cdots + a_{sn}x_n = 0 \end{cases}$$

与

$$\begin{cases} b_{11}x_1 + b_{12}x_2 + \cdots + b_{1n}x_n = 0 \\ b_{21}x_1 + b_{22}x_2 + \cdots + b_{2n}x_n = 0 \\ \qquad \vdots \\ b_{t1}x_1 + b_{t2}x_2 + \cdots + b_{tn}x_n = 0 \end{cases}$$

的解空间,那么 $V_1 \cap V_2$ 就是齐次方程组

$$\begin{cases} a_{11}x_1 + a_{12}x_2 + \cdots + a_{1n}x_n = 0 \\ \qquad \vdots \\ a_{s1}x_1 + a_{s2}x_2 + \cdots + a_{sn}x_n = 0 \\ b_{11}x_1 + b_{12}x_2 + \cdots + b_{1n}x_n = 0 \\ \qquad \vdots \\ b_{t1}x_1 + b_{t2}x_2 + \cdots + b_{tn}x_n = 0 \end{cases}$$

的解空间.

与子空间 W_1, W_2 相关联的有四个子空间:

$$W_1, \quad W_2, \quad W_1 \cap W_2, \quad W_1 + W_2$$

$W_1 \cap W_2$ 为 W_1 和 W_2 的子空间,W_1 和 W_2 又是 $W_1 + W_2$ 的子空间. 除了这些关系,这四个子空间的维数间还有如下重要的关系.

定理 8.1 若 W_1, W_2 为线性空间 V 的两个有限维子空间,则

$$\dim(W_1 + W_2) = \dim W_1 + \dim W_2 - \dim(W_1 \cap W_2)$$

证明 (1) 令 $\dim(W_1 \cap W_2) = r \geqslant 1$. 此时,设

$$W_1 \cap W_2 = \langle \boldsymbol{\alpha}_1, \cdots, \boldsymbol{\alpha}_r \rangle$$

再将 $\boldsymbol{\alpha}_1, \cdots, \boldsymbol{\alpha}_r$ 分别扩展为 W_1 和 W_2 的基(见下面的图示):

$$\boldsymbol{\alpha}_1, \cdots, \boldsymbol{\alpha}_r, \boldsymbol{\beta}_1, \cdots, \boldsymbol{\beta}_s; \quad \boldsymbol{\alpha}_1, \cdots, \boldsymbol{\alpha}_r, \boldsymbol{\gamma}_1, \cdots, \boldsymbol{\gamma}_t$$

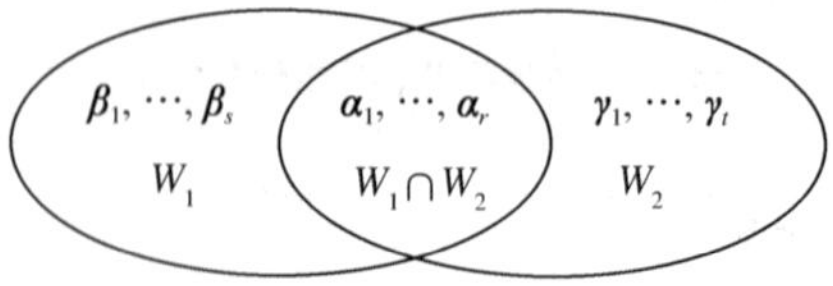

图 8.2

下面,我们将证实:向量组

$$\boldsymbol{\alpha}_1,\cdots,\boldsymbol{\alpha}_r,\quad \boldsymbol{\beta}_1,\cdots,\boldsymbol{\beta}_s,\quad \boldsymbol{\gamma}_1,\cdots,\boldsymbol{\gamma}_t$$

为子空间 W_1+W_2 的基. 由于 $\boldsymbol{w}_1\in W_1$ 可由 $\boldsymbol{\alpha}_1,\cdots,\boldsymbol{\alpha}_r,\boldsymbol{\beta}_1,\cdots,\boldsymbol{\beta}_s$ 线性表示,而 $\boldsymbol{w}_2\in W_2$ 可由 $\boldsymbol{\alpha}_1,\cdots,\boldsymbol{\alpha}_r,\boldsymbol{\gamma}_1,\cdots,\boldsymbol{\gamma}_t$ 线性表示,故 W_1+W_2 中的任何一个向量 $\boldsymbol{w}_1+\boldsymbol{w}_2$ 都可由 $\boldsymbol{\alpha}_1,\cdots,\boldsymbol{\alpha}_r,\boldsymbol{\beta}_1,\cdots,\boldsymbol{\beta}_s,\boldsymbol{\gamma}_1,\cdots,\boldsymbol{\gamma}_t$ 线性表示.

现在设

$$a_1\boldsymbol{\alpha}_1+\cdots+a_r\boldsymbol{\alpha}_r+b_1\boldsymbol{\beta}_1+\cdots+b_s\boldsymbol{\beta}_s+c_1\boldsymbol{\gamma}_1+\cdots+c_t\boldsymbol{\gamma}_t=0$$

则

$$b_1\boldsymbol{\beta}_1+\cdots+b_s\boldsymbol{\beta}_s=-a_1\boldsymbol{\alpha}_1-\cdots-a_r\boldsymbol{\alpha}_r-c_1\boldsymbol{\gamma}_1-\cdots-c_t\boldsymbol{\gamma}_t\in W_1\cap W_2$$

于是

$$b_1\boldsymbol{\beta}_1+\cdots+b_s\boldsymbol{\beta}_s=d_1\boldsymbol{\alpha}_1+\cdots+d_r\boldsymbol{\alpha}_r$$
$$d_1\boldsymbol{\alpha}_1+\cdots+d_r\boldsymbol{\alpha}_r-b_1\boldsymbol{\beta}_1-\cdots-b_s\boldsymbol{\beta}_s=0$$

但 $\boldsymbol{\alpha}_1,\cdots,\boldsymbol{\alpha}_r,\boldsymbol{\beta}_1,\cdots,\boldsymbol{\beta}_s$ 为子空间 W_1 的基,从而

$$b_1=\cdots=b_s=0$$

再由

$$a_1\boldsymbol{\alpha}_1+\cdots+a_r\boldsymbol{\alpha}_r+c_1\boldsymbol{\gamma}_1+\cdots+c_t\boldsymbol{\gamma}_t=0$$

得到

$$c_1=\cdots=c_t=0$$

最后,由 $a_1\boldsymbol{\alpha}_1+\cdots+a_r\boldsymbol{\alpha}_r=0$ 再得到

$$a_1=\cdots=a_r=0$$

总之,向量组 $\boldsymbol{\alpha}_1,\cdots,\boldsymbol{\alpha}_r,\boldsymbol{\beta}_1,\cdots,\boldsymbol{\beta}_s,\boldsymbol{\gamma}_1,\cdots,\boldsymbol{\gamma}_t$ 线性无关. 现在,我们得到

$$\begin{aligned}\dim(W_1+W_2)&=r+s+t=(r+s)+(r+t)-r\\&=\dim W_1+\dim W_2-\dim(W_1\cap W_2)\end{aligned}$$

(2) 当 $\dim(W_1\cap W_2)=0$ 时,容易看到前面的证明不仅仍然成立,而且更简单.

3. 子空间的直和

当 $W_1,W_2\leqslant V$ 时,虽然 W_1+W_2 也是一个子空间,且其中的向量为 $\boldsymbol{w}_1+\boldsymbol{w}_2(\boldsymbol{w}_1\in W_1,\boldsymbol{w}_2\in W_2)$ 形式,但 W_1+W_2 中的同一个向量 $\boldsymbol{w}$ 写成 $\boldsymbol{w}_1+\boldsymbol{w}_2$ 的方式可能不唯一. 这种不唯一性对于子空间 W_1+W_2 的讨论是很不方便的. 例如

$$W_1=\{(a_1,a_2,0)^{\mathrm{T}}\mid a_1,a_2\in\mathbb{R}\},\quad W_2=\{(0,b_1,b_2)^{\mathrm{T}}\mid b_1,b_2\in\mathbb{R}\}$$

都是 $V=\mathbb{R}^3$ 的子空间,但

$$(1,1,1)^{\mathrm{T}}=(1,1,0)^{\mathrm{T}}+(0,0,1)^{\mathrm{T}}=(1,0,0)^{\mathrm{T}}+(0,1,1)^{\mathrm{T}}$$

而 $(1,1,0)^{\mathrm{T}},(1,0,0)^{\mathrm{T}}\in W_1$;$(0,1,1)^{\mathrm{T}},(0,0,1)^{\mathrm{T}}\in W_2$.

定义 8.8 令 $W_1,W_2\leqslant V$. 若 W_1+W_2 中每个向量 $\boldsymbol{w}$ 可唯一地表示为

$$\boldsymbol{w}=\boldsymbol{w}_1+\boldsymbol{w}_2(\boldsymbol{w}_1\in W_1,\boldsymbol{w}_2\in W_2)$$

则称 W_1+W_2 为**直和**,记为 $W_1+W_2=W_1\oplus W_2$.

命题 8.6 若 W_1,W_2 为线性空间 V 的两个有限维子空间,则以下四项等价:

(1) $W_1+W_2=W_1\oplus W_2$;

(2) 零向量的分解是唯一的,即当

$$0=\boldsymbol{w}_1+\boldsymbol{w}_2(\boldsymbol{w}_1\in W_1,\boldsymbol{w}_2\in W_2)$$

时,有 $\boldsymbol{w}_1=\boldsymbol{w}_2=0$;

(3) $W_1\cap W_2=\{0\}$;

(4) $\dim W_1+\dim W_2=\dim(W_1+W_2)$.

证明(留给读者练习).

习　题　8.3

1. 线性空间$\mathbb{R}^{2\times 3}$的如下子集是否构成子空间?若是子空间,求其维数与一个基:

(1) $W_1=\left\{\begin{bmatrix}-1 & b & 0\\ 0 & c & d\end{bmatrix}\,\middle|\, b,c,d\in\mathbb{R}\right\}$;

(2) $W_2=\left\{\begin{bmatrix}a & b & 0\\ 0 & 0 & c\end{bmatrix}\,\middle|\, a,b,c\in\mathbb{R}\right\}$.

2. 已知 $\boldsymbol{\alpha}_1,\boldsymbol{\alpha}_2,\boldsymbol{\alpha}_3$ 为线性空间 V 的一个基,求由向量

$$\boldsymbol{\beta}_1=\boldsymbol{\alpha}_1-2\boldsymbol{\alpha}_2+3\boldsymbol{\alpha}_3,\quad \boldsymbol{\beta}_2=2\boldsymbol{\alpha}_1+3\boldsymbol{\alpha}_2+2\boldsymbol{\alpha}_3,\quad \boldsymbol{\beta}_3=4\boldsymbol{\alpha}_1+13\boldsymbol{\alpha}_2$$

生成的子空间 $L(\boldsymbol{\beta}_1,\boldsymbol{\beta}_2,\boldsymbol{\beta}_3)$ 的维数与基.

3. 在线性空间 $P_3[x]$ 中,令 $W_1=L(\boldsymbol{\alpha}_1,\boldsymbol{\alpha}_2)$,$W_2=L(\boldsymbol{\beta}_1,\boldsymbol{\beta}_2)$,其中

$$\boldsymbol{\alpha}_1=\begin{bmatrix}1 & x & x^2 & x^3\end{bmatrix}\begin{bmatrix}1\\3\\0\\5\end{bmatrix},\qquad \boldsymbol{\alpha}_2=\begin{bmatrix}1 & x & x^2 & x^3\end{bmatrix}\begin{bmatrix}1\\2\\1\\4\end{bmatrix}$$

$$\boldsymbol{\beta}_1=\begin{bmatrix}1 & x & x^2 & x^3\end{bmatrix}\begin{bmatrix}1\\1\\2\\3\end{bmatrix},\qquad \boldsymbol{\beta}_2=\begin{bmatrix}1 & x & x^2 & x^3\end{bmatrix}\begin{bmatrix}1\\-3\\6\\4\end{bmatrix}$$

求子空间 W_1+W_2 和 $W_1\cap W_2$ 的维数与基.

4. 令 W_1,W_2 为线性空间 V 的两个有限维子空间,求证:

$$W_1+W_2=W_1\oplus W_2\Leftrightarrow \dim W_1+\dim W_2=\dim(W_1+W_2)$$

5. 子空间直和也可以扩展到任意有限个子空间上. 若三个子空间 $W_1,W_2,W_3\leqslant V$ 满足如

下条件,求证 $W_1+W_2+W_3$ 为直和:

(1) $W_1\cap W_2=\{0\}$;

(2) $(W_1+W_2)\cap W_3=\{0\}$.

8.4 线性映射

1. 线性映射

在讨论线性空间时,有时我们要将两个线性空间关联起来讨论. 这就需要有联系两个线性空间的工具,它就是线性映射.

定义 8.9 (1) 令 V,W 为两个线性空间,$\sigma:V\to W$ 为由 V 到 W 的映射. 若 σ 满足:

① 对任何 $\boldsymbol{v}_1,\boldsymbol{v}_2\in V$,有

$$\sigma(\boldsymbol{v}_1+\boldsymbol{v}_2)=\sigma(\boldsymbol{v}_1)+\sigma(\boldsymbol{v}_2)$$

② 对任何 $\boldsymbol{v}\in V,k\in\mathbb{R}$,有

$$\sigma(k\boldsymbol{v})=k\sigma(\boldsymbol{v})$$

则称 σ 为由 V 到 W 的**线性映射**.

(2) 令 $\sigma:V\to W$ 为线性映射. 若当 $\sigma(\boldsymbol{v}_1)=\sigma(\boldsymbol{v}_2)$ 时,一定有 $\boldsymbol{v}_1=\boldsymbol{v}_2$,则称 σ 为**单线性映射**; 若 $\sigma(V)=W$,则称 σ 为**满线性映射**; 若 σ 既是单的,又是满的,则称 σ 为**同构**,此时我们也称 V 与 W 同构,记为 $V\cong W$.

(3) 我们称线性映射 $\sigma:V\to V$ 为 V 的**线性变换**.

评注:若 $\sigma:V\to W$ 为线性映射,则向量 $\boldsymbol{v}_1,\cdots,\boldsymbol{v}_s$ 在 V 中的线性关系可以传递给 W 中的向量组 $\sigma(\boldsymbol{v}_1),\cdots,\sigma(\boldsymbol{v}_s)$,即

$$k_1\boldsymbol{v}_1+\cdots+k_s\boldsymbol{v}_s=0\Rightarrow k_1\sigma(\boldsymbol{v}_1)+\cdots+k_s\sigma(\boldsymbol{v}_s)=0$$

从而,若 $\boldsymbol{v}_1,\cdots,\boldsymbol{v}_s$ 在 V 中线性相关,则 $\sigma(\boldsymbol{v}_1),\cdots,\sigma(\boldsymbol{v}_s)$ 在 W 中也线性相关,但反之不成立. 一旦 $\sigma:V\to W$ 为同构,则

$$k_1\boldsymbol{v}_1+\cdots+k_s\boldsymbol{v}_s=0\Leftrightarrow k_1\sigma(\boldsymbol{v}_1)+\cdots+k_s\sigma(\boldsymbol{v}_s)=0$$

从而,向量组 $\boldsymbol{v}_1,\cdots,\boldsymbol{v}_s$ 与 $\sigma(\boldsymbol{v}_1),\cdots,\sigma(\boldsymbol{v}_s)$ 有相同的线性相关性,尽管它们在不同的线性空间中.

例 8.24 令 $V=\mathbb{R}^n,W=\mathbb{R}^m,\boldsymbol{A}\in\mathbb{R}^{m\times n}$对任意 $x\in V$,定义

$$\sigma(\boldsymbol{x})=\boldsymbol{A}\boldsymbol{x}$$

则 σ 为由 V 到 W 的线性映射. 若 $\mathrm{r}(\boldsymbol{A})=n$,则当 $\boldsymbol{A}\boldsymbol{x}=\boldsymbol{A}\boldsymbol{y}$ 时,有 $\boldsymbol{x}=\boldsymbol{y}$,即 σ 为单线性映射; 反之,当此线性变换 σ 为单线性映射时,$\mathrm{r}(\boldsymbol{A})=n$ 也成立. 我们也容易验证 $\mathrm{r}(\boldsymbol{A})=m$ 为 σ 为满线性映射的充要条件(习题 8.4-3).

例 8.25 令 $V=\mathbb{R}^n,\boldsymbol{A}\in\mathbb{R}^{n\times n}$,则 $\sigma(x)=\boldsymbol{A}\boldsymbol{x}$ 为 V 的线性变换. 容易看到 σ 为同构的充要

条件为矩阵 $\boldsymbol{A}$ 可逆.

例 8.26 对任意 $f(x)\in P_n[x]$,令

$$\delta(f(x))=f'(x)$$

则 δ 为线性空间 $P_n[x]$ 的线性变换.

例 8.27 对任意 $f\in C[0,1]$,令

$$\alpha(f)(x)=\int_0^x f(t)\,\mathrm{d}t,\quad \beta(f)=\int_0^1 f(t)\,\mathrm{d}t$$

则 α 为线性空间 $C[0,1]$ 的线性变换; β 为由线性空间 $C[0,1]$ 到 $\mathbb{R}$ 的线性映射.

例 8.28 对任意 $\boldsymbol{A}=[a_{ij}]_{n\times n}\in\mathbb{R}^{n\times n}$,令

$$\mathrm{tr}(\boldsymbol{A})\equiv a_{11}+\cdots+a_{nn}$$

则 $\mathrm{tr}(\boldsymbol{A})$ 为由线性空间 $\mathbb{R}^{n\times n}$ 到 $\mathbb{R}$ 的线性映射; 我们称 $\mathrm{tr}(\boldsymbol{A})$ 为矩阵 $\boldsymbol{A}$ 的**迹**.

2. 线性映射的值域与核

定义 8.10 若 $\sigma:V\to W$ 为线性映射,则分别称

$$\sigma(V),\quad \ker\sigma=\{\boldsymbol{v}\in V\mid\sigma(\boldsymbol{v})=0\}$$

为 σ 的值域和核.

命题 8.7 若 $\sigma:V\to W$ 为线性映射,则:

(1) $\ker\sigma\leqslant V$;

(2) $\sigma(V)\leqslant W$;

(3) σ 为单线性映射$\Leftrightarrow\ker\sigma=\{0\}$.

证明 (留作习题).

定理 8.2 **若 $\sigma:V\to W$ 为线性映射,且 $\dim V=n\geqslant1$,则**

$$\dim V=\dim\ker\sigma+\dim\sigma(V)$$

证明 设 $\dim\ker\sigma=m$,且 $\boldsymbol{w}_1,\cdots,\boldsymbol{w}_m$ 为 $\ker\sigma$ 的基.

若 $\ker\sigma=V$,则 $\sigma(V)=\{0\}$,结论成立.

设 $\ker\sigma\neq V$,则 $\boldsymbol{w}_1,\cdots,\boldsymbol{w}_m$ 可以扩展为 V 的基

$$\boldsymbol{w}_1,\cdots,\boldsymbol{w}_m,\boldsymbol{v}_1,\cdots,\boldsymbol{v}_r\quad(m+r=n=\dim V)$$

现在我们说明 $\sigma(\boldsymbol{v}_1),\cdots,\sigma(\boldsymbol{v}_r)$ 是 W 的子空间 $\sigma(V)$ 的基:

任取 $\sigma(\boldsymbol{v})\in\sigma(V)$,由于

$$\boldsymbol{v}=k_1\boldsymbol{w}_1+\cdots+k_m\boldsymbol{w}_m+l_1\boldsymbol{v}_1+\cdots+l_r\boldsymbol{v}_r$$

从而

$$\sigma(\boldsymbol{v})=k_1\sigma(\boldsymbol{w}_1)+\cdots+k_m\sigma(\boldsymbol{w}_m)+l_1\sigma(\boldsymbol{v}_1)+\cdots+l_r\sigma(\boldsymbol{v}_r)=l_1\sigma(\boldsymbol{v}_1)+\cdots+l_r\sigma(\boldsymbol{v}_r)$$

这说明 $\sigma(V)$ 中任何一个向量都是向量组 $\sigma(\boldsymbol{v}_1),\cdots,\sigma(\boldsymbol{v}_r)$ 的线性组合. 我们再说明向量组 $\sigma(\boldsymbol{v}_1),\cdots,\sigma(\boldsymbol{v}_r)$ 线性无关.

若

$$l_1\sigma(\boldsymbol{v}_1)+\cdots+l_r\sigma(\boldsymbol{v}_r)=0$$

则

$$\sigma(l_1\boldsymbol{v}_1+\cdots+l_r\boldsymbol{v}_r)=0$$

从而

$$l_1\boldsymbol{v}_1+\cdots+l_r\boldsymbol{v}_r\in\ker\boldsymbol{\sigma}=W$$

于是

$$l_1\boldsymbol{v}_1+\cdots+l_r\boldsymbol{v}_r=k_1\boldsymbol{w}_1+\cdots+k_m\boldsymbol{w}_m$$

$$k_1\boldsymbol{w}_1+\cdots+k_m\boldsymbol{w}_m-l_1\boldsymbol{v}_1-\cdots-l_r\boldsymbol{v}_r=0$$

进而 $l_1=\cdots=l_r=0$. 总之,

$$\dim V=m+r=\dim\ker\boldsymbol{\sigma}+\dim\boldsymbol{\sigma}(V)$$

推论 若 V,W 为有限维线性空间,则

$$V\cong W\Leftrightarrow\dim V=\dim W$$

证明 (⇒) 若 $V\cong W$,且 $\sigma:V\to W$ 为同构,则

$$\ker\boldsymbol{\sigma}=\{0\},\quad\boldsymbol{\sigma}(V)=W$$

从而

$$\dim V=\dim\ker\boldsymbol{\sigma}+\dim\boldsymbol{\sigma}(V)=\dim W$$

(⇐) 若 $\dim V=\dim W=n$,且 V,W 的基分别为 $\boldsymbol{\alpha}_1,\cdots,\boldsymbol{\alpha}_n$ 和 $\boldsymbol{\beta}_1,\cdots,\boldsymbol{\beta}_n$,则容易检验

$$\boldsymbol{\sigma}(k_1\boldsymbol{\alpha}_1+\cdots+k_n\boldsymbol{\alpha}_n)=k_1\boldsymbol{\beta}_1+\cdots+k_n\boldsymbol{\beta}_n$$

为 V 到 W 的同构.

3. 线性映射的运算

若 V,W 为线性空间,我们用 $\hom(V,W)$ 表示由 V 到 W 的一切线性映射的集合. 在此集合上,我们定义一个加法运算:

若 $\boldsymbol{\sigma},\boldsymbol{\tau}\in\hom(V,W)$,定义

$$(\boldsymbol{\sigma}+\boldsymbol{\tau})(\boldsymbol{v})=\boldsymbol{\sigma}(\boldsymbol{v})+\boldsymbol{\tau}(\boldsymbol{v})\quad(\boldsymbol{v}\in V)$$

再定义一个数乘运算:

若 $\boldsymbol{\sigma}\in\hom(V,W)$,$k\in\mathbb{R}$,定义

$$(k\boldsymbol{\sigma})(\boldsymbol{v})=k(\boldsymbol{\sigma}(\boldsymbol{v}))\quad(\boldsymbol{v}\in V)$$

此时,直接验证知 $\boldsymbol{\sigma}+\boldsymbol{\tau}$ 和 $k\boldsymbol{\sigma}$ 仍然为由 V 到 W 的线性映射; 再由形式验算知,集合 $\hom(V,W)$ 在这个加法和数乘运算下为线性空间.

命题 8.8 **若 V,W 为线性空间,则 $\hom(V,W)$ 在上述定义的加法和数乘之下为线性空间.**

在 V,W 为有限维线性空间时,我们进一步讨论 $\hom(V,W)$ 的性质. 为此,我们先引入线性映射的矩阵.

定义 8.11 若 V,W 为有限维线性空间，$\sigma\in\hom(V,W)$，且

$$V=\langle \boldsymbol{\alpha}_1,\cdots,\boldsymbol{\alpha}_n\rangle,\quad W=\langle \boldsymbol{\beta}_1,\cdots,\boldsymbol{\beta}_m\rangle$$

则称满足下式的 $m\times n$ 矩阵 $\mu(\sigma)=[a_{ij}]_{m\times n}$ 为 σ 在基 $\boldsymbol{\alpha}_1,\cdots,\boldsymbol{\alpha}_n$ 和基 $\boldsymbol{\beta}_1,\cdots,\boldsymbol{\beta}_m$ 下的矩阵：

$$[\sigma(\boldsymbol{\alpha}_1)\quad\cdots\quad\sigma(\boldsymbol{\alpha}_n)]=[\boldsymbol{\beta}_1\quad\cdots\quad\boldsymbol{\beta}_m]\begin{bmatrix}a_{11}&\cdots&a_{1n}\\ \vdots&&\vdots\\ a_{m1}&\cdots&a_{mn}\end{bmatrix}$$

注意：上式等同于

$$\begin{cases}\sigma(\boldsymbol{\alpha}_1)=a_{11}\boldsymbol{\beta}_1+a_{21}\boldsymbol{\beta}_2+\cdots+a_{m1}\boldsymbol{\beta}_m\\ \sigma(\boldsymbol{\alpha}_2)=a_{12}\boldsymbol{\beta}_1+a_{22}\boldsymbol{\beta}_2+\cdots+a_{m2}\boldsymbol{\beta}_m\\ \qquad\vdots\\ \sigma(\boldsymbol{\alpha}_n)=a_{1n}\boldsymbol{\beta}_1+a_{2n}\boldsymbol{\beta}_2+\cdots+a_{mn}\boldsymbol{\beta}_m\end{cases}\tag{8.2}$$

或

$$\sigma(\boldsymbol{\alpha}_1)=[\boldsymbol{\beta}_1\quad\cdots\quad\boldsymbol{\beta}_m]\begin{bmatrix}a_{11}\\ \vdots\\ a_{m1}\end{bmatrix},\cdots,\sigma(\boldsymbol{\alpha}_n)=[\boldsymbol{\beta}_1\quad\cdots\quad\boldsymbol{\beta}_m]\begin{bmatrix}a_{1n}\\ \vdots\\ a_{mn}\end{bmatrix}$$

定理 8.3 若线性空间 V,W 如定义 8.11，则映射

$$\mu:\hom(V,W)\to\mathbb{R}^{m\times n},\quad \sigma\mapsto\mu(\sigma)$$

为同构.

证明 容易检验 μ 为线性映射. 对任何一个 $m\times n$ 矩阵 $[a_{ij}]_{m\times n}$，存在一个满足(8.2)式的线性映射 $\sigma:V\to W$，即 μ 为满的. 事实上，用(8.2)式作为 $\sigma(\boldsymbol{\alpha}_i)$ 的定义；再定义

$$\sigma(k_1\boldsymbol{\alpha}_1+\cdots+k_n\boldsymbol{\alpha}_n)=k_1\sigma(\boldsymbol{\alpha}_1)+\cdots+k_n\sigma(\boldsymbol{\alpha}_n)$$

则容易检验 σ 为由 V 到 W 的线性映射. 由此，也容易看到，若 $\mu(\sigma)=\mu(\tau)$，则对任何 $\boldsymbol{\alpha}_i$，有 $\sigma(\boldsymbol{\alpha}_i)=\tau(\boldsymbol{\alpha}_i)$，从而 $\sigma=\tau$，即 μ 是单的. 总之，μ 为同构.

例 8.29 令 $V=\mathbb{R}^2,W=\mathbb{R}^3$，求线性空间 $\hom(V,W)$ 的一个基.

解 由定理 8.3 知 $\hom(V,W)\cong\mathbb{R}^{3\times2}$，而

$$\boldsymbol{E}_{11}=\begin{bmatrix}1&0\\0&0\\0&0\end{bmatrix},\quad \boldsymbol{E}_{12}=\begin{bmatrix}0&1\\0&0\\0&0\end{bmatrix},\quad \boldsymbol{E}_{21}=\begin{bmatrix}0&0\\1&0\\0&0\end{bmatrix}$$

$$\boldsymbol{E}_{22}=\begin{bmatrix}0&0\\0&1\\0&0\end{bmatrix},\quad \boldsymbol{E}_{31}=\begin{bmatrix}0&0\\0&0\\1&0\end{bmatrix},\quad \boldsymbol{E}_{32}=\begin{bmatrix}0&0\\0&0\\0&1\end{bmatrix}$$

为 $\mathbb{R}^{3\times2}$ 的基. 再由定理 8.3 中的同构知，如下定义的 6 个 V 到 W 线性映射为 $\hom(V,W)$ 的一个基（$\mu(\sigma_{ij})=\boldsymbol{E}_{ij}$）：

$$\sigma_{11}((k_1,k_2)^{\mathrm{T}})=(k_1,0,0)^{\mathrm{T}},\quad \sigma_{12}((k_1,k_2)^{\mathrm{T}})=(k_2,0,0)^{\mathrm{T}}$$
$$\sigma_{21}((k_1,k_2)^{\mathrm{T}})=(0,k_1,0)^{\mathrm{T}},\quad \sigma_{22}((k_1,k_2)^{\mathrm{T}})=(0,k_2,0)^{\mathrm{T}}$$
$$\sigma_{31}((k_1,k_2)^{\mathrm{T}})=(0,0,k_1)^{\mathrm{T}},\quad \sigma_{32}((k_1,k_2)^{\mathrm{T}})=(0,0,k_2)^{\mathrm{T}}$$

习　题　8.4

1. 令 $\sigma:V\to W$ 为线性映射. 求证:

(1) $\sigma(0)$ 为 W 中的零向量;

(2) $\sigma(-\boldsymbol{v})=-\sigma(\boldsymbol{v})$;

(3) 若 $\boldsymbol{v}_1,\cdots,\boldsymbol{v}_s$ 在 V 中线性相关,则 $\sigma(\boldsymbol{v}_1),\cdots,\sigma(\boldsymbol{v}_s)$ 在 W 中也线性相关.

2. 通过直接建立同构证明 $\mathbb{R}^{n\times m}\cong\mathbb{R}^{m\times n}$.

3. 令 $V=\mathbb{R}^n,W=\mathbb{R}^m,\boldsymbol{A}\in\mathbb{R}^{m\times n}$. 对任意 $\boldsymbol{x}\in V$,定义

$$\sigma(\boldsymbol{x})=\boldsymbol{A}\boldsymbol{x}$$

求证 σ 为满线性映射 $\Leftrightarrow \mathrm{r}(\boldsymbol{A})=m$.

4. 在线性空间 $\mathbb{R}[x]$ 中,对任何 $f(x)\in\mathbb{R}[x]$,定义:

$$\delta(f(x))=f'(x),\quad \phi(f(x))=xf(x)$$

(1) 验证 δ,ϕ 为 $\mathbb{R}[x]$ 的线性变换;

(2) 验证 $\delta\phi-\phi\delta=\varepsilon$,这里的 ε 为 $\mathbb{R}[x]$ 的恒同线性变换.

8.5　线性变换

1. 线性变换的矩阵

在上一节中我们看到,若

$$V=\langle\boldsymbol{\alpha}_1,\cdots,\boldsymbol{\alpha}_n\rangle,\quad W=\langle\boldsymbol{\beta}_1,\cdots,\boldsymbol{\beta}_m\rangle$$

则在基 $\boldsymbol{\alpha}_1,\cdots,\boldsymbol{\alpha}_n$ 和基 $\boldsymbol{\beta}_1,\cdots,\boldsymbol{\beta}_m$ 下,每个线性映射 $\sigma:V\to W$ 对应一个 $m\times n$ 矩阵 $\mu(\sigma)$,且在此对应下,

$$\mathrm{hom}(V,W)\cong\mathbb{R}^{m\times n}$$

若 $V=W$,且 $\boldsymbol{\alpha}_1,\cdots,\boldsymbol{\alpha}_n$ 和 $\boldsymbol{\beta}_1,\cdots,\boldsymbol{\beta}_n$ 为 V 的同一个基时,此同构有更好的特性. 现在,改记 $\mathrm{hom}(V,V)$ 为 $\mathrm{End}(V)$.

定义 8.12　若 $\sigma,\tau\in\mathrm{End}(V)$,我们定义 σ 与 τ 的乘积为:

$$(\sigma\tau)(\boldsymbol{v})=\sigma(\tau(\boldsymbol{v}))\quad(\boldsymbol{v}\in V)$$

此时,$\sigma\tau\in\mathrm{End}(V)$.

命题 8.9　若 V 为 n 维线性空间,则 $\mathrm{End}(V)$ 在线性变换的加法和数乘之下为 n^2 维线性

空间,且加法和乘法还满足下列性质($\boldsymbol{\alpha},\boldsymbol{\beta},\boldsymbol{\delta}\in \mathrm{End}(V)$,$k\in\mathbb{R}$):

(1) $(\boldsymbol{\alpha}\boldsymbol{\beta})\boldsymbol{\delta}=\boldsymbol{\alpha}(\boldsymbol{\beta}\boldsymbol{\delta})$;

(2) $(k\boldsymbol{\alpha})\boldsymbol{\beta}=\boldsymbol{\alpha}(k\boldsymbol{\beta})=k(\boldsymbol{\alpha}\boldsymbol{\beta})$;

(3) $(\boldsymbol{\alpha}+\boldsymbol{\beta})\boldsymbol{\delta}=\boldsymbol{\alpha}\boldsymbol{\delta}+\boldsymbol{\beta}\boldsymbol{\delta}$, $\boldsymbol{\delta}(\boldsymbol{\alpha}+\boldsymbol{\beta})=\boldsymbol{\delta}\boldsymbol{\alpha}+\boldsymbol{\delta}\boldsymbol{\beta}$.

证明 由定理 8.4 知本命题的前半部分成立;形式验证知(1),(2),(3)也成立.

评注: 若实数域$\mathbb{R}$上的线性空间 V 的向量之间还有一个满足上述 3 个性质的乘法,则称 V 为$\mathbb{R}$上的**代数**. $\mathrm{End}(V)$一般称为**线性变换代数**;线性空间$\mathbb{R}^{n\times n}$也是代数,称为**矩阵代数**. 这两个代数有着密切的联系.

定义 8.13 若 $V=\langle\boldsymbol{\alpha}_1,\cdots,\boldsymbol{\alpha}_n\rangle$为 n 维线性空间,且 $\sigma\in\mathrm{End}(V)$,则我们称满足下式的 n 阶方阵$\mu(\sigma)\equiv[a_{ij}]_{n\times n}$为 σ 在基 $\boldsymbol{\alpha}_1,\cdots,\boldsymbol{\alpha}_n$ 下的矩阵:

$$[\sigma(\boldsymbol{\alpha}_1)\quad\cdots\quad\sigma(\boldsymbol{\alpha}_n)]=[\boldsymbol{\alpha}_1\quad\cdots\quad\boldsymbol{\alpha}_n]\begin{bmatrix}a_{11}&\cdots&a_{1n}\\ \vdots&&\vdots\\ a_{m1}&\cdots&a_{mn}\end{bmatrix}\tag{3}$$

定理 8.4 **若线性空间** $V=\langle\boldsymbol{\alpha}_1,\cdots,\boldsymbol{\alpha}_n\rangle$**,则**

$$\mu:\mathrm{End}(V)\to\mathbb{R}^{n\times n},\quad \sigma\mapsto\mu(\sigma)$$

为同构,而且

$$\mu(\sigma\tau)=\mu(\sigma)\mu(\tau)$$

即同构 μ **不仅保持线性运算,还保持乘法运算.**

证明 由定理 8.3 知本定理的前半部分成立. 我们只需证明同构 μ 保持乘法运算. 首先,有

$$[\tau(\boldsymbol{\alpha}_1)\quad\cdots\quad\tau(\boldsymbol{\alpha}_n)]=[\boldsymbol{\alpha}_1\quad\cdots\quad\boldsymbol{\alpha}_n]\mu(\tau)$$

再由 σ 为线性变换知

$$[\sigma\tau(\boldsymbol{\alpha}_1)\quad\cdots\quad\sigma\tau(\boldsymbol{\alpha}_n)]=[\sigma(\boldsymbol{\alpha}_1)\quad\cdots\quad\sigma(\boldsymbol{\alpha}_n)]\mu(\tau)=[\boldsymbol{\alpha}_1\quad\cdots\quad\boldsymbol{\alpha}_n]\mu(\sigma)\mu(\tau)$$

即 $\mu(\sigma\tau)=\mu(\sigma)\mu(\tau)$.

定义 8.14 令 $V=\langle\boldsymbol{\alpha}_1,\cdots,\boldsymbol{\alpha}_n\rangle$,$\varepsilon$ 为 V 的**恒同线性变换**,$\sigma\in\mathrm{End}(V)$. 若存在 $\tau\in\mathrm{End}(V)$使得

$$\sigma\tau=\tau\sigma=\varepsilon$$

则称 σ 为 V 上的**可逆线性变换**,τ 称为 σ 的**逆变换**,记为 $\tau=\sigma^{-1}$(如可逆阵的逆阵唯一一样,我们容易证实一个可逆变换的逆也是唯一的).

命题 8.10 **若线性空间** V **及** μ **如定理** 8.4**,则** $\sigma\in\mathrm{End}(V)$ **可逆⇔矩阵** $\mu(\sigma)$ **可逆.**

证明 若 σ 可逆,且 $\sigma\tau=\tau\sigma=\varepsilon$,则由定理 8.4 及 $\mu(\varepsilon)=\boldsymbol{E}$ 知

$$\mu(\sigma)\mu(\tau)=\mu(\tau)\mu(\sigma)=\boldsymbol{E}$$

从而 $\mu(\sigma)$可逆.

反之,若 $\mu(\sigma)$可逆,则由于 μ 为同构,从而存在 $\tau\in\mathrm{End}(V)$使得

$$\mu(\tau)=\mu(\sigma)^{-1}$$

从而

$$\mu(\sigma)\mu(\tau)=\mu(\tau)\mu(\sigma)=\boldsymbol{E}=\mu(\varepsilon)$$
$$\mu(\sigma\tau)=\mu(\tau\sigma)=\mu(\varepsilon)$$

再由定理 8.2 知

$$\sigma\tau=\tau\sigma=\varepsilon$$

即 σ 可逆.

定理 8.5　若 V 为 n 维线性空间, $\sigma\in\mathrm{End}(V)$, 则

$$n=\dim\ker\sigma+\dim\sigma(V)$$

证明　设 $\ker\sigma=\langle\boldsymbol{\alpha}_1,\cdots,\boldsymbol{\alpha}_r\rangle$, 再将 $\boldsymbol{\alpha}_1,\cdots,\boldsymbol{\alpha}_r$ 扩展为 V 的基

$$\boldsymbol{\alpha}_1,\cdots,\boldsymbol{\alpha}_r,\boldsymbol{\alpha}_{r+1},\cdots,\boldsymbol{\alpha}_n$$

则

$$\sigma(V)=L(\sigma(\boldsymbol{\alpha}_1),\cdots,\sigma(\boldsymbol{\alpha}_r),\sigma(\boldsymbol{\alpha}_{r+1}),\cdots,\sigma(\boldsymbol{\alpha}_n))=L(\sigma(\boldsymbol{\alpha}_{r+1}),\cdots,\sigma(\boldsymbol{\alpha}_n))$$

即 $\sigma(\boldsymbol{\alpha}_{r+1}),\cdots,\sigma(\boldsymbol{\alpha}_n)$ 为 $\sigma(V)$ 的生成元. 另一方面, 若

$$k_{r+1}\sigma(\boldsymbol{\alpha}_{r+1})+\cdots+k_n\sigma(\boldsymbol{\alpha}_n)=0$$

则 $k_{r+1}\boldsymbol{\alpha}_{r+1}+\cdots+k_n\boldsymbol{\alpha}_n\in\ker\sigma$. 于是

$$k_{r+1}\boldsymbol{\alpha}_{r+1}+\cdots+k_n\boldsymbol{\alpha}_n=k_1\boldsymbol{\alpha}_1+\cdots+k_r\boldsymbol{\alpha}_r$$

从而 $k_{r+1}=\cdots=k_n=0$.

推论　若 V 为 n 维线性空间, 且 $\sigma\in\mathrm{End}(V)$ 在基 $\boldsymbol{\alpha}_1,\cdots,\boldsymbol{\alpha}_n$ 下的矩阵为 $\boldsymbol{A}$, 则

$$\dim\sigma(V)=\mathrm{r}(\boldsymbol{A})$$

证明　由于

$$n=\mathrm{r}(\boldsymbol{R})+\dim N(\boldsymbol{A})$$

再由定理 8.5, 我们只要证明

$$\ker\sigma\cong N(\boldsymbol{A})$$

任取 $\boldsymbol{v}=[\boldsymbol{\alpha}_i][x_i]^{\mathrm{T}}\in\ker\sigma$, 则

$$0=\sigma(\boldsymbol{v})=[\sigma(\boldsymbol{\alpha}_i)][x_i]^{\mathrm{T}}=[\boldsymbol{\alpha}_i]\boldsymbol{A}[x_i]^{\mathrm{T}},\quad \boldsymbol{A}[x_i]^{\mathrm{T}}=0$$

从而

$$[x_i]^{\mathrm{T}}\in N(\boldsymbol{A})$$

若我们定义

$$\phi:\boldsymbol{v}=[\boldsymbol{\alpha}_i][x_i]^{\mathrm{T}}\mapsto[x_i]^{\mathrm{T}}$$

则容易看到 ϕ 为由 $\ker\sigma$ 到 $N(\boldsymbol{A})$ 的同构.

定理 8.6　若 $V=\langle\boldsymbol{\alpha}_1,\cdots,\boldsymbol{\alpha}_n\rangle=\langle\boldsymbol{\beta}_1,\cdots,\boldsymbol{\beta}_n\rangle$, 线性变换 σ 在基 $\boldsymbol{\alpha}_1,\cdots,\boldsymbol{\alpha}_n$ 和基 $\boldsymbol{\beta}_1,\cdots,\boldsymbol{\beta}_n$ 下的矩阵分别为 $\boldsymbol{A}$ 和 $\boldsymbol{B}$, 则 $\boldsymbol{A}\sim\boldsymbol{B}$.

证明　令基 $\boldsymbol{\alpha}_1,\cdots,\boldsymbol{\alpha}_n$ 到基 $\boldsymbol{\beta}_1,\cdots,\boldsymbol{\beta}_n$ 的过渡阵为 $\boldsymbol{P}$, 即

$$[\boldsymbol{\beta}_1 \quad \cdots \quad \boldsymbol{\beta}_n] = [\boldsymbol{\alpha}_1 \quad \cdots \quad \boldsymbol{\alpha}_n]\boldsymbol{P}$$

则由 σ 保持线性运算知

$$[\sigma(\boldsymbol{\beta}_1) \quad \cdots \quad \sigma(\boldsymbol{\beta}_n)] = [\sigma(\boldsymbol{\alpha}_1) \quad \cdots \quad \sigma(\boldsymbol{\alpha}_n)]\boldsymbol{P}$$

$$[\boldsymbol{\beta}_1 \quad \cdots \quad \boldsymbol{\beta}_n]\boldsymbol{B} = [\boldsymbol{\alpha}_1 \quad \cdots \quad \boldsymbol{\alpha}_n]\boldsymbol{AP}$$

$$[\boldsymbol{\alpha}_1 \quad \cdots \quad \boldsymbol{\alpha}_n]\boldsymbol{PB} = [\boldsymbol{\alpha}_1 \quad \cdots \quad \boldsymbol{\alpha}_n]\boldsymbol{AP}$$

$$\boldsymbol{PB} = \boldsymbol{AP}, \quad \boldsymbol{B} = \boldsymbol{P}^{-1}\boldsymbol{AP}$$

即 $\boldsymbol{A} \sim \boldsymbol{B}$.

2. 线性变换与对角化

若线性变换 σ 在线性空间 V 的某基 $\boldsymbol{\alpha}_1,\cdots,\boldsymbol{\alpha}_n$ 下的矩阵为对角阵 $\boldsymbol{\Lambda} = \mathrm{dig}(\lambda_1,\cdots,\lambda_n)$,则 σ 在向量 $\boldsymbol{v} = [\boldsymbol{\alpha}_i][x_i]^{\mathrm{T}}$ 上的作用为

$$\sigma(\boldsymbol{v}) = [\sigma(\boldsymbol{\alpha}_i)][x_i]^{\mathrm{T}} = [\boldsymbol{\alpha}_i]\boldsymbol{\Lambda}[x_i]^{\mathrm{T}} = [\boldsymbol{\alpha}_i][\lambda_i x_i]^{\mathrm{T}}$$

即若 $\boldsymbol{v}$ 在基 $\boldsymbol{\alpha}_1,\cdots,\boldsymbol{\alpha}_n$ 下的坐标为 $(x_1,\cdots,x_n)^{\mathrm{T}}$,则 $\sigma(\boldsymbol{v})$ 在此基下的坐标为

$$(\lambda_1 x_1,\cdots,\lambda_n x_n)^{\mathrm{T}}$$

这就大大地简化了线性变换 σ 在向量 $\boldsymbol{v}$ 上的作用 $\sigma(\boldsymbol{v})$. 因而,对于一个线性变换 σ,在 V 中寻找一个基使得 σ 在此基下的矩阵为对角阵是非常有意义的. 若这样的基存在,我们也称 σ 可**对角化**.

定义 8.15 令 $\sigma \in \mathrm{End}(V)$. 若存在 $0 \neq \boldsymbol{\alpha} \in V$ 和 $\lambda \in \mathbb{R}$ 使得

$$\sigma(\boldsymbol{\alpha}) = \lambda\boldsymbol{\alpha}$$

则称 λ 为 σ 的(一个)特征值,称 $\boldsymbol{\alpha}$ 为对应特征值 λ 的**特征向量**.

命题 8.11 令 σ 为线性空间 $V = \langle\boldsymbol{\alpha}_1,\cdots,\boldsymbol{\alpha}_n\rangle$ 上的线性变换,σ 在基 $\boldsymbol{\alpha}_1,\cdots,\boldsymbol{\alpha}_n$ 下的矩阵为 $\boldsymbol{A}$,则:

(1) λ 为 σ 的特征值$\Leftrightarrow\lambda$ 为 $\boldsymbol{A}$ 的特征值;

(2) $\boldsymbol{\alpha} = [\boldsymbol{\alpha}_i][x_i]^{\mathrm{T}}$ 为 σ 的特征向量$\Leftrightarrow[x_i]^{\mathrm{T}}$ 为 $\boldsymbol{A}$ 的特征向量;

(3) σ 可对角化$\Leftrightarrow\boldsymbol{A}$ 可对角化.

证明(留作练习).

例 8.30 在线性空间 $P_2[x]$ 中,取一个基:

$$\boldsymbol{\alpha}_1 = [1 \quad x \quad x^2]\begin{bmatrix}1\\1\\1\end{bmatrix}, \quad \boldsymbol{\alpha}_2 = [1 \quad x \quad x^2]\begin{bmatrix}1\\1\\0\end{bmatrix}, \quad \boldsymbol{\alpha}_3 = [1 \quad x \quad x^2]\begin{bmatrix}1\\0\\0\end{bmatrix}$$

设 σ 为 $P_2[x]$ 的线性变换,且

$$\sigma(\boldsymbol{\alpha}_1) = [1 \quad x \quad x^2]\begin{bmatrix}3\\2\\1\end{bmatrix}, \quad \sigma(\boldsymbol{\alpha}_2) = [1 \quad x \quad x^2]\begin{bmatrix}3\\2\\-1\end{bmatrix}, \quad \sigma(\boldsymbol{\alpha}_3) = [1 \quad x \quad x^2]\begin{bmatrix}1\\0\\1\end{bmatrix}$$

(1) 求 σ 在基 $\boldsymbol{\alpha}_1,\boldsymbol{\alpha}_2,\boldsymbol{\alpha}_3$ 下的矩阵 $\boldsymbol{A}$;

(2) 求 σ 的特征值与特征向量;

(3) 说明 σ 可对角化,并求 $P_2[x]$ 的一个基 $\boldsymbol{\beta}_1,\boldsymbol{\beta}_2,\boldsymbol{\beta}_3$ 使 σ 在此基下的矩阵为对角阵.

解 (1) 由

$$[\sigma(\boldsymbol{\alpha}_1)\quad \sigma(\boldsymbol{\alpha}_2)\quad \sigma(\boldsymbol{\alpha}_3)]=[\boldsymbol{\alpha}_1\quad \boldsymbol{\alpha}_2\quad \boldsymbol{\alpha}_3]\boldsymbol{A}$$

得到

$$\begin{bmatrix}3&3&1\\2&2&0\\1&-1&1\end{bmatrix}=\begin{bmatrix}1&1&1\\1&1&0\\1&0&0\end{bmatrix}\boldsymbol{A}$$

故

$$\boldsymbol{A}=\begin{bmatrix}1&1&1\\1&1&0\\1&0&0\end{bmatrix}^{-1}\begin{bmatrix}3&3&1\\2&2&0\\1&-1&1\end{bmatrix}=\begin{bmatrix}1&-1&1\\1&3&-1\\1&1&1\end{bmatrix}$$

(2) 由于矩阵

$$\boldsymbol{A}=\begin{bmatrix}1&-1&1\\1&3&-1\\1&1&1\end{bmatrix}$$

可对角化,且

$$\boldsymbol{P}^{-1}\boldsymbol{A}\boldsymbol{P}=\begin{bmatrix}1&&\\&2&\\&&2\end{bmatrix},\quad \boldsymbol{P}=\begin{bmatrix}-1&-1&1\\1&1&0\\1&0&1\end{bmatrix}$$

从而,得到 σ 的特征值为 $\lambda_1=1,\lambda_2=\lambda_3=2$;

对应特征值 1 的特征向量为

$$k_1\boldsymbol{\gamma}_1(k_1\neq 0),\quad \boldsymbol{\gamma}_1=[1\quad x\quad x^2]\begin{bmatrix}-1\\1\\1\end{bmatrix}$$

对应特征值 2 的特征向量为

$$k_2\boldsymbol{\gamma}_2+k_3\boldsymbol{\gamma}_3(k_2^2+k_3^2\neq 0)$$

$$\boldsymbol{\gamma}_2=[1\quad x\quad x^2]\begin{bmatrix}-1\\1\\0\end{bmatrix},\quad \boldsymbol{\gamma}_3=[1\quad x\quad x^2]\begin{bmatrix}1\\0\\1\end{bmatrix}$$

(3) 若取

$$[\boldsymbol{\beta}_1\quad \boldsymbol{\beta}_2\quad \boldsymbol{\beta}_3]=[\boldsymbol{\alpha}_1\quad \boldsymbol{\alpha}_2\quad \boldsymbol{\alpha}_3]\boldsymbol{P}=[1\quad x\quad x^2]\begin{bmatrix}1&1&1\\1&1&0\\1&0&0\end{bmatrix}\begin{bmatrix}-1&-1&1\\1&1&0\\1&0&1\end{bmatrix}$$

$$= [1 \quad x \quad x^2]\begin{bmatrix} 1 & 0 & 2 \\ 0 & 0 & 1 \\ -1 & -1 & -1 \end{bmatrix}$$

即

$$\boldsymbol{\beta}_1 = [1 \quad x \quad x^2]\begin{bmatrix} 1 \\ 0 \\ -1 \end{bmatrix}, \quad \boldsymbol{\beta}_2 = [1 \quad x \quad x^2]\begin{bmatrix} 0 \\ 0 \\ -1 \end{bmatrix}, \quad \boldsymbol{\beta}_3 = [1 \quad x \quad x^2]\begin{bmatrix} 2 \\ 1 \\ -1 \end{bmatrix}$$

则

$$\begin{aligned} [\sigma(\boldsymbol{\beta}_1) \quad \sigma(\boldsymbol{\beta}_2) \quad \sigma(\boldsymbol{\beta}_3)] &= [\sigma(\boldsymbol{\alpha}_1) \quad \sigma(\boldsymbol{\alpha}_2) \quad \sigma(\boldsymbol{\alpha}_3)]\boldsymbol{P} \\ &= [\boldsymbol{\alpha}_1 \quad \boldsymbol{\alpha}_2 \quad \boldsymbol{\alpha}_3]\boldsymbol{AP} \\ &= [\boldsymbol{\alpha}_1 \quad \boldsymbol{\alpha}_2 \quad \boldsymbol{\alpha}_3]\boldsymbol{P}(\boldsymbol{P}^{-1}\boldsymbol{AP}) \\ &= [\boldsymbol{\beta}_1 \quad \boldsymbol{\beta}_2 \quad \boldsymbol{\beta}_3]\begin{bmatrix} 1 & & \\ & 2 & \\ & & 2 \end{bmatrix} \end{aligned}$$

例 8.31 任取 $A \in \mathbb{R}^{2\times 2}$,定义映射

$$\phi_A: \mathbb{R}^{2\times 2} \to \mathbb{R}^{2\times 2}, \quad \boldsymbol{X} \mapsto \boldsymbol{AX} - \boldsymbol{XA}$$

(1) 求证 ϕ_A 为线性空间$\mathbb{R}^{2\times 2}$的线性变换;

(2) 若矩阵 $\boldsymbol{A}$ 可对角化,求证线性变换 ϕ_A 也可对角化.

证明 (1) 直接验算知

$$\phi_A(\boldsymbol{X}+\boldsymbol{Y}) = \phi_A(\boldsymbol{X}) + \phi_A(\boldsymbol{Y}), \quad \phi_A(k\boldsymbol{X}) = k\phi_A(\boldsymbol{X})$$

(2) 令 $\boldsymbol{A} = \boldsymbol{P}\begin{bmatrix} \lambda_1 & \\ & \lambda_2 \end{bmatrix}\boldsymbol{P}^{-1}$,则

$$\begin{aligned} \phi_A(\boldsymbol{PE}_{ij}\boldsymbol{P}^{-1}) &= \boldsymbol{APE}_{ij}\boldsymbol{P}^{-1} - \boldsymbol{PE}_{ij}\boldsymbol{P}^{-1}\boldsymbol{A} \\ &= \boldsymbol{P}(\boldsymbol{\Lambda E}_{ij})\boldsymbol{P}^{-1} - \boldsymbol{P}(\boldsymbol{E}_{ij}\boldsymbol{\Lambda})\boldsymbol{P}^{-1} \\ &= (\lambda_i - \lambda_j)\boldsymbol{PE}_{ij}\boldsymbol{P}^{-1} \end{aligned}$$

从而,线性变换 ϕ_A 在基 $\boldsymbol{PE}_{ij}\boldsymbol{P}^{-1}(i,j=1,2)$之下的矩阵为对角阵,即 ϕ_A 可对角化.

习 题 8.5

1. 在线性空间$\mathbb{R}^{2\times 2}$上,如下定义线性变换 σ,τ:

$$\sigma(\boldsymbol{X}) = \begin{bmatrix} a & b \\ c & d \end{bmatrix}\boldsymbol{X}, \quad \tau(\boldsymbol{X}) = \boldsymbol{X}\begin{bmatrix} a & b \\ c & d \end{bmatrix}(\boldsymbol{X} \in \mathbb{R}^{2\times 2})$$

求 σ,τ 在$\mathbb{R}^{2\times 2}$的标准基 $\boldsymbol{E}_{11},\boldsymbol{E}_{12},\boldsymbol{E}_{21},\boldsymbol{E}_{22}$下的矩阵 $\boldsymbol{A},\boldsymbol{B}$.

2. 在线性空间 $P_2[x]$ 上,定义线性变换 σ 为

$$\sigma(a+bx+cx^2)=(a+4b+6c)+(2b+5c)x+3cx^2$$

(1) 求 σ 的特征值与特征向量;

(2) 求一个基 $\alpha_1,\alpha_2,\alpha_3\in P_2[x]$ 使 σ 在此基下的矩阵为对角阵.

3. 令 $\boldsymbol{P}\in\mathbb{R}^{n\times n}$ 可逆,对任意 $\boldsymbol{X}\in\mathbb{R}^{n\times n}$,定义

$$\sigma:\boldsymbol{X}\mapsto\boldsymbol{PXP}^{-1}$$

求证 σ 为线性空间 $\mathbb{R}^{n\times n}$ 的可逆线性变换,并求 σ^{-1}.

4. 令 $\boldsymbol{A},\boldsymbol{B}\in\mathbb{R}^{n\times n}$,对任意 $\boldsymbol{X}\in\mathbb{R}^{n\times n}$,定义

$$\sigma:\boldsymbol{X}\mapsto\boldsymbol{AXB}$$

求证 σ 为线性空间 $\mathbb{R}^{n\times n}$ 的线性变换,并讨论何时 σ 可逆.

5. 求证下列两个矩阵相似

$$\boldsymbol{A}=\begin{bmatrix}1&2&3\\4&5&6\\7&8&9\end{bmatrix},\quad\boldsymbol{B}=\begin{bmatrix}9&8&7\\6&5&4\\3&2&1\end{bmatrix}.$$

提示:将 $\boldsymbol{A},\boldsymbol{B}$ 解释为 $\mathbb{R}^3$ 的同一个线性变换在不同基下的矩阵.

6. 令 σ 为有限维线性空间 V 的线性变换. 求证下列 3 项等价:

(1) σ 可逆;

(2) $V=\sigma(V)$;

(3) $\ker\sigma=\{0\}$.

7. 令 $\boldsymbol{A}$ 为 n 阶实对称阵,定义 $\phi_A:\mathbb{R}^{n\times n}\to\mathbb{R}^{n\times n},\boldsymbol{X}\mapsto\boldsymbol{AXA}^{\mathrm{T}}$. 求证 ϕ_A 为线性空间 $\mathbb{R}^{n\times n}$ 的可对角化线性变换. 提示:若 $\mathbb{R}^n$ 的标准正交基 $\boldsymbol{p}_1,\boldsymbol{p}_2,\cdots,\boldsymbol{p}_n$ 为 $\boldsymbol{A}$ 的特征向量,讨论 $\boldsymbol{p}_i\boldsymbol{p}_j^{\mathrm{T}}\in\mathbb{R}^{n\times n}$ 的线性相关性.

8.6 欧氏空间

1. 欧氏空间

在第 7 章中,我们在向量空间 $\mathbb{R}^n$ 中引入了向量的内积,从而引入了向量的长度、向量间的夹角、正交等概念. 这样,在研究向量空间 $\mathbb{R}^n$ 时,我们就有了更多的手段;在讨论二次型时,我们也看到这一点. 若我们能将这些概念引入到任何一个有限维线性空间上,无疑会有同样的效果. 事实上,若 $V=\langle\boldsymbol{\alpha}_1,\cdots,\boldsymbol{\alpha}_n\rangle$ 为线性空间,则在基 $\boldsymbol{\alpha}_1,\cdots,\boldsymbol{\alpha}_n$ 下,通过同构对应

$$[\boldsymbol{\alpha}_1\quad\cdots\quad\boldsymbol{\alpha}_n](x_1,\cdots,x_n)^{\mathrm{T}}\mapsto(x_1,\cdots,x_n)^{\mathrm{T}}$$

我们就可以实现这一点. 即当

$$\boldsymbol{\alpha}=[\boldsymbol{\alpha}_i][x_i]^{\mathrm{T}},\quad \boldsymbol{\beta}=[\boldsymbol{\alpha}_i][y_i]^{\mathrm{T}}$$

时,定义

$$[\boldsymbol{\alpha},\boldsymbol{\beta}]=x_1y_1+\cdots+x_ny_n$$

则运算$[\boldsymbol{\alpha},\boldsymbol{\beta}]$的性质与$\mathbb{R}^n$上的内积一样. 事实上,在一个线性空间上可以定义多种内积. 下面我们将更一般地讨论线性空间的内积.

定义 8.16 设 V 为线性空间. 若 V 中每对向量 $\boldsymbol{\alpha},\boldsymbol{\beta}$ 按某一法则都对应唯一一个确定的实数$[\boldsymbol{\alpha},\boldsymbol{\beta}]$,且$[\boldsymbol{\alpha},\boldsymbol{\beta}]$满足:

(1) $[\boldsymbol{\alpha},\boldsymbol{\beta}]=[\boldsymbol{\beta},\boldsymbol{\alpha}]$;

(2) $[k\boldsymbol{\alpha},\boldsymbol{\beta}]=[\boldsymbol{\alpha},k\boldsymbol{\beta}]=k[\boldsymbol{\alpha},\boldsymbol{\beta}]\ (k\in\mathbb{R})$;

(3) $[\boldsymbol{\alpha}+\boldsymbol{\beta},\boldsymbol{\gamma}]=[\boldsymbol{\alpha},\boldsymbol{\gamma}]+[\boldsymbol{\beta},\boldsymbol{\gamma}]$;

(4) $[\boldsymbol{\alpha},\boldsymbol{\alpha}]\geqslant 0,[\boldsymbol{\alpha},\boldsymbol{\alpha}]=0\Leftrightarrow\boldsymbol{\alpha}=0$;

则称$[\boldsymbol{\alpha},\boldsymbol{\beta}]$为 V 上的**内积**,在这个内积之下,称 V 为**欧氏空间**.

例 8.32 对任意$\boldsymbol{\alpha},\boldsymbol{\beta}\in\mathbb{R}^n$,定义$[\boldsymbol{\alpha},\boldsymbol{\beta}]=\boldsymbol{\alpha}^{\mathrm{T}}\boldsymbol{\beta}$,则$\mathbb{R}^n$是 n 维欧氏空间. 当然,$\mathbb{R}^n$就是欧氏空间的原型.

例 8.33 若$\boldsymbol{A}\in\mathbb{R}^{n\times n}$为正定阵,对任何$\boldsymbol{\alpha},\boldsymbol{\beta}\in\mathbb{R}^n$,定义

$$[\boldsymbol{\alpha},\boldsymbol{\beta}]=\boldsymbol{\alpha}^{\mathrm{T}}\boldsymbol{A}\boldsymbol{\beta}$$

则由正定阵的性质容易验证$[\boldsymbol{\alpha},\boldsymbol{\beta}]$也是$\mathbb{R}^n$上的内积.

评注:例 8.32 和例 8.33 说明,同一个线性空间上可以有不同的内积,即同一个线性空间可以成为不同的欧氏空间. 在没有特别声明时,$[\boldsymbol{\alpha},\boldsymbol{\beta}]=\boldsymbol{\alpha}^{\mathrm{T}}\boldsymbol{\beta}$为欧氏空间$\mathbb{R}^n$的内积.

例 8.34 对任意$f,g\in C[a,b]$,定义

$$[f,g]=\int_a^b f(x)g(x)\,\mathrm{d}x$$

则由定积分的性质容易看到$[f,g]$为线性空间 $C[a,b]$上的内积,从而 $C[a,b]$也构成一个欧氏空间.

例 8.35 对任意$\boldsymbol{A},\boldsymbol{B}\in\mathbb{R}^{n\times n}$,定义

$$[\boldsymbol{A},\boldsymbol{B}]=\mathrm{tr}(\boldsymbol{A}\boldsymbol{B}^{\mathrm{T}})$$

求证$[\boldsymbol{A},\boldsymbol{B}]$为线性空间上的内积.

证明 对任意$\boldsymbol{A},\boldsymbol{B},\boldsymbol{C}\in\mathbb{R}^{n\times n},k\in\mathbb{R}$我们有:

(1) $[\boldsymbol{A},\boldsymbol{B}]=\mathrm{tr}(\boldsymbol{A}\boldsymbol{B}^{\mathrm{T}})=\mathrm{tr}[(\boldsymbol{A}\boldsymbol{B}^{\mathrm{T}})^{\mathrm{T}}]=\mathrm{tr}(\boldsymbol{B}\boldsymbol{A}^{\mathrm{T}})=[\boldsymbol{B},\boldsymbol{A}]$;

(2) $[k\boldsymbol{A},\boldsymbol{B}]=\mathrm{tr}(k\boldsymbol{A}\boldsymbol{B}^{\mathrm{T}})=k\,\mathrm{tr}(\boldsymbol{A}\boldsymbol{B}^{\mathrm{T}})=k[\boldsymbol{A},\boldsymbol{B}]$;

(3) $[\boldsymbol{A}+\boldsymbol{B},\boldsymbol{C}]=\mathrm{tr}[(\boldsymbol{A}+\boldsymbol{B})\boldsymbol{C}^{\mathrm{T}}]=\mathrm{tr}(\boldsymbol{A}\boldsymbol{C}^{\mathrm{T}}+\boldsymbol{B}\boldsymbol{C}^{\mathrm{T}})$
$=[\boldsymbol{A},\boldsymbol{C}]+[\boldsymbol{B},\boldsymbol{C}]$;

(4) $[\boldsymbol{A},\boldsymbol{A}]=\mathrm{tr}(\boldsymbol{A}\boldsymbol{A}^{\mathrm{T}})=\sum\limits_{j=1}^{n}\sum\limits_{i=1}^{n}a_{ij}^2\geqslant 0$; $[\boldsymbol{A},\boldsymbol{A}]=0\Leftrightarrow\boldsymbol{A}=0$.

由定义知$[\boldsymbol{A},\boldsymbol{B}]$为$\mathbb{R}^{n\times n}$上的内积.

如同欧氏空间$\mathbb{R}^n$中,在一般的欧氏空间中也可以引入向量的长度、夹角及正交等概念.

定义 8.17 令 V 为欧氏空间.

(1) 对于$\boldsymbol{\alpha}\in V$,称实数$\|\boldsymbol{\alpha}\|=\sqrt{[\boldsymbol{\alpha},\boldsymbol{\alpha}]}$为向量$\boldsymbol{\alpha}$的长度(或范数);当$\|\boldsymbol{\alpha}\|=1$时,称$\boldsymbol{\alpha}$为单位向量.

(2) 对于$\boldsymbol{\alpha},\boldsymbol{\beta}\in V$,若$[\boldsymbol{\alpha},\boldsymbol{\beta}]=0$,称向量$\boldsymbol{\alpha}$与$\boldsymbol{\beta}$正交,记为$\boldsymbol{\alpha}\perp\boldsymbol{\beta}$.

(3) 对于非零向量$\boldsymbol{\alpha},\boldsymbol{\beta}\in V$,称

$$\arccos\frac{[\boldsymbol{\alpha},\boldsymbol{\beta}]}{\|\boldsymbol{\alpha}\|\cdot\|\boldsymbol{\beta}\|}$$

为向量$\boldsymbol{\alpha}$与$\boldsymbol{\beta}$的夹角.

2. 内积的性质

欧氏空间 V 中内积及范数的基本性质($\boldsymbol{\alpha},\boldsymbol{\beta},\boldsymbol{\gamma}\in V,k\in\mathbb{R}$):

(1) $[\boldsymbol{\alpha},k\boldsymbol{\beta}]=k[\boldsymbol{\alpha},\boldsymbol{\beta}]$;

(2) $[\boldsymbol{\alpha},0]=[0,\boldsymbol{\beta}]=0$;

(3) $[\boldsymbol{\gamma},\boldsymbol{\alpha}+\boldsymbol{\beta}]=[\boldsymbol{\gamma},\boldsymbol{\alpha}]+[\boldsymbol{\gamma},\boldsymbol{\beta}]$;

(4) $[\boldsymbol{\alpha},\boldsymbol{\beta}]^2\leqslant\|\boldsymbol{\alpha}\|^2\cdot\|\boldsymbol{\beta}\|^2$;

(5) $\|\boldsymbol{\alpha}+\boldsymbol{\beta}\|\leqslant\|\boldsymbol{\alpha}\|+\|\boldsymbol{\beta}\|$.

在这几项中,(1)~(3)是形式验证,(4)和(5)的证明与$\mathbb{R}^n$中情况类似.

在具体的欧氏空间中,不等式$[\boldsymbol{\alpha},\boldsymbol{\beta}]^2\leqslant\|\boldsymbol{\alpha}\|^2\cdot\|\boldsymbol{\beta}\|^2$有具体的形式. 在标准欧氏空间$\mathbb{R}^n$中,此不等式为

$$(a_1b_1+\cdots+a_nb_n)^2\leqslant(a_1^2+\cdots+a_n^2)(b_1^2+\cdots+b_n^2)$$

而在例 8.34 的欧氏空间 $C[a,b]$中,此不等式为

$$\left(\int_a^b f(x)g(x)\mathrm{d}x\right)^2\leqslant\int_a^b f(x)^2\mathrm{d}x\cdot\int_a^b g(x)^2\mathrm{d}x$$

3. 标准正交基

定义 8.18 设 $V=\langle\boldsymbol{\alpha}_1,\cdots,\boldsymbol{\alpha}_n\rangle$为欧氏空间,则我们称矩阵

$$\boldsymbol{A}=\begin{bmatrix}[\boldsymbol{\alpha}_1,\boldsymbol{\alpha}_1] & \cdots & [\boldsymbol{\alpha}_1,\boldsymbol{\alpha}_n]\\ \vdots & & \vdots\\ [\boldsymbol{\alpha}_n,\boldsymbol{\alpha}_1] & \cdots & [\boldsymbol{\alpha}_n,\boldsymbol{\alpha}_n]\end{bmatrix}$$

为基$\boldsymbol{\alpha}_1,\cdots,\boldsymbol{\alpha}_n$的度量阵.

命题 8.12 设 $V=\langle\boldsymbol{\alpha}_1,\cdots,\boldsymbol{\alpha}_n\rangle$为欧氏空间,$\boldsymbol{A}$ 为基 $\boldsymbol{\alpha}_1,\cdots,\boldsymbol{\alpha}_n$ 的度量阵. 若

$$\boldsymbol{\alpha}=[\boldsymbol{\alpha}_i]\boldsymbol{x},\quad \boldsymbol{\beta}=[\boldsymbol{\alpha}_i]\boldsymbol{y}$$

则$[\boldsymbol{\alpha},\boldsymbol{\beta}]=\boldsymbol{x}^{\mathrm{T}}\boldsymbol{A}\boldsymbol{y}$.

证明 由内积的性质,我们得到

$$[\boldsymbol{\alpha},\boldsymbol{\beta}]=\left[\sum_{i=1}^{n}x_i\boldsymbol{\alpha}_i,\sum_{j=1}^{n}y_j\boldsymbol{\alpha}_j\right]=\sum_{i=1}^{n}\sum_{j=1}^{n}x_iy_j[\boldsymbol{\alpha}_i,\boldsymbol{\alpha}_j]$$

$$=(x_1,\cdots,x_n)\begin{bmatrix}[\boldsymbol{\alpha}_1,\boldsymbol{\alpha}_1] & \cdots & [\boldsymbol{\alpha}_1,\boldsymbol{\alpha}_n]\\ \vdots & & \vdots\\ [\boldsymbol{\alpha}_n,\boldsymbol{\alpha}_1] & \cdots & [\boldsymbol{\alpha}_n,\boldsymbol{\alpha}_n]\end{bmatrix}\begin{bmatrix}y_1\\ \vdots\\ y_n\end{bmatrix}=\boldsymbol{x}^{\mathrm{T}}\boldsymbol{A}\boldsymbol{y}$$

由此命题我们看到,若基$\boldsymbol{\alpha}_1,\cdots,\boldsymbol{\alpha}_n$的度量阵为单位阵,则内积的计算就非常简单了,这样的基无疑是重要的.

定义 8.19 设$V=\langle\boldsymbol{\alpha}_1,\cdots,\boldsymbol{\alpha}_n\rangle$为欧氏空间. 若基$\boldsymbol{\alpha}_1,\cdots,\boldsymbol{\alpha}_n$的度量阵为单位阵,即$\boldsymbol{\alpha}_1,\cdots,\boldsymbol{\alpha}_n$为相互正交的单位向量,则称基$\boldsymbol{\alpha}_1,\cdots,\boldsymbol{\alpha}_n$为$V$的**标准正交基**.

若$\boldsymbol{\alpha}_1,\cdots,\boldsymbol{\alpha}_m$为欧氏空间$V$中的一组线性无关的向量,用 Schmidt 正交化方法,我们同样可以得到一组与$\boldsymbol{\alpha}_1,\cdots,\boldsymbol{\alpha}_m$等价的标准正交向量组; 特别是,当$V$为有限维欧氏空间,从$V$的任何一个基出发,我们都可以构造出$V$的一个标准正交基.

例 8.36 线性空间$P_2[x]$在内积

$$[f,g]=\int_{-1}^{1}f(x)g(x)\mathrm{d}x$$

之下为欧氏空间.

(1) 求基$1,x,x^2$的度量阵$\boldsymbol{A}$;

(2) 求$P_2[x]$的一个标准正交基.

解 (1) 令$\boldsymbol{\alpha}_1=1,\boldsymbol{\alpha}_2=x,\boldsymbol{\alpha}_3=x^2$,则

$$[\boldsymbol{\alpha}_1,\boldsymbol{\alpha}_1]=\int_{-1}^{1}\mathrm{d}x=2$$

$$[\boldsymbol{\alpha}_1,\boldsymbol{\alpha}_2]=[\boldsymbol{\alpha}_2,\boldsymbol{\alpha}_1]=\int_{-1}^{1}x\mathrm{d}x=0$$

$$[\boldsymbol{\alpha}_1,\boldsymbol{\alpha}_3]=[\boldsymbol{\alpha}_3,\boldsymbol{\alpha}_1]=\int_{-1}^{1}x^2\mathrm{d}x=\frac{2}{3}$$

$$[\boldsymbol{\alpha}_2,\boldsymbol{\alpha}_2]=\int_{-1}^{1}x^2\mathrm{d}x=\frac{2}{3}$$

$$[\boldsymbol{\alpha}_2,\boldsymbol{\alpha}_3]=[\boldsymbol{\alpha}_3,\boldsymbol{\alpha}_2]=\int_{-1}^{1}x^3\mathrm{d}x=0$$

$$[\boldsymbol{\alpha}_3,\boldsymbol{\alpha}_3]=\int_{-1}^{1}x^4\mathrm{d}x=\frac{2}{5}$$

从而

$$A=\begin{bmatrix}2 & 0 & \frac{2}{3}\\ 0 & \frac{2}{3} & 0\\ \frac{2}{3} & 0 & \frac{2}{5}\end{bmatrix}$$

（2）将 $\boldsymbol{\alpha}_1,\boldsymbol{\alpha}_2,\boldsymbol{\alpha}_3$ 正交化，得到

$$\boldsymbol{\beta}_1=\boldsymbol{\alpha}_1=1$$

$$\boldsymbol{\beta}_2=\boldsymbol{\alpha}_2-\frac{[\boldsymbol{\alpha}_2,\boldsymbol{\beta}_1]}{[\boldsymbol{\beta}_1,\boldsymbol{\beta}_1]}\boldsymbol{\beta}_1=x$$

$$\boldsymbol{\beta}_3=\boldsymbol{\alpha}_3-\frac{[\boldsymbol{\alpha}_3,\boldsymbol{\beta}_1]}{[\boldsymbol{\beta}_1,\boldsymbol{\beta}_1]}\boldsymbol{\beta}_1-\frac{[\boldsymbol{\alpha}_3,\boldsymbol{\beta}_2]}{[\boldsymbol{\beta}_2,\boldsymbol{\beta}_2]}\boldsymbol{\beta}_2=x^2-\frac{1}{3}$$

再将 $\boldsymbol{\beta}_1,\boldsymbol{\beta}_2,\boldsymbol{\beta}_3$ 单位化，得到

$$\boldsymbol{\varepsilon}_1=\frac{1}{\|\boldsymbol{\beta}_1\|}\boldsymbol{\beta}_1=\frac{1}{\sqrt{2}}$$

$$\boldsymbol{\varepsilon}_2=\frac{1}{\|\boldsymbol{\beta}_2\|}\boldsymbol{\beta}_2=\sqrt{\frac{3}{2}}x$$

$$\boldsymbol{\varepsilon}_3=\frac{1}{\|\boldsymbol{\beta}_3\|}\boldsymbol{\beta}_3=\sqrt{\frac{45}{8}}\left(x^2-\frac{1}{3}\right)$$

则 $\boldsymbol{\varepsilon}_1,\boldsymbol{\varepsilon}_2,\boldsymbol{\varepsilon}_3$ 是 $P_2[x]$ 的标准正交基.

4. 子空间的正交补

定义 8.20 （1）设 W 是欧氏空间 V 的子空间，$\boldsymbol{\alpha}\in V$. 若对任何 $\boldsymbol{\beta}\in W$，都有 $\boldsymbol{\alpha}\perp\boldsymbol{\beta}$，则称向量 $\boldsymbol{\alpha}$ 与子空间 W 正交，记为 $\boldsymbol{\alpha}\perp W$.

（2）设 W_1,W_2 是欧氏空间 V 的两个子空间. 若对任何 $\boldsymbol{\alpha}\in W_1,\boldsymbol{\beta}\in W_2$，都有 $\boldsymbol{\alpha}\perp\boldsymbol{\beta}$，则称 W_1,W_2 为正交子空间，记为 $W_1\perp W_2$.

命题 8.13 设 W 是欧氏空间 V 的有限维子空间，则

$$W^{\perp}\equiv\{\boldsymbol{\alpha}\in V\mid\boldsymbol{\alpha}\perp W\}$$

为 V 的子空间，且

$$V=W\oplus W^{\perp}$$

注：我们称 $W^{\perp}$ 为 W 的正交补（空间）.

证明（留作练习）.

例 8.37 设 $W=L(\boldsymbol{\alpha}_1,\boldsymbol{\alpha}_2)$，$\boldsymbol{\alpha}_1=(1,1,0)^{\mathrm{T}}$，$\boldsymbol{\alpha}_2=(0,1,1)^{\mathrm{T}}$，求 W 在 $\mathbb{R}^3$ 中的正交补 $W^{\perp}$.

解 由 $\dim W=2$ 知 $\dim W^{\perp}=1$. 若 $\boldsymbol{\gamma}=(x_1,x_2,x_3)^{\mathrm{T}}\in W^{\perp}$，则

$$\begin{cases} x_1 + x_2 \qquad = 0 \\ \qquad x_2 + x_3 = 0 \end{cases}$$

$\boldsymbol{\alpha}_3 = (1, -1, 1)^{\mathrm{T}}$ 为此方程组的非零解，从而 $W^{\perp} = L(\boldsymbol{\alpha}_3)$.

5. 正交变换

若 $\boldsymbol{P} \in \mathbb{R}^{n\times n}$ 为正交阵，则正交变换 $\boldsymbol{y} = \boldsymbol{Px}$ 保持欧氏空间$\mathbb{R}^n$ 中的内积，即$[\boldsymbol{Px}, \boldsymbol{Py}] = [\boldsymbol{x}, \boldsymbol{y}]$. 由此，我们知道此线性变换保持$\mathbb{R}^n$ 中向量的长度、向量间的夹角等. 这样的变换也可以推广到欧氏空间上.

定义 8.21 令 σ 为欧氏空间 V 的线性变换. 若对任何 $\boldsymbol{\alpha}, \boldsymbol{\beta} \in V$，有

$$[\sigma(\boldsymbol{\alpha}), \sigma(\boldsymbol{\beta})] = [\boldsymbol{\alpha}, \boldsymbol{\beta}]$$

即 σ 保持内积，则称 σ 为 V 的**正交变换**.

例 8.38 令 V 为欧氏空间，$\boldsymbol{\alpha} \in V$ 为一个单位向量，对任何 $\boldsymbol{\beta} \in V$，如下定义 V 的变换：

$$\eta_{\alpha}(\boldsymbol{\beta}) = \boldsymbol{\beta} - 2[\boldsymbol{\beta}, \boldsymbol{\alpha}]\boldsymbol{\alpha}$$

求证 η_{α} 为 V 的正交变换. 在$\mathbb{R}^3$ 中，图 8.3 中展示了 η_{α} 的含义，因而 η_{α} 也称为**镜面反射**，α 就是这个镜面的法向.

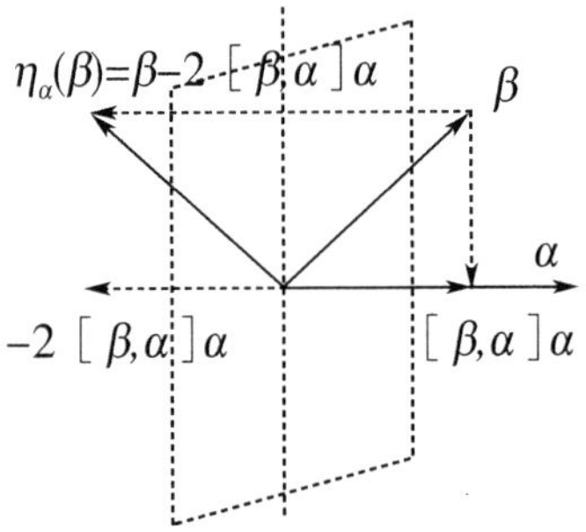

图 8.3

证明 容易验证 η_{α} 为 V 的线性变换. 我们验证 η_{α} 也保持内积：

$$\begin{aligned}[\eta_{\alpha}(\boldsymbol{\beta}), \eta_{\alpha}(\boldsymbol{\gamma})] &= [\boldsymbol{\beta} - 2[\boldsymbol{\beta}, \boldsymbol{\alpha}]\boldsymbol{\alpha}, \boldsymbol{\gamma} - 2[\boldsymbol{\gamma}, \boldsymbol{\alpha}]\boldsymbol{\alpha}] \\ &= [\boldsymbol{\beta}, \boldsymbol{\gamma}] - 2[\boldsymbol{\gamma}, \boldsymbol{\alpha}][\boldsymbol{\beta}, \boldsymbol{\alpha}] - \\ &\quad\ 2[\boldsymbol{\beta}, \boldsymbol{\alpha}][\boldsymbol{\gamma}, \boldsymbol{\alpha}] + 4[\boldsymbol{\beta}, \boldsymbol{\alpha}][\boldsymbol{\gamma}, \boldsymbol{\alpha}] \\ &= [\boldsymbol{\beta}, \boldsymbol{\gamma}]\end{aligned}$$

定理 8.7 设 σ 为维欧氏空间 V 的线性变换，则下列四项等价：

(1) σ 为正交变换；

(2) 对任何 $\boldsymbol{\alpha}$，有 $\|\sigma(\boldsymbol{\alpha})\| = \|\boldsymbol{\alpha}\|$；

(3) 若 $\boldsymbol{\alpha}_1, \cdots, \boldsymbol{\alpha}_n$ 为 V 的标准正交基，则 $\sigma(\boldsymbol{\alpha}_1), \cdots, \sigma(\boldsymbol{\alpha}_n)$ 也是 V 的标准正交基；

(4) σ 在标准正交基 $\boldsymbol{\alpha}_1, \cdots, \boldsymbol{\alpha}_n$ 下的矩阵为正交阵.

证明 (1)⇒(2) 明显.

(2)⇒(3) 由(2)知 $\sigma(\boldsymbol{\alpha}_1), \cdots, \sigma(\boldsymbol{\alpha}_n)$ 为单位向量. 当 $i \neq j$ 时，由(2)，有

$$[\sigma(\boldsymbol{\alpha}_i + \boldsymbol{\alpha}_j), \sigma(\boldsymbol{\alpha}_i + \boldsymbol{\alpha}_j)] = [\boldsymbol{\alpha}_i + \boldsymbol{\alpha}_j, \boldsymbol{\alpha}_i + \boldsymbol{\alpha}_j]$$

$$\|\sigma(\boldsymbol{\alpha}_i)\|^2 + 2[\sigma(\boldsymbol{\alpha}_i), \sigma(\boldsymbol{\alpha}_j)] + \|\sigma(\boldsymbol{\alpha}_j)\|^2 = \|\boldsymbol{\alpha}_i\|^2 + 2[\boldsymbol{\alpha}_i, \boldsymbol{\alpha}_j] + \|\boldsymbol{\alpha}_j\|^2$$

$$[\sigma(\boldsymbol{\alpha}_i), \sigma(\boldsymbol{\alpha}_j)] = [\boldsymbol{\alpha}_i, \boldsymbol{\alpha}_j] = 0$$

即 $\sigma(\boldsymbol{\alpha}_i), \cdots, \sigma(\boldsymbol{\alpha}_n)$ 相互正交.

(3)⇒(4) 设

$$[\sigma(\boldsymbol{\alpha}_1),\cdots,\sigma(\boldsymbol{\alpha}_n)]=[\boldsymbol{\alpha}_1,\cdots,\boldsymbol{\alpha}_n][\boldsymbol{p}_1,\cdots,\boldsymbol{p}_n]$$

则由于 $\boldsymbol{\alpha}_1,\cdots,\boldsymbol{\alpha}_n$ 和 $\sigma(\boldsymbol{\alpha}_1),\cdots,\sigma(\boldsymbol{\alpha}_n)$都是标准正交基,从而

$$[\sigma(\boldsymbol{\alpha}_i),\sigma(\boldsymbol{\alpha}_j)]=\boldsymbol{p}_i^{\mathrm{T}}\boldsymbol{p}_j=\begin{cases}1 & (i=j)\\0 & (i\neq j)\end{cases}\tag{8.4}$$

这说明$[p_1,\cdots,p_n]$为正交阵.

(4)⇒(1) 设 $\boldsymbol{\alpha}_1,\cdots,\boldsymbol{\alpha}_n$ 为标准正交基,且

$$[\sigma(\boldsymbol{\alpha}_1),\cdots,\sigma(\boldsymbol{\alpha}_n)]=[\boldsymbol{\alpha}_1,\cdots,\boldsymbol{\alpha}_n]\boldsymbol{P}$$

$\boldsymbol{P}$ 为正交阵. 这时上面的(8.4)式仍然成立,从而 $\sigma(\boldsymbol{\alpha}_1),\cdots,\sigma(\boldsymbol{\alpha}_n)$也是标准正交基.

对任意 $\boldsymbol{\alpha},\boldsymbol{\beta}\in V$,有

$$\boldsymbol{\alpha}=[\boldsymbol{\alpha}_i][x_i]^{\mathrm{T}},\quad \boldsymbol{\beta}=[\boldsymbol{\alpha}_i][y_i]^{\mathrm{T}}$$

此时

$$\sigma(\boldsymbol{\alpha})=[\sigma(\boldsymbol{\alpha}_i)][x_i]^{\mathrm{T}},\quad \sigma(\boldsymbol{\beta})=[\sigma(\boldsymbol{\alpha}_i)][y_i]^{\mathrm{T}}$$

由于 $\boldsymbol{\alpha}_1,\cdots,\boldsymbol{\alpha}_n$ 和 $\sigma(\boldsymbol{\alpha}_1),\cdots,\sigma(\boldsymbol{\alpha}_n)$都是标准正交基,故

$$[\sigma(\boldsymbol{\alpha}),\sigma(\boldsymbol{\beta})]=x_1y_1+\cdots+x_ny_n=[\boldsymbol{\alpha},\boldsymbol{\beta}]$$

即 σ 为正交变换.

习 题 8.6

1. 若 $\boldsymbol{\alpha}_1,\cdots,\boldsymbol{\alpha}_m$ 为欧氏空间中的正交向量组,求证:

$$\|\boldsymbol{\alpha}_1+\cdots+\boldsymbol{\alpha}_m\|^2=\|\boldsymbol{\alpha}_1\|^2+\cdots+\|\boldsymbol{\alpha}_m\|^2$$

2. 设 $\boldsymbol{\alpha}_1,\cdots,\boldsymbol{\alpha}_m$ 为有限维欧氏空间 V 中的标准正交向量组,求证:对任何 $\boldsymbol{\alpha}\in V$,有

$$\sum_{i=1}^{m}[\boldsymbol{\alpha},\boldsymbol{\alpha}_i]^2\leqslant\|\boldsymbol{\alpha}\|^2$$

3. 在例 8.33 中的欧氏空间中,求基 $\boldsymbol{e}_1,\cdots,\boldsymbol{e}_n$ 的度量阵.

4. 在欧氏空间 $P_2[x]$中(内积如例 8.36),求子空间 $W=L(1,x)$的正交补 $W^{\perp}$.

5. 若 $\boldsymbol{\alpha}_1,\cdots,\boldsymbol{\alpha}_m$ 为欧氏空间 V 中的正交向量组,且此向量组中没有零向量,求证此向量组线性无关.

6. 若 W_1,W_2 为欧氏空间 V 的两个有限维正交子空间,求证:

(1) $W_1\cap W_2=\{0\}$;

(2) $\dim(W_1+W_2)=\dim W_1+\dim W_2$.

第9章　线性代数的应用案例

前几章我们学习了线性代数基础理论知识,了解了行列式、行列式的产生以及计算;学习了矩阵、矩阵的性质、用矩阵理论解线性方程组;学习了向量、向量的性质,以及二次型等一系列线性代数的基础理论知识.那么,为什么要学习这些理论?因为,我们需要通过理论解决客观实际存在的问题.无论是电类专业、机类专业,还是材料、化工专业等,线性代数理论在这些学科中都有着十分广泛的应用.这一章我们通过几个应用案例,将线性代数理论引入工程应用之中,更多的应用实例见书《线性代数的工程应用》.

9.1　案例1——方程组在交通流量计算的应用

图9.1(a)是单行线交通图.假设交通流量(每小时过车辆)都是非负的,问在图9.1(b)x_3可能的最大值是多少?(假设:① 全部流入网络的流量等于全部流出网络的流量;② 全部流入一个节点的流量等于全部流出该节点的流量)

解　根据题意,我们知道,道路上任意分叉处,如A点,汽车的流入量和流出量相等.于是可以列出流量方程如下:

$$\begin{cases} 20 = x_1 + x_2 \\ 80 = x_1 + x_3 \\ x_3 = x_1 + x_4 \end{cases}$$

又由于中间三角形地带没有输入和输出,可将流量化简为图9.1(c)所示,则$x_4 = 60$,于是有如下方程式:

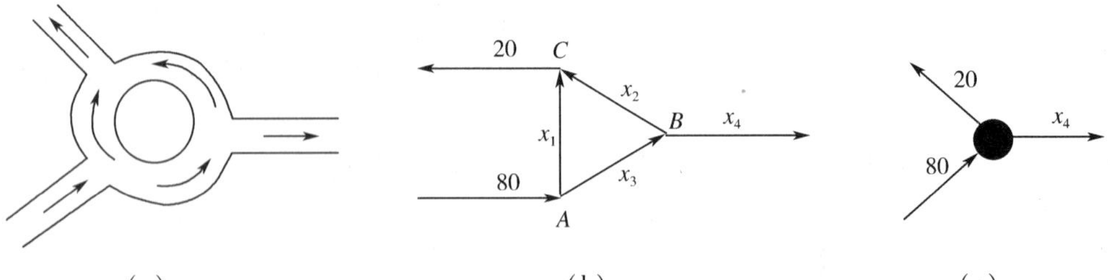

图9.1　交通图

(a) 单行线交通图;(b) 流量图;(c) 流量简化图

$$\begin{cases}x_1=20-x_2\\x_3=60+x_2\\x_4=60\end{cases}$$

根据流量不能为负，即有 $0\leqslant x_2\leqslant 20$. 所以，$x_3$ 最大为 80.

9.2　案例 2——矩阵的逆在通信加密的应用

在英文中有一种对消息进行保密的措施，即把消息中的英文字母用一个整数来表示. 然后传送这组整数. 例如“SEND MONEY”这九个字母就用下面九个数来表示；[5,8,10,21,7,2,10,8,3]. 显然 5 代表 S，8 代表 E，…，等等. 这种方法是很容易被破译的. 在一个很长的消息中，根据数字出现的频率，往往可以大体估计出它所代表的字母. 例如出现频率特别高的数字，很可能对应于出现频率最高的字母 E.

我们可以用矩阵乘法来对这个消息进一步加密. 假如 $\boldsymbol{A}$ 是一个行列式等于 ± 1 的整数矩阵，则 $\boldsymbol{A}^{-1}$的元素也必定是整数. 可以用这样的一个矩阵来对消息进行变换. 而经过这样变换过的消息就较难破译.

设编了码的消息矩阵 $\boldsymbol{B}=\begin{bmatrix}5&21&10\\8&7&8\\10&2&3\end{bmatrix}$，请将其进行保密设置.

解　设 $\boldsymbol{A}=\begin{bmatrix}1&2&1\\2&5&3\\2&3&2\end{bmatrix}$，可得 $\boldsymbol{A}^{-1}=\begin{bmatrix}1&-1&1\\2&0&-1\\-4&1&1\end{bmatrix}$. 则

$$\boldsymbol{AB}=\begin{bmatrix}1&2&1\\2&5&3\\2&3&2\end{bmatrix}\begin{bmatrix}5&21&10\\8&7&8\\10&2&3\end{bmatrix}=\begin{bmatrix}31&37&29\\80&83&69\\54&67&50\end{bmatrix}$$

所以发出的消息为[31,80,54,37,83,67,29,69,50]. 注意原来的两个 8 和两个 10，在变换后成为不同的数字，所以就难于按其出现的频率来破译了. 而接收方只要将这个消息乘以 $\boldsymbol{A}^{-1}$，就可以恢复原来的消息.

$$\begin{bmatrix}1&-1&1\\2&0&-1\\-4&1&1\end{bmatrix}\begin{bmatrix}31&37&29\\80&83&69\\54&67&50\end{bmatrix}=\begin{bmatrix}5&21&10\\8&7&8\\10&2&3\end{bmatrix}$$

编码矩阵 $\boldsymbol{A}$ 具有整数元素且其行列式等于 ± 1，它的生成方法如下：从单位矩阵出发，反复运用第 1 类和第 3 类初等变换矩阵去乘它，而其中的乘数必须取整数. 这样得出的矩阵将满足

$$|\boldsymbol{A}|=\pm|\boldsymbol{E}|=\pm 1$$

而 $\boldsymbol{A}^{-1}$也将具有整数元素.

9.3 案例3——向量的应用

混凝土由五种主要的原料组成,它们是水泥、水、沙、石和灰,不同的成分影响混凝土的不同特性.例如水与水泥的比例影响混凝土的最终强度,沙与石的比例影响混凝土的易加工性,灰与水泥的比例影响混凝土的耐久性等,所以不同用途的混凝土需要不同的原料配比.

假如一个混凝土生产企业的设备只能生产和存储三种基本类型的混凝土,即超强型、通用型和长寿型.它们的配方如表9.1.

表9.1 三种基本类型的混凝土配方

	超强型 A	通用型 B	长寿型 C
水泥 c	20	18	12
水 w	10	10	10
沙 s	20	25	15
石 g	10	5	15
灰 f	0	2	8

于是每一种基本类型混凝土就可以用一个五维的列向量$[c\ w\ s\ g\ f]^T$来表示,公司希望客户所订购的其他混凝土都由这三种基本类型按一定比例混合而成.

(1) 假如某客户要求的混凝土的五种成分为16,10,21,9,4,试问A,B,C三种类型应各占多少比例?如果客户总共需要5000千克混凝土,则三种类型各占多少?

(2) 如果客户要求的成分为16,12,19,9,4,则这种材料能用A,B,C三种类型配成吗?为什么?

解 从数学上看,这三种基本类型的混凝土相当于三个基向量$\boldsymbol{v}_A,\boldsymbol{v}_B,\boldsymbol{v}_C$,(1)和(2)问题中的待配混凝土成分相当于两个合成向量$\boldsymbol{w}_1,\boldsymbol{w}_2$,其数值如下:

$$\boldsymbol{v}_A=\begin{bmatrix}20\\10\\20\\10\\0\end{bmatrix},\quad \boldsymbol{v}_B=\begin{bmatrix}18\\10\\25\\5\\2\end{bmatrix},\quad \boldsymbol{v}_C=\begin{bmatrix}12\\10\\15\\15\\8\end{bmatrix},\quad \boldsymbol{w}_1=\begin{bmatrix}16\\10\\21\\9\\4\end{bmatrix},\quad \boldsymbol{w}_2=\begin{bmatrix}16\\12\\19\\9\\4\end{bmatrix}$$

(1) 现在问题归结为$\boldsymbol{w}_1,\boldsymbol{w}_2$是否是$\boldsymbol{v}_A,\boldsymbol{v}_B,\boldsymbol{v}_C$的线性组合,或$\boldsymbol{w}_1,\boldsymbol{w}_2$是否在$\boldsymbol{v}_A,\boldsymbol{v}_B,\boldsymbol{v}_C$所张成的向量空间内?解的思路是先分析三个基向量所张成的空间有几维,把$\boldsymbol{w}_1$(或$\boldsymbol{w}_2$)加进去后维数是否没有增加.这就可以知道$\boldsymbol{w}_1$(或$\boldsymbol{w}_2$)是不是在$\boldsymbol{v}_A,\boldsymbol{v}_B,\boldsymbol{v}_C$张成的向量空间内.因为系统的阶数已达到5,手工解太费时了,必须藉助于计算机.程序为:

$\boldsymbol{v}_A=[20;10;20;10;0]$，　$\boldsymbol{v}_B=[18;10;25;5;2]$，　$\boldsymbol{v}_C=[12;10;15;15;8]$

$\boldsymbol{w}_1=[16;10;21;9;4]$，$\boldsymbol{w}_2=[16;12;19;8;4]$

$\boldsymbol{v}=[\boldsymbol{v}_A,\boldsymbol{v}_B,\boldsymbol{v}_C]$，rv = rank(v)，

rvw1 = rank($[\boldsymbol{v},\boldsymbol{w}_1]$)，

rvw2 = rank($[\boldsymbol{v},\boldsymbol{w}_2]$)，

得出的结果是，rv = 3，rvw1 = 3，rvw2 = 4. 这就意味着 $\boldsymbol{w}_1$ 是在 $\boldsymbol{v}_A,\boldsymbol{v}_B,\boldsymbol{v}_C$ 张成的向量空间内，而 $\boldsymbol{w}_2$ 则不是在 $\boldsymbol{v}_A,\boldsymbol{v}_B,\boldsymbol{v}_C$ 张成的向量空间内. 所以 $\boldsymbol{w}_1$ 可以由三种基本类型的混凝土混合而成，但 $\boldsymbol{w}_2$ 则不行.

为了计算 $\boldsymbol{w}_1$ 所需的混合比例，问题归结为解下列线性代数方程：

$$k_a\boldsymbol{v}_a+k_b\boldsymbol{v}_b+k_c\boldsymbol{v}_c=\boldsymbol{w}_1$$

写成矩阵形式为

$$[\boldsymbol{v}_A\ \boldsymbol{v}_B\ \boldsymbol{v}_C]\begin{bmatrix}k_a\\k_b\\k_c\end{bmatrix}=\boldsymbol{v}K=\boldsymbol{w}_1$$

为此，可对增广矩阵$[\boldsymbol{v},\boldsymbol{w}_1]$作行阶梯变换，求 $\mathrm{U}_1=\mathrm{rref}([\boldsymbol{v},\boldsymbol{w}_1])$，得到

$$\mathrm{U}_1=\begin{bmatrix}1&0&0&2/25\\0&1&0&14/25\\0&0&1&9/25\\0&0&0&0\\0&0&0&0\end{bmatrix}$$

所以三种基本混凝土应按 16%，56%，28% 的比例调配，对于 5000 千克混凝土，三种基本类型混凝土的用量分别为 800，2800，1400 千克.

(2)求 $\mathrm{U}_2=\mathrm{rref}([\boldsymbol{v},\boldsymbol{w}_2])$，我们得到一个矛盾方程，说明方程无解，这是不难想象的. 混凝土由五种原料配成，如果要能配成任何比例，那么至少要自由地改变四种(请想一想为什么不是五种)原料的分量，也就是说每一种混凝土是四维空间中的一个点. 现在想用改变三个常数来凑成四维空间的任意点，那是做不到的. 对于四维空间的问题，一般地说，很难从物理意义上解释这一点. 不过就本题而言，却是可以说清的. 请读者注意，在这三种基本混凝土中，水的含量都是 1/6，所以不管怎么混合，合成的混凝土的含水量必然是 1/6. 如果客户要求的混凝土含水量不是 1/6，那是无论如何也配不出来的，$\boldsymbol{w}_2$ 要求的成分就属于这种情况.

9.4　案例 4——线性相关性的应用

向量的线性相关性在电路中有着重要的应用. 电路中可以根据基尔霍夫定律列出回路方程，解出回路电流. 但不是任意的回路方程都能够解出回路电流，试根据图 9.2 解出回路电流.

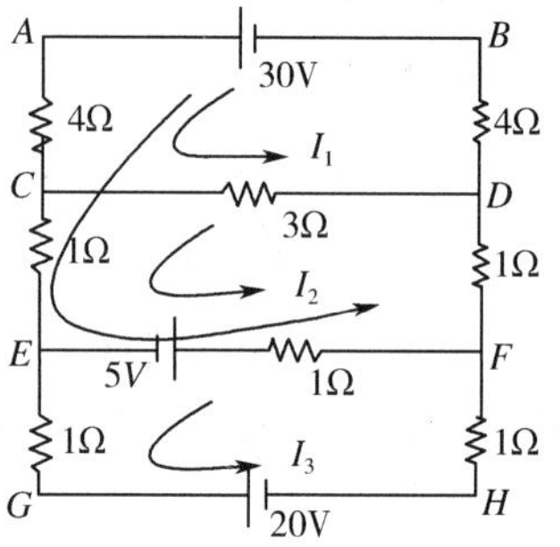

图 9.2

我们分别对回路 $ACDB$,$CEFD$ 和 $AEFB$ 列回路方程. 由基尔霍夫电压定律有

$ACDB$ 回路方程:$(4+3+4)I_1-3I_2=30$

$CEFD$ 回路方程:$(1+1+3+1)I_2-3I_1-I_3=5$

$AEFB$ 回路方程:$(4+4)I_1+(1+1+1)I_2-I_3=30+5$

化简方程得

$$\begin{cases}11I_1-3I_2=30\\-3I_1+6I_2-I_3=5\\8I_1+3I_2-I_3=35\end{cases}$$

下面我们求方程组的秩. 设方程组的系数矩阵为 $\boldsymbol{A}$,则有

$$\widetilde{\boldsymbol{A}}=\begin{bmatrix}11&-3&0&30\\-3&6&-1&5\\8&3&-1&35\end{bmatrix}\xrightarrow{\text{第 1 行}\times 1+\text{第 2 行}}\begin{bmatrix}11&-3&0&30\\8&3&-1&35\\8&3&-1&35\end{bmatrix}\xrightarrow{\text{第 2 行}\times(-1)+\text{第 3 行}}$$

$$\begin{bmatrix}11&-3&0&30\\8&3&-1&35\\0&0&0&0\end{bmatrix}$$

$\mathrm{r}(\boldsymbol{A})=\mathrm{r}(\widetilde{\boldsymbol{A}})=2<n=3$,从方程组的秩我们看出这 3 个方程线性相关,因此,方程组没有唯一解. 这是因为我们选择的回路不对,第 3 个回路方程,即 $AEFB$ 的回路方程中的回路电流与前两个方程的回路电流线性相关,即 $AEFB$ 回路在 $ACDB$ 回路中的电流就是 I_1,在 $CEFD$ 回路中的电流就是 I_2. 因而正确的回路应该选新回路电流与已选择的回路电流不同。如图 9.2 中 I_1 和 I_2 线性无关,I_3 与 I_1 和 I_2 线性无关,这样的 3 个方程才能解出唯一解。于是有如下求解过程.

由基尔霍夫电压定律求出 $ACDB$ 回路方程:$11I_1-3I_2=30$;

$CEFD$ 回路方程:$-3I_1+6I_2-I_3=5$;

$EGHF$ 的回路方程为:$-I_2+3I_3=-25$.

所以有

$$\begin{cases}11I_1-3I_2=30\\-3I_1+6I_2-I_3=5\\-I_2+3I_3=-25\end{cases}$$

解得

$$I_1=3,I_2=1,I_3=-8$$

9.5 案例5——向量空间在经济体系中的应用

国民经济是由许多经济部门组成的一个有机整体，各部门之间有密切联系. 为了简化，现假设国民经济仅由农业、制造业和服务业构成. 各部门间的投入－产出名词解释：每个部门既是生产产品（产出）的部门，又是消耗产品（投入）的部门，每个部门在运转中将其他部门的产品或半成品经过加工（称为投入）变为自己的产品（称为产出）. 下述为一个经济体系，它分为制造业、农业和服务业三个部门. 制造业每单位产出需要 0.10 单位制造业产品，0.30 单位农业产品和 0.30 单位服务产品的投入；每单位农业产出需要 0.20 单位它自己的产出，0.6 单位制造业产品和 0.1 单位服务业产品的投入，服务业的每单位产出消耗 0.10 单位服务产出，0.60 单位制造业产品，但不消耗农业产出. 具体数据如下矩阵 $\boldsymbol{C}$ 所示.

（1）构造此经济的消耗矩阵，若农业要生产 100 单位产出，产生的中间需求是什么？

（2）为了满足最终需求为 18 单位农产品（对其他部门无最终需求），总的产出水平应为多少（不要计算逆矩阵）？

（3）为了满足最终需求为 18 单位制造业产品（对其他部门无最终需求），总产出水平应为多少（不要计算逆矩阵）？

（4）为了满足最终需求为 18 单位制造业产品，18 单位农产品，0 单位服务，总的产出水平应为多少？

解　（1）此经济的消耗矩阵为

$$\begin{matrix} & \text{制造业} & \text{农业产出} & \text{服务业产出} & \\ \boldsymbol{C}= & \left[\begin{matrix}0.1\\0.3\\0.3\end{matrix}\right. & \begin{matrix}0.6\\0.2\\0.1\end{matrix} & \left.\begin{matrix}0\\0.6\\0.1\end{matrix}\right] & \begin{matrix}\text{制造业消耗}\\\text{农业消耗}\\\text{服务业消耗}\end{matrix} \\ & \uparrow & \uparrow & \uparrow & \\ & \boldsymbol{c}_1 & \boldsymbol{c}_2 & \boldsymbol{c}_3 & \end{matrix}$$

由此矩阵知，生产 100 单位农业产出，就是给向量 $\boldsymbol{c}_2$ 扩大 100 倍，即需要消耗 60 单位制造业产品，20 单位农业产品，10 单位服务业产品，所以中间需求为

$$\begin{bmatrix}60\\20\\10\end{bmatrix}=100\boldsymbol{c}_2$$

(2) 由列昂杨夫投入 - 产出模型 x(总产出) $=Cx$(中间需求) $+d$(最终需求)

上式可化为$(I-C)x=d$,有

$$\begin{bmatrix}0.9 & -0.6 & 0\\-0.3 & 0.8 & -0.6\\-0.3 & -0.1 & 0.9\end{bmatrix}x=d$$

所以,为满足最终需求 18 单位农产品,总产出水平为

$$x=\begin{bmatrix}0.9 & -0.6 & 0\\-0.3 & 0.8 & -0.6\\-0.3 & -0.1 & 0.9\end{bmatrix}^{-1}\begin{bmatrix}0\\18\\0\end{bmatrix}$$

(3) 同理,为满足最终需求 18 个单位制造业产品,总产出为

$$x=\begin{bmatrix}0.9 & -0.6 & 0\\-0.3 & 0.8 & -0.6\\-0.3 & -0.1 & 0.9\end{bmatrix}^{-1}\begin{bmatrix}18\\0\\0\end{bmatrix}$$

(4) 需要总产出为

$$x=\begin{bmatrix}0.9 & -0.6 & 0\\-0.3 & 0.8 & -0.6\\-0.3 & -0.1 & 0.9\end{bmatrix}^{-1}\begin{bmatrix}18\\18\\0\end{bmatrix}$$

9.6 案例 6——线性变换和特征值在生态问题中的应用

假设在一个大城市中的总人口是固定的,人口的分布则因居民在市区和郊区之间迁徙而变化. 每年有 6% 的市区居民搬到郊区去住,而有 2% 的郊区居民搬到市区. 假如开始时有 30% 的居民住在市区,70% 的居民住在郊区,问十年后市区和郊区的居民人口比例是多少? 30 年、50 年后又如何?

这个问题可以用矩阵乘法来描述. 把人口变量用市区和郊区两个分量表示,即 $x_k=\begin{bmatrix}x_{ck}\\x_{sk}\end{bmatrix}$,其中 x_c 为市区人口所占比例,x_s 为郊区人口所占比例,k 表示年份的次序. 在 $k=0$ 的初始状态:

$$x_0=\begin{bmatrix}x_{c0}\\x_{s0}\end{bmatrix}=\begin{bmatrix}0.3\\0.7\end{bmatrix}$$

解　一年以后，市区人口为 $x_{c1}=(1-0.06)x_{c0}+0.02x_{s0}$，郊区人口 $x_{s1}=0.06x_{c0}+(1-0.02)x_{s0}$，用矩阵乘法来描述，可写成：

$$\boldsymbol{x}_1=\begin{bmatrix}x_{c1}\\x_{s1}\end{bmatrix}=\begin{bmatrix}0.94&0.02\\0.06&0.98\end{bmatrix}\begin{bmatrix}0.3\\0.7\end{bmatrix}=\boldsymbol{A}\boldsymbol{x}_0=\begin{bmatrix}0.2960\\0.7040\end{bmatrix}$$

从初始时间到 k 年，此关系保持不变，因此上述算式可扩展为 $x_k=Ax_{k-1}=A^2x_{k-2}=\cdots=A^kx_0$，用下列 MATLAB 程序进行计算：

```
A = [0.94,0.02;0.06,0.98]
x0 = [0.3;0.7]
x1 = A * x0
x10 = A^10 * x0
x30 = A^30 * x0
x50 = A^50 * x0
```

程序运行的结果为

$$x_1=\begin{bmatrix}0.2960\\0.7040\end{bmatrix},x_{10}=\begin{bmatrix}0.2717\\0.7283\end{bmatrix},x_{30}=\begin{bmatrix}0.2541\\0.7459\end{bmatrix},x_{50}=\begin{bmatrix}0.2508\\0.7492\end{bmatrix}$$

无限增加时间 k，市区和郊区人口之比将趋向于一组常数 0.25/0.75. 为了弄清为什么这个过程趋向于一个稳态值，我们改变一下坐标系统. 在这个坐标系统中可以更清楚地看到乘以矩阵 $\boldsymbol{A}$ 的效果，先求 $\boldsymbol{A}$ 的特征值和特征向量，键入[e,lamda] = eig(A)，得到

$$\mathrm{e}=\begin{bmatrix}-0.7071&-0.3162\\0.7071&-0.9487\end{bmatrix},\mathrm{lamda}=\begin{bmatrix}0.9200&0\\0&1.0000\end{bmatrix}$$

令

$$\boldsymbol{u}_1=\begin{bmatrix}-1\\1\end{bmatrix},\boldsymbol{u}_2=\begin{bmatrix}1\\3\end{bmatrix}$$

它们分别与两个特征向量 e1，e2 成比例并构成为整数. 可以看到，用 $\boldsymbol{A}$ 乘以这两个向量的结果不过是改变向量的长度，不影响其相角（方向），改变的比例分别对应于其特征值 0.92 和 1.

$$\boldsymbol{A}\boldsymbol{u}_1=\begin{bmatrix}0.94&0.02\\0.06&0.98\end{bmatrix}\begin{bmatrix}-1\\1\end{bmatrix}=\begin{bmatrix}-0.92\\0.92\end{bmatrix}=0.92\boldsymbol{u}_1$$

$$\boldsymbol{A}\boldsymbol{u}_2=\begin{bmatrix}0.94&0.02\\0.06&0.98\end{bmatrix}\begin{bmatrix}1\\3\end{bmatrix}=\begin{bmatrix}1\\3\end{bmatrix}=\boldsymbol{u}_2$$

初始向量 $\boldsymbol{x}_0$ 可以写成这两个基向量 $\boldsymbol{u}_1$ 和 $\boldsymbol{u}_2$ 的线性组合；

$$\boldsymbol{x}_0=\begin{bmatrix}0.30\\0.70\end{bmatrix}=0.25\cdot\begin{bmatrix}1\\3\end{bmatrix}-0.05\cdot\begin{bmatrix}-1\\1\end{bmatrix}=0.25\boldsymbol{u}_2-0.05\boldsymbol{u}_1$$

因此

$$\boldsymbol{x}_k=\boldsymbol{A}^k\boldsymbol{x}_0=0.25\boldsymbol{u}_2-0.05(0.92)^k\boldsymbol{u}_1$$

式中的第二项会随着 k 的增大趋向于零. 如果只取小数点后两位，则只要 $k>27$，这第二项就

可以忽略不计而得到

$$x_k \big|_{k>27} = A^k x_0 = 0.25u_0 = \begin{bmatrix} 0.25 \\ 0.75 \end{bmatrix}$$

适当选择基向量可以使矩阵乘法结果等价于一个简单的实数乘子,避免相交项出现,使得问题简单化.这也是方阵求特征值的基本思想.

这个应用问题实际上是所谓马尔可夫过程的一个类型.所得到的向量序列 $\boldsymbol{x}_1, \boldsymbol{x}_2, \cdots, \boldsymbol{x}_k$ 称为马尔可夫链.马尔可夫过程的特点是 k 时刻的系统状态 x_k 完全可由其前一个时刻的状态 $\boldsymbol{x}_{k-1}$ 所决定,与 $k-1$ 时刻之前的系统状态无关.

9.7 案例 7——线性变换和特征值在金融问题中的应用

10 000 美元的贷款每月有 1% 的利息和 450 美元的月供.一个月之后在 $k=1$ 时办理第一次付款.对 $k=0,1,2,\cdots$,设 y_k 是第 k 次月度付款刚办理后贷款的未付余额,则

$$y_1 = 10000 + (0.01)10000 - 450$$

公式含义: 新余额 还贷款 附加利息 月供

a. 写出 $\{y_k\}$ 满足的差分方程.

b. 作一张表展示月份 k 时 k 与余额 y_k,列出你作这张表的程序和按键.

解 a. 根据题意,有差分方程:

$$y_k = y_{k-1} + 0.01y_{k-1} - 450$$

即 $y_k = 1.01y_{k-1} - 450$

b. 表格按键

k	y_k	$1.01y_k - 450 = y_{k+1}$
0	10000	$10000 \times 1.01 - 450 = 9650$
1	9650	$9650 \times 1.01 - 450 = 9296.5$
⋮	⋮	⋮

第 10 章　MATLAB 软件基础

10.1　MATLAB 软件的概况

MATLAB 是“矩阵实验室”(Matrix Laboratory)的缩写,它是一种以矩阵运算为基础的交互式程序语言,主要用于算法开发、数据可视化、数据分析以及数值计算.

MATLAB 的基本数据单位是矩阵,它的指令表达式与数学和工程中常用的形式十分相似,故用 MATLAB 来解算问题要比用 C 和 FORTRAN 等语言完成相同的事情简捷得多. MATLAB 给用户带来的是最直观、最简洁的程序开发环境.

MATLAB 语言与高等数学的关系十分密切. 一方面,没有一定的数学理论基础,就无法理解 MATLAB 中许多函数的意义; 另一方面,许多数学理论问题又可借助 MATLAB 找到简明的解法. MATLAB 是一个庞大的程序,拥有难以置信的各种丰富的函数,即使是基本版本的 MATLAB 语言拥有的函数也比其他的工程编程语言要丰富得多. 基本的 MATLAB 语言已经拥有了超过 1000 个的函数,其中常用的有二三百个,这么丰富的函数也是 MATLAB 语言使用上的难点,在学习这门语言时,提倡多记少查,可以提高编程效率. 另外 MATLAB 语言提供了演示(demo)和求助(help)指令,学习者可以方便地在线了解学习各种函数的内涵和用法.

目前我国绝大部分高等院校的线性代数课程在大学一年级开设,这时学生的数学基础和编程能力较为薄弱,因此本章只简单地介绍与线性代数课程密切相关的一些 MATLAB 语言,主要包括矩阵四则运算,符号运算,作图初步和编程初步等. 若读者想更深入地学习 MATLAB 语言,请阅读相关书籍.

10.2　MATLAB 基本操作

1. 打开 MATLAB

一般有两种方式: (a)找到桌面 MATLAB 图标 ,双击即可; (b)单击“开始”菜单→“所有程序”→“MATLAB”.

在工作窗口出现命令提示符“ > > ”后即可输入指令,如 sin(pi/2),然后按下回车键即可执行相应指令. MATLAB 的窗口界面如图 10.1 所示.

例 10.1　> > sin(pi/2)（按下回车键）

ans =

1

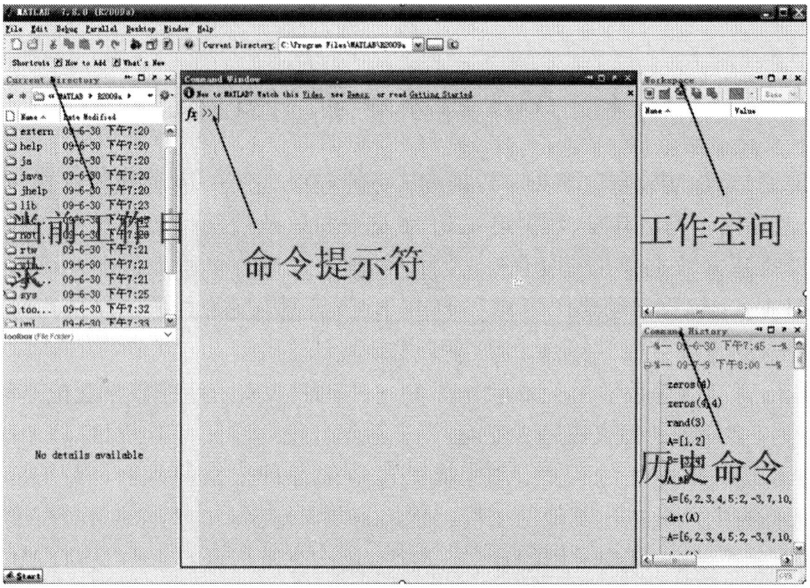

图 10.1　MATLAB 窗口界面

2. 关闭 MATLAB

一般有三种方式：(a) 单击右上角 ☒；(b) 单击“File”菜单→Exit MATLAB；(c) 在工作窗口中输入 quit 指令. 如图 10.2 所示.

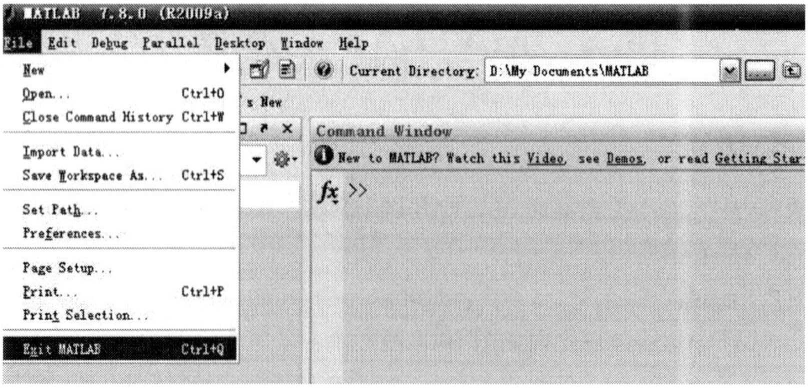

图 10.2　关闭 MATLAB 示意图

3. MATLAB 的联机查询

理解掌握和运用 MATLAB 软件的联机查询功能,对于用户非常重要,其中 help 是最常用的帮助指令,它可以提供绝大部分 MATLAB 指令使用方法的联机说明.

例 10.2 查找指数函数指令 exp 的详细信息.

解 在工作窗口中输入 help exp,可得 exp 指令的详细信息.

```
>> help exp

    EXP    Exponential.
    EXP(X) is the exponential of the elements of X, e to the X.
    For complex Z = X + i * Y, EXP(Z) = EXP(X) * (COS(Y) + i * SIN(Y)).

    See also LOG, LOG10, EXPM, EXPINT.

    Overloaded methods
    help sym/exp.m
    help fints/exp.m
    help xregcovariance/exp.m
```

另外,在 MATLAB 工作窗口中输入指令 demo,可以看到某些应用实例.

4. MATLAB 的通用指令

MATLAB 提供了许多通过键盘输入的控制指令,可以对工作窗口进行控制. 表 10.1 所示为 MATLAB 工作窗口中的一些通用操作指令.

表 10.1 MATLAB 工作窗口中的部分通用指令

指令名称	指令功能
clear	清除内存中的所有变量和函数
clc	清空工作窗口中所有显示的内容
clf	清空当前图像窗口中的内容
disp	在运行中显示变量或文字内容
hold	控制当前图像窗口对象是否被刷新
quit	关闭并退出 MATLAB
grid	控制当前图像窗口对象开启或关闭网格模式

5. 指令行的编辑

由于 MATLAB 是一种交互式的语言，因此随时输入指令后，即时给出运算结果是它的主要工作方式之一. 在 MATLAB 工作窗口中，最后一行是它的指令行，只能对此行进行编辑. 表 10.2 列出了控制光标位置及对指令进行操作的一些常用操作键.

表 10.2　常用操作键

键盘操作	操作功能
↑	调出前一个命令行
↓	调出后一个命令行
←	光标左移一个字符
→	光标右移一个字符
Home	光标移至行首
End	光标移至行尾
Esc	清除当前行
Del	删除光标所在位置后的字符
Backspace	删除光标所在位置前的字符

10.3　变量与赋值

1. 变量

MATLAB 中的变量或常量都代表矩阵，标量应看作 1×1 的矩阵. 所有变量均以英文字母开头，变量名中可以含有数字和下划线，但中间不能有标点和空格. 变量最长允许 63 个字符. MATLAB 变量名中英文字母的大小写是有区别的（例如：apple，Apple 和 appLe 三个变量不同）. 在 MATLAB 中，一些特殊的变量有特定的含义，一般不改变它的意义，表 10.3 列出了一些常见的特殊变量及其意义.

表 10.3　在 MATLAB 定义的一些常见特殊变量及其意义

变量名	变量意义
help	帮助指令，如：help exp
who	列出所有定义过的变量名
ans	预设计算结果
eps	MATLAB 定义的正的极小值，其值为 2.2204e-016，可以理解为高等数学中的 ε
pi	圆周率 π
inf	无穷大，例如(1/0)就会得到 inf
NaN	不定值或无效值，类似未定型(0/0)
i,j	默认虚数单位，i = j = 0 + 1.0000i

在命令窗口中,同时存储着输入的指令和创建的所有变量,这些变量可以在任何时刻被调用. 如果要查看变量的值,只需要在工作窗口中输入变量名称即可. 变量数据的显示格式由 format 指令控制,但 format 指令只影响结果的显示,不影响其计算与存储, MATLAB 总是以双字长浮点数(双精度)执行所有运算.

如果矩阵的所有元素都是整数,则矩阵以不带小数点的格式显示. 如果有一个元素不是整数,则有几种带有小数点的输出格式,其中 short 格式为默认格式,只显示 5 位有效数字,其他的显示格式可显示更多的有效数字,还可用科学表示法,如例 10.3.

例 10.3　MATLAB 中的数据格式.

解

```
x = [4/3 1.2345e-6]              % 默认(short)格式
>> x
x =
      1.3333      0.0000
>>format long                    % 长格式表示
>> x
x =
      1.33333333333333      0.00000123450000
>>format short e                 % 短格式科学表示
>> x
x =
      1.3333e+000      1.2345e-006
>>format long e                  % 长格式科学表示
>> x
x =
      1.333333333333333e+000      1.234500000000000e-006
>>format rat                     % 分数格式表示
>> x
x =
      4/3              1/810045
```

特别注意的是,在 MATLAB 中符号"%"表示注释,即在该符号后面的语句 MATLAB 在运算时不执行.

2. 赋值

在 MATLAB 中,用赋值语句可以赋予变量一个或多个值,赋值语句的一般形式如下

var = express

其中 var 为变量名,express 可以是矩阵,标量(标量看作 1×1 的矩阵)或由常量以及其他变量和数学运算复合组成的式子.

例如:将矩阵赋值给变量 a,可用如下赋值语句

```
>> a = [1 2;3 4]
```

则显示结果为

```
a =
    1    2
    3    4
```

矩阵中的元素也可以用表达式代替,如输入

```
>> x = [-1/2,sin(pi/2),(0.3+0.6)/3*0.5]
```

结果为

```
x =
       -0.5000    1.0000    0.1500
```

可以看出矩阵的元素放在方括号"[ ]"中,逗号","和空格作为列分隔符用来分开一行中的元素,分号";"作为行分隔符用来分开矩阵的各行. 例如:输入赋值语句 A = [1 2](中间有空格),和输入 A = [1,2]结果一样,得到行矩阵 $\begin{bmatrix}1 & 2\end{bmatrix}$; 若输入 A = [1;2],则可以得到列矩阵 $\begin{bmatrix}1\\2\end{bmatrix}$.

语句的结尾可以用回车或逗号,此时会立即显示运算结果. 若语句的结尾用分号,则不显示运算结果.

MATLAB 还提供了一些指令可以方便地获得一些常用特殊矩阵,如表 10.4 所示.

表 10.4 MATLAB 中一些常用特殊矩阵的生成指令

指令名称	指令功能
zeros(m,n)	创建 $m\times n$ 阶全 0 矩阵
ones(m,n)	创建 $m\times n$ 阶全 1 矩阵
eye(n)	创建 n 阶单位阵
rand(m,n)	创建 $m\times n$ 阶随机矩阵,矩阵元素满足从 0 到 1 的均匀分布
randn(m,n)	创建 $m\times n$ 阶正态随机矩阵,矩阵元素满足正态分布
linspace(a,b,n)	创建 $1\times n$ 阶矩阵,矩阵元素为 a 与 b 之间均匀产生地 n 个点值

指令 linspace(a,b,n)的功能是在区间 $[a,b]$ 内均匀地取 n 个点,生成一个行向量. 在 MATLAB 中还有一个指令可以完成类似功能,即使用增量语句,具体格式为

var $=[a:s:b]$

其中 a 为初始值,b 为终止值,$s=\dfrac{b-a}{n-1}$为增量,增量可以是正数也可以是负数,且可以省略,省略时默认 $s=1$.

例 10.4 比较 linspace 指令和增量语句指令.

解 输入语句

```
>> a=[0:0.1:1]
```

结果为

```
a =
        0    0.1000    0.2000    0.3000    0.4000    0.5000
   0.6000    0.7000    0.8000    0.9000    1.0000
```

输入语句

```
>> b=linspace(0,1,11)
```

得到的结果为

```
b =
        0    0.1000    0.2000    0.3000    0.4000    0.5000
   0.6000    0.7000    0.8000    0.9000    1.0000
```

可见,此时两个指令得到的结果是一致的.

10.4 矩阵运算和群运算

矩阵运算和群运算是 MATLAB 数值运算中的两大类运算. 矩阵运算是按照矩阵运算法则进行运算,群运算无论何种运算都是对矩阵中的元素逐个进行运算. 表 10.5 列出了矩阵运算和群运算的对照.

表 10.5 矩阵运算和群运算对照

矩阵运算指令	指令功能	群运算指令	指令功能
A+B	矩阵相加	A. +B	对应元素相加
A-B	矩阵相减	A. -B	对应元素相减
s*A	数乘矩阵	s. *A	A 的每个元素乘 s
A*B	矩阵相乘	A. *B	同型矩阵对应元素相乘
A/B	A 右除 B	A./B	A 的元素被 B 的对应元素除
A\B	A 左除 B	A.\B	B 的元素被 A 的对应元素除
A^n	方阵的 n 次幂	A.^n	矩阵的每个元素求 n 次幂
A′	矩阵的转置		

例 10.5 比较 MATLAB 的矩阵运算与群运算.

解
```
>> A=[1,2;3,4];
>> B=ones(2);
>> C=A*B              %矩阵运算
C =
     3     3
     7     7
>> D=A.*B             %群运算
D =
     1     2
     3     4
```

可见 MATLAB 矩阵运算中的乘法需符合矩阵进行乘法的条件,而群运算中的乘法只是对应元素进行乘法运算.

10.5 常用的数学函数

MATLAB 对常用的一些数学初等函数提供了可以直接调用的库函数,表 10.6 列出了一些常用的数学函数.

表 10.6 一些常用的 MATLAB 数学函数

函数名称	函数功能	函数名称	函数功能
sin(*x*)	正弦	angle(*x*)	复数相角
cos(*x*)	余弦	imag(*x*)	复数虚部
tan(*x*)	正切	real(*x*)	复数实部
cot(*x*)	余切	conj(*x*)	复数共轭
fix(*x*)	朝零方向取整	log10(*x*)	常用对数
round(*x*)	四舍五入到整数	log(*x*)	自然对数
sign(*x*)	符号函数	exp(*x*)	指数
abs(*x*)	绝对值	sqrt(*x*)	平方根

例 10.6 MATLAB 中一些常用数学初等函数的运算.

解
```
>>A=linspace(0,pi,5)
```

```
A =
        0    0.7854    1.5708    2.3562    3.1416
>> sin(A)
ans =
        0    0.7071    1.0000    0.7071    0.0000
>>B=[1+2i,3-4i]
B =
   1.0000 + 2.0000i    3.0000 - 4.0000i
>>imag(B)
ans =
     2    -4
>>real(B)
ans =
     1     3
>>angle(B)
ans =
     1.1071    -0.9273
>>conj(B)
ans =
     1.0000 - 2.0000i    3.0000 + 4.0000i
```

可见,MATLAB 中数学初等函数的运算是对矩阵中的每个元素分别进行的. 针对矩阵的运算,MATLAB 也提供了一些库函数,如表 10.7 所示.

表 10.7 一些常用的 MATLAB 矩阵运算函数

函数名称	函数功能	函数名称	函数功能
inv(A)	方阵的逆	norm(A,1)	矩阵 1-范数
det(A)	方阵的行列式	norm(A)	矩阵 2-范数
dot(A,B)	矩阵的点乘积	norm(A,inf)	矩阵无穷大范数
cross(A,B)	矩阵的叉乘积	trace(A)	矩阵的迹
eig(A)	方阵的特征值和特征向量	size(A)	矩阵的行数和列数
rank(A)	矩阵的秩	length(A)	矩阵行数和列数的最大值
rref(A)	矩阵的行最简形		

例 10.7 利用 MATLAB 中的库函数进行矩阵运算.

解
```
>> A=[1,2,3;4,5,7;3,2,1];
>> B=[4,5,6;7,8,9];
>> det(A)               %求矩阵的行列式
ans =
     4
>> r=rank(A)            %求矩阵的秩
r =
     3
>> inv(A)               %求矩阵的逆
ans =
   -2.2500    1.0000   -0.2500
    4.2500   -2.0000    1.2500
   -1.7500    1.0000   -0.7500
>> [V,D]=eig(A)         %矩阵特征值形成对角阵 D 和对应特征向量矩阵 V
V =
     -0.3370   -0.3939   -0.4048
     -0.8791    0.8305   -0.5205
     -0.3370   -0.3939    0.7518
D =
    9.2170         0         0
         0   -0.2170         0
         0         0   -2.0000
>> [M,n]=rref(A)        %矩阵的行最简形 M 和极大无关组所在的列号 n
M =
     1     0     0
     0     1     0
     0     0     1
n =
     1     2     3
>> [h,l]=size(B)        %矩阵的行数 h 和列数 l
h =
     2
l =
```

```
    3
>> k = length(B)          % 矩阵的行数或列数的最大值 k
k =
    3
```

10.6 矩阵的操作

MATLAB 通过确认矩阵下标,可以对矩阵进行插入子块,提取子块和重排子块的操作,如表 10.8 所示.

表 10.8 矩阵的操作指令

指令名称	指令功能
A(m,n)	提取位于第 m 行第 n 列的一个元素
A(:,n)	提取第 n 列的所有元素
A(m,:)	提取第 m 行的所有元素
A(m1:m2,n1:n2)	提取第 $m1$ 行到第 $m2$ 行和第 $n1$ 列到第 $n2$ 列的所有元素
A(:)	得到一个列矢量,该矢量的元素按矩阵的列进行排列
reshape(A,m,n)	把矩阵 $\boldsymbol{A}$ 的元素重组,形成 m 行 n 列的矩阵

例 10.8 对矩阵进行块操作.

解

```
>> A = [1,2,3;4,5,6;7,8,9];
>> A(2,1)              % 提取第 2 行第 1 列位置的元素
ans =
     4
>> A(:,2)              % 提取第 2 列的所有元素
ans =
     2
     5
     8
>> A(3,:)              % 提取第 3 行的所有元素
ans =
     7     8     9
>> A(1:2,1:2)          % 提取第 1 至 2 行第 1 至 2 列的子块
```

```
ans =
        1     2
        4     5
>> A(:)'                % 矩阵矢量的转置
ans =
        1     4     7     2     5     8     3     6     9
>> reshape(A,1,9)       % 将矩阵 A 重组生成 1 行 9 列的新矩阵
ans =
        1     4     7     2     5     8     3     6     9
```

MATLAB 还提供了矩阵扩展的功能,如果在原矩阵中一个不存在的地址位置上设定一个数(赋值),则该矩阵会自动扩展行列数,并在该位置上添加这个数,而且在其他没有指定的位置补零.

例 10.9 将矩阵扩展一行一列.

解

```
>> A=[1,2,3;4,5,6;7,8,9]        % 矩阵 A 是一个 3 阶方阵
A =
        1     2     3
        4     5     6
        7     8     9
>> A(4,4)=1                      % 在原矩阵不存在的第 4 行第 4 列处赋值一个数
A =
        1     2     3     0
        4     5     6     0
        7     8     9     0
        0     0     0     1
```

如果将矩阵的子块赋值为空矩阵"[ ]",则相当于消除了相应的矩阵子块,利用这个方法可以删除矩阵或者矩阵中的某些行或列.

例 10.10 删除矩阵中的某些元素.

解

```
>> A=[1,2,3;4,5,6;7,8,9];
>> A(:,3)=[]                     % 删除矩阵的第 3 列
A =
        1     2
        4     5
        7     8
```

10.7　图　　形

绘制图形是 MATLAB 语言的主要特色之一,MATLAB 的绘图指令具有自然、简洁、灵活及易扩充的特点. 其绘图指令繁多,这里仅介绍几个简单的绘图指令,更加详细的内容请参考专业书籍.

1. 二维平面图形的绘制

绘制二维平面图形的 MATLAB 指令是 plot(X,Y),其中 X 是横坐标,Y 是纵坐标. 当 X,Y 均为实数向量,且为同维向量(可以不是同维向量),X = [x(i)],Y = [y(i)],plot(X,Y)先描出点(x(i),y(i)),然后用直线依次相连. 若 X,Y 为复数向量,则不考虑虚数部分.

例 10.11　在[0,2π]内作出正弦函数图形.

解
```
>> X=0:pi/20:pi;
>> Y=sin(X);
>> plot(X,Y)
```

图形结果如图 10.3 所示.

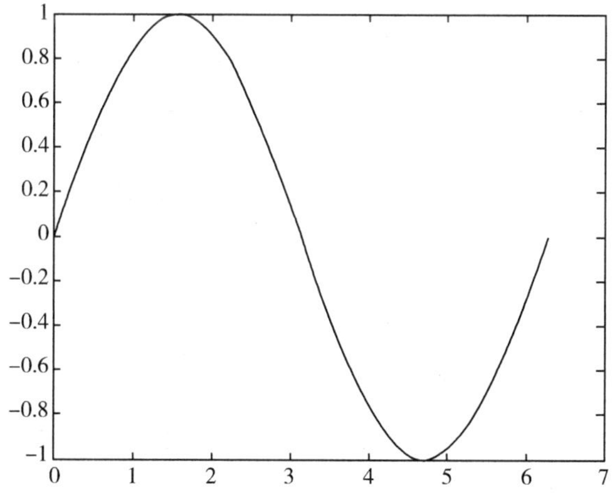

图 10.3　正弦函数图形

绘图指令的一个简单使用方法是

plot(Y)

其中,若 Y 是一个实数向量,Y 的维数为 m,则 plot(Y)等价于 plot(X,Y),其中 X=1:m; 若 Y 是一个虚数向量,则虚部不被考虑.

绘图指令 plot 还可以采用如下的形式

plot(X1,Y1,LineSpec1,X2,Y2,LineSpec2…)

该指令将按顺序分别画出由三参数 Xi,Yi,LineSpeci 定义的多条曲线. 其中参数 LineSpeci 指明了线条类型,标记符号和画线用的颜色. 在 plot 指令中可以混合使用三参数和二参数的形式,如

plot(X1,Y1,LineSpec1,X2,Y2,X3,Y3,LineSpec3)

在绘图指令 plot 中,参数 LineSpec 可以定义线条的各种属性,MATLAB 中允许用户对线条定义如下的特性.

(1) 线型(表 10.9)

表 10.9 绘图指令中线型控制参数

定义符	-	--	:	-.
线型	实线(缺省值)	划线	点线	点画线

(2) 线条宽度

指定线条的宽度,取值为整数(单位为像素点).

(3)颜色(表 10.10)

表 10.10 绘图指令中颜色控制参数

定义符	r(red)	g(green)	b(blue)	c(cyan)
颜色	红色	绿色	兰色	青色
定义符	m(magenta)	y(yellow)	k(black)	w(white)
颜色	品红	黄色	黑色	白色

(4) 标记类型(表 10.11)

表 10.11 绘图指令中标记类型控制参数

定义符	+	o(字母)	*	.	x
标记类型	加号	小圆圈	星号	实点	交叉号
定义符	d	∧	∨	>	<
标记类型	棱形	向上三角形	向下三角形	向右三角形	向左三角形
定义符	s	h	p		
标记类型	正方形	正六角星	正五角星		

(5) 标记大小

指定标记符号的大小尺寸,取值为整数(单位为像素).

(6) 标记面填充颜色

指定用于填充标记面的颜色. 取值如表 10.10 所示.

(7) 标记周边颜色

指定标记符颜色或者是标记符(小圆圈,正方形,棱形,正五角星,正六角星和四个方向的三角形)周边线条的颜色. 取值与表 10.11 所示相同.

对线条的上述属性的定义可用字符串来定义,如: plot(x,y,'-.or'). 结合 x 和 y,画出点画线(-.),在数据点(x,y)处画出小圆圈(o),线和标记都用红色画出. 其中定义符(即字符串)中的字母、符号可任意组合. 若没有定义符,则画图命令 plot 自动用缺省值进行画图. 若仅仅指定了标记符,而非线型,则 plot 只在数据点画出标记符,如: plot(x,y,'d').

例 10.12 绘图指令中定义线条属性.

解

```
>> t = 0:pi/20:2*pi;
>> plot(t,t.*cos(t),'-.r*')
>> hold on
>> plot(exp(t/100).*sin(t-pi/2),'--mo')
>> plot(sin(t-pi),':bs')
>> hold off
```

其中,hold on/off 为保留/取消当前图形的指令,图形结果如图 10.4 所示.

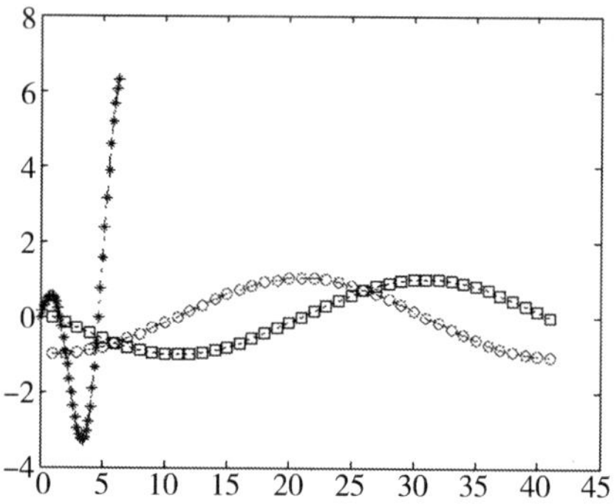

图 10.4 不同绘图控制参数下的图形

例 10.13 绘图指令中定义线条属性.

解

```
>> t = 0:pi/20:2*pi;
>> plot(t,sin(2*t),'-mo','LineWidth',2,'MarkerEdgeColor',...
        'k','MarkerFaceColor',[.49 1 .63],'MarkerSize',12)
```

其中“...”为续行符,当指令较长,一行内无法写下时,可使用续行符. 结果图形如图 10.5 所示.

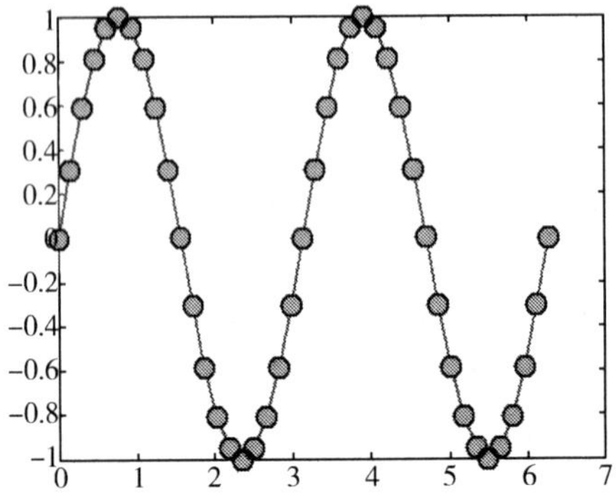

图 10.5　不同绘图控制参数下的图形

在 MATLAB 中,一些指令可以对图形进行修饰. 指令 title('string') 可以在当前坐标轴上方正中央放置字符串 string 作为标题. 指令 xlabel('string')和 ylabel('string')给当前图形对象中的 x,y 轴贴标签. 指令 grid on/off 设定图形中网格开启或关闭. 指令 axis equal 设定横纵坐标度量一致. 指令 subplot(m,n,p) 将当前图形窗口分成 $m\times n$ 个绘图区,即每行 n 个,共 m 行,区号按行优先编号,且选定第 p 个区为当前活动区.

例 10.14　利用 subplot 指令绘制子图.

解

```
>> Z = 0:pi/20:2*pi;
>> subplot(2,2,1)
>> plot(X,sin(X))
>> xlabel('X')
>> ylabel('sin(X)')
>> title('Y=sin(X)')
>> subplot(2,2,2)
>> plot(X,cos(X))
>> xlabel('X')
>> ylabel('cos(X)')
>> title('Y=cos(X)')
>> subplot(2,2,3)
>> plot(X,exp(X))
>> xlabel('X')
>> ylabel('exp(X)')
>> title('Y=exp(X)')
>> subplot(2,2,4)
>> plot(X,sin(X).*exp(X))
```

```
>> xlabel('X')
>> ylabel('sin(X) * exp(X)')
>> title('Y = sin(X) * exp(X)')
```

结果如图 10.6 所示.

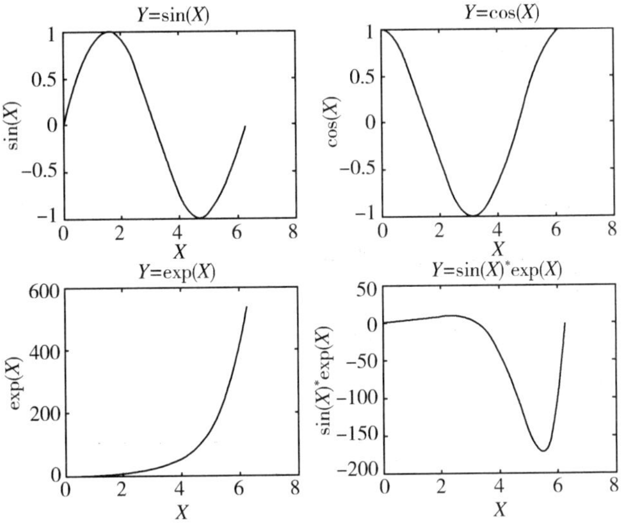

图 10.6　添加了轴标签和题目的子图

对于绘制二维平面图形,MATLAB 还提供了更简便的绘图指令 ezplot. plot 指令在绘制图形时要指定自变量的范围,而 ezplot 无需数据准备,直接绘出图形. 其调用格式如表 10.12 所示.

表 10.12　ezplot 指令调用格式

函数形式	指令格式	指令功能
函数有显式表达式 $y = f(x)$	ezplot('f(x)')	绘制函数 $f(x)$ 在默认区间 $[-2\pi, 2\pi]$ 上的图像
	ezplot('f(x)',[a,b])	绘制函数 $f(x)$ 在指定区间 $[a,b]$ 上的图像
函数有隐式表达式 $f(x,y) = 0$	ezplot('f(x,y)',[xmin, xmax,ymin,ymax])	绘制在区域 $xmin \leqslant x < xmax$, $ymin \leqslant y < ymax$ 范围内的图像
函数为参数表达式 $x = x(t), y = y(t)$	ezplot('x(t)','y(t)',[a,b])	绘制函数在指定区间上的图像

例 10.15　绘制下列四个子图

(1) $y = \arctan(x)$;

(2) $y=x^2$ 的曲线,$x\in[-1,1]$;

(3) $x^2-y^4=0$ 的曲线,$x\in[-6,6]$,$y\in[-4,4]$;

(4) 星形线 $x^{2/3}+y^{2/3}=1^{2/3}$,参数形式 $x=\cos^3\theta,y=\sin^3\theta$.

解 程序如下

```
>> subplot(2,2,1)
>> ezplot('atan(x)')
>> subplot(2,2,2)
>> ezplot('x^2',[-1,1])
>> axis equal
>> subplot(2,2,3)
>> ezplot('x^2-y^4',[-6,6,-4,4])
>> subplot(2,2,4)
>> ezplot('(cos(t))^3','(sin(t))^3')
```

结果图形如图 10.7 所示.

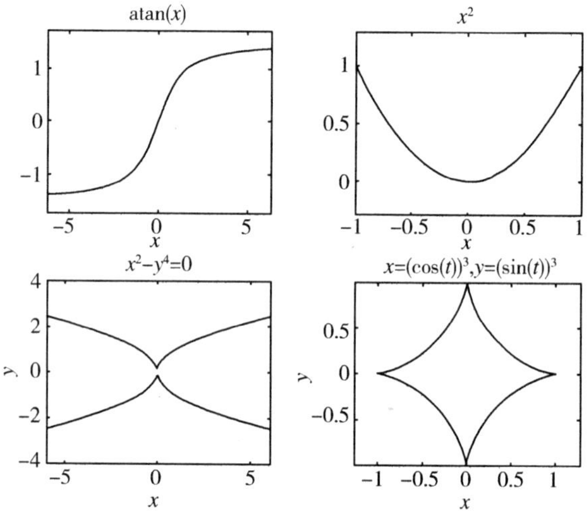

图 10.7 绘制 4 个子图的图形

2. 三维图形的绘制

三维图形绘制的一般指令为 plot3(X,Y,Z),该指令的使用方式与 plot 类似.

例 10.16 绘制三维螺旋线

$$\begin{cases}x=\sin t\\ y=\cos t \quad t\in[0,10\pi]\\ z=t\end{cases}$$

解 MATLAB 程序为

```
>> t = 0:pi/50:10*pi;
>> plot3(sin(t),cos(t),t);
>> grid on
>> axis square
>> xlabel('X'); ylabel('Y'); zlabel('Z');
>> title('三维螺旋线')
```

指令 mesh(X,Y,Z) 能够画出带有颜色的三维网格图,如图 10.8 所示,具体用法如下:

(1) 若 X 与 Y 均为向量,length(X) = n,length(Y) = m,而[m,n] = size(Z),则空间中的点 (X(j),Y(I),Z(I,j))为所画曲面网线的交点,分别地,X 对应于 Z 的列,Y 对应于 Z 的行.

(2) 若 X 与 Y 均为矩阵,则空间中的点(X(I,j),Y(I,j),Z(I,j))为所画曲面的网线的交点.

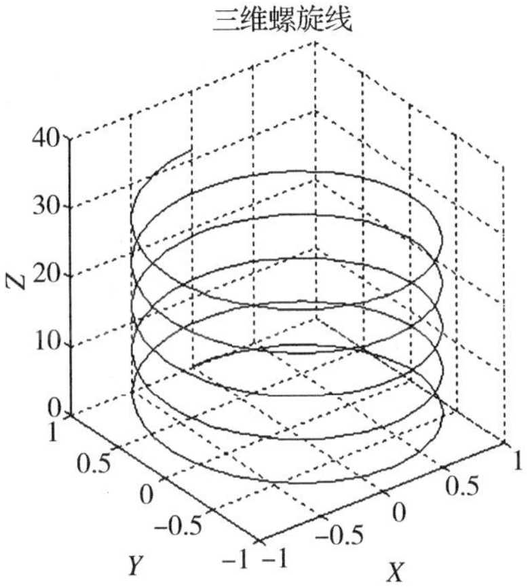

图 10.8 空间螺旋线

在绘制空间曲面的三维网格图时,经常需要利用指令 meshgrid 生成二元函数 $z=f(x,y)$ 中 $x-y$ 平面上的矩形定义域中数据点矩阵 X 和 Y,或者是三元函数 $u=f(x,y,z)$ 中立方体定义域中的数据点矩阵 X,Y 和 Z. 指令的用法为 [X,Y] = meshgrid(x,y). 例如,横坐标 x = [−2,−1,0,1,2],y = [1,2,3],利用如下程序

```
>> x=[-2:1:2];
>>y=[1:3];
>> [X,Y]=meshgrid(x,y)
   X =
        -2   -1    0    1    2
        -2   -1    0    1    2
        -2   -1    0    1    2
```

```
Y =

    1    1    1    1    1
    2    2    2    2    2
    3    3    3    3    3
```

这样就得到了 $x-y$ 平面上的数据点矩阵 X 和 Y.

例 10.17 绘制马鞍面 $z=x^2/9-y^2/4$. 见图 10.9.

解

```
>> [x,y] = meshgrid( -25:1:25, -25:1:25);
>> z = x.^2/9 - y.^2/4;
>> mesh(x,y,z)
```

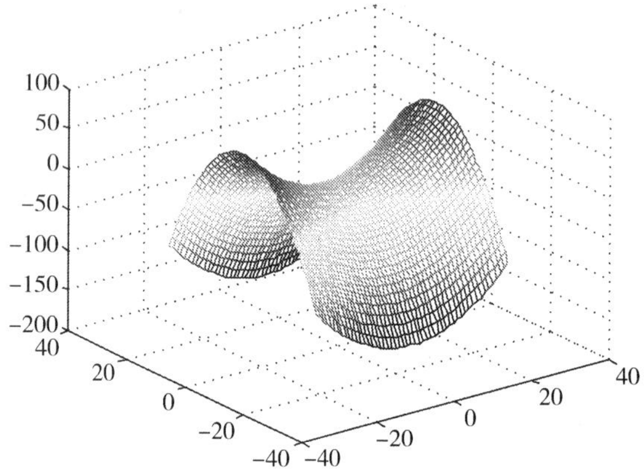

图 10.9 马鞍面

如果我们想用阴影的方式显示,见图 10.10,则可以用指令 surf(x,y,z),这个指令的使用方法同 mesh 类似.

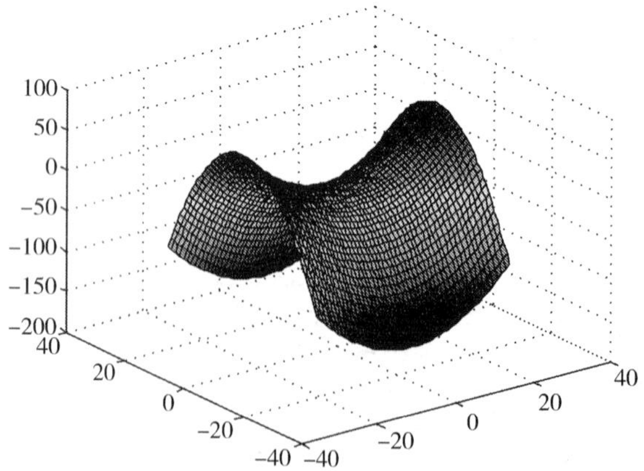

图 10.10 马鞍面(阴影显示)

```
>> [x,y] = meshgrid(-25:1:25, -25:1:25);
>> z = x.^2/9 - y.^2/4;
>> surf(x,y,z)
```

在图中点击 Rotate 3D 选项(见图 10.11),可以用鼠标拖着图进行旋转. 可以看出“马鞍面”之由来.

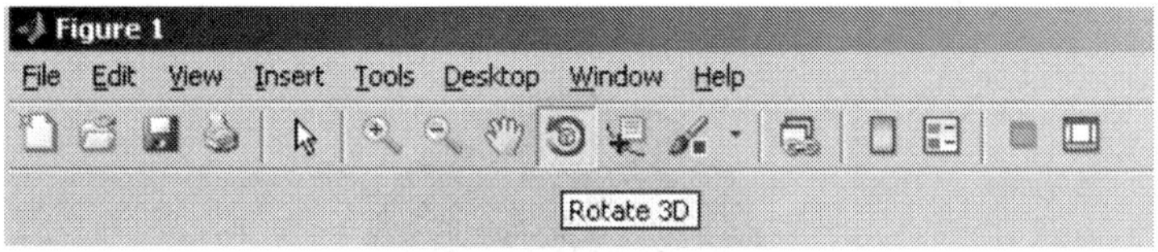

图 10.11　Rotate 3D 选项

3. 特殊图形指令

(1) 画极坐标图指令 polar(theta,rho,LineSpec),其中向量 theta 为极坐标极角,其单位为弧度,向量 rho 为极坐标极径,代表各数据点到极点的距离,参量 LineSpec 指定极坐标图中线条的线型,标记符号和颜色等,定义方式与 plot 函数相似.

例 10.18　绘制三叶玫瑰线 $\rho = \sin 3\theta$.

解　程序为

```
>> t = 0:0.02:2*pi;
>> polar(t,sin(3*t))
```

如图 10.12 所示.

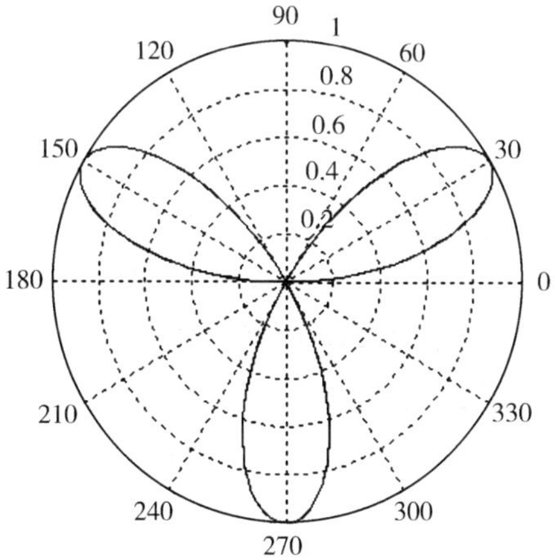

图 10.12　三叶玫瑰线

(2) 生成球体指令 sphere(n),该指令在当前坐标系中画出有 $n*n$ 个面的球体. 例如:

```
>> sphere(50)
>> axis equal
```

结果如图10.13所示.

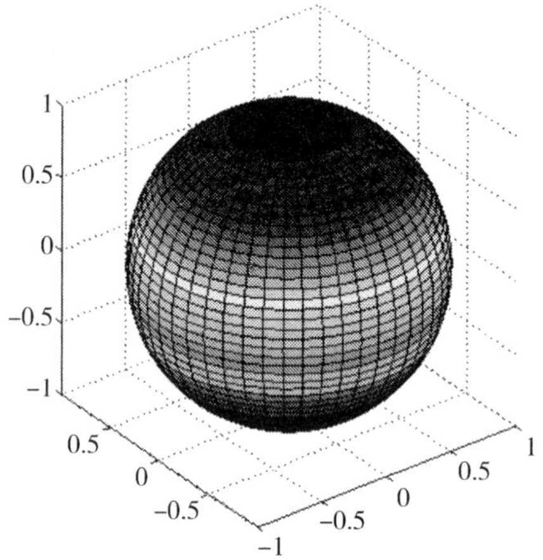

图 10.13 单位球面(经向,纬向各 50 个面)

10.8 符号计算简介

MATLAB 符号运算是通过集成在 MATLAB 中的符号数学工具箱来实现的. 该工具箱不是基于矩阵的数值分析,而是使用字符串来进行符号分析与运算. MATLAB 的符号运算可以实现符号表达式的运算,符号表达式的复合和化简,符号矩阵的运算,符号微积分,符号函数画图,符号代数方程求解以及符号微分方程求解等.

在利用符号运算功能时,首先要定义符号变量,MATLAB 提供了 sym 和 syms 指令. sym 指令可以定义单个符号变量或一个符号表达式. sym 指令的一般调用格式为

符号量名 = sym('符号字符串')

其中符号字符串可以是常量,变量,函数或表达式. 例如

```
>>f1 = sym('a*x^2 +b*x +c')          %创建符号变量 f1 和一个符号表达式
f1 =
    a*x^2 +b*x +c
```

sym 指令一次只能定义一个符号变量,使用不方便. MATLAB 提供了另一个指令 syms,可以一次定义多个符号变量,syms 指令的一般调用格式为

syms 符号变量名 1 符号变量名 2 … 符号变量名 n

用这种格式定义符号变量时,变量间用空格分隔而不用逗号. 例如:

```
>> syms a b c x
>> f1 = a * x^2 + b * x + c
f1 =
   a * x^2 + b * x + c
```

非符号变量与符号变量的运算有较大不同,非符号变量在参与运算前必须赋值,变量的运算实际上是该变量所对应值的运算,其运算结果是一个和变量类型对应的值,而符号变量参与运算之前无需赋值,其结果是一个由参与运算的变量名组成的表达式.

例 10.19 考察符号变量和数值变量的区别.

解 在 MATLAB 指令窗口输入指令

```
>> a = sym('a');b = sym('b');c = sym('c');d = sym('d');    %定义4个符号变量
>> w = 10;x = 5;y = -8;z = 11;                            %定义4个数值变量
>> A = [a,b;c,d]                                          %建立符号矩阵 A
A =
   [ a,b]
   [ c,d]
>> B = [w,x;y,z]                 %建立数值矩阵 B
B =
    10     5
    -8    11
>> det(A)                        %计算符号矩阵 A 的行列式
ans =
   a * d - b * c
>> det(B)                        %计算数值矩阵 B 的行列式
ans =
   150
```

对符号表达式除了进行加、减、乘和除等四则运算外,还有一些指令可以完成特定的计算,表 10.13 中列出了部分常用指令.

表 10.13　部分常用符号计算指令

指令名称	指令功能
[n,d] = numden(a)	提取符号表达式 a 的分子和分母,并将其存放在 n 和 d 中
compose(f,g)	返回复合函数 $f(g(y))$
factor(f)	对符号表达式 f 进行因式分解
expand(f)	对多项式形式的符号表达式 f 进行展开
collect(f)	合并符号表达式 f 的同类项
simple(f)	对符号表达式尝试多种不同的算法进行化简,最后显示长度最短的简化形式
limit(f,x,a)	返回符号表达式 f 当 x 趋向于 a 时的极限
diff(f,'a',n)	对变量 a 求 n 次微分
int(f,v,a,b)	对变量 v 求 $[a,b]$ 上的定积分
taylor(f,n,x0)	求符号表达式 f 在 $x0$ 点的 n 次泰勒展开式
solve(f,g)	求解线性符号方程组 f,g
fsolve(fun,x0)	求解非线性方程,其中 x_0 为方程的初始向量或矩阵,fun 为所要求解的符号方程
ezplot(f,[a,b])	在区间 $a<x<b$ 上绘制 $f=f(x)$ 的函数图

例 10.20　符号计算指令的应用.

解

```
>> syms x
>> f = (x * (exp(sin(x)) + 1) - 2 * (exp(tan(x)) - 1))/sin(x)^3;
>> w = limit(f)                    % 求符号表达式 f 的极限
w =
    -1/2
>> d = diff(f)                     % 求符号表达式 f 的微分
d =
(exp(sin(x)) + 1 + x * cos(x) * exp(sin(x)) - 2 * (1 + tan(x)^2) * exp(tan(x)))/sin(x)^3
-3 * (x * (exp(sin(x)) + 1) - 2 * exp(tan(x)) + 2)/sin(x)^4 * cos(x)
>> c = collect(d)
c =
(cos(x) * exp(sin(x))/sin(x)^3 - 3 * (exp(sin(x)) + 1)/sin(x)^4 * cos(x)) * x + (exp(sin
(x)) + 1 - 2 * (1 + tan(x)^2) * exp(tan(x)))/sin(x)^3 - 3 * ( - 2 * exp(tan(x)) + 2)/sin
(x)^4 * cos(x)
```

10.9　程序文件(M 文件)

1. 编程环境

向计算机输入 MATLAB 语言有两种方法,一种是窗口形式,也就是前面所见到的; 另一种是 M 文件形式,可以用 MATLAB 中的 M 文件编辑器建立一个以“. m”为扩展名的文本文件. 文件编辑器见图 10.14.

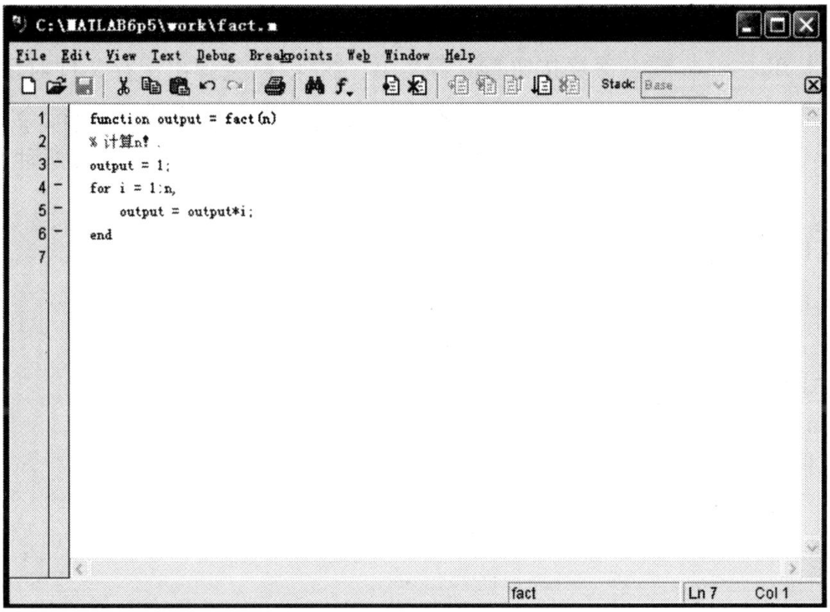

图 10.14　M 文件编辑器

MATLAB 中 M 文件的程序,其实就是一组可以在工作窗口中运行的指令序列,运行一个 MATLAB 程序,就相当于依次执行这些指令. 所以当用户运行一个程序时,工作窗口中也会显示相关的数值,工作空间中也会显示程序中使用的变量.

M 文件可以分为两种: 一种是主程序,也称为主程序文件,是由用户为解决特定的问题而编制的; 另一种是子程序,也称为函数文件,它必须由其他 M 文件来调用,函数文件往往具有一定的通用性. MATLAB 的基础部分中已有了 700 多个函数文件,它的工具箱中还有千余个函数文件,并在不断扩充积累.

下面通过一个例子说明程序编写及其运行过程. 首先点击 file→new→M - file 菜单激活文件编辑器,或者直接点击新建按钮激活文件编辑器. 在编辑器窗口中输入以下程序来求方程组的解

```
clear
a1 = [1,3, -1,2]';              % 输入矩阵 A,a1 是其第一列
a2 = [3,4, -5,7]';              % a2 是 A 的第二列
a3 = [1,2,4,1]';                % a3 是 A 的第三列
a4 = [2 -3 1 -6]';              % a4 是 A 的第四列
A = [a1 a2 a3 a4]               % 显示系数矩阵 A
b = [366,804,351,514]'          % 右端项
d = inv(A) * b
```

然后点击 file→save 或点保存按钮，若是第一次保存，会弹出保存文件对话框，用户可以选择保存路径，并在此输入文件名（注：若路径或文件名中有中文字符，可能会影响程序的运行，文件名的命名规则类似于变量命名规则）．保存完毕后，用户可以通过两种方式运行此程序

① 在文件编辑器中点击运行按钮；

② 在工作窗口中输入指令

run 文件名

例如，上面的程序存为 book. m，则在工作窗口中输入

```
>> run book
```

可得如下结果

```
A =
     1     3     1     2
     3     4     2    -3
    -1    -5     4     1
     2     7     1    -6
b =
   366
   804
   351
   514
d =
  162.1505
   14.1398
  143.7527
    8.8387
```

2. 控制流

MATLAB 提供了控制流,用户能够根据决策结构控制指令执行流程,MATLAB 语言是按照从上至下的顺序逐行执行每一条语句,用户可以通过以下几种方式控制程序流程,它们是:for 循环,while 循环,if－else－end 结构.

(1) for 循环

for 循环是根据用户设定的条件,以固定的和预定的次数重复执行某一语句块,一般用于已知循环次数情形,其基本形式是

```
for n = a:b
    语句块
end
```

例如:

```
>>for k = 1:5
      x(k) = k^2;
  end
>>x
x =
     1     4     9     16     25
```

在此循环中,第一次 k = 1,第二次 k = 2,每执行到 end 语句时跳回循环开始处,同时循环变量增加 1,直到 k = 5,语句体中求每次循环变量的平方. 在 k = 5 以后,for 循环结束,继续执行 end 下面的语句.

For 循环可以按需要嵌套,例如:

```
>>for n = 1:3
      for m = 3: -1:1
          A(n,m) = n + m^2;
      end
  end
>>A
A =
     2     5     10
     3     6     11
     4     7     12
```

(2) while 循环

while 循环一般用于不知道循环次数的情形,其一般形式是:

```
while 判断表达式
    语句体
end
```

只要判断表达式成立，就执行 while 和 end 语句之间的语句. 例如：

```
>>n=0;
>>a=1;
>>while (1+a)>1
        a=a/2;
        n=n+1;
  end
>>n
n=
   53
>>a
a=
   1.1102e-016
```

在这个例子里，只要条件(1+a)>1 成立，就一直执行 while 循环内语句.

(3) if-else-end 分支

if-else-end 结构为程序提供了一种分支流，当符合某些条件时，执行某些语句. 见表10.14.

表 10.14 几种分支结构

单分支	双分支	多分支
if 判断表达式 　语句体 end	if 判断表达式 　语句体一 else 　语句体二 end	if 判断表达式 1 　语句体一 elseif 判断表达式 2 　语句体二 elseif 判断表达式 3 　语句体三 … else 　语句体四 end

例 10.21 用 for 循环指令来寻求 Fibonacci 数组中第一个大于 10000 的元素.

解

```
clear
n=100;
a=ones(1,n);
for i=3:n
    a(i)=a(i-1)+a(i-2);
    if a(i)>=10000
        a(i)
        break
    end
end
i
```

结果为

```
ans =
          10946
    i =
        21
```

(4) 控制程序流的其他常用指令(表 10.15).

表 10.15 控制程序流的其他常用指令

指令名称	指令功能
break	该指令可以导致包含该指令的 while,for 循环终止;也可以在 if-end 中导致中断
continue	跳过位于其后的循环中的其他指令,执行循环的下一个迭代
pause	使程序暂停执行,等待用户按任意键继续
pause(n)	使程序暂停 n 秒后再继续执行
return	结束该指令所在函数的执行,而将控制转至主调函数或工作窗口,否则只有等整个被调用函数执行完毕时才会转出

3. 关系与逻辑运算

(1) 关系运算

关系运算或关系运算符,是用来比较数值间大小关系的符号,它的计算结果是一个由 0 和 1 组成的逻辑数组,在数组中 1 表示真,0 表示假. MATLAB 中有 6 个关系运算符,如表 10.16 所示.

表 10.16 关系运算符

关系运算符	说明	关系运算符	说明
<	小于	> =	大于或等于
< =	小于或等于	= =	等于
>	大于	~ =	不等于

MATLAB 的关系运算符不仅可以比较两个标量或两个同型数组，而且还可以比较一个数组和一个标量，此时标量和数组中的每一个元素相比较，所得结果是一个与数组维数相同，由 0,1 组成的新数组.

(2) 逻辑运算

逻辑运算符是用来表示两变量之间，两表达式之间或变量与表达式之间逻辑关系的运算符. MATLAB 中的逻辑运算符共有 4 个，如表 10.17 所示.

表 10.17 逻辑运算符

逻辑运算符	说明	逻辑运算符	说明
&	与(and)	~	非(not)
|	或(or)	xor( )	异或(函数)

其中异或运算符为一内部函数，xor(x,y) 表示 x,y 两表达式为都为真或都为假时返回 0，一真一假时返回 1.

在 MATLAB 中，关系运算符的优先级别高于逻辑运算符，但低于数值运算符，即先进行数值运算，再进行关系表达式的求值，最后进行逻辑表达式的求值. 在逻辑运算符中，各运算符的先后运算次序为："非" > "与" > "或"和"异或".

4. 程序中常用到的人机交互指令

(1) 指令 input('提示文字')：程序到此处暂停，在屏幕上显示引号中的字符串，要求用户按照"提示文字"的信息输入数据. 例如：程序为 A = input('A = ')，则指令窗口中显示 A =，输入的数据将赋值给变量 A.

(2) 按键 Ctrl + C：强行停止程序运行的命令. 当发现程序运行有错或运行时间太长时，同时按下 Ctrl 和 C 键，可以强行中止该程序.

习　题

1. 输入矩阵 $\boldsymbol{A}=\begin{bmatrix}3 & 6 & 9\\1 & 5 & 7\end{bmatrix}$ 和 $\boldsymbol{B}=\begin{bmatrix}1 & 2 & 3\\4 & 5 & 7\end{bmatrix}$，比较 A * B 和 A. * B 的计算结果.

2. 设向量 $\boldsymbol{x}=[1\quad 2\quad 4]$，求 $\boldsymbol{x}$ 的平方，平方根和正弦值.

3. 矩阵 $\boldsymbol{A}=\begin{bmatrix}4 & 2 & -6\\7 & 5 & 4\\3 & 4 & 9\end{bmatrix}$，计算 $\boldsymbol{A}$ 的行列式和逆矩阵.

4. 对于 $\boldsymbol{AX}=\boldsymbol{B}$，如果 $\boldsymbol{A}=\begin{bmatrix}4 & 9 & 2\\7 & 6 & 4\\3 & 5 & 7\end{bmatrix}$，$\boldsymbol{B}=\begin{bmatrix}37\\26\\28\end{bmatrix}$，求解 $\boldsymbol{X}$.

5. 绘制曲线 $y=x^3+x+1$，x 的取值范围为 $[-5,5]$.

6. 李萨如图形(Lissajous Figure)的表达形式为：

$$x=\cos(m*\tau)$$
$$y=\sin(n*\tau)$$

试画出在不同 m,n 值的李萨如图形：

(1) $m=n=1$；

(2) $m=3,n=2$；

(3) $m=2,n=7$；

(4) $m=10,m=11$.

7. 求矩阵 $\boldsymbol{A}=\begin{bmatrix}a_{11} & a_{12}\\a_{21} & a_{22}\end{bmatrix}$ 的行列式值，逆和特征根.

8. $f=\begin{bmatrix}a & x^2 & \dfrac{1}{x}\\ \mathrm{e}^{ax} & \log(x) & \sin(x)\end{bmatrix}$，用符号微分求 $\mathrm{d}f/\mathrm{d}x$.

9. 编制一个程序：取任意整数，若是偶数，则用 2 除，否则乘 3 加 1，重复此过程，直到整数变为 1.

课后习题参考答案

第 1 章

习题 1.1

1. (1) 1; (2) ab^2-a^2b; (3) 0; (4) 6; (5) $3abc-a^3-b^3-c^3$; (6) $a_1x^2+a_2x+a_3$

2. (1) $x=2, y=-\frac{7}{2}$;

   (2) $x=-\frac{11}{8}, y=-\frac{9}{8}, z=-\frac{3}{4}$

4. (1) D; (2) 0

习题 1.2

1. (1) $\tau(4132)=4$,偶排列;

   (2) $\tau(14325)=3$,奇排列;

   (3) $\tau(n(n-1)\cdots21)=\frac{n(n-1)}{2}$,当 $n=4k,4k+1$ 时是偶排列,当 $n=4k+2,4k+3$ 时是奇排列;

   (4) $\tau(13\cdots(2n-1)24\cdots(2n))=\frac{n(n-1)}{2}$,当 $n=4k,4k+1$ 时是偶排列,当 $n=4k+2,4k+3$ 时是奇排列

2. (1) $i=8, j=1$; (2) $i=5, j=8$

习题 1.3

1. (1) 负; (2) 正

2. $-a_{11}a_{23}a_{32}a_{44}a_{55}$, $-a_{11}a_{23}a_{34}a_{45}a_{52}$, $-a_{11}a_{23}a_{35}a_{42}a_{54}$

3. (1) $(-1)^{\frac{n(n-1)}{2}}a_{1n}a_{2(n-1)}\cdots a_{n1}$;

   (2) $a_{11}a_{22}a_{33}a_{44}-a_{11}a_{23}a_{32}a_{44}-a_{14}a_{22}a_{33}a_{41}+a_{14}a_{23}a_{32}a_{41}$;

   (3) 120;

   (4) 0

4. x^4 的系数是 10，x^3 的系数是 -5

习题 1.4

1. (1) -3；(2) 90；(3) 0；(4) -16；(5) 32；(6) -60；(7) 0；
   (8) $a^2+b^2+c^2-2(ab+bc+ac-d)$；
   (9) $(x+y+z)(x-y-z)(-x+y-z)(-x-y+z)$；
   (10) $3(1-x^2)(x^2-4)$
3. $D=0$（提示：将行列式的第二列到第 n 列的 1 倍加到第 1 列上）

习题 1.5

1. (1) $A_{11}=d, A_{12}=-c, A_{21}=-b, A_{22}=a$；
   (2) $A_{11}=-4, A_{12}=-3, A_{13}=3, A_{21}=5, A_{22}=2, A_{23}=-2, A_{31}=-9, A_{32}=2, A_{33}=5$
2. 6
3. $(x-a)^{n-1}$
4. (1) -1；(2) -160；(3) -85；(4) 48；(5) $(a-b)^3(b-a)$；(6) x^2y^2；
   (7) $abcd+ab+cd+ad+1$；(8) 1
5. (1) $(-1)^{n-1}$；(2) a^n-a^{n-2}；(3) $[x+(n-1)a](x-a)^{n-1}$

习题 1.6

1. (1) $x_1=1, x_2=-1, x_3=1$；(2) $x_1=1, x_2=-1, x_3=-1, x_4=1$
2. $\lambda=1$ 或 $\mu=0$

第 2 章

习题 2.1

1. 点 A 在第一卦限，点 B 在第七卦限，点 C 在第四卦限。
2. 各顶点坐标为

$$\left(\frac{\sqrt{2}}{2}a,0,0\right),\left(0,\frac{\sqrt{2}}{2}a,0\right),\left(-\frac{\sqrt{2}}{2}a,0,0\right),\left(0,-\frac{\sqrt{2}}{2}a,0\right),$$

$$\left(\frac{\sqrt{2}}{2}a,0,a\right),\left(0,\frac{\sqrt{2}}{2}a,a\right),\left(-\frac{\sqrt{2}}{2}a,0,a\right),\left(0,-\frac{\sqrt{2}}{2}a,a\right)$$

3. M_0 到 x,y,z 轴的距离分别为 $\sqrt{y_0^2+z_0^2}$, $\sqrt{x_0^2+z_0^2}$, $\sqrt{x_0^2+y_0^2}$;
   M_0 到 xOy,xOz,yOz 面的距离分别为 $|z_0|,|y_0|,|x_0|$

4. $S_{ABC}=\dfrac{49}{2}$

习题 2.2

1. $\overrightarrow{AB}=\{-3,-4,-8\}$
2. $-3\boldsymbol{a}+7\boldsymbol{b}-8\boldsymbol{c}$
3. $-24\boldsymbol{i}+13\boldsymbol{j}-2\boldsymbol{k}$
4. $|\boldsymbol{a}|=\sqrt{6^2+7^2+(-6)^2}=11, \boldsymbol{a}^0=\left(\dfrac{6}{11},\dfrac{7}{11},\dfrac{-6}{11}\right)$
5. $|\boldsymbol{a}|=3, \cos\alpha=\dfrac{1}{3}, \cos\beta=\dfrac{2}{3}, \cos\gamma=\dfrac{-2}{3}$
6. $\dfrac{\boldsymbol{c}}{|\boldsymbol{c}|}$,其中 $\boldsymbol{c}=\dfrac{1}{|\boldsymbol{a}|}\boldsymbol{a}+\dfrac{1}{|\boldsymbol{b}|}\boldsymbol{b}$
7. 略

习题 2.3

1. $-2,\pi$
2. $-\boldsymbol{k}, -\boldsymbol{i}-\boldsymbol{j}+\boldsymbol{k}, -\boldsymbol{i}-\boldsymbol{j}, 2\boldsymbol{i}+\boldsymbol{j}$
3. $|\boldsymbol{a}+\boldsymbol{b}+\boldsymbol{c}|=\sqrt{3}$
4. $-\dfrac{3}{2}$
5. (1) $\boldsymbol{b}\times\boldsymbol{a}-\boldsymbol{a}\times\boldsymbol{b}=2\boldsymbol{b}\times\boldsymbol{a}$;(2) $2\boldsymbol{a}\times\boldsymbol{c}+2\boldsymbol{b}\times\boldsymbol{a}$;(3) $5\boldsymbol{b}\times\boldsymbol{a}$
6. 4
7. 4
8. 略

习题 2.4

1. $2x+3y-2z-5=0$
2. $2x-y-4z+9=0$
3. (1) 过原点;(2) 平行于 x 轴;(3) 平行于 xOy 平面;(4) 过 x 轴

4. $\cos\alpha=\frac{1}{\sqrt{6}},\cos\beta=\frac{1}{\sqrt{6}},\cos\gamma=\frac{2}{\sqrt{6}}$

5. 交点为$(1,-1,3)$

6. (1) $z=3$；(2) $y-z=0$；(3) $x-y-4=0$

7. $\frac{|D_2-D_1|}{\sqrt{A^2+B^2+C^2}}$

习题 2.5

1. $\frac{x-3}{-1}=\frac{y-2}{-1}=\frac{z+1}{1}$

2. $\frac{x}{-2}=\frac{y-\frac{3}{2}}{1}=\frac{z-\frac{5}{2}}{3}$

3. 投影点为$\left(\frac{7}{6},-\frac{2}{3},-\frac{1}{6}\right)$

4. $\frac{\sqrt{2}}{3}$

5. $\frac{x+1}{1}=\frac{y-2}{1}=\frac{z-1}{1}$

6. $\theta=\frac{\pi}{2}-\arccos\frac{8}{\sqrt{70}}=\arcsin\frac{8}{\sqrt{70}}$

7. 略

8. $|\overrightarrow{PH}|=\frac{\sqrt{66}}{6}$

9. (1) 平行；(2) 垂直；(3) 直线在平面内

10. $x-y+z-1=0$

11. $\begin{cases}4x-y+z-1=0\\5x+11y-9z-5=0\end{cases}$

习题 2.6

1. $\sqrt{(x-1)^2+(y-3)^2+(z+2)^2}=14$

2. 表示以$(0,-1,-2)$为心,以$\sqrt{5}$为半径的球面

3. (1) $y^2+z^2=x$；

（2）$\dfrac{x^2+y^2}{a^2}+\dfrac{z^2}{c^2}=1$；

（3）绕 x 轴旋转 $x^2-4(y^2+z^2)=16$，绕 z 轴旋转 $x^2+z^2-4y^2=16$

4. （1）$\dfrac{x^2}{4}+\dfrac{y^2}{9}=1$ 绕 x 轴旋转；（2）$x^2-y^2=1$ 绕 y 轴旋转；（3）$x^2=(1-z)^2$ 绕 z 轴旋转

习题 2.7

2. （1）$\begin{cases} x=\sqrt{\dfrac{2}{3}}\cos\theta \\ y=-\dfrac{1}{\sqrt{6}}(\cos\theta+\sqrt{3}\sin\theta) \\ z=-\dfrac{1}{\sqrt{6}}(\cos\theta-\sqrt{3}\sin\theta) \end{cases}$ $(0\leqslant\theta\leqslant2\pi)$；

（2）$\begin{cases} x=\sqrt{3}\cos\theta+1 \\ y=\sqrt{3}\sin\theta \\ z=0 \end{cases}$ $(0\leqslant\theta\leqslant2\pi)$

3. 在 xOy 坐标面的投影为$\begin{cases} x^2+y^2-x-y=0 \\ z=0 \end{cases}$；

在 yOz 坐标面的投影为$\begin{cases} 2y^2+z^2-3z-4y+2zy+2=0 \\ x=0 \end{cases}$；

在 zOx 坐标面的投影为$\begin{cases} 2x^2+z^2-3z-4x+2zx+2=0 \\ y=0 \end{cases}$

4. 在 xOy 坐标面的投影为$\begin{cases} (x-1)^2+y^2\leqslant1 \\ z=0 \end{cases}$；

在 yOz 坐标面的投影为$\begin{cases} (\dfrac{1}{2}z^2-1)^2+y^2\leqslant1 \\ z\geqslant0 \\ x=0 \end{cases}$；

在 zOx 坐标面的投影为$\begin{cases} x\leqslant z\leqslant\sqrt{2x} \\ y=0 \end{cases}$

第 3 章

习题 3.1

1. (1) $[0\quad 0\quad 0]$; (2) $\begin{bmatrix}0\\0\\0\end{bmatrix}$; (3) $\begin{bmatrix}2&3&4\\3&4&5\end{bmatrix}$; (4) $\begin{bmatrix}1&2&3\\2&4&6\\3&6&9\end{bmatrix}$

2. (1) 否; (2) 是; (3) 否; (4) 否

习题 3.2

1. (1) 真; (2) 真; (3) 假; (4) 假; (5) 真; (6) 真; (7) 假

2. (1) $\begin{bmatrix}1&0&0&0\\0&0&1&0\\0&0&0&1\end{bmatrix}$; (2) $\begin{bmatrix}0&1&0&5\\0&0&1&3\\0&0&0&0\end{bmatrix}$;

(3) $\begin{bmatrix}1&-1&0&2&-3\\0&0&1&-2&2\\0&0&0&0&0\\0&0&0&0&0\end{bmatrix}$; (4) $\begin{bmatrix}1&0&2&0&-2\\0&1&-1&0&3\\0&0&0&1&4\\0&0&0&0&0\end{bmatrix}$

3. $\begin{bmatrix}1&0&1&0&0\\1&-1&0&0&0\\0&0&0&1&0\\1&0&0&0&1\\3&-1&1&1&1\end{bmatrix}$

4. (1) 秩是 2, $\begin{vmatrix}3&1\\1&-1\end{vmatrix}$; (2) 秩是 3, $\begin{vmatrix}-1&-3&-1\\3&1&-3\\5&-1&-8\end{vmatrix}$;

(3) 秩是 3, $\begin{vmatrix}8&3&7\\0&7&-5\\3&2&0\end{vmatrix}$

5. 提示: $\boldsymbol{A}\to\boldsymbol{B}\Leftrightarrow\boldsymbol{A}$ 与 $\boldsymbol{B}$ 的标准形相同.

6. 设 $\boldsymbol{A}=\begin{bmatrix}1&-2&3k\\-1&2k&-3\\k&-2&3\end{bmatrix}$, 问 k 为何值时, 可使: (1) $k=1$; (2) $k=-2$; (3) $k\neq1$ 且 $k\neq-2$.

习题 3.3

1. (1) $\begin{cases} x_1 = \dfrac{4c}{3} \\ x_2 = -3c \\ x_3 = \dfrac{4c}{3} \\ x_4 = c \end{cases}$，其中 c 为任意常数

(2) $\begin{cases} x_1 = c_2 - 2c_1 \\ x_2 = c_1 \\ x_3 = 0 \\ x_4 = c_2 \end{cases}$，其中 c_1, c_2 为任意常数

(3) $\begin{cases} x_1 = 0 \\ x_2 = 0 \\ x_3 = 0 \\ x_4 = 0 \end{cases}$

(4) $\begin{cases} x_1 = \dfrac{3c_1}{17} - \dfrac{13c_2}{17} \\ x_2 = \dfrac{19c_1}{17} - \dfrac{20c_2}{17} \\ x_3 = c_1 \\ x_4 = c_2 \end{cases}$，其中 c_1, c_2 为任意常数

2. (1) 无解；

(2) $\begin{cases} x = -1 - 2c \\ y = 2 + c \\ z = c \end{cases}$，其中 c 为任意常数

(3) $\begin{cases} x = \dfrac{1}{2}(1 - c_1 + c_2) \\ y = c_1 \\ z = c_2 \\ w = 0 \end{cases}$，其中 c_1, c_2 为任意常数

(4) $\begin{cases} x = \dfrac{6}{7} + \dfrac{c_1}{7} + \dfrac{c_2}{7} \\ y = -\dfrac{5}{7} + \dfrac{5c_1}{7} - \dfrac{9c_2}{7}, \\ z = c_1 \\ w = c_2 \end{cases}$ 其中 c_1, c_2 为任意常数

3. (1) $\lambda \neq 1$ 且 $\lambda \neq -2$ 时有唯一解；(2) $\lambda = -2$ 时无解；(3) $\lambda = 1$ 时有无穷多个解.

4. 当 $\lambda = 1$ 时，通解为 $\begin{cases} x_1 = c + 1 \\ x_2 = c \\ x_3 = c \end{cases}$，其中 c 为任意常数

当 $\lambda = -2$ 时，通解为 $\begin{cases} x_1 = 2 + c \\ x_2 = 2 + c, \\ x_3 = c \end{cases}$ 其中 c 为任意常数

5. $\lambda \neq 1$ 且 $\lambda \neq 10$ 有唯一解；$\lambda = 10$ 无解；$\lambda = 1$ 有无穷多解.

通解为 $\begin{cases} x_1 = 1 + -2c_1 + 2c_2 \\ x_2 = c_1 \\ x_3 = c_2 \end{cases}$，其中 c_1, c_2 为任意常数

6. 提示：$\begin{bmatrix} 1 & -1 & 0 & 0 & 0 & a_1 \\ 0 & 1 & -1 & 0 & 0 & a_2 \\ 0 & 0 & 1 & -1 & 0 & a_3 \\ 0 & 0 & 0 & 1 & -1 & a_4 \\ -1 & 0 & 0 & 0 & 1 & a_5 \end{bmatrix} \to \begin{bmatrix} 1 & -1 & 0 & 0 & 0 & a_1 \\ 0 & 1 & -1 & 0 & 0 & a_2 \\ 0 & 0 & 1 & -1 & 0 & a_3 \\ 0 & 0 & 0 & 1 & -1 & a_4 \\ 0 & 0 & 0 & 0 & 0 & \sum\limits_{i=1}^{5} a_i \end{bmatrix}$

7. $a \neq 1$ 且 $a \neq 5$ 时有唯一解；$a = 5$ 且 $b \neq 1$ 时无解；$a = 1$ 或 $a = 5, b = 1$ 时有无穷多解.

$a = 1$ 时，通解为 $\begin{cases} x_1 = \dfrac{-b-3}{4} \\ x_2 = \dfrac{b+1}{2} \\ x_3 = \dfrac{1-b}{4} - c \\ x_4 = c \end{cases}$，其中 c 为任意常数.

$a=5,b=1$ 时,通解为$\begin{cases}x_1=c-1\\x_2=1-2c\\x_3=c\\x_4=0\end{cases}$， 其中 c 为任意常数.

第 4 章

习题 4.1

1. (1) $(0,1,2)$; (2) $\begin{bmatrix}3&0\\-1&1\end{bmatrix}$; (3) $\begin{bmatrix}3&6&9\\2&4&6\\1&2&3\end{bmatrix}$; (4) 10;

(5) $a_{11}x_1^2+(a_{12}+a_{21})x_1x_2+a_{22}x_2^2$; (6) $[35\quad 6\quad 49]^{\mathrm{T}}$; (7) 0; (8) $\begin{bmatrix}0&1\\0&3\\0&5\end{bmatrix}$;

(9) $\begin{bmatrix}-4&0&0\\0&4&0\\0&0&1\end{bmatrix}$; (10) $\begin{bmatrix}1&0&0\\0&2&0\\0&0&3\end{bmatrix}$

2. (1) $\boldsymbol{AB}=\begin{bmatrix}1&0\\0&1\end{bmatrix}$, $\boldsymbol{BA}=\begin{bmatrix}1&0\\0&1\end{bmatrix}$; (2) $\boldsymbol{AB}=\begin{bmatrix}1&0&0\\0&1&0\\0&0&1\end{bmatrix}$, $\boldsymbol{BA}=\begin{bmatrix}1&0&0\\0&1&0\\0&0&1\end{bmatrix}$

3. $\boldsymbol{A}^{10}=\begin{bmatrix}15b^{10}-14a^{10}&6a^{10}-6b^{10}\\35b^{10}-35a^{10}&15a^{10}-14b^{10}\end{bmatrix}$

4. $\boldsymbol{A}^{100}=14^{99}\begin{bmatrix}1&2&3\\2&4&6\\3&6&9\end{bmatrix}$

5. $\boldsymbol{A}^n=\begin{bmatrix}1&nk\\0&1\end{bmatrix}$

6. $\boldsymbol{A}^2=\begin{bmatrix}0&0&1&0\\0&0&0&1\\0&0&0&0\\0&0&0&0\end{bmatrix}$, $\boldsymbol{A}^3=\begin{bmatrix}0&0&0&1\\0&0&0&0\\0&0&0&0\\0&0&0&0\end{bmatrix}$, $\boldsymbol{A}^4=\boldsymbol{O}$

8. 提示:由 $\boldsymbol{A}+\boldsymbol{B}=(\boldsymbol{A}+\boldsymbol{B})^2$ 得 $\boldsymbol{AB}+\boldsymbol{BA}=\boldsymbol{O}$. 又 $\boldsymbol{A}(\boldsymbol{AB}+\boldsymbol{BA})=\boldsymbol{O}$, $(\boldsymbol{AB}+\boldsymbol{BA})\boldsymbol{A}=\boldsymbol{O}$,所以

$AB = BA$,故 $AB = O$.

9. 提示:令 $C = AB - BA = [c_{ij}]_{n\times n}$,则 $\sum_{i=1}^{n} c_{ii} = \sum_{i=1}^{n}(\sum_{k=1}^{n}(a_{ik}b_{ki} - b_{ik}a_{ki})) = \sum_{i=1}^{n}\sum_{k=1}^{n} a_{ik}b_{ki} - \sum_{i=1}^{n}\sum_{k=1}^{n} b_{ik}a_{ki} = 0$.

10. 提示:设 $A = [a_{ij}]_{n\times n}$,记 $C = AA^{T} = [c_{ij}]_{n\times n} = O$,则 $c_{ii} = \sum_{k=1}^{n} a_{ik}^2 = 0, 1 \leqslant i \leqslant n$,若 A 为复方阵,结论不成立,例如 $A = \begin{bmatrix} 1 & i \\ 0 & 0 \end{bmatrix}$.

11. 证明:$(BAB^{T})^{T} = BA^{T}B^{T} = BAB^{T}$.

12. $(X^{T}AX)^{T} = X^{T}A^{T}X = -X^{T}AX$,由 $X^{T}AX$ 是一个数,故 $X^{T}AX = 0$.

13. 提示:数学归纳法.

14. $A^n = \begin{bmatrix} \lambda^n & n\lambda^{n-1} & \frac{n(n-1)}{2}\lambda^{n-2} \\ 0 & \lambda^n & n\lambda^{n-1} \\ 0 & 0 & \lambda^n \end{bmatrix}$

习题 4.2

1. $X = A^{-1}B$

2. 证明:在等式 $XA = YA$ 的两端同时右乘 A^{-1} 得 $X = Y$.

3. $B = (A - 2E)^{-1}A = \begin{bmatrix} 3 & -8 & -6 \\ 2 & -9 & -6 \\ -2 & 12 & 9 \end{bmatrix}$

4. $A^{11} = PB^{11}P^{-1} = \begin{bmatrix} -1 & -2^{11} - 1 \\ 0 & 2^{11} \end{bmatrix}$

5. 提示:由 $A\frac{A - E}{2} = E$ 知 A 可逆;由 $(A + 2E)\left(\frac{A - 3E}{-4}\right) = E$ 知 $A + 2E$ 可逆

6. 证明:由 $(E - A)(E + A + \cdots + A^{k-1}) = E - A^k = E$ 知 $E - A$ 可逆,并且 $(E - A)^{-1} = E + A + \cdots A^{k-1}$

7. $|A| = 1$

8. $|A^{*} - A^{-1}| = \frac{1}{2}$

9. $|E + A| = 0$

10. 提示:当 $|A| \neq 0$ 时,$|A^{*}| = |A|^{n-1}$;当 $|A| = 0$ 时,$|A^{*}| = 0$

11. 提示:(1)由 $(A - E)(B - E) = E$;(2)$(B - E)(A - E) = (A - E)(B - E)$

12. 提示：$\boldsymbol{A}^{-1}+\boldsymbol{B}^{-1}=\boldsymbol{A}^{-1}(\boldsymbol{B}+\boldsymbol{A})\boldsymbol{B}^{-1}$

13. 提示：$(\boldsymbol{A}-\boldsymbol{E})(\boldsymbol{B}-\boldsymbol{E})^{\mathrm{T}}=\boldsymbol{A}\boldsymbol{B}^{\mathrm{T}}-\boldsymbol{A}-\boldsymbol{B}^{\mathrm{T}}+\boldsymbol{E}=\boldsymbol{E}$，即 $\boldsymbol{A}\boldsymbol{B}^{\mathrm{T}}-\boldsymbol{A}-\boldsymbol{B}^{\mathrm{T}}=\boldsymbol{O}$，$\boldsymbol{A}(\boldsymbol{B}^{\mathrm{T}}-\boldsymbol{E})=\boldsymbol{B}^{\mathrm{T}}$，所以 $|\boldsymbol{A}|\neq 0$，$\boldsymbol{A}$ 可逆

14. 提示：设 $\boldsymbol{A}=[a_{ij}]_{n\times n}$，$a_{ij}=0(i>j)$. 只需说明 $\boldsymbol{A}^*$ 是上三角阵即可. $\boldsymbol{A}^*=[A_{ij}]_{n\times n}^{\mathrm{T}}$，当 $i<j$ 时，$A_{ij}=0$

15. 提示：$\boldsymbol{AX}=\boldsymbol{b}\Rightarrow \boldsymbol{X}=\boldsymbol{A}^{-1}\boldsymbol{b}$

习题 4.3

1. (1) $\begin{bmatrix}5 & -2\\ -2 & 1\end{bmatrix}$；(2) $\begin{bmatrix}\cos\alpha & \sin\alpha\\ -\sin\alpha & \cos\alpha\end{bmatrix}$；(3) $\begin{bmatrix}-2 & 1 & 0\\ -\frac{13}{2} & 3 & -\frac{1}{2}\\ -16 & 7 & -1\end{bmatrix}$；(4) $\begin{bmatrix}1 & -2 & 7\\ 0 & 1 & -2\\ 0 & 0 & 1\end{bmatrix}$；

(5) $\begin{bmatrix}1 & -2 & 4 & -8\\ 0 & 1 & -2 & 4\\ 0 & 0 & 1 & -2\\ 0 & 0 & 0 & 1\end{bmatrix}$；(6) $\begin{bmatrix}1 & 1 & -2 & -4\\ 0 & 1 & 0 & -1\\ -1 & -1 & 3 & 6\\ 2 & 1 & -6 & -10\end{bmatrix}$

2. (1) $\begin{bmatrix}1 & 2\\ 1 & 3\end{bmatrix}$；(2) $\begin{bmatrix}-6 & -11 & 8\\ 0 & 1 & 1\\ -11 & -21 & 15\end{bmatrix}$；(3) $\begin{bmatrix}1 & 1\\ \frac{1}{4} & 0\end{bmatrix}$；(4) $\begin{bmatrix}-2 & 1 & 0\\ 1 & 3 & 4\\ 1 & 0 & 2\end{bmatrix}$

3. 提示：(1) $\mathrm{r}(\boldsymbol{A})=1$，存在 n 阶可逆阵 $\boldsymbol{P},\boldsymbol{Q}$，使得 $\boldsymbol{P}\begin{bmatrix}1 & 0 & \cdots & 0\\ 0 & 0 & \cdots & 0\\ \vdots & \vdots & & \vdots\\ 0 & 0 & \cdots & 0\end{bmatrix}\boldsymbol{Q}=\boldsymbol{A}$，则

$$\boldsymbol{A}=\boldsymbol{P}\begin{bmatrix}1 & 0 & \cdots & 0\\ 0 & 0 & \cdots & 0\\ \vdots & \vdots & & \vdots\\ 0 & 0 & \cdots & 0\end{bmatrix}\boldsymbol{Q}=\left(\boldsymbol{P}\begin{bmatrix}1\\ 0\\ \vdots\\ 0\end{bmatrix}\right)([1\quad 0\quad \cdots\quad 0]\boldsymbol{Q})=(a_1,a_2,\cdots,a_n)^{\mathrm{T}}(b_1,b_2,\cdots,b_n);$$

(2) 由(1)的结论可得.

4. 提示：设 $\boldsymbol{A}$ 与 $\boldsymbol{B}$ 均为 n 阶方阵，$\boldsymbol{A}$ 与 $\boldsymbol{B}$ 等价$\Leftrightarrow \mathrm{r}(\boldsymbol{A})=\mathrm{r}(\boldsymbol{B})=r\Leftrightarrow$存在 n 阶可逆阵 $\boldsymbol{P}_i,\boldsymbol{Q}_i(i=1,2)$ 使得 $\boldsymbol{A}=\boldsymbol{P}_1\begin{bmatrix}\boldsymbol{E}_r & \boldsymbol{O}\\ \boldsymbol{O} & \boldsymbol{O}\end{bmatrix}\boldsymbol{Q}_1$，$\boldsymbol{B}=\boldsymbol{P}_2\begin{bmatrix}\boldsymbol{E}_r & \boldsymbol{O}\\ \boldsymbol{O} & \boldsymbol{O}\end{bmatrix}\boldsymbol{Q}_2$

习题 4.4

1. (1) $\begin{bmatrix}1 & 7 & -1 & 1\\ 2 & -1 & 0 & 0\\ 0 & 0 & 5 & 7\\ 0 & 0 & 5 & 3\end{bmatrix}$; (2) $\begin{bmatrix}1 & 2 & 5 & 2\\ 0 & 1 & 2 & -4\\ 0 & 0 & -4 & 3\\ 0 & 0 & 0 & -9\end{bmatrix}$

2. (1) $\begin{bmatrix}1 & -2 & 0 & 0\\ -2 & 5 & 0 & 0\\ 0 & 0 & 2 & -3\\ 0 & 0 & -5 & 8\end{bmatrix}$; (2) $\begin{bmatrix}0 & 0 & 2 & -3\\ 0 & 0 & -5 & 8\\ 1 & -2 & 0 & 0\\ -2 & 5 & 0 & 0\end{bmatrix}$

3. $\begin{bmatrix}\boldsymbol{O} & \boldsymbol{B}^{-1}\\ \boldsymbol{A}^{-1} & \boldsymbol{O}\end{bmatrix}$

4. $(-1)^{mn}ab$

5. 提示:由$\begin{bmatrix}\boldsymbol{E}_n & \boldsymbol{E}_n\\ \boldsymbol{O} & \boldsymbol{E}_n\end{bmatrix}\begin{bmatrix}\boldsymbol{A} & \boldsymbol{B}\\ \boldsymbol{B} & \boldsymbol{A}\end{bmatrix}\begin{bmatrix}\boldsymbol{E}_n & -\boldsymbol{E}_n\\ \boldsymbol{O} & \boldsymbol{E}_n\end{bmatrix}=\begin{bmatrix}\boldsymbol{A}+\boldsymbol{B} & \boldsymbol{O}\\ \boldsymbol{B} & \boldsymbol{A}-\boldsymbol{B}\end{bmatrix}$,在等式两端取行列式可得

6. 提示:由$\begin{bmatrix}\boldsymbol{E}_n & \boldsymbol{O}\\ -\boldsymbol{C}\boldsymbol{A}^{-1} & \boldsymbol{E}_n\end{bmatrix}\begin{bmatrix}\boldsymbol{A} & \boldsymbol{B}\\ \boldsymbol{C} & \boldsymbol{D}\end{bmatrix}=\begin{bmatrix}\boldsymbol{A} & \boldsymbol{B}\\ \boldsymbol{O} & \boldsymbol{D}-\boldsymbol{C}\boldsymbol{A}^{-1}\boldsymbol{B}\end{bmatrix}$,等式两端取行列式可得

7. 提示:(1)由$\begin{bmatrix}\boldsymbol{E}_n & \boldsymbol{O}\\ \boldsymbol{A} & \boldsymbol{E}_n\end{bmatrix}\begin{bmatrix}-\boldsymbol{E}_n & \boldsymbol{B}\\ \boldsymbol{A} & \boldsymbol{O}\end{bmatrix}=\begin{bmatrix}-\boldsymbol{E}_n & \boldsymbol{B}\\ \boldsymbol{O} & \boldsymbol{A}\boldsymbol{B}\end{bmatrix}$,$\begin{bmatrix}\boldsymbol{E}_n & \boldsymbol{O}\\ \boldsymbol{A} & \boldsymbol{E}_n\end{bmatrix}$是可逆阵,故$\mathrm{r}\left(\begin{bmatrix}-\boldsymbol{E}_n & \boldsymbol{B}\\ \boldsymbol{A} & \boldsymbol{O}\end{bmatrix}\right)=$

$\mathrm{r}\left(\begin{bmatrix}-\boldsymbol{E}_n & \boldsymbol{B}\\ \boldsymbol{O} & \boldsymbol{A}\boldsymbol{B}\end{bmatrix}\right)=n+\mathrm{r}(\boldsymbol{A}\boldsymbol{B})$;又$\mathrm{r}\left(\begin{bmatrix}-\boldsymbol{E}_n & \boldsymbol{B}\\ \boldsymbol{A} & \boldsymbol{O}\end{bmatrix}\right)\geqslant \mathrm{r}\left(\begin{bmatrix}\boldsymbol{O} & \boldsymbol{B}\\ \boldsymbol{A} & \boldsymbol{O}\end{bmatrix}\right)=\mathrm{r}(\boldsymbol{A})+\mathrm{r}(\boldsymbol{B})$,所以

$\mathrm{r}(\boldsymbol{A}\boldsymbol{B})\geqslant \mathrm{r}(\boldsymbol{A})+\mathrm{r}(\boldsymbol{B})-n$;

(2) 当$\boldsymbol{A}\boldsymbol{B}=\boldsymbol{O}$时$\mathrm{r}(\boldsymbol{A}\boldsymbol{B})=0$,由(1)得$\mathrm{r}(\boldsymbol{A})+\mathrm{r}(\boldsymbol{B})\leqslant n$

第 5 章

习题 5.1

1. (4,1),(2,4),(−3,1),(−1,5).
2. $(2,7,6)^{\mathrm{T}}$,$(-1,3,-1)^{\mathrm{T}}$
3. $[-2,0,1,0]^{\mathrm{T}}$
4. $\mu=-1,k=5,\lambda=-4$

习题 5.2

1. (1) $\boldsymbol{\beta}=\frac{5}{4}\boldsymbol{\alpha}_1+\frac{1}{4}\boldsymbol{\alpha}_2-\frac{1}{4}\boldsymbol{\alpha}_3-\frac{1}{4}\boldsymbol{\alpha}_4$；(2) $\boldsymbol{\beta}=\boldsymbol{\alpha}_1+\frac{1}{2}\boldsymbol{\alpha}_2-\boldsymbol{\alpha}_3+\frac{1}{2}\boldsymbol{\alpha}_4$
2. (1) $\lambda=15$；(2) λ 是任意的.
3. 当 $a\neq -1$, b 为任意取值时，$\boldsymbol{\beta}$ 可唯一地表示为 $\boldsymbol{\beta}=-\frac{2b}{a+1}\boldsymbol{\alpha}_1+\left(1+\frac{b}{a+1}\right)\boldsymbol{\alpha}_2+\frac{b}{a+1}\boldsymbol{\alpha}_3$.

   当 $a=-1$, $b=0$ 时，$\boldsymbol{\beta}$ 可表示为 $\boldsymbol{\beta}=(2C_1+C_2)\boldsymbol{\alpha}_1+(1+C_1-2C_2)\boldsymbol{\alpha}_2+C_1\boldsymbol{\alpha}_3+C_2\boldsymbol{\alpha}_4$，($C_1$, C_2 为任意常数)
4. 证明：$\boldsymbol{\alpha}_1,\boldsymbol{\alpha}_2,\boldsymbol{\alpha}_3$ 共面$\Leftrightarrow\boldsymbol{\alpha}_1,\boldsymbol{\alpha}_2,\boldsymbol{\alpha}_3$ 中至少有一个向量可由其余两个向量线性表示$\Leftrightarrow$齐次方程组 $[\boldsymbol{\alpha}_1\quad\boldsymbol{\alpha}_2\quad\boldsymbol{\alpha}_3]\begin{bmatrix}x_1\\x_2\\x_3\end{bmatrix}=0$ 有非零解$\Leftrightarrow|a_{ij}|_3=0$
5. 证明：存在矩阵 $\boldsymbol{P}$ 和 $\boldsymbol{Q}$，使得 $\boldsymbol{A}=\boldsymbol{BP}$，$\boldsymbol{B}=\boldsymbol{CQ}$ 成立，$\boldsymbol{A}=\boldsymbol{BP}=\boldsymbol{CQP}=\boldsymbol{C}(\boldsymbol{QP})$，即向量组 A 可由向量组 C 线性表示。
6. 证明：$n=\mathrm{r}([\boldsymbol{e}_1\quad\boldsymbol{e}_2\quad\cdots\quad\boldsymbol{e}_n])\leqslant\mathrm{r}([\boldsymbol{\alpha}_1\quad\boldsymbol{\alpha}_2\quad\cdots\quad\boldsymbol{\alpha}_n])\leqslant n$
7. 证明：略

习题 5.3

1. (1) 真；(2) 真；(3) 真；(4) 真；(5) 假；(6) 真；(7) 真；(8) 真
2. (1) 无关；(2) 无关；(3) 相关；(4) 无关
3. 证明：$[\boldsymbol{\beta}_1,\boldsymbol{\beta}_2,\cdots,\boldsymbol{\beta}_m]=[\boldsymbol{\alpha}_1,\boldsymbol{\alpha}_2,\cdots,\boldsymbol{\alpha}_m]\begin{bmatrix}1&1&1&\cdots&1\\0&1&1&\cdots&1\\0&0&1&\cdots&1\\\vdots&\vdots&\vdots&&\vdots\\0&0&0&\cdots&1\end{bmatrix}=m$
4. 证明：$\mathrm{r}([\boldsymbol{\beta}_1,\boldsymbol{\beta}_2,\boldsymbol{\beta}_3,\boldsymbol{\beta}_4])=\mathrm{r}([\boldsymbol{\alpha}_1,\boldsymbol{\alpha}_2,\boldsymbol{\alpha}_3,\boldsymbol{\alpha}_4]C)\leqslant\mathrm{r}(C)<4$
5. 略　6. 略　7. 略　8. 略　9. 略

习题 5.4

1. 略
2. (1) 2，$\boldsymbol{\alpha}_1,\boldsymbol{\alpha}_3$ 为其一个极大无关组(不唯一)；

   (2) 3，$\boldsymbol{\alpha}_1,\boldsymbol{\alpha}_2,\boldsymbol{\alpha}_3$ 为其极大无关组；

   (3) 2，$\boldsymbol{\alpha}_1,\boldsymbol{\alpha}_2$ 为它的一个极大无关组

3. 3；$\boldsymbol{\alpha}_1,\boldsymbol{\alpha}_2,\boldsymbol{\alpha}_4$ 为它的一个极大无关组
4. 证明：略
5. 证明：考察方程组$\begin{bmatrix}\boldsymbol{A}\\\boldsymbol{B}\end{bmatrix}\boldsymbol{X}=\boldsymbol{0}$的解即可
6. (1) $\boldsymbol{\alpha}_1,\boldsymbol{\alpha}_2,\boldsymbol{\alpha}_3$ 是 $\boldsymbol{\alpha}_1,\boldsymbol{\alpha}_2,\boldsymbol{\alpha}_3,\boldsymbol{\alpha}_4$ 的一个极大无关组，且 $\boldsymbol{\alpha}_4=\frac{8}{5}\boldsymbol{\alpha}_1-\boldsymbol{\alpha}_2+2\boldsymbol{\alpha}_3$；

   (2) $\boldsymbol{\alpha}_1,\boldsymbol{\alpha}_2,\boldsymbol{\alpha}_3$ 是 $\boldsymbol{\alpha}_1,\boldsymbol{\alpha}_2,\boldsymbol{\alpha}_3,\boldsymbol{\alpha}_4,\boldsymbol{\alpha}_5$ 的一个极大无关组（不唯一），且 $\boldsymbol{\alpha}_4=\boldsymbol{\alpha}_1+3\boldsymbol{\alpha}_2-\boldsymbol{\alpha}_3,\boldsymbol{\alpha}_5=\boldsymbol{\alpha}_2-\boldsymbol{\alpha}_3$

习题 5.5

1. 略
2. (1) $(0,1,2,1)^{\mathrm{T}}$；(2) $(-2,1,1,0,0)^{\mathrm{T}},(-1,-3,0,1,0)^{\mathrm{T}},(2,1,0,0,1)^{\mathrm{T}}$ 为该方程组的一个基础解系
3. (1) $\begin{bmatrix}x_1\\x_2\\x_3\\x_4\end{bmatrix}=k\begin{bmatrix}-2\\1\\1\\0\end{bmatrix}+\begin{bmatrix}-1\\2\\0\\0\end{bmatrix}$（$k$ 为任意常数）；

   (2) $\begin{bmatrix}x\\y\\z\\w\end{bmatrix}=\begin{bmatrix}\frac{1}{2}\\0\\0\\0\end{bmatrix}+C_1\begin{bmatrix}-\frac{1}{2}\\1\\0\\0\end{bmatrix}+C_2\begin{bmatrix}\frac{1}{2}\\0\\1\\0\end{bmatrix}$（$C_1,C_2$ 为任意常数）
4. $(1,1,\cdots,1)^{\mathrm{T}}$
5. 特解 $\boldsymbol{X}_0=2\boldsymbol{X}_1-\boldsymbol{X}_2-\boldsymbol{X}_3=(3,4,5,6)$，通解 $\boldsymbol{X}=\boldsymbol{X}_0+k\boldsymbol{X}_1,k\in R$
6. $\boldsymbol{X}=k(\boldsymbol{X}_1-\boldsymbol{X}_2)+\boldsymbol{X}_1=k(3,-1,-2)^{\mathrm{T}}+(0,1,0)^{\mathrm{T}}$（$k$ 为任意常数）
7. 证明略
8. 证明略
9. 证明略
10. 证明略
11. 证明：因 $\boldsymbol{BX}=\boldsymbol{0}\Rightarrow\boldsymbol{ABX}=\boldsymbol{0}$，故 $\boldsymbol{BX}=\boldsymbol{0}$ 的解必是 $\boldsymbol{ABX}=\boldsymbol{0}$ 的解。即 $\boldsymbol{BX}=\boldsymbol{0}$ 的基础解系可由 $\boldsymbol{ABX}=\boldsymbol{0}$ 的基础解系线性表示。从而 $\boldsymbol{BX}=\boldsymbol{0}$ 的基础解系所含向量个数小于等于 $\boldsymbol{ABX}=\boldsymbol{0}$ 的基础解系所含向量的个数，即 $n-\mathrm{r}(\boldsymbol{B})\leqslant n-\mathrm{r}(\boldsymbol{AB})$，所以，$\mathrm{r}(\boldsymbol{AB})\leqslant\mathrm{r}(\boldsymbol{B})$
12. 证明：设 $r_i=(a_i,b_i,c_i)$ 为空间中点 M_i 的向径（$i=1,2,3$）. L_1 与 L_2 共面$\Leftrightarrow r_1-r_2,r_2-r_3,r_3-r_1$ 共面（线性相关）. 再证 r_1-r_2,r_2-r_3 线性相关即可，从而有 L_1 与 L_2 相交.

13. (1) 若 $r(\boldsymbol{A})=r(\bar{\boldsymbol{A}})=3$,那么三个不同的平面相交于一点;
    (2) 若 $r(\boldsymbol{A})=r(\bar{\boldsymbol{A}})=2$,那么三个不同的平面相交于一条直线;
    (3) 若 $r(\boldsymbol{A})=1,r(\bar{\boldsymbol{A}})=2$,三平面平行;
    (4) 若 $r(\boldsymbol{A})=2,r(\bar{\boldsymbol{A}})=3$,那么三个不同的平面中两个平行,并与第三个平面都相交

习题 5.6

1. (1) 零向量; (2) 不是有限的; (3) 包含; (4) 等价关系; (5) 等价关系
2. (1) 是; (2) 不是; (3) 是; (4) 是
3. $\dim R(\boldsymbol{A})=3,\dim N(\boldsymbol{A})=5-3=2,(-1,-3,1,1,0)^{\mathrm{T}},(0,1,-1,0,1)^{\mathrm{T}}$ 为 $N(\boldsymbol{A})$ 的一组基.
4. 证明略
5. $\boldsymbol{B}=\begin{bmatrix}1&0&0\\0&1&0\\0&0&4\end{bmatrix}$
6. $\boldsymbol{K}=\begin{bmatrix}3&5&1\\-2&-3&0\\3&-1&-1\end{bmatrix}$
7. 证明略
8. 证明略
9. 证明略

第 6 章

习题 6.1

1. (1) 假; (2) 假; (3) 假; (4) 假
2. (1) $\boldsymbol{A}$ 的特征值为 $\lambda_1=\lambda_2=0$,对应的特征向量为 $k(1,0)^{\mathrm{T}}(k\neq 0)$;
   (2) $\boldsymbol{A}$ 的特征值为 $\lambda_1=1,\lambda_2=3$. 其中,$\lambda_1=1$ 对应的特征向量为 $k_1(1,-1)^{\mathrm{T}}(k_1\neq 0)$;$\lambda_2=3$ 对应的特征向量为 $k_2(1,1)^{\mathrm{T}}(k_2\neq 0)$;
   (3) $\boldsymbol{A}$ 的特征值为 $\lambda_1=\lambda_2=\lambda_3=2$. 对应的特征向量为 $k(1,0,0)^{\mathrm{T}}(k\neq 0)$;
   (4) $\boldsymbol{A}$ 的特征值为 $\lambda_1=\lambda_2=\lambda_3=1$,对应的特征向量为 $k_1(1,0,0)^{\mathrm{T}}+k_2(0,0,1)^{\mathrm{T}}(k_1,k_2$ 不全为零);
   (5) $\boldsymbol{A}$ 的特征值为 $\lambda_1=\lambda_2=1,\lambda_3=10$. 其中,$\lambda_1=1$ 对应的特征向量为 $k_1(1,0,-2)^{\mathrm{T}}+k_2(0,1-2)^{\mathrm{T}}(k_1,k_2$ 不全为零);$\lambda_3=10$ 对应的特征向量为 $k_3(2,2,1)^{\mathrm{T}}(k_3\neq 0)$;

(6) $\boldsymbol{A}$ 的特征值为 $\lambda_1=\lambda_2=2,\lambda_3=-1$. 其中,$\lambda_1=2$ 对应的特征向量为 $k_1(1,0,4)^{\mathrm{T}}+k_2(1,4,0)^{\mathrm{T}}$($k_1,k_2$ 不全为零);$\lambda_3=-1$ 对应的特征向量为 $k_3(1,0,1)^{\mathrm{T}}$.

4. 解:$|\lambda\boldsymbol{E}-\boldsymbol{A}|=(\lambda-1)(\lambda-2)(\lambda-3)$, $|4\boldsymbol{E}-\boldsymbol{A}|=6$, $|-4\boldsymbol{E}-\boldsymbol{A}|=-210$, $|4\boldsymbol{E}+\boldsymbol{A}|=210$

5. $\boldsymbol{A}$ 的特征值均为 1 或 −1

6. $|\boldsymbol{E}+\boldsymbol{A}|=1$

7. $\boldsymbol{A}=\begin{bmatrix}-13 & 6\\ -30 & 14\end{bmatrix}$

8. $x+y=0$

9. $x=2,y=1$

12. $\boldsymbol{A}$ 的特征值为 $\lambda_1=a^2+b^2+c^2,\lambda_2=\lambda_3=0$。对应特征值 λ_1 的特征向量为 $k\boldsymbol{\alpha}^{\mathrm{T}}$($k\neq0$ 为任意常数). 对应特征值 $\lambda_2=\lambda_3=0$ 的特征向量为 $k_1\boldsymbol{x}_1+k_2\boldsymbol{x}_2$($k_1,k_2$ 不全为零).

14. $\boldsymbol{A}$ 与 $\boldsymbol{A}^*$ 有相同的特征向量;并且,λ 是 $\boldsymbol{A}$ 的特征值当且仅当 $\lambda^{-1}|\boldsymbol{A}|$ 是 $\boldsymbol{A}^*$ 的特征值.

习题 6.2

1. (1) 假; (2) 假

2. $\boldsymbol{P}=\begin{bmatrix}1 & 0\\ 1 & 1\end{bmatrix}$, $\boldsymbol{A}^{10}=\begin{bmatrix}1 & 0\\ 1-2^{10} & 2^{10}\end{bmatrix}$

3. $x=0,y=1$. $\boldsymbol{P}=\begin{bmatrix}1 & 0 & 0\\ 0 & 1 & -1\\ 0 & 1 & 1\end{bmatrix}$ (注:答案不唯一)

9. $x=3$

第 7 章

习 题 7.1

1. (1) 1; (2) −7

2. (1) $\sqrt{3}$; (2) $3\sqrt{2}$

3. $\boldsymbol{\gamma}=k\boldsymbol{\gamma}_0(k\in\mathbb{R})$, $\boldsymbol{\gamma}_0=(-8,0,-2,6)^{\mathrm{T}}$

4. 用线性无关定义证明

5. $\|\boldsymbol{x}+\boldsymbol{y}\|^2=[\boldsymbol{x}+\boldsymbol{y},\boldsymbol{x}+\boldsymbol{y}]=\|\boldsymbol{x}\|+\|\boldsymbol{y}\|$

6. 利用 $[\boldsymbol{x},\boldsymbol{y}]\leqslant\|\boldsymbol{x}\|\|\boldsymbol{y}\|$

7. $\boldsymbol{A}=[\boldsymbol{\alpha}_1,\boldsymbol{\alpha}_2,\cdots,\boldsymbol{\alpha}_m]$,方程组 $\boldsymbol{A}^{\mathrm{T}}\boldsymbol{A}\boldsymbol{x}=0$ 与 $\boldsymbol{A}\boldsymbol{x}=0$ 同解

8. 对 $\boldsymbol{P}^{\mathrm{T}}\boldsymbol{P}=\boldsymbol{E}$ 取行列式
9. 正交阵定义证明
10. 正交阵定义证明
11. 验证 $\boldsymbol{P}^{\mathrm{T}}\boldsymbol{P}^{\mathrm{T}}=\boldsymbol{E}_n$
12. 用 $\boldsymbol{P}$ 与 $\boldsymbol{P}^{\mathrm{T}}$ 有相同的特征值
13. 证明 $|\boldsymbol{E}-\boldsymbol{P}|=0$
14. 验证 $[\boldsymbol{y}_1,\boldsymbol{y}_2]=[\boldsymbol{x}_1,\boldsymbol{x}_2]$ 和 $\|\boldsymbol{y}\|=\|\boldsymbol{x}\|$

习题 7.2

1. (1) $\begin{bmatrix}1&1&1\\1&2&3\\1&1&4\end{bmatrix}$; (2) $\begin{bmatrix}0&\frac{1}{2}&-1\\\frac{1}{2}&0&\frac{3}{2}\\-1&\frac{3}{2}&0\end{bmatrix}$

习题 7.3

1. (1) $\boldsymbol{x}=\begin{bmatrix}1&-1&\frac{1}{2}\\0&1&-1\\0&0&\frac{1}{2}\end{bmatrix}\boldsymbol{y}$,有 $f=y_1^2+y_2^2-y_3^2$;

(2) $\boldsymbol{x}=\begin{bmatrix}1&1&-3\\1&-1&2\\0&0&1\end{bmatrix}\boldsymbol{y}$,有 $f=y_1^2-y_2^2+6y_3^2$

2. $\boldsymbol{A}=\frac{1}{5}\begin{bmatrix}9&-2\\-2&6\end{bmatrix}$
3. 验证 $a_{ij}=0$
4. $\boldsymbol{A}=\begin{bmatrix}1&0&0\\0&0&-1\\0&-1&0\end{bmatrix}$
5. (1) $\boldsymbol{P}=\frac{1}{\sqrt{5}}\begin{bmatrix}2&1\\1&-2\end{bmatrix}$; (2) $\boldsymbol{P}=\frac{1}{3}\begin{bmatrix}-1&2&-2\\-2&1&2\\-2&-2&-1\end{bmatrix}$
6. (1) $f=(1+\sqrt{21})y_1^2+5y_2^2+(1-\sqrt{21})y_3^2$; (2) $f=-3y_1^2+3y_2^2+5y_3^2$

7. （1）$\boldsymbol{P}=\frac{\sqrt{2}}{2}\begin{bmatrix}0 & \sqrt{2} & 0\\ -1 & 0 & 1\\ 1 & 0 & 1\end{bmatrix}$；（2）$\boldsymbol{P}=\frac{\sqrt{2}}{2}\begin{bmatrix}-1 & 0 & 0 & 1\\ 1 & 0 & 0 & 1\\ 0 & -1 & -1 & 0\\ 0 & -1 & 1 & 0\end{bmatrix}$

8. $\lambda_m\boldsymbol{x}^{\mathrm{T}}\boldsymbol{x}\leqslant(\lambda_1+\lambda_2+\cdots+\lambda_n)\boldsymbol{x}^{\mathrm{T}}\boldsymbol{x}\leqslant\lambda_M\boldsymbol{x}^{\mathrm{T}}\boldsymbol{x}$

9. （1）$c=3$；（2）$\boldsymbol{P}=\begin{bmatrix}\frac{1}{\sqrt{6}} & \frac{1}{\sqrt{2}} & \frac{1}{\sqrt{3}}\\ -\frac{1}{\sqrt{6}} & \frac{1}{\sqrt{2}} & -\frac{1}{\sqrt{3}}\\ -\frac{2}{\sqrt{6}} & 0 & \frac{1}{\sqrt{3}}\end{bmatrix}$，$f=4y_2^2+9y_3^2$；（3）椭圆柱面

习题 7.4

1. 10 个
2. （1）正惯性指数为 2，负惯性指数为 1；（2）正惯性指数为 2，负惯性指数为 1
3. 15 个

习题 7.5

1. （1）假；（2）真；（3）假；（4）假
2. （1）正定；（2）正定
3. $\lambda>1$
4. 用正定定义证明
5. 用特征值全大于零证明
6. $\begin{bmatrix}\boldsymbol{A} & \boldsymbol{O}\\ \boldsymbol{O} & \boldsymbol{B}\end{bmatrix}=\boldsymbol{M}^{\mathrm{T}}\boldsymbol{M}$ 或者用各阶顺序主子式也均为正数证明
7. $\boldsymbol{Q}=\boldsymbol{P}\begin{bmatrix}\sqrt{\lambda_1} & & & \\ & \sqrt{\lambda_2} & & \\ & & \ddots & \\ & & & \sqrt{\lambda_n}\end{bmatrix}\boldsymbol{P}^{\mathrm{T}}$
8. （⇒）$\boldsymbol{Ax}=\boldsymbol{0}$ 只有零解；（⇐）$\boldsymbol{x}^{\mathrm{T}}\boldsymbol{A}^{\mathrm{T}}\boldsymbol{Ax}>0$
9. 证明 $|\boldsymbol{E}+\boldsymbol{A}|>1+|\boldsymbol{A}|$
10. 设 $\boldsymbol{A}=\boldsymbol{Q}^{\mathrm{T}}\boldsymbol{Q}$，$\boldsymbol{AB}=\boldsymbol{Q}^{\mathrm{T}}\boldsymbol{QB}$，去证明 $\boldsymbol{AB}$ 相似于 $\boldsymbol{QBQ}^{\mathrm{T}}$

第 8 章

习题 8.1

1. (1)否(对加法运算不封闭);(2) 是;(3) 否(加法没有零元);(4) 是;(5) 是
2. 提示:由于

$$\begin{bmatrix} 1 \\ x-1 \\ (x-1)^2 \end{bmatrix} = \begin{bmatrix} 1 & 0 & 0 \\ -1 & 1 & 0 \\ 1 & -2 & 1 \end{bmatrix} \begin{bmatrix} 1 \\ x \\ x^2 \end{bmatrix}$$

   故向量组 B 可向量组 A 线性表示;

   而矩阵$\begin{bmatrix} 1 & 0 & 0 \\ -1 & 1 & 0 \\ 1 & -2 & 1 \end{bmatrix}$可逆,故向量组 A 可由向量组 B 线性表示。从而向量组 A 与向量组 B 等价
3. 提示:设$f_i(x)=x^i, i=0,1,2,\cdots$,则$f_i \in C[0,1]$且$f_1, f_2, \cdots, f_n$ 线性无关,从而对任意的 n,向量组$f_1, f_2, \cdots, f_n$ 线性无关,故 $C[0,1]$中存在包含任意多个线性无关的向量的向量组
4. 提示:任取 $\alpha_1, \alpha_2, \alpha_3 \in \mathbb{C}$,且 $\alpha_k = a_k + ib_k, a_k, b_k \in \mathbb{R}, k=1,2,3$

   若 $x_1\alpha_1 + x_2\alpha_2 + x_3\alpha_3 = 0$,则 $x_1(a_1+ib_1)+x_2(a_2+ib_2)+x_3(a_3+ib_3)=0$

   即$(x_1a_1+x_2a_2+x_3a_3)+i(x_1b_1+x_2b_2+x_3b_3)=0$

   从而方程组

$$\begin{cases} x_1a_1+x_2a_2+x_3a_3=0 \\ x_1b_1+x_2b_2+x_3b_3=0 \end{cases}$$

   成立。而该 3 元齐次方程组系数矩阵的秩至多为 2,故该方程组有非零解。因此存在不全为零的数 x_1, x_2, x_3 使得 $x_1\alpha_1 + x_2\alpha_2 + x_3\alpha_3 = 0$ 成立,由线性相关的定义知 $\alpha_1, \alpha_2, \alpha_3$ 线性相关

习题 8.2

1. $\boldsymbol{A}$ 在这组基下的坐标为$(a_{11}-a_{12}, a_{12}-a_{21}, a_{21}-a_{22}, a_{22})^{\mathrm{T}}$
2. 提示:设 $\dim V = n$,任取 V 中线性无关的向量组 $\boldsymbol{v}_1, \boldsymbol{v}_2, \cdots, \boldsymbol{v}_r (r \leqslant n)$,则 $\mathrm{r}(\boldsymbol{v}_1, \boldsymbol{v}_2, \cdots, \boldsymbol{v}_r) = r$

   若 $r=n$,则 $\boldsymbol{v}_1, \boldsymbol{v}_2, \cdots, \boldsymbol{v}_r$ 已经是 V 的一组基;

   若 $r<n$,取$[\boldsymbol{v}_{r+1}, \boldsymbol{v}_1]=0, [\boldsymbol{v}_{r+1}, \boldsymbol{v}_2]=0, \cdots, [\boldsymbol{v}_{r+1}, \boldsymbol{v}_r]=0$,由 $\mathrm{r}(\boldsymbol{v}_1, \boldsymbol{v}_2, \cdots, \boldsymbol{v}_r)=r$ 可知方程组 $[\boldsymbol{v}_1 \quad \boldsymbol{v}_2 \quad \cdots \quad \boldsymbol{v}_r]\boldsymbol{v}_{r+1}^{\mathrm{T}}=0$ 有非零解,即存在非零向量 $\boldsymbol{v}_{r+1}$ 使得它和 $\boldsymbol{v}_1, \boldsymbol{v}_2, \cdots, \boldsymbol{v}_r$ 都正交,即

$\boldsymbol{v}_1,\boldsymbol{v}_2,\cdots,\boldsymbol{v}_r,\boldsymbol{v}_{r+1}$线性无关;若 $r+1=n$,则 $\boldsymbol{v}_1,\boldsymbol{v}_2,\cdots,\boldsymbol{v}_r,\boldsymbol{v}_{r+1}$是 V 的一组基。否则,以此类推

3. (1) $\boldsymbol{K}=\begin{bmatrix}0&1&1&1\\-1&1&1&0\\2&-1&2&-1\\1&1&-1&-1\end{bmatrix}^{-1}\begin{bmatrix}1&2&2&2\\0&2&1&1\\1&1&1&3\\2&0&-2&1\end{bmatrix}=\begin{bmatrix}1&0&0&1\\1&1&0&1\\0&1&1&1\\0&0&1&0\end{bmatrix}$

(2) 坐标变换公式为

$$\begin{bmatrix}y_1\\y_2\\y_3\\y_4\end{bmatrix}=\boldsymbol{K}^{-1}\begin{bmatrix}x_1\\x_2\\x_3\\x_4\end{bmatrix}=\begin{bmatrix}0&1&-1&1\\-1&1&0&0\\0&0&0&1\\1&-1&1&-1\end{bmatrix}\begin{bmatrix}x_1\\x_2\\x_3\\x_4\end{bmatrix}$$

习题 8.3

1. (1)否; (2) 是,$\dim W_2=3$,$\boldsymbol{E}_{11},\boldsymbol{E}_{12},\boldsymbol{E}_{23}$是一组基
2. $\dim(L(\boldsymbol{\beta}_1,\boldsymbol{\beta}_2,\boldsymbol{\beta}_3))=2$; $\boldsymbol{\beta}_1,\boldsymbol{\beta}_2$ 为该空间的一组基
3. $\dim(W_1+W_2)=3$,$\boldsymbol{\alpha}_1,\boldsymbol{\alpha}_2,\boldsymbol{\beta}_2$ 为一组基;
   $\dim(W_1\cap W_2)=1$,$\boldsymbol{\beta}_2$ 为一组基
4. 提示:由维数公式 $\dim(W_1+W_2)=\dim W_1+\dim W_2-\dim(W_1\cap W_2)$可得
5. 提示:对 $\forall\boldsymbol{\alpha}\in W_1+W_2+W_3$,则 $\boldsymbol{\alpha}=\boldsymbol{w}_1+\boldsymbol{w}_2+\boldsymbol{w}_3$($\boldsymbol{w}_1\in W_1,\boldsymbol{w}_2\in W_2,\boldsymbol{w}_3\in W_3$)只需证该分解是唯一的

习题 8.4

1. 提示:由线性映射的定义可得.
2. 提示:$\forall\boldsymbol{A}\in\mathbb{R}^{m\times n}$,令 $\sigma:\boldsymbol{A}\to\boldsymbol{A}^{\mathrm{T}}$
3. 提示:σ 为满线性映射$\Leftrightarrow\forall\boldsymbol{y}\in W,\exists\boldsymbol{x}\in V$,有 $\boldsymbol{y}=\boldsymbol{Ax}$,即方程组 $\boldsymbol{y}=\boldsymbol{Ax}$ 有解
4. 提示:由定义可得

习题 8.5

1. $\boldsymbol{A}=\begin{bmatrix}a&0&b&0\\0&a&0&b\\c&0&d&0\\0&c&0&d\end{bmatrix}$, $\boldsymbol{B}=\begin{bmatrix}a&c&0&0\\b&d&0&0\\0&0&a&c\\0&c&b&d\end{bmatrix}$
2. 特征值为 1,2,3;

对应特征值 1 的特征向量为 $k[1,x,x^2]\begin{bmatrix}1\\0\\0\end{bmatrix}(k\neq 0)$，

对应特征值 2 的特征向量为 $k[1,x,x^2]\begin{bmatrix}4\\1\\0\end{bmatrix}(k\neq 0)$，

对应特征值 3 的特征向量为 $k[1,x,x^2]\begin{bmatrix}13\\5\\1\end{bmatrix}(k\neq 0)$；

σ 在基$\boldsymbol{\alpha}_1=[1,x,x^2]\begin{bmatrix}1\\0\\0\end{bmatrix},\boldsymbol{\alpha}_2=[1,x,x^2]\begin{bmatrix}4\\1\\0\end{bmatrix},\boldsymbol{\alpha}_3=[1,x,x^2]\begin{bmatrix}13\\5\\1\end{bmatrix}$

下的矩阵为 diag(1,2,3)

3. 提示：令：$\tau:\boldsymbol{X}\mapsto\boldsymbol{P}^{-1}\boldsymbol{XP}$
4. 提示：由线性变换的定义可证. 当 $\boldsymbol{A},\boldsymbol{B}\in\mathbb{R}^{n\times n}$可逆时，$\sigma$ 可逆
5. 提示：将 $\boldsymbol{A},\boldsymbol{B}$ 解释为$\mathbb{R}^3$ 的同一个线性变换在不同基下的矩阵
6. 提示：(1)$\Leftrightarrow$(2) 设 $\varepsilon_1,\cdots,\varepsilon_s$ 是 V 的一组基，由 σ 可逆$\Leftrightarrow$知 $\sigma(\varepsilon_1),\cdots,\sigma(\varepsilon_s)$也是 V 的一组基.

   (1)$\Leftrightarrow$(3) σ 为有限维线性空间 V 的线性变换，即存在矩阵 $\boldsymbol{A}$，使得 $\sigma:\boldsymbol{V}\mapsto\boldsymbol{AV}$. σ 可逆$\Leftrightarrow\boldsymbol{A}$ 可逆
7. 提示：若$\mathbb{R}^n$ 的标准正交基 $\boldsymbol{p}_1,\boldsymbol{p}_2,\cdots,\boldsymbol{p}_n$ 为 $\boldsymbol{A}$ 的特征向量，讨论 $\boldsymbol{p}_i\boldsymbol{p}_j^T\in\mathbb{R}^{n\times n}$的线性相关性

习题 8.6

1. 提示：$\|\boldsymbol{\alpha}_1+\cdots+\boldsymbol{\alpha}_m\|^2=\langle\boldsymbol{\alpha}_1+\cdots+\boldsymbol{\alpha}_m,\ \boldsymbol{\alpha}_1+\cdots+\boldsymbol{\alpha}_m\rangle=\sum_j\sum_i\langle\boldsymbol{\alpha}_i,\boldsymbol{\alpha}_j\rangle\overset{\text{正交}}{=\!=\!=}$ $\|\boldsymbol{\alpha}_1\|^2+\cdots+\|\boldsymbol{\alpha}_m\|^2$
2. 提示：$\sum_{i=1}^{m}[\boldsymbol{\alpha},\boldsymbol{\alpha}_i]^2,\ \sum_{i=1}^{m}\|\boldsymbol{\alpha}\|^2\cdot\|\boldsymbol{\alpha}_i\|^2)=\|\boldsymbol{\alpha}\|^2\sum_{i=1}^{m}\|\boldsymbol{\alpha}_i\|^2=\|\boldsymbol{\alpha}\|^2$
3. $\boldsymbol{A}$
4. $W^{\perp}=\left\{k(x^2-\frac{1}{3})\mid k\in\mathbb{R}\right\}$
5. 提示：$\boldsymbol{\alpha}_1,\cdots,\boldsymbol{\alpha}_m$ 线性无关$\Leftrightarrow$当且仅当 $k_1=\cdots=k_m=0$ 时 $k_1\boldsymbol{\alpha}_1+\cdots+k_m\boldsymbol{\alpha}_m=0$. 令$\langle\alpha_i,0\rangle=\langle\alpha_i,k_1\alpha_1+\cdots+k_m\alpha_m\rangle=k_i\|\boldsymbol{\alpha}_i\|^2=0$
6. 提示：只需证 W_1+W_2 为直和

附录　本书部分常用符号说明

符号	说　明
$\triangleq$	定义与符号同时给出
$\lvert a_{ij}\rvert_n$	第 i 行第 j 列元素为 a_{ij} 的 n 阶行列式的缩写
$A\Leftrightarrow B$	"A 的充分必要条件为 B"的缩写
$(\Rightarrow)$	必要性证明
$(\Leftarrow)$	充分性证明
$\lvert \boldsymbol{A}\rvert$	方阵 $\boldsymbol{A}$ 的行列式
$\widetilde{\boldsymbol{A}},\widetilde{\boldsymbol{B}},\cdots$	线性方程组的增广阵
$\boldsymbol{A}\rightarrow\boldsymbol{B}$	矩阵 $\boldsymbol{A}$ 与 $\boldsymbol{B}$ 等价
$\mathrm{r}(\boldsymbol{A})$	矩阵 $\boldsymbol{A}$ 或向量组的秩
$\boldsymbol{E}_n$	n 阶单位阵
$\mathbb{Q}$	有理数域
$\mathbb{R}$	实数域
$\mathbb{C}$	复数域
$\mathbb{R}^{m\times n}$	$m\times n$ 实数矩阵的集合
$[a_{ij}]_{m\times n}$	第 i 行第 j 列元素为 a_{ij} 的 $m\times n$ 矩阵的缩写
$\boldsymbol{0}_{m\times n}$	$m\times n$ 零矩阵
$\mathrm{diag}(\lambda_1,\cdots,\lambda_n)$	对角线为 $\lambda_1,\cdots,\lambda_n$ 的对角阵
$\boldsymbol{A}^{\mathrm{T}}$	矩阵 $\boldsymbol{A}$ 的转置
$\boldsymbol{A}^*$	方阵 $\boldsymbol{A}$ 的伴随阵
$\boldsymbol{A}^{-1}$	方阵 $\boldsymbol{A}$ 的逆阵
$\mathbb{R}^n$	n 维实列向量的集合
$\dim V$	向量空间或线性空间 V 的维数

符号	说　　明
$L(\boldsymbol{\alpha}_1,\cdots,\boldsymbol{\alpha}_m)$	向量组 $\boldsymbol{\alpha}_1,\cdots,\boldsymbol{\alpha}_m$ 生成的向量空间(线性子空间)
$\mathrm{r}(\boldsymbol{\alpha}_1,\cdots,\boldsymbol{\alpha}_m)$	向量组 $\boldsymbol{\alpha}_1,\cdots,\boldsymbol{\alpha}_m$ 的秩
$R(\boldsymbol{A})$	矩阵 $\boldsymbol{A}$ 的值域
$N(\boldsymbol{A})$	矩阵 $\boldsymbol{A}$ 的核
$\boldsymbol{A}\sim\boldsymbol{B}$	方阵 $\boldsymbol{A}$ 与 $\boldsymbol{B}$ 相似
$\boldsymbol{J}_k(\lambda)$	对角线为 λ 的 k 阶约当块
$[\boldsymbol{x},\boldsymbol{y}]$	向量 $\boldsymbol{x}$ 与 $\boldsymbol{y}$ 的内积
$\lVert\boldsymbol{x}\rVert$	向量 $\boldsymbol{x}$ 的模
$\boldsymbol{A}\simeq\boldsymbol{B}$	方阵 $\boldsymbol{A}$ 与 $\boldsymbol{B}$ 合同
$\mathbb{R}[x]$	x 的实系数多项式的集合
$P_n[x]$	次数不超过 n 的实系数多项式的集合(包括零多项式)
$W\leqslant V$	W 为 V 的子空间
$V\cong W$	线性空间 V 与 W 同构
$V\oplus W$	子空间 V 与 W 的直和
$\ker\sigma$	线性映射 σ 的核
$\mathrm{hom}(V,W)$	线性空间 V 到 W 的线性映射的集合
$\mathrm{End}(V)$	线性空间 V 的线性变换的集合
$\mathrm{tr}(\boldsymbol{A})$	方阵 $\boldsymbol{A}$ 的迹
$W^{\perp}$	子空间 W 的正交补